无 机 化 学

主　编　刘云霞
副主编　吴明珠　李　芬

西南交通大学出版社
·成　都·

图书在版编目（CIP）数据

无机化学 / 刘云霞主编. —成都：西南交通大学出版社，2018.9（2021.8 重印）
ISBN 978-7-5643-6435-9

Ⅰ. ①无… Ⅱ. ①刘… Ⅲ. ①无机化学－高等职业教育－教材 Ⅳ. ①O61

中国版本图书馆 CIP 数据核字（2018）第 211688 号

无机化学

主　编 / 刘云霞

责任编辑 / 牛　君
封面设计 / 墨创文化

西南交通大学出版社出版发行
（四川省成都市金牛区二环路北一段 111 号西南交通大学创新大厦 21 楼　610031）
发行部电话：028-87600564　028-87600533
网址：http://www.xnjdcbs.com
印刷：四川森林印务有限责任公司

成品尺寸　185 mm × 260 mm
印张　17.5　　字数　434 千
版次　2018 年 9 月第 1 版　　印次　2021 年 8 月第 2 次

书号　ISBN 978-7-5643-6435-9
定价　40.00 元

课件咨询电话：028-81435775
图书如有印装质量问题　本社负责退换

前　言

本书根据国家高等职业教育人才培养要求的精神编写而成，适合高职院校使用。全书体现以下特点：在思想水平上，注重教材的思想性与职业导向性；在科学水平上，注重教材的知识正确性与内容先进性；在教学水平上，注重教材的教学适应性、内容的实用性、结构的合理性与使用的灵活性；在图文水平上，注重内容的可读性与规范性。本书也适用于各高等学校化工、石油、冶金、轻化、生物制药等专业学生，相关科技人员。

无机化学是高等职业院校有关专业的基础课之一，为使学生能较好地掌握无机化学的基本理论、基本技能，培养学生分析问题、解决问题的能力，以及为学习后继课程及今后工作奠定基础，我们在编写过程中本着“够用、实用、适用”的原则，精选理论内容，以基础知识和基础理论为主，力求做到少而精、简明扼要、深入浅出、循序渐进，理论联系实际，以适合高等职业院校的教学需要。在知识点上突出“宽、浅、新、用”，即知识面宽、浅显易懂、突出新知识、注重实用性，力求做到教师易教，学生易学。同时为更好地与中学化学知识衔接，某些知识进行了重复讲解，这样既能体现知识的延续性，同时又能起到温故知新的作用。全书内容上分化学反应与化学平衡基本理论、物质的结构、元素化学三部分内容。在物质的结构上删掉了一些较深奥的理论知识，在化学反应与化学平衡上删掉了复杂的计算，在元素化学部分删掉了不常用的元素和化合物知识，重点介绍每一族元素中的常见元素，其他元素根据其应用性只做简单介绍，并且在每一章节的最后设有习题，方便学生自学和复习。

本教材由重庆工业职业技术学院刘云霞担任主编，吴明珠、李芬任副主编，参与编写的人员还有：文家新、刘克健、屈琦超。在本书的编写过程中，得到了重庆工业职业技术学院化学与制药工程学院各位老师的大力支持，他们对教材的编写提出了非常宝贵的意见，编者深表感谢。

由于编写时间仓促、编者水平有限，书中难免存在疏漏和不妥之处，敬请各位专家和读者批评指正！

编　者

2018 年 4 月

目　录

第一章　化学反应中的质量关系和能量关系

【学习目标】

1. 掌握化学中的计量，包括物质的量、摩尔质量、摩尔体积、物质的量浓度等概念。
2. 掌握化学计量数、状态函数，标准态和反应焓变等重要概念。
3. 能计算化学反应中的质量关系和能量关系。
4. 会应用热化学方程式和物质的量标准摩尔生成焓计算标准摩尔反应焓变。

第一节　化学反应中的计量

在化学领域，往往要测定或计算物质的质量、溶液的浓度、反应的温度以及气体的压力和体积等，为此，首先需要掌握化学中常用的量及其单位，以及与之相关的定律。

一、相对原子质量和相对分子质量

元素是具有相同质子数的一类单核粒子的总称。具有确定质子数和中子数的一类单核粒子称为核素。质子数相等而中子数不等的同一元素的原子互称为同位素。自然界中氧有三种同位素：${}^{16}_{8}O$、${}^{17}_{8}O$、${}^{18}_{8}O$，它们在氧气中的含量（体积分数）分别为 99.759 %、0.037 % 和 0.204 %；碳有两种同位素：${}^{12}_{6}C$ 和 ${}^{13}_{6}C$，它们的相对丰度分别为 98.892 %和 1.108 %。

相对原子质量（A_r）定义为元素的平均原子质量与核素 ${}^{12}C$ 原子质量的 1/12 之比，又被称为原子量。例如：

$$A_r(H) = 1.0079$$

$$A_r(O) = 15.999$$

英国人道尔顿（J. Dalton，1766—1844 年）是第一个测定原子量的人。现在通过质谱仪测定各核素的原子质量及其在自然界的丰度后，可以确定各元素的相对原子质量。北京大学张青莲教授等测定的铟（In）、锑（Sb）、铱（Ir）及铕（Eu）的相对原子质量值先后被国际原子量委员会采用为国际标准，说明我国原子量测定的精确度已达到国际先进水平。

相对分子质量（M_r）定义为物质的分子或特定单元的平均质量与核素 ${}^{12}C$ 原子质量的 1/12 之比，又被称为分子量。例如：

$$M_r(H_2O) = 18.0148 \approx 18.01$$

$$M_r(NaCl) = 58.443 \approx 58.44$$

二、物质的量及其单位

“物质的量”是用于计量指定的微观基本单元，如分子、原子、离子、电子等微观粒子或其特定组合的一个物理量（符号为 n），其单位名称为摩[尔]（mole），单位符号为 mol。摩尔是一个系统的物质的量，该系统中所包含的基本单元数与0.012 kg ^{12}C的原子数目相等。0.012 kg ^{12}C 所含的碳原子数目（6.022×10^{23} 个）称为阿伏伽德罗（Avogadro）常数（N_A）。因此，如果某物质系统中所含的基本单元数目为 N_A，则该物质系统的“物质的量”即为 1 mol。例如：

1 mol H_2 表示有 N_A 个氢分子；2 mol C 表示有 $2N_A$ 个碳原子；3 mol Na^+表示有 $3N_A$ 个钠离子；4 mol（$H_2 + 1/2O_2$）表示有 $4N_A$ 个（$H_2 + 1/2O_2$）的特定组合体，其中含有 $4N_A$ 个氢分子和 $2N_A$ 个氧分子。

可见，在使用摩尔这个单位时，一定要指明基本单位（以化学式表示），否则示意不明。例如，若说“1 mol 氢”，就难以断定是指 1 mol 氢分子还是指 1 mol 氢原子或 1 mol 氢离子。

在混合物中，B 的物质的量（n_B）与混合物的物质的量（n）之比，称为 B 的物质的量分数（x_B），又称 B 的摩尔分数，即有

$$x_B = \frac{n_B}{n_{总}}$$

例如，在含有 1 mol O_2 和 4 mol N_2 的混合气体中，O_2 和 N_2 的摩尔分数分别为：

$$x(O_2) = \frac{1\ \text{mol}}{(1+4)\ \text{mol}} = \frac{1}{5}$$

$$x(N_2) = \frac{4\ \text{mol}}{(1+4)\ \text{mol}} = \frac{4}{5}$$

三、摩尔质量和摩尔体积

1. 摩尔质量

摩尔质量（M）定义为某物质的质量（m）除以该物质的物质的量（n）：

$$M = \frac{m}{n}$$

M 的单位 $kg \cdot mol^{-1}$ 或 $g \cdot mol^{-1}$。例如，1 mol H_2 的质量近似为 2.02 g，则 H_2 的摩尔质量即为 2.02 $g \cdot mol^{-1}$。可见分子的摩尔质量（M）与分子的相对质量（M_r）之间的关系为：

$$M = M_r\ g \cdot mol^{-1}$$

2. 摩尔体积

摩尔体积（V_m）定义为某气体物质的体积（V）除以该气体的物质的量（n）：

$$V_m = \frac{V}{n}$$

例如，在标准状况（273.15 K 及 101.325 kPa）下，任何理想气体的摩尔体积为：

$$V_{m,273.15\ K} = 0.022\ 414\ m^3 \cdot mol^{-1}$$
$$= 22.414\ L \cdot mol^{-1} \approx 22.4\ L \cdot mol^{-1}$$

四、物质的量浓度

物质的量浓度（c）定义为混合物（主要指气体混合物或溶液）中某物质 B 的物质的量（n_B）除以混合物的体积（V）：

$$c_B = \frac{n_B}{V}$$

对溶液来说，即 1 L 溶液中所含溶质 B 的物质的量，其单位名称为摩[尔]每升，单位符号为 $mol \cdot L^{-1}$。例如，若 1 L 的 NaOH 溶液中含有 0.1 mol 的 NaOH，其浓度可表示为：

$$c(NaOH) = 0.1\ mol \cdot L^{-1}$$

物质的量浓度可简称为浓度。

【例 1-1】若把 160.00 g NaOH(s)溶于少量水，然后将所得溶液稀释至 2.0 L，试计算该溶液的物质的量浓度。

解：
$$M_r(NaOH) = 22.99 + 16.00 + 1.01 = 40.00$$
$$M(NaOH) = 40.00\ g \cdot mol^{-1}$$

根据 $M = \frac{m}{n}$ 有

$$n(NaOH) = \frac{m(NaOH)}{M(NaOH)} = \frac{160.00\ g}{40.00\ g \cdot mol^{-1}} = 4.00\ mol$$

则
$$c(NaOH) = \frac{n(NaOH)}{V} = \frac{4.00\ mol}{2.0\ L} = 2.0\ mol \cdot L^{-1}$$

五、气体的计量

1. 理想气体状态方程

实际工作中，一定温度下的气体常用其压力或体积进行计量。当压力不太高、温度不太低的情况下，气体分子间的距离大，分子本身的体积和分子间的作用力均可忽略，气体的压力、体积、温度以及物质的量之间的关系可近似地用理想气体状态方程来描述：

$$pV = nRT \qquad (1\text{-}1)$$

式中　p——气体的压力，Pa；

V——气体的体积，m^3；

n——气体的物质的量，mol；

T——气体的热力学温度，K；

R——摩尔气体常数。

实验测知 1 mol 气体在标准状况下的体积为 $22.414\times10^{-3}\ m^3$，则 R 值可求出：

$$R=\frac{pV}{nT}=\frac{101.325\times10^{3}\ Pa\times22.414\times10^{-3}\ m^{3}}{1\ mol\times273.15\ K}$$

$$=8.314\ 4\ Pa\cdot m^{3}\cdot mol^{-1}\cdot K^{-1}$$

$$=8.314\ 4\ J\cdot mol^{-1}\cdot K^{-1}$$

实际计算时，R 常用值为 $8.314\ J\cdot mol^{-1}\cdot K^{-1}$。

【例 1-2】在 298.15 K 下，一个体积为 50 m^3 的氧气钢瓶，当它的压力降为 1 500 kPa 时，钢瓶中剩余的氧气质量为多少？

解：

$$n=\frac{pV}{RT}=\frac{1.5\times10^{6}\ Pa\times50\ m^{3}}{8.314\ Pa\cdot m^{3}\cdot mol^{-1}\cdot K^{-1}\times298.15\ K}$$

$$=30.27\ mol$$

氧气的摩尔质量为 $32.00\ g\cdot mol^{-1}$，所剩余的氧气质量为：

$$m=30.27\ mol\times32.00\ g\cdot mol^{-1}=968.6\ g\approx0.97\ kg$$

2. 理想气体分压定律

在实际工作中常遇到多组分的气体混合物，其中某一组分气体 B 对器壁所施加的压力，称为该气体的分压（p_B），它等于相同温度下该气体单独占有与混合气体相同体积时所产生的压力。混合气体的压力等于组分气体的分压之和，此经验规则称为道尔顿分压定律，其数学表达式为：

$$p=\sum p_B \tag{1-2}$$

如组分气体和混合气体的物质的量分别为 n_B 和 n，则它们的压力分别为

$$p_B=n_B\frac{RT}{V} \tag{1-2a}$$

$$p=n\frac{RT}{V} \tag{1-2b}$$

式中　V——混合气体的体积。

将式（1-2a）除以式（1-2b），可得下式：

$$\frac{p_B}{p}=\frac{n_B}{n}\ 或\ p_B=\frac{n_B}{n}p \tag{1-3}$$

式中　$\frac{n_B}{n}$——组分气体 B 的摩尔分数。

式（1-3）为分压定律的另一种表达形式，它表明混合气体中任一组分气体 B 的分压（p_B）等于该气体的物质的量分数与总压之积。

工业上常用各组分气体的体积分数表示混合气体的组成。由于同温同压下，气体的物质的量与它的体积成正比，不难导出混合气体中组分气体 B 的体积分数等于物质 B 的摩尔分数：

$$\frac{V_B}{V} = \frac{n_B}{n} \tag{1-4}$$

式中　V_B——组分气体 B 的体积；

V——混合气体的体积。

把式（1-4）代入（1-3）式得：

$$p_B = \frac{V_B}{V} p \tag{1-5}$$

【例 1-3】有一煤气罐容积为 30.0 L，27.00 °C 时内压为 600 kPa。经气体分析，储罐内煤气中 CO 的体积分数为 0.600，H_2 的体积分数为 0.100，其余气体的体积分数为 0.300，求该储罐中 CO、H_2 的质量和分压。

解：已知 $V = 30.0\ \text{L} = 0.0300\ \text{m}^3$

$$p = 600\ \text{kPa} = 6.00\times10^5\ \text{Pa}$$

$$T = (273.15 + 27.00)\ \text{K} = 300.15\ \text{K}$$

则

$$n = \frac{pV}{RT} = \frac{6.00\times10^5\ \text{Pa}\times0.0300\ \text{m}^3}{8.314\ \text{Pa}\cdot\text{m}^3\cdot\text{mol}^{-1}\cdot\text{K}^{-1}\times300.15\ \text{K}} = 7.21\ \text{mol}$$

根据 $\frac{V_B}{V} = \frac{n_B}{n}$ 和 $M = \frac{m}{n}$，有

$$n(\text{CO}) = 7.21\ \text{mol}\times0.600 = 4.33\ \text{mol}$$

$$n(\text{H}_2) = 7.21\ \text{mol}\times0.100 = 0.720\ \text{mol}$$

$$m(\text{CO}) = n(\text{CO})\times M(\text{CO}) = 121\ (\text{g})$$

$$m(\text{H}_2) = n(\text{H}_2)\times M(\text{H}_2) = 1.45\ (\text{g})$$

再根据 $p_B = \frac{V_B}{V} p$，有

$$p(\text{CO}) = \frac{V(\text{CO})}{V} p = 0.600 \times 600\ \text{kPa} = 360\ \text{kPa}$$

$$p(\text{H}_2) = \frac{V(\text{H}_2)}{V} p = 0.100 \times 600\ \text{kPa} = 60.0\ \text{kPa}$$

分压定律适用于理想气体混合物，对低压下的真实气体混合物近似适用。

第二节　化学反应中的质量关系

一、应用化学反应方程式的计算

化学反应方程式是根据质量守恒定律，用元素符号和化学式表示化学变化中质和量关系的式子。例如，氢氧化钠与硫酸发生中和反应，生成硫酸钠和水。可表示为：

$$2NaOH + H_2SO_4 \longrightarrow Na_2SO_4 + 2H_2O$$

上式是一个配平了的反应方程式，它表明化学反应中各物质的量之比等于其化学式前的系数之比。据此，可以已知反应物的量，计算生成物的理论产量；或从所需产量计算反应物的量。

【例 1-4】某硫酸厂以硫铁矿（FeS_2）为原料生产硫酸（H_2SO_4），其基本反应为：

$$4FeS_2 + 11O_2 \xrightarrow{\text{焙烧}} 2Fe_2O_3 + 8SO_2$$

$$2SO_2 + O_2 \xrightarrow{450\sim550\ ℃\text{，钒催化剂}} 2SO_3$$

$$SO_3 + H_2O \longrightarrow H_2SO_4$$

现需生产 1 万吨 98%的硫酸，问需投入含 S 量 40%的硫铁矿多少吨？

解：设生产 1 万吨 98%硫酸需投入纯 FeS_2 x 吨。由反应式可知 $n(FeS_2):n(H_2SO_4) = 1:2$。因为

$$n(FeS_2)=\frac{m(FeS_2)}{M(FeS_2)}$$

$$=\frac{x\times10^6\ g}{(55.85+32.07\times2)g\cdot mol^{-1}}=8.33x\times10^3\ mol$$

$$n(H_2SO_4)=\frac{m(H_2SO_4)}{M(H_2SO_4)}$$

$$=\frac{1\times10^4\times10^6\times98\%\ g}{(1.01\times2+32.07+16.00\times4)\ g\cdot mol^{-1}}=1.0\times10^8\ mol$$

根据　　$n(FeS_2):n(H_2SO_4) = 1:2 = 8.33\times10^3x\ mol : 1.0\times10^8\ mol$

得　　$$x=\frac{1.0\times10^8}{8.33\times2\times10^3}=6.0\times10^3$$

即需纯 FeS_2 6.0×10^3 t。由此可计算出 6.0×10^3 t 纯 FeS_2 能提供的硫的质量为：

$$6.0\times10^3\ t\times\frac{A_r(S)}{M_r(FeS_2)}=6.0\times10^3\ t\times\frac{32.07\times2}{119.99}=3.2\times10^3\ t$$

折合成含 S 量 40%的硫铁矿的量为：

$$3.2\times10^3\ t\ \div\ 40\% = 8.0\times10^3\ t$$

【例 1-5】 氯碱工业用电解法制取氯气：$2NaCl + 2H_2O \xrightarrow{电解} 2NaOH + H_2\uparrow + Cl_2\uparrow$，某厂若每投入 9.0×10^2 kg NaCl，制得的氯气在标准状况下只有 150 m^3，试计算其产率。

解：设理论上制得的氯气的物质的量为 x

$$2NaCl+2H_2O \xrightarrow{电解} 2NaOH+H_2\uparrow+Cl_2\uparrow$$

$$2 \qquad\qquad\qquad\qquad 1$$

$$n(NaCl) \qquad\qquad\qquad\qquad x$$

已知 $$n(NaCl)=\frac{m(NaCl)}{M(NaCl)}=\frac{9.0\times10^2\times10^3\ g}{(22.99+35.45)\ g\cdot mol^{-1}}=1.5\times10^4\ mol$$

根据反应式可列出：

$$2 : 1.5\times10^4\ mol = 1 : x$$

$$x=\frac{1.5\times10^4\ mol}{2.0}=7.5\times10^3\ mol$$

则标准状况下理论上可产出氯气的体积为：

$$7.5\times10^3\ mol\times22.4\ L\cdot mol^{-1}=168\times10^3\ L=168\ m^3$$

$$产率=\frac{实际产量}{理论产量}\times100\%=\frac{150\ m^3}{168\ m^3}\times100\ \%=89.3\ \%$$

二、化学计量数

某化学反应方程式：

$$cC + dD = yY + zZ$$

若移项表示：$0 = -cC-dD + yY + zZ$
随着反应的进行，反应物 C、D 不断减少，产物 Y、Z 不断增加，因此令：

$$-c = \nu_C，-d = \nu_D，y = \nu_Y，z = \nu_Z$$

代入上式得：$0 = \nu_C C + \nu_D D + \nu_Y Y + \nu_Z Z$
可简化写出化学计量式的通式：

$$0=\sum_B \nu_B B \tag{1-6}$$

通式中，B 表示包含在反应中的分子、原子或离子，而 ν_B 为数字或简分数，称为（物质）B 的**化学计量数**。根据规定，反应物的化学计量数为负，而产物的化学计量数为正。这样，ν_C、ν_D、ν_Y、ν_Z 分别为物质 C、D、Y、Z 的化学计量数。例如合成氨反应：

$$N_2 + 3H_2 = 2NH_3$$

移项：

$$0 = -N_2-3H_2 + 2NH_3 = \nu(N_2)N_2 + \nu(H_2)H_2 + \nu(NH_3)NH_3$$

$\nu(N_2)=-1$，$\nu(H_2)=-3$，$\nu(NH_3)=2$，分别对应于该反应方程式中物质 N_2、H_2、NH_3 的化学计量数，表明反应中每消耗 1 mol N_2 和 3 mol H_2 必生成 2 mol NH_3。

第三节　化学反应中的能量关系

化学反应是反应物分子中旧键的削弱、断裂和产物分子新键形成的过程。前者需要吸收能量，后者则会释放能量。因此，化学反应过程不仅有质量的变化，而且往往伴随有能量的吸收或释放。例如：煤燃烧时放热，碳酸钙分解要吸热；原电池反应可产生电能，电解食盐水要消耗电能；镁条燃烧时会放出耀眼的光，叶绿素在光作用下将二氧化碳和水转化为糖类。热力学是专门研究能量相互转换规律的一门科学。利用热力学的基本原理研究化学反应的学科称为化学热力学。本节首先介绍一些常用的基本概念，进而运用热力学理论研究化学反应中的能量变化关系。

一、基本概念和术语

1. 体系和环境

宇宙间各事物总是相互联系的。为了研究方便，常把要研究的那部分物质和空间与其他物质和空间人为地分开。被划分出来作为研究对象的那部分物质或空间称为**体系**（或物系、系统）。体系之外并与体系有密切联系的其他物质或空间称为**环境**。例如：一杯水，如果只研究杯中的水，水就是体系，而杯和杯以外的物质和空间则为环境。

按照体系和环境之间物质和能量的交换情况，可将体系分为以下三类：

敞开体系——体系和环境之间既有物质交换，又有能量交换。例如，一个敞口的盛有一定量水的烧瓶，就是敞开系统，因为瓶内既有水的不断蒸发和气体的溶解（物质交换）；又有水和环境间的热量交换。

封闭体系——体系和环境之间没有物质交换，但有能量交换。例如，在盛有水的烧瓶上加一个塞子，即成为封闭系统。因为这时水的蒸发和气体的溶解只限制在瓶内进行，体系和环境间仅有热量交换。

孤立体系——体系和环境之间既没有物质交换，又没有能量交换。例如，将水盛在加塞的保温瓶（杜瓦瓶）内，即是孤立系统。如果一个体系不是孤立系统，只要把与此体系有物质和能量交换的那一部分环境划到这个体系中，组成一个新体系，则此新体系就变成孤立体系了。

2. 状态和状态函数

任何体系都可以用一系列宏观可测的物理量，如物质的种类、质量、体积、压力、温度等，来描述体系的状态。决定体系状态的那些物理量称为体系的性质。体系的状态就是这些性质的综合表现。当体系的所有性质都有确定值时，就说体系处于一定状态。如果某种或几种性质发生变化，则体系状态也就发生变化，这些能够表征体系性质的宏观性质，称为体系的**状态函数**。

体系的各状态函数之间往往是有联系的。因此，通常只需确定体系的某几个状态函数，其他的状态函数也随之而定。例如：一种理想气体，如果知道了压力（p）、体积（V）、温度（T）、物质的量（n）这四个状态函数中的任意三个，就能利用气体状态方程（$pV = nRT$）来确定第四个状态函数。

状态函数的特征就是当体系状态发生变化时，状态函数的改变量只与体系的起始状态和最终状态有关，而与状态变化的具体途径无关。例如：一种理想气体，若使其温度由 300 K 变为 350 K，无论是由始态的 300 K 直接加热到终态的 350 K，或先从始态的 300 K 冷却到 280 K，再加热到 350 K，状态函数温度 T 的变化 ΔT 只由体系的初态（300 K）和终态（350 K）决定（ΔT = 350 K−300 K = 50 K），而与变化的途径无关。

3. 热和功

热和功是体系发生某过程时与环境之间交换或传递能量的两种不同形式。体系和环境之间因温差而传递的能量称为**热**，用符号"Q"表示。除热以外，其他各种形式被传递的能量都称为**功**，用符号"W"表示。功有多种形式。由于体系体积变化反抗外力作用而与环境交换的功，称为**体积功**，体积功是化学反应涉及较广的一种功。除体积功外的其他功，统称为**非体积功**（如电功等）。热和功都具有能量的单位——焦耳（J）或千焦耳（kJ）。

根据国际最新规定，以体系的得失能量为标准，Q>0（体系吸热）和 W>0（环境对体系做功，即体系得功），均表示体系能量的增加；反之 Q<0（体系放热）和 W<0（体系对环境做功，即体系失功），均表示体系能量的减少。

例如：汽缸内气体受热反抗恒定外压（环境压力 p）膨胀（体系由始态 V_1 增到终态 V_2，$\Delta V>0$）做功，体系失功：

$$W(\text{膨胀}) = -p(V_2-V_1) = -p\Delta V<0$$

反之，汽缸内气体受恒定外压作用被压缩（$\Delta V<0$），体系得功：

$$W(\text{压缩}) = -p(V_2-V_1)>0$$

必须注意：热和功都是体系发生某过程时与环境之间交换或传递能量的两种形式，因此热和功不仅与体系始、终态有关，而且与过程的具体途径有关，所以热和功不是状态函数。

4. 热力学能

体系内部所含的总能量称为体系的**热力学能**（以往称为内能），用符号"U"表示。由于体系内部质点运动及相互作用很复杂，因而热力学能的绝对值难以确定。不过既然它是体系自身的属性，体系在一定状态下，其热力学能应有一定的数值，因此热力学能（U）是一个状态函数，其改变量（ΔU）只取决于体系的始、终态，而与体系变化过程的具体途径无关。

5. 热力学第一定律

人们经过长期实践认识到，在孤立体系中能量是不会自生自灭的，它可以变换形式，但总量不变，这就是能量守恒定律。

若一个封闭体系，环境对其做功（W），并从环境吸热（Q），使其热力学能由 U_1 的状

态变化到 U_2 的状态，根据能量守恒定律，体系热力学能的变化（ΔU）为

$$\Delta U = U_2 - U_1 = Q + W$$

此即为**热力学第一定律**的数学表达式。其含义是：封闭体系热力学能的变化等于体系吸收的热与体系从环境所得的功之和，实为能量守恒定律在热传递过程中的具体表述。

二、反应热和反应焓变

1. 恒压反应热和反应焓变

大多数化学反应总是伴随着吸热或放热。例如，H_2 和 Cl_2 形成 HCl 时会放热，煅烧石灰石生产石灰时要吸热。化学反应时，如果体系不做非体积功，当反应终了的温度恢复到反应前的温度时，体系所吸收或放出的热量，称为该反应的反应热。

通常化学反应是在恒压条件下进行的，如果体系不做非体积功，此过程的反应热称为**恒压反应热**，由符号“Q_P”表示。对有气体参加或产生的反应，可能会引起体积变化（由 V_1 变到 V_2），则体系对环境所做的体积功为

$$W = -p(V_2 - V_1)$$

对于封闭体系，体系只做体积功的恒压过程，由热力学第一定律可得出：

$$\Delta U = Q_p + W = Q_p - p(V_2 - V_1)$$

$$Q_p = (U_2 + pV_2) - (U_1 + pV_1)$$

令 $H = U + pV$，H 称为焓。因为 U、p、V 均为状态函数，所以 H 也是状态函数。焓和热力学能一样，其绝对值难以测知，能测定并有实际意义的是状态改变时焓的变化值 ΔH（称为焓变）。ΔH 只与体系的始态和终态有关，而与变化过程无关。在恒压及反应始、终态温度相等的条件下，反应热恰好为生成物与反应物的焓差：

$$Q_p = H_2 - H_1 = \Delta H \qquad (1\text{-}7)$$

式（1-7）表示恒压条件下的反应热等于体系的焓变。例如，在恒压条件下：

$$H_2 + 1/2O_2(g) \longrightarrow H_2O(g);\ \Delta H = Q_p = -241.82\ \text{kJ} \cdot \text{mol}^{-1}$$

体系的焓值减小（$\Delta H<0$），表明此反应为放热反应。例如：

$$N_2(g) + 2O_2(g) \longrightarrow 2NO_2(g);\ \Delta H = Q_p = +67.7\ \text{kJ} \cdot \text{mol}^{-1}$$

体系的焓值增加（$\Delta H>0$），表明此反应为吸热反应。

有些化学反应，人们对其反应热比对反应产物更感兴趣，如燃料的燃烧等。

2. 热化学方程式

表示化学反应与热效应关系的方程式称为热化学方程式。例如：

$$H_2(g) + \frac{1}{2}O_2(g) \xrightarrow{298.15\ \text{K，}100\ \text{kPa}} H_2O(g);\ Q_p = \Delta_r H_m = -241.82\ \text{kJ} \cdot \text{mol}^{-1}$$

上式表示：在 298.15 K、100 kPa 下，当反应进度为 1 mol 时，即 1 mol H_2 与 1/2 mol O_2

反应生成 1 mol $H_2O(g)$时，放出 241.82 kJ 的热量。$\Delta_r H_m$ 称为**摩尔反应焓变**，下标 r（reaction 的词头）、m（molar 的词头）分别表示化学反应、摩尔。

由于反应热与反应方向、反应条件、物态、物量有关，因此书写热化学方程式应注意以下几点：

（1）应注明反应的温度和压力。如果是 298.15 K 和 100 kPa，可略去不写。严格说来，反应温度对化学反应的焓变值是有影响的，但一般影响不大，通常计算可按 298.15 K 时处理。

（2）必须标出物质的聚集状态。通常以 g、l 和 s 分别表示气、液和固态。因为状态不同，反应热的数值也不同。如上例，若生成的 H_2O 为液态，则 $Q_p = -285.83\ \text{kJ}\cdot\text{mol}^{-1}$。

（3）同一反应，反应式系数不同，Q_p 值也不同，如上例若写成：

$$2H_2(g) + O_2(g) \longrightarrow 2H_2O(g);\ \ Q_p = \Delta_r H_m = -483.64\ \text{kJ}\cdot\text{mol}^{-1}$$

（4）正、逆反应的 Q_p 绝对值相同，符号相反。例如：

$$2HgO(s) \longrightarrow 2Hg(l) + O_2(g);\ \ Q_p = \Delta_r H_m = 181.66\ \text{kJ}\cdot\text{mol}^{-1}$$

$$2Hg(l) + O_2(g) \longrightarrow 2HgO(s);\ \ Q_p = \Delta_r H_m = -181.66\ \text{kJ}\cdot\text{mol}^{-1}$$

3. 赫斯（Hess）定律

反应热一般可以通过实验测出。但是，有些复杂反应的某步反应若难以控制，该步反应的反应热就不易准确测定。例如，在恒温、恒压下，碳燃烧生成 CO_2 的反应可以按两种不同途径来完成：一种途径是碳燃烧直接生成 CO_2；另一种是碳先氧化成 CO，CO 再氧化成 CO_2，如图 1-1 所示：

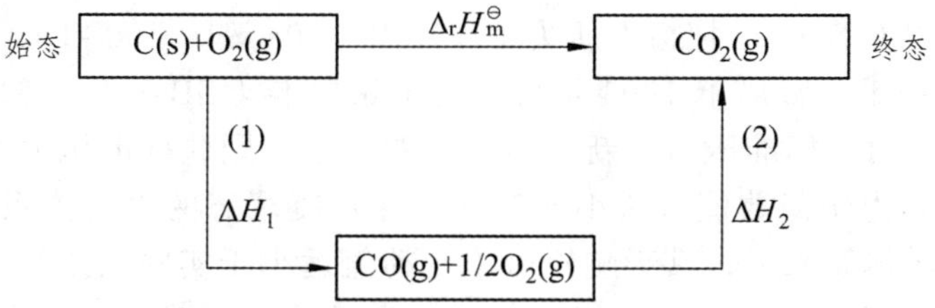

图 1-1　C 燃烧生成 CO_2 的两种途径

其中碳燃烧生成 CO 的反应热很难测定，因为碳不完全燃烧的产物中会混有少量的 CO_2。1840 年俄籍瑞士人赫斯（G. H. Hess）根据大量的实验结果总结出一条规律：一个化学反应如果分几步完成，则总反应的反应热等于各步反应的反应热之和，此即**赫斯定律**。从热力学观点来讲：化学反应的焓变只取决于反应的始态和终态，而与变化过程的具体途径无关。这样，若碳燃烧生成 CO_2 的反应热和 CO 燃烧生成 CO_2 的反应热已知：

$$C(s) + O_2(g) \longrightarrow CO_2(g);\ \ Q_1 = \Delta_r H_m = -393.51\ \text{kJ}\cdot\text{mol}^{-1}$$

$$CO(g) + 1/2O_2(g) \longrightarrow CO_2(g);\ \ Q_2 = \Delta H_2 = -282.98\ \text{kJ}\cdot\text{mol}^{-1}$$

根据赫斯定律：

$$\Delta_r H_m = \Delta H_1 + \Delta H_2$$

则碳燃烧生成 CO 的反应热

$$Q_3=\Delta H_1=\Delta_r H_m-\Delta H_2$$
$$=[(-393.51)-(-282.98)]\ kJ\cdot mol^{-1}$$
$$=-110.53\ kJ\cdot mol^{-1}$$

应用赫斯定律，通过计算不仅可以得到某些恒压反应热，从而减少大量实验测定工作，而且可以计算出难以或无法用实验测定的某些反应的反应热。

三、应用标准摩尔生成焓计算标准摩尔反应焓变

1. 标准状态

出于理论研究的需要，化学热力学规定了物质的**标准状态**（简称**标准态**）（表 1-1）：

表 1-1　物质的标准状态

物　质	标准态
气体	标准压力（$p^{\ominus}$ = 100 kPa）下纯气体的状态
固体、液体	标准压力（$p^{\ominus}$）下的纯液体纯固体的状态
溶液中溶质	标准压力（$p^{\ominus}$）下标准质量摩尔浓度为 1 mol · kg^{-1} 常近似为 1 mol · L^{-1} 时的状态

可见物质的标准态并无对温度的规定。

国际标准化组织（ISO）已把标准压力由 101.325 kPa 改为 100 kPa，以便更方便地采用 SI 单位，我国国家技术监督局于 1993 年公布的国家标准（GB-3100 ~ 3102—93）也已做了相应的变动。但是，由于标准压力的新、旧值相差很小，因此标准压力改为 100kPa 后，只是气态物质的某些热力学函数值有微小的变动，而对凝聚态的物质体系以及反应前后物质的量不变的气态物质体系来说，其影响极微（变动值远小于实验误差），甚至可以说没有影响。本书附录 G 提供的为标准压力新值（100 kPa）配套的标准热力学数据。

2. 标准摩尔生成焓

在标准态下，由最稳定的纯态单质生成单位物质的量的某物质焓变（即恒压反应热）称为该物质的标准摩尔生成焓。标准摩尔生成焓用符号 $\Delta_f H_m^{\ominus}$ 表示，上标“⊖”表示标准态，下标“f”（formation 的词头）表示生成反应。$\Delta_f H_m^{\ominus}$ 的单位为 kJ ·mol^{-1}，通常使用的是 298.15 K 的标准摩尔生成焓数据。

一种元素若有几种同素异形体，如在标准态下，碳就有石墨、金刚石等多种单质，其中石墨是最稳定的。根据标准摩尔生成焓的定义，最稳定单质的标准摩尔生成焓为零，这样 $\Delta_f H_m^{\ominus}$(石墨) = 0。

已知在标准态下，298.15 K，C(石墨) $\xrightarrow{\text{标准状态下，298.15 K}}$ C(金刚石)的标准摩尔反应焓变（$\Delta_r H_m^{\ominus}$）为 1.895 kJ · mol^{-1}，这样金刚石的标准摩尔生成焓：

$$\Delta_f H_m^\ominus(\text{金刚石}) = \Delta_r H_m^\ominus + \Delta_f H_m^\ominus(\text{石墨}) = 1.895\ \text{kJ}\cdot\text{mol}^{-1} + 0 = 1.895\ \text{kJ}\cdot\text{mol}^{-1}$$

根据$\Delta_f H_m^\ominus$值可以判断同类型化合物的相对热稳定性。例如，298.15 K 下 CaO(s)的$\Delta_f H_m^\ominus = -635.09\ \text{kJ}\cdot\text{mol}^{-1}$，CaO 加热不分解；CuO(s)的$\Delta_f H_m^\ominus = -157.3\ \text{kJ}\cdot\text{mol}^{-1}$，CuO 高温时分解为 Cu_2O 和 O_2，这表明$\Delta_f H_m^\ominus$的绝对值越小，化合物越稳定。

3. 标准摩尔反应焓变的计算

一般的化学反应及其反应热可以通过实验直接测定，也可以通过热力学数据通过计算得出。根据标准摩尔生成焓的定义，应用赫斯定律可以导出：化学反应物的标准摩尔反应焓变等于生成物的标准摩尔生成焓的总和减去反应的标准摩尔生成焓的总和。

对于一般的化学反应：

$$c\text{C} + d\text{D} = y\text{Y} + z\text{Z}$$

任一物质均处于温度 T 的标准态下，它的标准摩尔反应焓变为：

$$\Delta_r H_m^\ominus = [y\Delta_f H_m^\ominus(\text{Y}) + z\Delta_f H_m^\ominus(\text{Z})] - [c\Delta_f H_m^\ominus(\text{C}) + d\Delta_f H_m^\ominus(\text{D})] \tag{1-8}$$

当查到有关物质的标准摩尔生成焓的数据后，应用式（1-8）可计算出反应的标准摩尔反应焓变。

【例 1-6】 计算恒压反应 $2Al(s) + Fe_2O_3(s) \longrightarrow Al_2O_3 + 2Fe(s)$的标准摩尔反应焓变，并判断此反应是吸热还是放热。

解：由附录 G 查得：$2Al(s) + Fe_2O_3(s) \xrightarrow{\Delta_r H_m^\ominus} Al_2O_3 + 2Fe(s)$

$\Delta_f H_m^\ominus/\text{kJ}\cdot\text{mol}^{-1}$　　0　　−824.2　　　−1675.7　0

$$\begin{aligned}\Delta_r H_m^\ominus &= [\Delta_f H_m^\ominus(Al_2O_3, s) + 2\Delta_f H_m^\ominus(Fe, s)] - [2\Delta_f H_m^\ominus(Al, s) + \Delta_f H_m^\ominus(Fe_2O_3, s)] \\ &= [(-1675.7) + 2\times 0]\ \text{kJ}\cdot\text{mol}^{-1} - [2\times 0 + (-824.2)]\ \text{kJ}\cdot\text{mol}^{-1} \\ &= -851.5\ \text{kJ}\cdot\text{mol}^{-1}\end{aligned}$$

通过计算得知，$\Delta_r H_m^\ominus = -851.5\ \text{kJ}\cdot\text{mol}^{-1} < 0$，可判断此反应为放热反应。铝热法正是利用此反应放出的热量熔化和焊接铁件的。

【例 1-7】已知下列光合作用 $6CO_2(g) + 6H_2O(l) \xrightarrow{h\nu,\ \text{叶绿素},\ \Delta_r H_m^\ominus} C_6H_{12}O_6(s) + 6O_2(g)$ 的$\Delta_r H_m^\ominus = 2802\ \text{kJ}\cdot\text{mol}^{-1}$。（1）试计算葡萄糖（$C_6H_{12}O_6$）的标准摩尔生成焓；（2）每合成 1 kg 葡萄糖需要吸收多少千焦太阳能。

解：（1）由附录 G 查得：$6CO_2(g) + 6H_2O(l) \xrightarrow{h\nu,\ \text{叶绿素},\ \Delta_r H_m^\ominus} C_6H_{12}O_6(s) + 6O_2(g)$

$\Delta_f H_m^\ominus/\text{kJ}\cdot\text{mol}^{-1}$　　−393.51　−285.83　　　　2802　　0

$$\Delta_r H_m^\ominus = [\Delta_f H_m^\ominus(C_6H_{12}O_6, s) + 0] - [6\Delta_f H_m^\ominus(CO_2, g) + 6\Delta_f H_m^\ominus(H_2O, l)]$$

$$\begin{aligned}\Delta_f H_m^\ominus(C_6H_{12}O_6, s) &= \Delta_r H_m^\ominus + 6\Delta_f H_m^\ominus(CO_2, g) + 6\Delta_f H_m^\ominus(H_2O, l) \\ &= [2802 + 6\times(-393.51) + 6\times(-285.83)\ \text{kJ}\cdot\text{mol}^{-1} \\ &= -1274\ \text{kJ}\cdot\text{mol}^{-1}\end{aligned}$$

光合作用的 $\Delta_r H_m^\ominus > 0$，表明其为吸热反应，热量来自太阳光；其逆过程为放热反应，所以氧化摄入生物体内的葡萄糖能供给热量。

（2）$M(C_6H_{12}O_6) = [(12.01\times6) + (1.01\times12) + (16.00\times6)]\ g\cdot mol^{-1} = 180.1\ g\cdot mol^{-1}$

$$Q_p = (m/M)\times \Delta_r H_m^\ominus = 1000\ g/180.1\ g\cdot mol^{-1}\times2802\ kJ\cdot mol^{-1}$$

$$= 15.56\times10^3\ kJ\cdot mol^{-1}$$

【例 1-8】 已知：（1）$2Cu_2O(s) + O_2(g) \longrightarrow 4CuO(s)$；$(\Delta_r H_m^\ominus)_1 = -292\ kJ\cdot mol^{-1}$

（2）$CuO(s) + Cu(s) \longrightarrow Cu_2O(s)$；$(\Delta_r H_m^\ominus)_2 = -11.3\ kJ\cdot mol^{-1}$，在不查 $\Delta_r H_m^\ominus$ 数据表的前提下，试计算 CuO(s)的 $\Delta_r H_m^\ominus$。

解：（2）式×2 =（3）式：（3）$2CuO(s) + 2Cu(s) \longrightarrow 2Cu_2O(s)$

$$(\Delta_r H_m^\ominus)_3 = 2(\Delta_r H_m^\ominus)_2 = -22.6\ kJ\cdot mol^{-1}$$

（3）式 +（1）式 =（4）式：（4）$2Cu(s) + O_2(g) \longrightarrow 2CuO(s)$

$$(\Delta_r H_m^\ominus)_4 = (\Delta_r H_m^\ominus)_3 + (\Delta_r H_m^\ominus)_1 = -314.6\ kJ\cdot mol^{-1}$$

$$\Delta_r H_m^\ominus(CuO, s) = \frac{(\Delta_r H_m^\ominus)_4}{2} = \frac{314.6\ kJ\cdot mol^{-1}}{2} = -157.3\ kJ\cdot mol^{-1}$$

【知识拓展】

我国无机化学发展概况

我国的化学发展史源远流长。距今一万年的新石器时代我们的祖先已会制作陶器，后来还在世界上率先制作了瓷器，到了清代康熙时的素三彩、五彩，雍正、乾隆时的粉彩、珐琅彩更是大放异彩，名传海外。殷代（公元前 2500—2000 年）时已有高超的青铜器熔炼技艺；春秋时期（公元前 770—476 前年）冶铁技术也迅速兴起，不仅较早炼出了生铁而且是世界最早的炼钢国之一。同时，对金、银等金属也开始应用，并有了鎏金技术（用涂抹金汞齐的方法镀金，近代称“火镀金”）。

炼丹术、炼金术时期（公元前 100 年—公元 1500 年），我国唐代发明了黑火药，随着元朝蒙古铁骑西征，黑火药传入阿拉伯地区及欧洲。东汉炼丹家魏伯阳（公元 2—3 世纪）所著的《周易同契》是世界上现存最早的炼丹术专著；东晋葛洪（公元 284—364 年）所著的《抱朴子内篇》(20 卷）更是集汉魏以来炼丹术之大成，记载有很多丹药配方、炼丹设备和化学变化。明代李时珍（公元 1518—1593 年）的《本草纲目》(共 52 卷)载有药物 1 892 种。明末清初宋应星（1587—1661）所著《天工开物》(共 18 卷）是 16 世纪世界罕见的化学工艺百科全书，17 世纪传入日本，18 世纪传入欧洲，成为世界科学名著。

如上所述，我国作为四大文明古国之一，早已有了丰富的经验、化学知识和技艺。但是，由于种种原因，我国的科技发展似乎存在一个历史断层，近代化学的知识、理论是在 19 世纪中叶从欧洲传进来的。

1855 年（清咸丰五年）出版了英国人合信（B. HobSom，1816—1873 年）所编的《博物新编》第一集，最早介绍了西方的近代化学知识。其后，我国近代化学的启蒙者徐寿（1818—1884 年）等人先后译出多部化学著作，例如：

《化学鉴原》：概述化学基本原理和重要的元素性质

《化学鉴原续编》：有机化学

《化学鉴原补编》：无机化学

《化学考质》：定性分析

《化学求数》：定量分析

《物质遇热改易记》：物理化学初步知识

1903 年清政府开始允许国人出国留学并有少量公派名额；民国初年中国继续向西方派出少量留学生。这些学生回国后兴办化学教育，成立中国化学会（1932 年 8 月），筹办化学刊物、筹办化学工厂，成为我国现代化学学科的开拓者和化学工业的先驱者，如侯德榜（1890—1974）、张子高（1886—1976）、庄长恭（1894—1962）、曾昭抡（1899—1976）、黄鸣龙（1898—1979）、杨石先（1896—1985）等化学界老前辈。1949 年中华人民共和国成立后，大批热爱祖国的化学家、留学生纷纷归国，成为我国现代化学各分支学科的带头人、奠基者。

无机化学是在原子和分子层次上研究无机物的组成、性质、结构和反应的科学。从化学发展史看，无机化学是化学科学的基础和母体，其他化学分支大都是从其中分化、衍生、生长起来的。

我国无机合成是从盐碱化工开始的，1921 年杰出的化学家兼化学工程师侯德榜与化工实业家范旭东创建了当时亚洲最大的天津永利碱厂。1949 年中华人民共和国成立后，清华大学高崇熙（1901—1952 年）创办了我国最大的化学试剂生产基地（后来发展为北京化工厂）。1964 年、1967 年我国先后进行了原子弹和氢弹的爆炸试验，表明我国核化学。核化工技术达到国际水平。1957 年南开大学申泮文教授（1916—2017）在我国首次合成了金属氢化物并陆续生产出 LiH、NaH、CaH_2、$LiAlH_4$、$NaBH_4$。在我国稀有元素化学家、复旦大学顾翼东（1930—1996）和盐湖化学奠基人柳大纲的分别带领下，我国稀有元素和盐湖化学的研究成绩卓著。另外，目前我国在各种晶体生长方法、人造金刚石合成技术方面已接近国际水平。

在无机化学方面，有几位化学家的业绩是必须载入史册的。首先是南京大学戴安邦教授（1901—1999 年），他在配位化学、胶体化学、催化动力学、多酸多碱化学领域的研究硕果累累，发表论文 400 篇，1957 年他主编了我国第一部高等学校无机化学通用教材——《无机化学教程》，几十年来培育出一批批化学高级人才，在我国化学界享有崇高声誉。在结构理论方面，卢嘉锡（1915—2001）、唐敖庆（1915—2008）、唐有祺（1920— ）、徐光宪（1920—2015）等著名教授都做出了突出贡献，享誉海内外。在稳定同位素化学研究方面，张青莲教授（1908—2006）是世界上首次测出碳同位素丰度的科学家。

20 世纪 80 年代以来，在改革开放的形势下，我国无机化学学科得到迅速发展。正如国家自然科学基金委员会总结的那样：除了原来研究基础较好的几个分支学科领域如配位化学（南京大学）、钨钼多酸化学（复旦大学）、稀土元素化学（北京大学、中国科学院长春应用化学研究所）和溶液热力学（南开大学）等做了更深入工作外，还开辟了一系列过去只初步涉足或尚无人问津的新领域，如固体无机化学、金属有机化学、原子簇化学、大环化学、生物无机化学、物理无机化学等。建立了开放性的重点实验室：南京大学“配位化学实验室”，北京大学“稀土材料化学及应用实验室”，长春应用化学研究所“稀土化学和物理实验室”以及吉林大学“高压水热法合成实验室”，做出了一批国际水平的成果。但是从总体上看，与世界先进国家水平相比仍有一定差距。

当前无机化学的发展有两个明显的趋势：一是在广度上的拓宽，二是在深度上的推进。为此我国无机化学学科发展战略研究组的专家们提出：我国无机化学基础研究、中期战略目标应该是在若干已经有较好基础的研究方向上逐步深入发展，形成自己的特色，接近或达到世界先进水平；重点发展一些新的国际前沿研究领域，在材料科学和生命科学这两个当代重要领域取得突出研究成果，以便逐渐提高我国无机化学整体水平，力争在国际上占有一席之地。

习　题

第二章　化学反应的方向、速率和限度

【学习目标】

1. 学习并了解自发变化及其特征，了解影响反应自发的因素。
2. 掌握化学反应速率的基本概念及表示方法。
3. 了解化学反应速率理论的基本内容。
4. 了解浓度、温度、催化剂等对化学反应速率的影响。
5. 理解化学平衡和平衡常数的概念。
6. 熟悉浓度、压力和温度对化学平衡的影响。

第一节　判断化学反应的方向

一、了解化学反应的自发过程

自然界中任何自发变化过程都是具有方向性的，例如：水从高处自动流向低处，直到水位差等于零时为止，此时达到了力平衡；热从高温物体自动地向低温物体传递，直到温度差等于零时为止，达到热平衡；不同浓度的溶液混合时，溶质会自动地从高浓度的地方向低浓度的地方扩散，直到体系各部分浓度相同为止，达到物质平衡。这种在一定条件下不需要任何外界做功，一经引发就能自动进行的过程，称为**自发过程**。自发过程的基本特征：

（1）单向性。例如，水只能从高处自动流向低处，而不会自发从低处向高处流；同理，锌能自发置换出硫酸铜中的铜，而铜不能置换出硫酸锌中的锌。

（2）具有做非体积功的本领，如水力发电、风能发电、原电池释放电能等。

（3）具有一定的限度。当达到热力学平衡时，自发过程即终止。例如，水的流动，达到热平衡时，会停止；热的传递，最终以达到热平衡而终止。

若自发过程为化学反应，则称为**自发反应**。例如，锌粒投入过量的硫酸铜溶液中会自动地发生置换反应，直到化学平衡为止。判断一个化学反应能否自发，对于化学研究和化工生产具有重要的意义。因为，如果事先知道一个反应根本不可能发生，人们就不必再花精力去研究它。那么，在一定的温度和压力下，如何判断化学反应的方向呢？

二、掌握影响化学反应方向的因素

1. 化学反应的焓变

在研究各种系统的变化过程时，人们发现自然界的自发过程一般都朝着能量降低的方向进行。能量越低，系统的状态越稳定。一般而言，化学反应的能量交换以热为主。经过化学反应，一部分能量以热的形式释放给环境，同时高能态的反应物变成低能态的产物，体系才会更稳定。的确，很多放热反应（ $\Delta_r H_m^\ominus < 0$ ）在 298.15 K、标准状态下是自发的。例如：

$$3Fe(s) + 2O_2(g) = 3Fe_3O_4(g); \quad \Delta_r H_m^\ominus = -1118.4\ kJ \cdot mol^{-1}$$

$$2CO(g) + O_2(g) = 2CO_2(g); \quad \Delta_r H_m^\ominus = -566.0\ kJ \cdot mol^{-1}$$

因此，有人曾试图以化学反应的焓变（ $\Delta_r H_m^\ominus$ ）作为自发性判断的依据，认为在等温、等压条件下，当 $\Delta_r H_m^\ominus < 0$ 时，化学反应自发进行；反之，当 $\Delta_r H_m^\ominus > 0$ ，反应不能自发进行。

然而，事实并非如此。例如，大家所熟知的水的蒸发、Ag_2O 的分解等过程都是吸热的，但在 298.15 K、标准状态下均能自发进行：

$$H_2O(l) = H_2O(g); \quad \Delta_r H_m^\ominus = 43.99\ kJ \cdot mol^{-1}$$

$$Ag_2O(s) = 2Ag(s) + \frac{1}{2}O_2(g); \quad \Delta_r H_m^\ominus = 31.05\ kJ \cdot mol^{-1}$$

又如，碳酸钙的分解反应：

$$CaCO_3(s) = CaO(s) + CO_2(g); \quad \Delta_r H_m^\ominus = -178.32kJ \cdot mol^{-1}$$

在高温（约 840 °C）也是自发进行的，可它也是吸热反应。

因此，把焓变作为化学反应自发性的普遍判据是不准确、不全面的。

2. 化学反应的熵变

为什么有些吸热反应也能自发进行呢？下面我们以水的蒸发和碳酸钙的分解为例来说明。例如，水的蒸发是水分子从液态的水变成气态的水的过程，水分子之间的距离变大了，水分子排列得也更混乱了。再如，碳酸钙的分解过程，从其反应的方程式就可以看出，反应后不仅物质的种类变多了，而且还生成了热运动自由度很大的气体，整个体系比反应前的混乱度增大了很多。

由此可见，自然界发生的自发过程一般都朝着混乱度增大的方向进行。热力学中用**熵**（符号 S，单位 $J \cdot K^{-1}$）来表示系统混乱度。体系的混乱度越大，熵值越大。对于任何纯物质的完整晶体（指晶体内部无任何缺陷，质点排列完全有序，无杂质）来说，在绝对零度时，热运动几乎停止，体系的混乱度最低，其熵值 S_0 为零。或者说，**“热力学温度 0 K 时，任何纯物质的完整晶体的熵值 S_0 为零”**，即 $S_0 = 0$，下标 0 表示 0 K。以此为基础，可求得物质在其他温度 T 下的熵值 S_T。例如，将一种纯净晶体从 0 K 升温到 T，由于熵是状态函数，就可以通过测得该过程中的熵变来求出 S_T：

$$\Delta S = S_T - S_0 = S_T - 0 = S_T$$

在标准状态下，1 mol 纯物质在温度 T 时的规定熵称为标准摩尔规定熵，简称**标准摩尔熵**，用 $S_m^\ominus$ 表示，单位是 $J \cdot K^{-1} \cdot mol^{-1}$，一些物质在 298.15 K 下的 $S_m^\ominus$ 的数据见书末附录 G。根据熵的含义，可推知物质的标准摩尔熵有如下规律：

（1）同一物质的不同聚集态，其 $S_m^\ominus$ 值有：

$$S_m^\ominus（气态）> S_m^\ominus（液态）> S_m^\ominus（固态）$$

（2）压强一定时，对同一聚集态的同种物质，温度越高，熵值越大。

（3）温度一定时，气态物质的熵值随压强的增大而减小。

由标准摩尔熵 $S_m^\ominus$，可计算任意一个化学反应的标准熵变 $\Delta_r S_m^\ominus$：

设化学反应为：

$$a\,A + d\,D = e\,E + f\,F$$

则

$$\Delta_r S_m^\ominus = e\,S_m^\ominus(E) + f\,S_m^\ominus(F) - a\,S_m^\ominus(A) - d\,S_m^\ominus(D)$$

$$\Delta_r S_m^\ominus = \sum \nu_B S_m^\ominus(B) \tag{2-1}$$

【例 2-1】铁的氧化反应为：$4Fe(s) + 3O_2(g) = 2Fe_2O_3(s)$，查附录 G 可知，相关物质 $Fe(s)$、$O_2(g)$、$Fe_2O_3(s)$在 298.15 K 下的标准摩尔熵 $S_m^\ominus$ 分别为 27.28 $J \cdot mol^{-1} \cdot K^{-1}$，205.14 $J \cdot mol^{-1} \cdot K^{-1}$，87.40 $J \cdot mol^{-1} \cdot K^{-1}$。试计算在 298.15 K 下该反应的标准摩尔熵变 $\Delta_r S_m^\ominus$。

解：因为 $\Delta_r S_m^\ominus = \sum \nu_B S_m^\ominus(B)$

故
$$\begin{aligned}\Delta_r S_m^\ominus &= 2S_m^\ominus[Fe_2O_3(s)] - 4S_m^\ominus[Fe(s)] - 3S_m^\ominus[O_2(g)] \\ &= 2\times 87.40\ J \cdot mol^{-1} \cdot K^{-1} - 4\times 27.28\ J \cdot mol^{-1} \cdot K^{-1} - 3\times 205.14\ J \cdot mol^{-1} \cdot K^{-1} \\ &= -549.74\ J \cdot mol^{-1} \cdot K^{-1}\end{aligned}$$

3. Gibbs 函数及其判据

1876 年，美国著名物理化学家吉布斯（J. W. Gibbs），提出了一个综合系统焓变、熵变和温度三者关系的新的状态函数变量，称为**摩尔吉布斯自由能变量（简称自由能变）**，符号为 $\Delta_r G_m$。吉布斯证明：在恒温、恒压下，摩尔 Gibbs 自由能 $\Delta_r G_m$ 与摩尔反应焓变 $\Delta_r H_m$、摩尔反应熵变 $\Delta_r S_m$ 有如下关系：

$$\Delta_r G_m = \Delta_r H_m - T\Delta_r S_m \tag{2-2}$$

式（2-2）称为吉布斯公式。

吉布斯提出：在恒温、恒压的封闭体系，不做非体积功的前提下，$\Delta_r G_m$ 可作为热化学反应自发过程的判据。即

$$\begin{cases}\Delta_r G_m < 0 & \text{自发过程，化学反应可正向进行} \\ \Delta_r G_m > 0 & \text{非自发过程，化学反应可逆向进行} \\ \Delta_r G_m = 0 & \text{化学反应处于平衡状态}\end{cases}$$

由此可见，恒温、恒压的封闭体系，不做非体积功的前提下，任何自发过程总是朝着吉布斯自由能（G）减小的方向进行。在恒温、恒压下，过程自发或反应自发进行的方向取决于 $\Delta_r H_m$ 和 T、$\Delta_r S_m$ 值的相对大小（表 2-1）。

表 2-1 等压下 $\Delta_r H_m$、$\Delta_r S_m$ 及对 $\Delta_r G_m$ 的影响

各种情况	$\Delta_r H_m$ 的符号	$\Delta_r S_m$ 的符号	$\Delta_r G_m$ 的符号	反应情况
1	−	+	−	任何温度下均为自发反应
2	+	−	+	任何温度下均为非自发反应
3	+	+	+（常温） −（高温）	常温下为非自发反应 高温下为自发反应
4	−	−	−（常温） +（高温）	常温下为自发反应 高温下为非自发反应

三、判断热化学反应方向

1. 标准摩尔吉布斯自由能变 $\Delta_r G_m^\ominus(T)$ 的计算和反应方向的判断

标准状态时，吉布斯公式变为

$$\Delta_r G_m^\ominus(T) = \Delta_r H_m^\ominus(T) - T\Delta_r S_m^\ominus(T) \quad (2\text{-}3)$$

由于 $\Delta_r H_m^\ominus$、$\Delta_r G_m^\ominus$ 随温度变化不大，有

$$\Delta_r G_m^\ominus(T) \approx \Delta_r H_m^\ominus(298\ \text{K}) - T\Delta_r S_m^\ominus(298\ \text{K}) \quad (2\text{-}4)$$

因此，只要能够计算出 $\Delta_r G_m^\ominus(T)$ 的结果，便可以判断标准状态下化学反应自发进行的方向，即在恒温恒压下，若 $\Delta_r G_m^\ominus(T) < 0$，则化学反应能正向自发进行。

与反应焓变 $\Delta_r H_m^\ominus$ 一样，吉布斯自由能变 $\Delta_r G_m^\ominus$ 也可以根据标准摩尔生成吉布斯自由能 $\Delta_f G_m^\ominus$ 求算。

$$\Delta_r G_m^\ominus = \sum \nu_i \Delta_f G_m^\ominus\ (\text{生成物}) + \sum \nu_i \Delta_f G_m^\ominus\ (\text{反应物}) \quad (2\text{-}5)$$

在标准状态下，由最稳定态的纯态单质生成单位物质的量的某物质时的标准吉布斯自由能变称为该物质的标准摩尔生成吉布斯自由能（以 $\Delta_f G_m^\ominus$ 表示）。根据此定义，不难理解，任何最稳定的纯态单质（如石墨、氧气等）在任何温度下的 $\Delta_f G_m^\ominus$ 都为零。

【例 2-2】试判断：反应 $C_6H_6(l) \xlongequal{\quad} 3C_2H_2(g)$在 298.15 K，标准状态下正向能否自发进行？并估算最低反应温度。已知 $\Delta_f H_m^\ominus[C_6H_6(l), 298\ \text{K}] = 49.10\ \text{kJ} \cdot \text{mol}^{-1}$，$\Delta_f H_m^\ominus[C_2H_2(g), 298\ \text{K}] = 226.73\ \text{kJ} \cdot \text{mol}^{-1}$；$S_m^\ominus[C_6H_6(l), 298\ \text{K}] = 173.40\ \text{J} \cdot \text{mol}^{-1} \cdot \text{K}^{-1}$，$S_m^\ominus[C_2H_2(g), 298\ \text{K}] = 200.94\ \text{J} \cdot \text{mol}^{-1} \cdot \text{K}^{-1}$。

解：根据 Gibbs-Helmholtz 公式

$$\Delta_r G_m^\ominus(T) = \Delta_r H_m^\ominus(T) - T\Delta_r S_m^\ominus(T)$$

$$\Delta_r G_m^\ominus(298\ \text{K}) = \Delta_r H_m^\ominus(298\ \text{K}) - T\Delta_r S_m^\ominus(298\ \text{K})$$

而

$$\begin{aligned}\Delta_r G_m^\ominus(298\ \text{K}) &= 3\,\Delta_f H_m^\ominus[C_2H_2(g), 298\text{K}] - \Delta_f H_m^\ominus[C_6H_6(l), 298\ \text{K}] \\ &= 3\times226.73\ \text{kJ} \cdot \text{mol}^{-1} - 1\times49.10\ \text{kJ} \cdot \text{mol}^{-1} \\ &= 631.09\ \text{kJ} \cdot \text{mol}^{-1}\end{aligned}$$

$$\Delta_r S_m^\ominus(298\ \mathrm{K}) = 3S_m^\ominus[C_2H_2(g), 298K] - S_m^\ominus[C_6H_6(l), 298K]$$
$$= 3\times 200.94\ \mathrm{J\cdot mol^{-1}\cdot K^{-1}} - 1\times 173.40\ \mathrm{J\cdot mol^{-1}\cdot K^{-1}}$$
$$= 429.42\ \mathrm{J\cdot mol^{-1}\cdot K^{-1}}$$

故 $$\Delta_r G_m^\ominus(298\ \mathrm{K}) = \Delta_r H_m^\ominus(298\ \mathrm{K}) - T\Delta_r S_m^\ominus(298\ \mathrm{K})$$
$$= 631.09\ \mathrm{kJ\cdot mol^{-1}} - 298.15\ \mathrm{K}\times 429.42\times 10^{-3}\ \mathrm{kJ\cdot mol^{-1}\cdot K^{-1}}$$
$$= 503.06\ \mathrm{kJ\cdot mol^{-1}} > 0$$

因此，该正向反应不能自发进行。

若使 $\Delta_r G_m^\ominus(298\ \mathrm{K}) = \Delta_r H_m^\ominus(298\ \mathrm{K}) - T\Delta_r S_m^\ominus(298\ \mathrm{K}) < 0$，则正向反应自发进行。

又因为 $\Delta_r H_m^\ominus$、$\Delta_r S_m^\ominus$ 随温度变化不大，即

$$\Delta_r G_m^\ominus(T) \approx \Delta_r H_m^\ominus(298\ \mathrm{K}) - T\Delta_r S_m^\ominus(298\ \mathrm{K}) < 0$$

则 $$T > 631.09\ \mathrm{kJ\cdot mol^{-1}}/429.42\times 10^{-3}\ \mathrm{kJ\cdot mol^{-1}\cdot K^{-1}} = 1469.6\ \mathrm{K}$$

故最低反应温度为 1469.6 K。

2. 非标准摩尔吉布斯自由能变 $\Delta_r G_m(T)$ 的计算和反应方向的判断

在实际中的很多化学反应常常是在非标准态下进行的。在等温等压及非标准态下，对任一反应来说：

$$aA + bB \longrightarrow xX + yY$$

根据热力学推导，反应摩尔吉布斯自由能变有如下关系式：

$$\Delta_r G_m = \Delta_r G_m^\ominus + RT\ln J \tag{2-6}$$

式（2-6）称为**化学反应等温方程式**，式中 J 为**反应商**。

对于气体反应：

$$J = \frac{\{p(X)/p^\ominus\}^x\{p(Y)/p^\ominus\}^y}{\{p(A)/p^\ominus\}^a\{p(B)/p^\ominus\}^b}$$

对于水溶液中的（离子）反应：

$$J = \frac{\{c(X)/c^\ominus\}^x\{c(Y)/c^\ominus\}^y}{\{c(A)/c^\ominus\}^a\{c(B)/c^\ominus\}^b}$$

由于固态或液态处于标准态与否对反应的 $\Delta_r G_m$ 影响较小，故它们在反应商（J）式中不出现。例如反应：

$$MnO_2(s) + 4H^+(aq) + 2Cl^-(aq) \longrightarrow Mn^{2+}(aq) + Cl_2(g) + 2H_2O(l)$$

非标准态时：$\Delta_r G_m = \Delta_r G_m^\ominus + RT\ln J$

其中：

$$J = \frac{\{c(Mn^{2+})/c^\ominus\}\{p(Cl_2)/p^\ominus\}}{\{c(H^+)/c^\ominus\}^4\{c(Cl^-)/c^\ominus\}^2}$$

【例 2-3】计算下列可逆反应在 723 K 和某非标准状态时的 $\Delta_r G_m$ 值，并判断该反应自发进行的方向。

$$2SO_2(g) \quad + \quad O_2(g) \rightleftharpoons 2SO_3(g)$$

非标准态分压/Pa　　1.0×10^4　　1.0×10^4　　1.0×10^8

解：根据 $\Delta_r G_m = \Delta_r G_m^\ominus + RT\ln J$，先计算出 $\Delta_r G_m^\ominus$ 和 $RT\ln J$：

（1）查附录 G，有

	$2SO_2(g)$	+ $O_2(g)$ $\rightleftharpoons$	$2SO_3(g)$
$\Delta_f H_m^\ominus(298.15\ K)/kJ\cdot mol^{-1}$	−296.830	0	−395.72
$\Delta_r S_m^\ominus(298.15\ K)/J\cdot mol^{-1}\cdot K^{-1}$	248.22	205.138	256.76

$$\Delta_r H_m^\ominus(298.15\ K) = \sum \nu_i \Delta_f H_m^\ominus(生成物) + \sum \nu_i \Delta_f H_m^\ominus(反应物)$$

$$= 2\times(-395.72\ kJ\cdot mol^{-1}) + [(-2)\times(-296.830\ kJ\cdot mol^{-1}) - 0]$$

$$= -197.78\ kJ\cdot mol^{-1}$$

$$\Delta_r S_m^\ominus(298.15\ K) = \sum \nu_i \Delta_r S_m^\ominus(生成物) + \sum \nu_i \Delta_r S_m^\ominus(反应物)$$

$$= 2\times(256.76\ J\cdot mol^{-1}\cdot K^{-1}) + [(-2)\times(-248.22\ J\cdot mol^{-1}\cdot K^{-1}) + (-1)\times205.138\ J\cdot mol^{-1}\cdot K^{-1}]$$

$$= -188.06\ J\cdot mol^{-1}\cdot K^{-1}$$

$$\Delta_r G_m^\ominus(723\ K) = \Delta_r H_m^\ominus(723\ K) - T\Delta_r S_m^\ominus(723\ K)$$

$$\approx \Delta_r H_m^\ominus(298.15\ K) - T\Delta_r S_m^\ominus(298.15\ K)$$

$$= -197.78\ kJ\cdot mol^{-1} - 723\ K\times(-188.06\ J\cdot mol^{-1}\cdot K^{-1})$$

$$= -61.813\ kJ\cdot mol^{-1}$$

（2）

$$RT\ln J = 2.303RT\lg\frac{\{p(SO_3)/p^\ominus\}^2}{\{p(SO_2)/p^\ominus\}^2\{p(O_2)/p^\ominus\}}$$

$$= 2.302\times8.314\ J\cdot mol^{-1}\cdot K^{-1}$$

$$\times723\ K\times\lg\frac{(1.0\times10^8/1.0\times10^5)^2}{(1.0\times10^4/1.0\times10^5)^2(1.0\times10^4/1.0\times10^5)}$$

$$= 124.5905\ kJ\cdot mol^{-1}$$

（3）

$$\Delta_r G_m(723\ K) = \Delta_r G_m^\ominus(723\ K) + RT\ln J$$

$$= -61.813\ kJ\cdot mol^{-1} + 124.5905\ kJ\cdot mol^{-1}$$

$$= 62.777\ kJ\cdot mol^{-1}$$

第二节　化学反应的速率

化学反应的速率因不同的反应而异，例如，火药的爆炸只需瞬间就可发生，酸碱中和反应也只需几秒，而高温固相合成无机材料、有机合成、高分子合成则需要几个小时，橡胶老化需要几年，石油、煤的形成甚至需要几千万年。而且，即使同一反应，在不同的条件下反应速率也不同，例如钢铁的氧化在强酸性环境下只需要几个小时，而在干燥中性环境中则需要几年甚至几十年。那么，如何来测定化学反应速率呢?

一、掌握化学反应速率的定义及其表示方法

1. 化学反应速率的定义

化学反应速率是指在一定条件下，化学反应中反应物转变为生成物的速率，是衡量化学反应进行快慢的物理量，通常用单位时间内反应物浓度的减少或生成物的浓度增加来表示。若浓度用物质的量浓度（c）来表示，单位为 $mol \cdot L^{-1}$；时间用 t 来表示，单位为秒（s）或分（min）或小时（h），则化学反应速率的数学表达式为：

$$v = \frac{\Delta c}{\Delta t} \tag{2-7}$$

单位为 $mol \cdot L^{-1} \cdot s^{-1}$、$mol \cdot L^{-1} \cdot min^{-1}$ 或 $mol \cdot L^{-1} \cdot h^{-1}$。

【例 2-4】在一定条件下，2 L 的密闭容器中，分别加入 1 mol N_2 和 3 mol H_2，发生反应 $N_2 + 3H_2 \rightleftharpoons 2NH_3$，在 2 s 末时测得容器中含有 0.4 mol NH_3，求该反应的化学反应速率。

解：	N_2	+ $3H_2$	$\rightleftharpoons 2NH_3$
起始量/mol	1	3	0
2s 末量/mol	1−0.2	3−0.6	0.4
变化量/mol	0.2	0.6	0.4

则有

$$v(N_2) = \frac{\Delta c(N_2)}{\Delta t} = \frac{\Delta n(N_2)}{V}\frac{1}{\Delta t} = \frac{0.2\ \text{mol}}{2\ \text{L}}\frac{1}{2\ \text{s}} = 0.05\ mol \cdot L^{-1} \cdot s^{-1}$$

$$v(H_2) = \frac{\Delta c(H_2)}{\Delta t} = \frac{\Delta n(H_2)}{V}\frac{1}{\Delta t} = \frac{0.6\ \text{mol}}{2\ \text{L}}\frac{1}{2\ \text{s}} = 0.150\ mol \cdot L^{-1} \cdot s^{-1}$$

$$v(NH_3) = \frac{\Delta c(NH_3)}{\Delta t} = \frac{\Delta n(NH_3)}{V}\frac{1}{\Delta t} = \frac{0.4\ \text{mol}}{2\ \text{L}}\frac{1}{2\ \text{s}} = 0.10\ mol \cdot L^{-1} \cdot s^{-1}$$

可见，$v(N_2) : v(H_2) : v(NH_3) = 0.05 : 0.15 : 0.1 = 1 : 3 : 2$，说明用不同物质浓度变化表示同一反应速率时，其反应速率之比就等于化学方程式中计量系数之比。

2. 平均反应速率与瞬时速率

一般来说，化学反应过程都不是等速进行的，因此上面所说的在某一时间内的反应速率实际上是这一段时间内的平均速率。然而，化学反应过程中，反应物的浓度在不断变化，每时每刻的反应速率是不同的，所以用瞬时速率表示反应速率更能说明反应进行的真实情

况。在定容条件下，化学反应的瞬时速率 v 应为 Δt 趋近于零时反应物浓度的减少或生成物浓度的增加，即

$$v=\pm\lim_{\Delta t\to 0}\frac{\Delta c_i}{\Delta t}=\pm\frac{\mathrm{d}c_i}{\mathrm{d}t} \tag{2-8}$$

式（2-8）表示瞬时速率是某物质浓度随时间的变化率，即浓度对时间的一阶导数。

3. 化学反应速率注意事项

（1）无论浓度的变化是增加还是减少，一般都取正值，所以化学反应速率一般为正值。

（2）化学反应速率可用反应体系中一种反应物或生成物浓度的变化来表示，一般是以最容易测定的一种物质表示，且应标明是什么物质的反应速率。

（3）用不同的物质表示同一时间的反应速率时其数值可能不同，但表达的意义是相同的，各物质表示的反应速率的数值有相互关系，彼此可以根据化学方程式中的各化学计量数进行换算，对于反应 $m\mathrm{A(g)}+n\mathrm{B(g)} \xlongequal{\quad} p\mathrm{C(g)}+q\mathrm{D(g)}$，则有

$$\frac{v_{\mathrm{A}}}{m}=\frac{v_{\mathrm{B}}}{n}=\frac{v_{\mathrm{C}}}{p}=\frac{v_{\mathrm{D}}}{q} \tag{2-9}$$

（4）一般来说，化学反应过程都不是等速进行的，因此某一时间内的反应速率实际上是这一段时间内的平均速率，而不是瞬时速率。

（5）用化学反应速率来比较不同反应进行得快慢或同一反应在不同条件下反应的快慢时，应选择同一物质来比较。

二、了解化学反应速率理论

实验结果证明，化学反应速率的大小，同自然中任何事物的变化规律一样，取决于两个方面，即内因和外因。内因即反应物的本性，如无机物间的反应一般比有机物间的反应快得多。外因即外界条件，如浓度、温度、催化剂等外界条件。为了说明“内因”和“外因”对化学反应速率影响的实质，人们提出了碰撞理论和过渡状态理论。

1. 碰撞理论

1918 年，瑞典物理化学家阿仑尼乌斯（Arrhenius）提出了化学反应的有效碰撞理论。其理论要点是：

（1）反应物分子（或原子、离子）之间必须相互碰撞，才有可能发生反应。

（2）不是每次碰撞都能发生反应，只有极少数分子（或原子、离子）的碰撞才能发生反应。能发生反应的碰撞称为有效碰撞。显然有效碰撞次数越多，反应速率越快。

（3）要发生有效碰撞，反应物的分子必须具备的最低能量若以 E_1 表示，则具有能量等于或高于 E_1 的分子称为**活化分子**，能量低于 E_1 的分子称为非活化分子或普通分子。

（4）一定温度下，活化分子具有的平均能量 $\bar{E}^*$ 与反应分子的平均能量 $\bar{E}$ 之差称为反应的**活化能**（E_{a}）：

$$E_{\mathrm{a}}=\bar{E}^*-\bar{E}$$

化学反应速率主要决定于单位时间内有效碰撞的次数，而有效碰撞的次数与活化能有关。显然，在一定温度下，反应的活化能越大，活化分子所占的比例越小，单位时间内有效碰撞的次数越少，反应进行得越慢；反之亦然。

不同的化学反应，具有不同的活化能，一般化学反应的活化能为 40 ~ 400 kJ · mol^{-1}。活化能小于 40 kJ · mol^{-1} 的化学反应非常快，活化能大于 120 kJ · mol^{-1} 的反应就很慢了。

碰撞理论比较直观，应用于简单反应中较为成功，但对于复杂分子之间的反应，这个理论适应性较差，过渡态理论应运而生。

2. 过渡态理论

过渡态理论认为，化学反应不只是通过反应物分子间的简单碰撞就生成产物，而是要经过一个中间的过渡状态，并且经过这个过渡状态需要一定的活化能。

对于下列反应：$A + BC \Longleftrightarrow [A\cdots B\cdots C] \longrightarrow AB + C$

（反应物）　（活化配合物）　（产物）

由稳定的反应物分子过渡到活化配合物的过程叫作**活化过程**。活化过程中所吸收的能量就是活化能。活化能就是基态反应物所具有的平均能量与活化配合物所具有的能量之差。图 2-1 表示以上反应中的能量变化，由图可见，反应物要形成活化配合物，它的能量必须比反应物的平均能量高出 E_{a1}，E_{a1} 就是反应的活化能。由于产物的平均能量比反应物低，因此，该反应是放热反应。

如果反应逆向进行，即 $AB + C \longrightarrow A + BC$，也是要先形成活化配合物[A⋯B⋯C]，然后再分解为产物 A 和 BC。如图 2-1，逆反应的活化能为 E_{a2}，是吸热反应。

该反应的热效应 $\Delta_r H_m$（热力学能的变化）等于正逆反应活化能之差，即

$$\Delta_r H_m = \Delta E = E_{a1} - E_{a2}$$

当 $E_{a1} > E_{a2}$，$\Delta_r H_m > 0$，反应吸热；

当 $E_{a1} < E_{a2}$，$\Delta_r H_m < 0$，反应放热。

由此可知，反应物分子必须具有足够的能量才能越过反应坐标中的能峰而变为产物分子。反应的活化能越大，能峰越高，能越过能峰的反应物分子比例越少，反应速率就越慢。

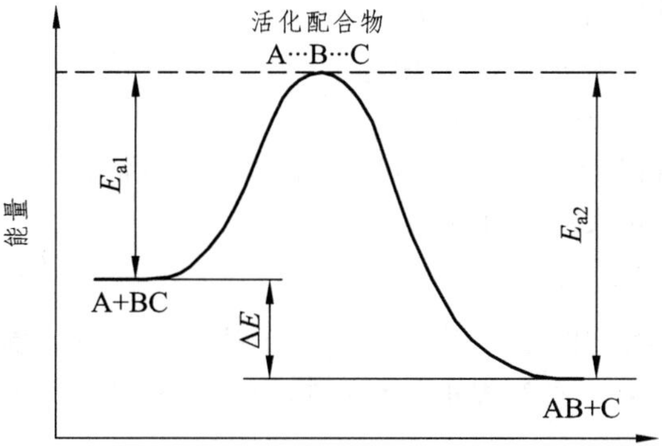

图 2-1　反应过程的能量变化

三、掌握影响化学反应速率的因素

化学反应速率的大小，首先取决于反应物的本性，这是内在因素。例如，无机物之间的反应一般比有机物之间的快得多。此外，反应速率还取决于外界因素，如反应物的浓度（或压力）、温度和催化剂等。

1. 浓度（或压力）对反应速率的影响

物质在纯氧中燃烧比在空气中燃烧更为剧烈。显然，反应物浓度越大，活化分子的浓度也越大，反应速率也越快。实验表明：在一定温度下，化学反应速率与反应物浓度幂次方（以化学反应式中相应的系数作为指数）的乘积成正比，这个规律称为**质量作用定律，**对于某一基元反应（由反应物一步直接转变为生成物的反应）

$$aA + bB = dD + eE$$

$$v = k\{c(A)\}^a \{c(B)\}^b \tag{2-10}$$

式中 v——瞬时速率，物质的浓度为瞬时浓度；

k——反应速率常数。

k 的物理意义是：

① k 在数值上相当于各反应物浓度都是 1 mol · L^{-1} 时的反应速率；② 在相同条件下，k 越大，反应的速率越快；对于不同的化学反应，k 值也不相同；③ 对同一个化学反应，k 值与反应物的本性及温度等有关，与反应物的浓度无关；④ k 值一般通过实验测定。

式（2-10）又称为反应速率方程。书写反应速率方程式时应注意以下几点：

（1）质量作用定律仅适用于基元反应。大多数反应的反应物要经过若干步基元反应才能转变为生成物，这类复杂反应称为非基元反应。对非基元反应来说，质量作用定律只适应于非基元反应的每一步基元反应。因此，不能根据非基元反应的总反应式直接书写速率方程。例如，非基元反应：$2NO + 2H_2 \longrightarrow N_2 + 2H_2O$，根据实验测定的结果，该反应的速率方程为

$$v = \{c(NO)\}^2 \{c(H_2)\}$$

而不是 $$v = \{c(NO)\}^2 \{c(H_2)\}^2$$

原因是该反应实际上分两步进行：

第一步（慢）$2NO + H_2 \longrightarrow N_2 + H_2O_2$

第二步（快）$H_2O_2 + H_2 \longrightarrow 2H_2O$

由于第一步反应进行得慢，成为影响整个非基元反应快慢的决定性步骤，所以总反应的快慢就取决于第一步基元反应的速率，即

$$v = \{c(NO)\}^2 \{c(H_2)\}$$

（2）纯固态或纯液态物质的浓度不写入速率方程式。因为其浓度可看作是常数。

（3）非基元反应的反应速率方程中，反应物浓度的指数与反应方程式中计量系数并不一致，对一般的化学反应

$$aA + bB = dD + eE$$

其速率方程可表示为：

$$v = k\{c(A)\}^m\{c(B)\}^n \quad (2\text{-}11)$$

式中　$c(A)$、$c(B)$——A、B 的浓度；

m、n——速率方程中 $c(A)$和 $c(B)$的指数，分别称为反应物 A 和 B 的反应级数，两者之和 $m+n$ 称为该反应的总级数。

若无特殊说明，反应级数一般都是指反应总级数。

反应级数的确定，不能由配平的方程式直接书写，而是通过实验确定的速率方程中各反应物浓度方次之和，可以是整数，也可以是分数或零。例如，对于总反应 $H_2(g) + Cl_2(g) \!=\!=\!= 2HCl(g)$，通过实验测定其速率方程为 $v = kc(H_2)\sqrt{c(Cl_2)}$，其反应级数为 3/2。

2. 温度对反应速率的影响

温度是影响化学反应速率的另一重要因素。食物在夏天腐败变质要比冬天快得多。大量实验事实表明，对大多数反应来说，温度每升高 10 K，反应速率或反应速率常数一般增大 2 ~4 倍。即

$$\frac{v_{T+10\,K}}{v_T} = \frac{k_{T+10\,K}}{k_T} = 2 \sim 4$$

温度对反应速率的影响主要体现在温度对反应速率系数 k 的影响上，温度升高，k 值增大，反应速率加快。研究表明，升高温度不仅能使分子间的碰撞次数增多，还能使更多的分子获得能量转变为活性分子。

3. 催化剂对反应速率的影响

凡能改变化学反应速率、但本身的组成和质量在反应前后保持不变的物质称为催化剂。催化剂在现代化学、化工中起着极为重要的作用。据统计，化工生产中约有 85%的化学反应需要使用催化剂。催化剂改变反应速率的作用称为催化作用，能加快反应速率的催化剂称为正催化剂，减慢反应速率的催化剂称为负催化剂，一般提到的催化剂都是正催化剂。

研究表明：催化剂之所以能加快反应速率，是因为它能改变反应历程，降低反应的活化能。如图 2-2 所示，在无催化剂时，反应的活化能为 E_a；加催化剂后，反应的活化能降为 E_{ac}，活化能降低，活化分子相应增多，故反应速率加快。

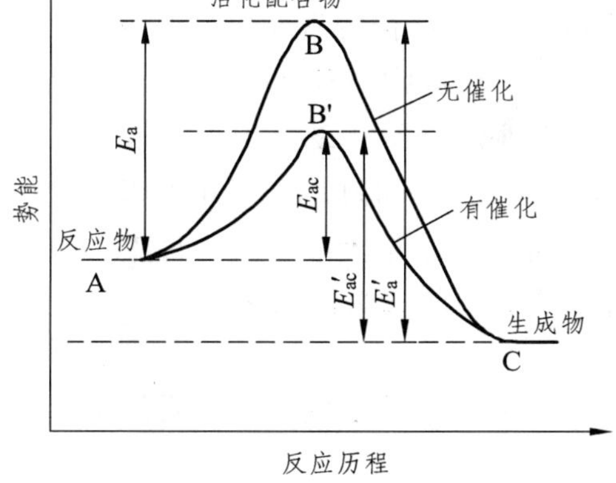

图 2-2　催化剂作用机理

催化剂的特点如下：① 催化剂用量小，但对反应速率影响大；② 对同一可逆反应，催化剂等值地降低了正、逆反应的活化能；③ 催化剂不改变反应的始态和终态，也不能使非自发反应变成自发反应；④ 催化剂具有选择性。不同的化学反应往往采用不同的催化剂。对同一反应物，若选用的催化剂不同，则可能得到不同的产物。

第三节　化学反应的限度

一、理解可逆反应和化学平衡

在同一条件下，既能向一个方向又能向相反方向进行的化学反应，叫作可逆反应。大多数化学反应都是可逆的。例如，在一定温度下，将氢气和碘蒸气按一定体积比装入密闭容器中，它们将发生反应，生成气态的碘化氢：

$$H_2(g) + I_2(g) \longrightarrow 2HI(g)$$

实验表明，在反应“完成”后，反应体系中同时存在 $H_2(g)$、$I_2(g)$和 HI(g)三种物质，即反应物并没有完全转化为生成物。这是因为在 $H_2(g)$和 $I_2(g)$生成 HI(g)的同时，一部分 HI(g)又分解为 $H_2(g)$和 $I_2(g)$：

$$2HI(g) \longrightarrow H_2(g) + I_2(g)$$

上述两个反应同时发生且方向相反，可以用下列形式表示：

$$H_2(g) + I_2(g) \rightleftharpoons 2HI(g)$$

通常将从左向右进行的反应叫作正反应，从右向左进行的反应叫作逆反应。

虽然多数反应都是可逆反应，但可逆的程度不同。通常将可逆程度极微小的反应称之不可逆反应。例如：$NaOH + HCl \longrightarrow NaCl + H_2O$，该反应的反应物基本能全部转化为生成物，是一个不可逆的反应。

对于任一可逆反应，例如，在密闭容器中 $N_2(g)$和 $H_2(g)$合成 $NH_3(g)$的反应：

$$N_2(g) + 3H_2(g) \rightleftharpoons 2NH_3(g)$$

当反应开始时，$N_2(g)$和 $H_2(g)$的浓度较大，而 $NH_3(g)$的浓度为零。因此，反应刚刚开始时，正反应速率大，逆反应速率为零。但随着反应的进行，$N_2(g)$和 $H_2(g)$的浓度逐渐减小，正反应速率逐渐降低。与此同时，生成物 $NH_3(g)$的浓度逐渐增大，逆反应速率逐渐升高。当反应进行到一定程度后，正反应速率等于逆反应速率，即 $v_{正}=v_{逆}$，如图 2-3 所示。此时的反应物 $N_2(g)$、$H_2(g)$和生成物 NH_3 的浓度不再发生变化，反应达到了最大限度。这种正、逆反应速率相等时，反应体系所处的状态叫作**化学平衡**。

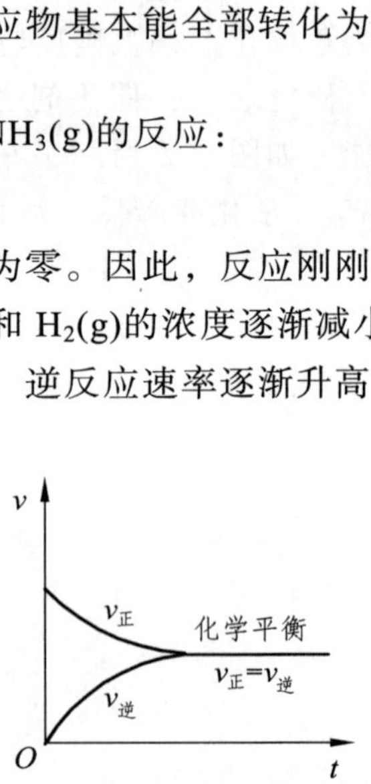

图 2-3　化学平衡

化学平衡具有以下特征：

（1）反应达到平衡时，只要外界条件不变，各物质的量将不随时间而变。

（2）化学平衡是一种动态平衡。反应达到平衡后，反应似乎是“终止”了，但实际上，正、逆反应仍以相同的速率进行，只是单位时间内各物质的生成量和消耗量相等，所以各物质的量都保持不变。

（3）化学平衡是相对的、有条件的平衡。当外界条件改变时，原平衡就会破坏，随后在新的条件下建立新的平衡。

二、平衡常数

1. 实验平衡常数

大量实验结果表明，在一定温度下达到平衡时，各生成物平衡浓度的乘积与反应物平衡浓度的乘积之比为一常数，称为**化学平衡常数**。其中，以浓度表示的称为浓度平衡常数（K_c），以分压表示的称为压力平衡常数（K_p）。例如对于任一可逆的气相反应：

$$aA(g) + bB(g) \rightleftharpoons dD(g) + eE(g)$$

$$K_c = \frac{\{c(D)\}^d\{c(E)\}^e}{\{c(A)\}^a\{c(B)\}^b} \qquad (2\text{-}12)$$

$$K_p = \frac{\{p(D)\}^d\{p(E)\}^e}{\{p(A)\}^a\{p(B)\}^b} \qquad (2\text{-}13)$$

当反应物和生成物均为理想气体时，K_p 与 K_c 的关系式为：

$$K_p = K_c(RT)^{\Delta n} \qquad (2\text{-}14)$$

式中　Δn——生成物和反应物的物质的量之差，即 $\Delta n = (d + e)-(a + b)$，当压力单位为 Pa 时，$R = 8314\ \text{Pa}\cdot\text{m}^3\cdot\text{mol}^{-1}\cdot\text{K}^{-1}$。

由于 K_p 与 K_c 都是把实验测定值直接代入平衡表达式中计算所得，因此，它们均属**实验平衡常数**（或经验平衡常数），其数值和量纲随分压或浓度所用的单位不同而异，其量纲一般不为 1，只有当 $\Delta n = 0$ 时量纲为 1。

2. 标准平衡常数（$K^\ominus$）

标准平衡常数，又称为热力学平衡常数，用符号 $K^\ominus$来表示。标准平衡常数可由化学等温方程导出，根据式（2-6）：

$$\Delta_r G_m = \Delta_r G_m^\ominus + RT\ln J$$

当体系处于平衡态时，则 $\Delta_r G_m = 0$，并且反应商 J 项中各气体物质的分压或各溶质的浓度均指平衡分压或浓度，即 $J = K^\ominus$。此时，有

$$\Delta_r G_m^\ominus + RT\ln K^\ominus = 0$$

$$\Delta_r G_m^\ominus = -RT\ln K^\ominus = -2.303RT\lg K^\ominus \qquad (2\text{-}15)$$

$$\lg K^\ominus = -\frac{\Delta_r G_m^\ominus}{2.303RT} \qquad (2\text{-}16)$$

可见，$K^\ominus$是表明化学反应限度的一种特征常数，对于一般的化学反应

$$aA(g) + bB(aq) + cC(s) \rightleftharpoons xX(g) + yY(aq) + zH_2O(l)$$

$$K^\ominus = \frac{\{p(X)/p^\ominus\}^x \{c(Y)/c^\ominus\}^y}{\{p(A)/p^\ominus\}^a \{c(B)/c^\ominus\}^b} \tag{2-17}$$

式中，与实验平衡常数相比，不同之处在于各物种的浓度均除以了标准浓度，即溶液使用相对浓度（$c/c^\ominus$），气体用相对分压（$p/p^\ominus$）。$c^\ominus$、$p^\ominus$分别为标准浓度和标准压力，$c^\ominus = 1\ \text{mol}\cdot\text{L}^{-1}$，$p^\ominus = 100\ \text{kPa}$，$K^\ominus$量纲为 1。

标准平衡常数只与温度有关，与压力选用何种单位无关；而实验平衡常数不仅与用浓度表示还是用压力表示有关，还与压力选用何种单位有关。

3. 标准平衡常数 $K^\ominus$的物理意义

（1）**$K^\ominus$是反应的特性常数**，仅取决于反应的本性，不随物质的初始浓度（或分压）而改变，只随温度变化。

（2）**$K^\ominus$的大小是反应进行限度的标志**。因为平衡状态是反应进行的最大限度，一个反应的 $K^\ominus$越大，说明平衡时生成物的浓度越大，反应物剩余的浓度越小，即正反应的趋势越强，逆反应的趋势越弱。$K^\ominus$越大，正反应进行得越彻底。通常情况下：$K^\ominus>10^7$，反应只向正反应方向进行；$K^\ominus <10^{-7}$，反应只向逆反应方向进行；$K= 10^{-7}\sim10^7$，为可逆反应。

（3）**标准平衡常数表达式表明在一定温度下体系达到平衡的条件**。一个化学反应是否达到平衡状态，它的标志就是正反应速率等于逆反应速率，此时各物质的浓度将不随时间改变，产物浓度系数次方的乘积与反应物浓度系数次方的乘积之比是一个常数。对于给定反应在给定温度 T 下，标准平衡常数 $K^\ominus(T)$是根据化学等温方程算出的，具有确定值。如果按照 $K^\ominus(T)$表达式的同样形式来表示反应

$$aA(g) + bB(aq) + cC(s) \rightleftharpoons xX(g) + yY(aq) + zZ(l)$$

$$J = \frac{\{p_j(X)/p^\ominus\}^x \{c_j(Y)/c^\ominus\}^y}{\{p_j(A)/p^\ominus\}^a \{c_j(B)/c^\ominus\}^b} \tag{2-18}$$

式中　p_j，c_j——某时刻 j 物种的分压、浓度；

J——反应商。

当系统处于非平衡态时 $J \neq K^\ominus$，表明反应仍在进行中。随着时间的推移，J 在不断变化，直到 $J = K^\ominus$，此时 $v_{正}=v_{逆}$，反应达到平衡。若 $J < K^\ominus$，反应正向进行，反之，反应逆向进行。

$$\text{反应商判据}\begin{cases}\text{当}J = K^\ominus\text{时，反应达到平衡；}\\ \text{当}J < K^\ominus\text{时，反应向正方向进行；}\\ \text{当}J > K^\ominus\text{时，反应向逆方向进行。}\end{cases}$$

4. 书写和应用平衡常数注意事项

（1）在平衡常数表达式中各物质的浓度或分压力，都是指平衡时的浓度或分压力，并且反应物的浓度或分压力要写成分母，反应产物的浓度或分压力则写作分子，有时用“[ ]”表示平衡浓度。如醋酸的电离平衡：

$$HAc(aq) \rightleftharpoons H^+(aq) + Ac^-(aq)$$

$$K_c = \frac{[H^+][Ac^-]}{[HAc^-]}$$

（2）反应中有固体或纯液体参加，其浓度可认为是常数，它们的浓度不应写在平衡常数表达式中。

（3）稀溶液中进行的反应，如反应有水参加，其浓度几乎维持不变，可近似视为一个常数，所以也不必写在平衡常数表达式中，例如：

$$Cr_2O_7^{2-}(aq) + H_2O(l) \rightleftharpoons 2CrO_4^{2-}(aq) + 2H^+(aq)$$

$$K_c = \frac{[H^+]^2[CrO_4^{2-}]^2}{[Cr_2O_7^{2-}]}$$

（4）平衡常数表达式必须与反应方程式相对应。同一化学反应的化学方程式写法不同，平衡常数 K 值就不同。例如下列反应，如方程式写成：

$$2\,CO(g) + O_2(g) \rightleftharpoons 2CO_2(g)$$

平衡常数表达式为：

$$K_p = \frac{p^2(CO_2)}{p^2(CO)p(O_2)}$$

若把反应式写作：$CO(g) + 1/2O_2(g) \rightleftharpoons CO_2(g)$

则平衡常数表达式为：

$$K'_p = \frac{p(CO_2)}{p(CO)p^{1/2}(O_2)}$$

如果表示的是同一条件下的同一反应，则

$$K_p = (K'_p)^2$$

（5）正逆反应的平衡常数值互为倒数，如反应

$$2SO_2(g) + O_2(g) \rightleftharpoons 2SO_3(g) \qquad (K_p)$$

在相同条件下的逆反应

$$2SO_3(g) \rightleftharpoons 2SO_2(g) + O_2(g) \qquad (K_p')$$

则有 $K_p = \dfrac{1}{K'_p}$

三、熟悉影响化学平衡移动的因素

化学反应达到平衡时，宏观上反应不再进行，但是在微观上正、逆反应在微观上仍在进行，并且两者的速率相等。影响反应速率的外界因素，如浓度、压力和温度等对化学平衡也同样产生影响。当外界条件改变时，向某一方向进行的反应速率大于相反方向进行的速率，平衡状态被破坏，直到正、逆反应速率再次相等，此时系统的组成已发生了变化，

建立起与新条件相适应的新的平衡。像这样外界条件的改变使化学反应从一种平衡状态到另一种平衡状态的过程，叫作**化学平衡的移动**。

影响平衡的因素有浓度、压力、温度等。催化剂能缩短反应达到平衡的时间，但不能使化学平衡移动。

1. 浓度对化学平衡的影响

【例 2-5】已知反应：$CH_3COOH + CH_3OH \xlongequal{} CH_3COOCH_3 + H_2O$

（1）在 298 K 时，用乙酸和甲醇各 1 mol 相互作用，当甲醇的转化率为 67%时，反应达平衡。求反应的 K_c；

（2）同温下，甲醇仍为 1 mol，而乙酸增至 3 mol，求平衡时甲醇的转化率。

解：（1）假设体系的体积为 1 L，对于反应

	CH_3COOH	+ CH_3OH	$\xlongequal{}$ CH_3COOCH_3	+ H_2O
起始浓度 c_0/ mol · L^{-1}	1	1	0	0
变化浓度 $c_变$ / mol · L^{-1}	1×67%	1×67%	1×67%	1×67%
平衡浓度 $c_平$ / mol · L^{-1}	1–1×67%	1–1×67%	1×67%	1×67%

$$K_c = \frac{[CH_3COOCH_3][H_2O]}{[CH_3COOH][CH_3OH]} = \frac{(1\times 67\%)^2}{(1-1\times 67\%)^2} = 4.12$$

（2）设平衡时生成 H_2O 为 x mol，对于反应：

	CH_3COOH	+ CH_3OH	$\xlongequal{}$ CH_3COOCH_3	+ H_2O
起始浓度 c_0/ mol · L^{-1}	3	1	0	0
平衡浓度 $c_平$ / mol · L^{-1}	$3-x$	$1-x$	x	x

$$K_c = \frac{x^2}{(3-x)(1-x)} = 4.12$$

$$x = 0.91$$

甲醇的转化率为：

$$\frac{0.91}{1.0}\times 100\% = 91\%$$

根据任意状态下 J 与 $K^\ominus$的相对大小关系，可判断平衡移动的方向。温度一定时，增加反应物的浓度或减少生成物的浓度，$J < K^\ominus$，平衡向正反应方向移动；相反，减小反应物的浓度或增加生成物的浓度，$J > K^\ominus$，平衡向逆反应方向移动；平衡时，$J = K^\ominus$。

浓度虽然可以使化学平衡发生移动，但是它不能改变标准平衡常数的数值，因为在一定的温度下，$K^\ominus$是一定的。

2. 压力对化学平衡的影响

对于有气体参与的化学反应来说，同浓度的变化相仿，分压的变化也不改变标准平衡常数的数值，只能使反应商的数值改变。只有 $J \neq K^\ominus$，平衡才有可能发生移动。由于改变系统压力的方法不同，所以改变压力对平衡移动的影响要视具体情况而定。

（1）部分物种的分压的变化

对于**定温定容**条件下的反应，增大（或减小）一种（或多种）反应物的分压，或者减小（或增大）一种（或多种）产物的分压，能使反应商减小（或增大），导致 $J<K^{\ominus}$（或 $J>K^{\ominus}$），平衡向正（或逆）方向移动。这种情形与上述浓度变化对平衡移动的影响是一致的。

（2）体积改变引起压力的变化

对于 $\sum\nu_{B(g)}=0$ 的反应，在反应前后气体分子数不变的反应，恒温压缩或恒温膨胀时，$J=K^{\ominus}$，平衡不发生移动。

对于 $\sum\nu_{B(g)}\neq 0$ 的反应，在反应前后气体分子数变化的反应，恒温压缩时，系统的总压力增大，平衡向气体分子数减小的反应方向移动，即向减小压力的方向移动；恒温膨胀时，系统的总压力减小，平衡向气体分子数增多的反应方向移动，即向增大压力的方向移动。

（3）惰性气体的影响

惰性气体为不参与化学反应的气态物质，通常为 $H_2O(g)$、$N_2(g)$等。

① 若某一反应在惰性气体存在下已达到平衡，仿照上述体积改变引起压力变化的情形，将反应系统定温下压缩，总压增大，各组分的分压也增大。由于惰性气体的分压不出现在 J 和 $K^{\ominus}$的表达式中，只要 $\sum\nu_{B(g)}\neq 0$，平衡同样向气体分子数减小的方向移动，即向减小压力的方向移动；恒温膨胀时，系统的总压减小，各组分的分压也减小，平衡向气体分子数增多的反应方向移动，即向增大压力的方向移动。

② 对恒温恒压下已达到的平衡的反应，引入惰性气体，为了保持总压不变，可使系统的体积相应增大。在这种情况下，各组分气体分压相应减小，若 $\sum\nu_{B(g)}\neq 0$，平衡向气体分子数增多的方向移动；

③ 对恒温恒容下已达到平衡的反应，加入惰性气体，系统的总压力增大，但各反应物和产物的分压不变，$J=K^{\ominus}$，平衡不发生移动。

综上所述，压力对化学平衡移动的影响，关键在于各反应物和产物的分压是否改变，同时要考虑反应前后气体分子数是否改变。基本判据仍然是 J 与 $K^{\ominus}$ 的相对大小关系。

3. 温度对化学平衡的影响

浓度和压力对化学平衡的影响是通过改变系统的组成，使 J 改变，但是 $K^{\ominus}$ 并不改变。温度对化学平衡的影响则不然，温度变化引起标准平衡常数的改变，从而使化学平衡发生移动。

温度对标准平衡常数的影响可用范德霍夫方程来描述：

$$\ln\frac{K_2^{\ominus}}{K_1^{\ominus}}=\frac{\Delta_r H_m^{\ominus}}{R}\left(\frac{T_2-T_1}{T_2T_1}\right) \tag{2-19}$$

式中　$K_1^{\ominus}$，$K_2^{\ominus}$——温度为 T_1 和 T_2 时的标准平衡常数；

$\Delta_r H_m^{\ominus}$——可逆反应的标准摩尔焓。

由式（2-19）看出，温度对 $K^{\ominus}$ 的影响与 $\Delta_r H_m^{\ominus}$ 有关：

（1）对于放热反应，$\Delta_r H_m^{\ominus}<0$，温度升高，$K^{\ominus}$ 减小，$J>K^{\ominus}$，平衡逆向移动，即平衡向吸热反应方向移动；若温度降低，$K^{\ominus}$ 增大，$J<K^{\ominus}$，平衡正向移动，即平衡向放热反应方向移动。

（2）对于吸热反应，$\Delta_r H_m^{\ominus} > 0$，温度升高，$K^{\ominus}$增大，$J < K^{\ominus}$，平衡正向移动，即平衡向吸热反应方向移动；若温度降低，$K^{\ominus}$减小，$J > K^{\ominus}$，平衡逆向移动，即平衡向放热反应方向移动；

例如：$N_2(g) + 3H_2(g) \xlongequal{\quad} 2NH_3(g)$；$\Delta H^{\ominus} = -92.2\ kJ \cdot mol^{-1}$（放热）

$T_1 = 298\ K$，$K_{p1} = 6.2\times10^5$；

$T_2 = 473\ K$，$K_{p2} = 6.2\times10^{-1}$；

$T_3 = 673\ K$，$K_{p3} = 6.0\times10^{-4}$。

即 T 降低时，平衡向放热反应（正反应）的方向移动，且 K_p 变大。

总之，在平衡系统中，温度升高，平衡总是向吸热方向移动；反之，降低温度，平衡总是向放热方向移动。

4. 催化剂与化学平衡

使用（正）催化剂能同等程度地降低正、逆反应的活化能，提高正、逆反应的速率，缩短达到平衡所需时间，但由于它以同样倍数加快正、逆反应速率，不能使平衡移动，也不会改变平衡常数值。

四、化学平衡移动原理

综上所述，如果提高反应物浓度，平衡就会向减小反应物浓度的方向移动；在有气体参加反应的平衡系统中，增大系统的压力，平衡向气体分子总数减小的方向移动；升高温度，平衡向吸热反应方向，即向降低系统温度的方向移动。这些结论于 1884 年由法国科学家勒夏特列（Le Chetelier）归纳为一普遍规律：如改变平衡体系的条件之一，如温度、压力或浓度，平衡就向减弱这个改变的方向移动。这个规律就叫**勒夏特列原理**。

勒夏特列原理适用于所有的动态平衡系统，但该原理只适用于已处于平衡状态的系统，而不适用于未达到平衡状态的系统。例如，如果某系统处于非平衡态且 $J < K^{\ominus}$，反应向正方向进行，若适当减少反应物的浓度或分压，同时仍维持 $J < K^{\ominus}$，反应方向不变。

【知识拓展】

化工生产中反应速率与化学平衡的综合应用

1. 回顾合成氨催化反应

20 世纪初最惊心动魄的化学反应莫过于合成氨反应，当时合成氨反应对世界的震撼力不亚于现今的“超导材料”和“碳 60”。回顾 20 世纪最重要的化学反应之一——合成氨反应，对学习化学反应、理解化学反应、实践化学反应和发现化学反应都是非常有益的。在 19 世纪人们就知道合成氨反应在热力学上是可行的，寻找合适的催化剂是化学工作者的迫切任务。因此从两河流域到欧洲平原，从西奈半岛到非洲全境，从喜马拉雅山脉北麓到东海之滨广袤的土地上，最需要的就是水分和氨肥。

1909 年 7 月 2 日，Fritz Haber 领导的研究小组首次用金属锇粉做催化剂，在高温高压设备中成功地生产出 90 g 氨，全世界为之震惊。BASF（Badische Anilin und Soda Fabrik）公司为了开发合成氨催化剂，抢先预订了全世界所有金属锇的购买权，总量约达 100 kg，出巨资资助此项研究工作，这足以看出当时 BASF 公司为开发合成氨催化剂决心之大、信心之足、心情之迫切。随后，Haber 因被推选担任在柏林新建立的物理化学与电化学研究所所长，不得不停止在合成氨领域的开创性工作，但他发明的工业合成氨的方法使他获得了 1918 年的诺贝尔化学奖。紧接着，BASF 公司把研究合成氨催化剂的工作交给了 Alilin Mittasch。他并没有一头扎进实验室，而是对过去的实验数据进行了全面的分析，对几百种试验的催化剂进行了分类和总结。竟然大胆地冲破许多理论权威的思想束缚，提出了一个未经证明的科学假设：

（1）寻找合适的催化剂，必须用相当多的元素和大批添加剂进行实验。

（2）催化反应要像哈伯的实验一样，必须在高温和高压条件下进行。

（3）需要进行极大量的成套试验。

他们的研究队伍依据这样的理论假设，着手实验。从 1909—1912 年的短时间内，完成的实验量是惊人的，在 2500 个不同的催化剂上大约进行了 6500 次试验，试验的次数超过了一万次，完成 4000 多个不同体系的研究工作。与此同时，全世界至少有 30 多个国家，几百个研究机构也都在进行寻找和开发合成氨催化剂的研究工作。真可谓是如火如荼的时代。

然而，以贵金属（金属锇等）为主催化剂，再添加其他化合物或元素的研究工作成效不大。根据 Mittasch 的假设，有人建议用天然矿石做催化剂试验，因为合成氨反应是在高温高压下进行的，有还原性气氛（H_2），就可使矿石中金属氧化物发生还原反应生成多种金属的复杂物质，可能会有催化性能。真是“踏破铁鞋无觅处，得来全不费功夫”，在大量试验矿石的过程中，发现瑞典磁铁矿能得到相当满意的氨产量。

经过化学分析瑞典磁铁矿和进一步验证，发现最好的催化剂就是纯铁和百分之几的氧化铝，少量的钾碱和石灰熔合，其组成与瑞典磁铁矿相近。现在全世界所有的合成氨催化剂都是依据这个发现制备的，只是性能和结构更趋于稳定和优良。

在 1913 年 9 月 9 日实现了氨生产的工业化，兴建的装置是用 285 mm 直径的反应器，催化剂体积 90 L，在 200 Pa 压力下运转。起始氨的日产量只有 3 ~ 5 t，但是生产量逐步增加，到 1917 年，由 Haber-Bosch 生产过程所生产的氨年产量已超过 60 000 t。

人们对合成氨反应的研究堪称世界第一反应。时至今日仍然有许多科学家对合成氨催化剂结构、性能、反应动力学做更深入的研究工作。在化学界已把合成氨反应看成经典反应，任何一个催化新理论、任何一个催化动力学模型、任何一个化学反应新概念，都要用合成氨反应来检验和证明。

2. 化学反应速率和化学平衡在工业生产中的应用

化学反应速率的快慢是关系到能否将化学反应应用于生产的一个很重要的因素，因此化工生产上总是研究采用最合适的条件。提高反应速率，强化生产过程。例如空气中氮的固定（转化为化合态氮），N_2、O_2 可化合成 NO，但是反应条件不合适，反应速率极慢，没有实际意义。NO 和 CO 都是空气污染物，它们之间可以发生反应生成无毒害的 CO_2 和 N_2，但是反应速率太慢，以致于它们能共存于大气之中，共同为害。解决 NO、CO 转化为 CO_2 和 N_2，消除由其带来的污染必须解决的问题，仍然是加快反应速率。石油中大量存在甲基环已烷（C_7H_{14}），在高温、低压下可分解为重要的国防工业原料——甲苯（C_7H_8），但是反应进行得很慢，直到找到了有效催化剂后才投入生产。

化学平衡是研究在工业生产上，如何以最少的原料和能量尽可能得到最多产量。例如硫酸工业的关键反应：$2SO_2 + O_2 \rightleftharpoons 2SO_3$。反应是可逆的，$SO_2$不可能百分之百转化为$SO_3$。升高温度和增压有利于提高反应速率。但是温度过高时SO_3分解，对SO_2的转化不利；增大压力意味着对设备要求高，投资大，耗能多。反应需要高温，同时反应又放出热量，热量聚集到一定程度对SO_2转化有害。为了强化生产过程、节约能源、降低成本，聪明的技术人员采取增大空气用量（即O_2）、利用反应放出的热量预热SO_2和空气的混合气、控制适当高温并采用合适催化剂等措施，在常压下将SO_2的转化率提高到95%以上，达到了以最少原料和能量获得最多产品的目的。

习　题

第三章　酸碱反应和沉淀反应

【学习目标】

1. 掌握弱电解质的电离平衡掌握稀释定律的概念和应用。
2. 掌握缓冲溶液的基本概念及同离子效应与盐效应。
3. 掌握酸碱质子理论及其应用。
4. 了解路易斯酸碱概念。
5. 掌握溶解度、溶度积、沉淀溶解平衡的概念及溶度积规则。
6. 了解分步沉淀。

第一节　水的电离平衡和溶液的酸碱性

一、酸碱电离理论

1884 年瑞典化学家阿伦尼乌斯（S. A. Arrhenius）提出了酸碱电离理论：在水溶液中电离时产生的阳离子全部是 H^+ 的化合物叫酸，在水溶液中电离时生成的阴离子全部是 OH^- 的化合物叫碱；强酸和强碱在水溶液中完全电离，弱酸弱碱在水溶液则部分电离。酸与碱生成盐和水的反应叫中和反应，其实质是 H^+ 与 OH^- 结合生成水的反应。

① 强酸的完全电离：$HCl = H^+ + Cl^-$

② 弱酸的部分电离：$HAc \rightleftharpoons H^+ + Ac^-$

③ 强碱的完全电离：$NaOH = Na^+ + OH^-$

④ 弱碱的部分电离：$NH_3 \cdot H_2O \rightleftharpoons NH_4^+ + OH^-$

⑤ 酸碱中和反应：$HCl + NaOH = NaCl + H_2O$（实质：$H^+ + OH^- \rightleftharpoons H_2O$）

二、水的电离平衡和溶液的 pH

1. 水的电离平衡

在纯水或稀溶液中，存在着水的电离平衡，可表示为：

$$H_2O(l) \rightleftharpoons H^+(aq) + OH^-(aq)$$

其标准平衡常数表达式为

$$K_w^\ominus = \{c(H^+)/c^\ominus\}\{c(OH^-)/c^\ominus\} = [H^+][OH^-] \tag{3-1}$$

$K_w^\ominus$ 称为水的离子积常数，下标 w 表示水；$[H^+]$、$[OH^-]$ 分别表示 H^+、OH^- 的平衡浓度。$K_w^\ominus$ 的意义为：一定温度时，水溶液中 $c(H^+)$ 和 $c(OH^-)$ 之积为一常数；或者说，在水溶液中，不论是呈酸性或是呈碱性，H^+ 与 OH^- 总是同时存在，且二者的平衡浓度互成反比。在 25 °C 时，$K_w^\ominus = 1.0\times10^{-14}$。由于水的电离是比较强烈的吸热反应，故水的离子积常数随温度的升高而增大，见表 3-1。

表 3-1　不同温度下水的离子积常数

t/°C	0	10	20	25	40	50	90	100
$K_w^\ominus/10^{-14}$	0.113 8	0.291 7	0.680 8	1.009	2.917	5.470	38.02	54.95

2. 溶液的酸碱性和 pH

溶液的酸碱性取决于溶液中 $c(H^+)$ 与 $c(OH^-)$ 的相对大小：

酸性溶液　$c(H^+) > 1\times10^{-7}\ mol\cdot L^{-1} > c(OH^-)$

中性溶液　$c(H^+) = 1\times10^{-7}\ mol\cdot L^{-1} = c(OH^-)$

碱性溶液　$c(H^+) < 1\times10^{-7}\ mol\cdot L^{-1} < c(OH^-)$

当溶液中 $c(H^+)$ 或 $c(OH^-)$ 小于 1 $mol\cdot L^{-1}$ 时，用浓度直接表示溶液的酸碱性显得很不方便，此时可用 pH 来表示：

$$pH = -\lg\{c(H^+)/c^\ominus\} \tag{3-2}$$

与 pH 对应的还有 pOH，即

$$pOH = -\lg\{c(OH^-)/c^\ominus\} \tag{3-3}$$

25 °C 时，在水溶液中

$$K_w^\ominus = c(H^+)c(OH^-) = 1.0\times10^{-14}$$

将等式两边分别取负对数，得

$$-\lg K_w^\ominus = -\lg c(H^+) - \lg c(OH^-) = 14$$

令

$$pK_w^\ominus = -\lg K_w^\ominus \tag{3-4}$$

则

$$pK_w^\ominus = pH + pOH = 14.0 \tag{3-5}$$

【例 3-1】计算纯水、0.01 $mol\cdot L^{-1}$ HCl、NaOH 溶液的 pH 值。

解：（1）纯水中，$c(H^+) = 1\times10^{-7}\ mol\cdot L^{-1}$

$$pH = -\lg\{c(H^+)/c^\ominus\} = -\lg(1\times10^{-7}) = 7.0$$

（2）0.01 $mol\cdot L^{-1}$ HCl 溶液中，$c(H^+) = 1\times10^{-2}\ mol\cdot L^{-1}$

$$pH = -\lg\{c(H^+)/c^\ominus\} = -\lg(1\times10^{-2}) = 2.0$$

（3）0.01 mol · L^{-1} NaOH 溶液中，$c(OH^-) = 1\times10^{-2}$ mol · L^{-1}

$$pOH = -\lg\left\{c(OH^-)/c^{\ominus}\right\} = -\lg(1\times10^{-2}) = 2.0$$

$$pH = pK_w^{\ominus} - pOH = 14.0 - 2.0 = 12$$

显然，pH 越小，溶液的酸性越强，碱性越弱。溶液酸碱性通常可用酸碱指示剂来确定，酸碱指示剂是一些有机弱酸或有机弱碱，其颜色只能在一定 pH 范围内保持，因而能用来粗略测定溶液的 pH。我们把指示剂发生颜色变化的 pH 范围称为酸碱指示剂的变色范围。酸碱指示剂及常用的 pH 范围如图 3-1 所示。

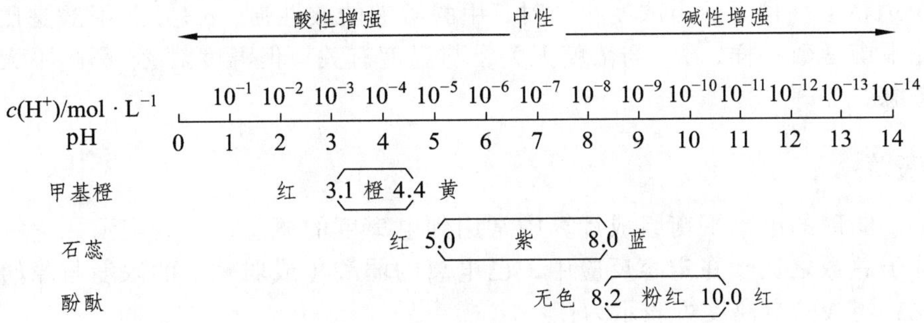

图 3-1　酸碱指示剂及常用的 pH 范围

用酸碱指示剂测定溶液的 pH 是很粗略的，只能知道溶液 pH 在某一个范围之内。用 pH 试纸则能更准确测定溶液的 pH，pH 试纸是用多种酸碱指示剂的混合溶液浸制而成的。更精确地测定溶液 pH 的方法是用 pH 计。

第二节　弱酸、弱碱的电离平衡

一、一元弱酸、弱碱的电离平衡

凡一个分子只电离产生一个 H^+的物质，称为一元酸，如 HAc。凡一个分子电离能产生两个 H^+的物质，称为二元酸，如 H_2S。通常二元及以上的酸统称为多元酸，如 H_2S、H_2CO_3、H_3PO_4。

（一）一元弱酸的电离平衡

1. 电离平衡与电离平衡常数

由醋酸的电离可同理推出，对一元弱酸存在以下电离平衡：

$$HA \rightleftharpoons A^- + H^+$$

平衡时 $c(HA)$，$c(H^+)$ 和 $c(A^-)$之间有下列关系：

$$K_a^{\ominus}(HA)=\frac{\{c(H^+)/c^{\ominus}\}\{c(A^-)/c^{\ominus}\}}{\{c(HA)/c^{\ominus}\}} \quad (3\text{-}6a)$$

由于$c^{\ominus}$ $=1\ mol\cdot L^{-1}$，上式可简写为

$$K_a^{\ominus}(HA)=\frac{c(H^+)c(A^-)}{c(HA)}=\frac{[H^+][A^-]}{[HA]} \quad (3\text{-}6b)$$

式中，$K_a^{\ominus}$称为弱酸 HA 的电离常数，简称为酸常数，量纲为 1。$K_a^{\ominus}$反映了相同条件下一元酸的相对强弱，$K_a^{\ominus}$大的酸是较强的酸。例如，$K_a^{\ominus}(HCOOH)=1.8\times10^{-14}$，$K_a^{\ominus}(H_3CCOOH)=1.8\times10^{-15}$。当浓度相同时，甲酸溶液的酸性强，pH 小；甲酸是比乙酸强的酸。与其他平衡常数一样，$K_a^{\ominus}$与浓度无关，与温度有关。但温度对$K_a^{\ominus}$影响不大，在室温下可不予考虑。

2. 电离度

在弱酸、弱碱的电离平衡组成计算中常用到电离度的概念，以α表示。它等于电离的分子数与分子总数之比。在定容反应中，已电离的弱酸（或弱碱）的浓度与原始难度之比等于电离度。弱酸的电离度可表示为：

$$\alpha=\frac{c(HA)}{c_0(HA)}\times100\% \quad (3\text{-}7)$$

弱酸电离度的大小也可表示酸的相对强弱。在温度、浓度相同的条件下，电离度大的酸，$K_a^{\ominus}$大，其 pH 小，为较强的酸；电离度小的酸，$K_a^{\ominus}$小，其 pH 大，为较弱的酸。

3. 电离度与平衡常数的关系

以 HA(aq)的电离平衡为例，$K_a^{\ominus}$与α间的定量关系可以推导如下：

	HA	$\rightleftharpoons$	H^+	+	A^-
起始浓度 c_0/ mol · L^{-1}	c_0		0		0
平衡浓度 $c_平$ / mol · L^{-1}	$c_0(1-\alpha)$		$c_0\alpha$		$c_0\alpha$

$$K_a^{\ominus}(HA)=\frac{c_0(H^+)c_0(A^-)}{c_0(HA)}=\frac{(c_0\alpha)^2}{c_0(1-\alpha)} \quad (3\text{-}8)$$

当电解质很弱，即对应的电离度α很小，可认为$1-\alpha\approx1$。这时，上式可做近似计算

$$K_a^{\ominus}=\frac{(c_0\alpha)^2}{c_0}=c_0\alpha^2 \text{或} \alpha=\sqrt{\frac{K_a^{\ominus}(HA)}{c_0(HA)/c^{\ominus}}} \quad (3\text{-}9)$$

则有 $$c(H^+)=c_0(HA)\alpha=c_0(HA)\sqrt{\frac{K_a^{\ominus}(HA)}{c_0(HA)/c^{\ominus}}}$$

即 $$c(H^+)=\sqrt{c_0(HA)K_a^{\ominus}(HA)} \quad (3\text{-}10)$$

式（3-10）表明一元弱酸溶液的浓度、电离度和电离常数间的关系，叫作稀释定律。它

表明了在一定温度下，$K_a^\ominus$ 保持不变，溶液在一定浓度范围内被稀释时，电离度增大。

【例 3-2】已知 298K 时，HAc 的电离常数为 1.76×10^{-5}。计算 0.10 mol · L^{-1} HAc 溶液的 H^+ 浓度和电离度。

解：设 H^+浓度为 x，由于 HAc 为弱电解质，其电离平衡式为

	HAc ⇌	Ac^- +	H^+
起始浓度 c_0/ mol · L^{-1}	0.1	0	0
平衡浓度 $c_平$ / mol · L^{-1}	0.1−x	x	x

$$K_a^\ominus(HAc)=\frac{\{c(H^+)\}\{c(Ac^-)\}}{\{c(HA)\}}=\frac{x^2}{0.1-x}=1.76\times10^{-5}$$

当电解质很弱，即对应的 x 值很小，可认为 $0.10-x\approx0.10$。这时，上式可做近似计算

$$x^2=\sqrt{1.76\times10^{-5}\times0.1}=1.33\times10^{-3}\,\text{mol}\cdot\text{L}^{-1}$$

$$\alpha=\frac{c(HA)}{c_0(HA)}\times100\%=\frac{1.33\times10^{-3}}{0.1}\times100\%=1.33\%$$

（二）一元弱碱的电离平衡

同理可推出，对于一元弱碱有

$$K_b^\ominus(A^-)=\frac{c(HA)c(OH^-)}{c(A^-)} \qquad (3\text{-}11)$$

$K_b^\ominus$ 称为一元弱碱的电离常数，表示碱的相对强弱。

与一元弱酸相类似，对于一元弱碱来说：可用下列近似公式计算 $c(OH^-)$：

$$c(OH^-)/c^\ominus=\sqrt{K_b^\ominus(A)c_0(A)/c^\ominus} \qquad (3\text{-}12)$$

$$\alpha=\sqrt{\frac{K_b^\ominus(A)}{c_0(A)/c^\ominus}} \qquad (3\text{-}13)$$

二、多元弱酸的电离平衡

多元酸的电离是分步（分级）进行的，平衡时每一级都有一个电离常数。现以 H_2S 为例来讨论多元弱酸的电离平衡，H_2S 为二元酸，分两步电离：

第一步：$H_2S \rightleftharpoons H^+ + HS^-$

$$K_{a1}^\ominus(H_2S)=\frac{c(H^+)c(HS^-)}{c(H_2S)}=1.32\times10^{-7}$$

第二步：$HS^- \rightleftharpoons S^{2-} + H^+$；

$$K_{a2}^\ominus(H_2S)=\frac{c(H^+)c(S^{2-})}{c(HS^-)}=7.1\times10^{-15}$$

总电离平衡：$H_2S \rightleftharpoons S^{2-} + 2H^+$

$$K_a^\ominus = \frac{c(H^+)^2 c(S^{2-})}{c(H_2S)} = \frac{c(H^+)c(HS^-)}{c(H_2S)}\frac{c(H^+)c(S^{2-})}{c(HS^-)} = K_{a1}^\ominus K_{a2}^\ominus$$

显然，由于第一步电离出的 H^+的抑制作用，电离平衡常数逐级减小。多元弱酸溶液中的 H^+主要来自第一步电离。由于第二步电离程度很小，可认为$[HS^-] \approx [H^+]$。

【例 3-3】已知某温度下，饱和 H_2S 溶液中，H_2S 的浓度约为 0.10^{-1} mol · L^{-1}，H_2S 的 $K_{a1}^\ominus$ 为 5.7×10^{-8}，$K_{a2}^\ominus$ 为 1.2×10^{-15}。试计算：

（1）在该温度下，饱和 H_2S 溶液的 H^+，HS^-，S^{2-}的浓度及离解度。

（2）若温度不变，将此溶液稀释至 0.04 mol · L^{-1}，求此时溶液中 H^+的浓度及离解度。

解：（1）设 H^+的浓度为 x，由于 $K_{a1}^\ominus \gg K_{a2}^\ominus$，因此可忽略二级解离，当一元酸处理，第一步电离平衡式为

	H_2S	$\rightleftharpoons$	H^+	+	HS^-
起始浓度 c_0/ mol · L^{-1}	0.1		0		0
平衡浓度 $c_平$/ mol · L^{-1}	$0.1-x$		x		x

$$c(H^+) = \sqrt{c_0(HA)K_a^\ominus(HA)} = \sqrt{5.7\times10^{-8}\times0.1} = 7.55\times10^{-5}\left(mol\cdot L^{-1}\right)$$

$[HS^-] \approx [H^+] = 7.5\times10^{-5}$ mol · L^{-1}

$$\alpha = \frac{c(HS)}{c_0(H_2S)}\times100\% = \frac{7.5\times10^{-5}}{0.1}\times100\% = 0.075\%$$

又　$HS^- \rightleftharpoons H^+ + S^{2-}$

$$K_{a2}^\ominus = \frac{c(H^+)c(HS^-)}{c(HS)} = 1.2\times10^{-15}$$

$[S^{2-}] \approx K_{a2} = 1.2\times10^{-15}$ (mol · L^{-1})

（2）
$$c(H^+) = \sqrt{c_0(HA)K_a^\ominus(HA)} = \sqrt{5.7\times10^{-8}\times0.04} = 6.32\times10^{-5}\ (mol\cdot L^{-1})$$

$$\alpha = \frac{c(HS)}{c_0(H_2S)}\times100\% = \frac{6.32\times10^{-5}}{0.04}\times100\% = 0.16\%$$

由此可知，对于二元弱酸，当 $K_{a1}^\ominus \gg K_{a2}^\ominus$ 时，c(酸根离子) $\approx K_{a2}^\ominus$，与弱酸的初始浓度无关。

三、电离平衡的移动—— 同离子效应

与其他平衡一样，当维持电离平衡体系的条件发生改变时，会引起电离平衡的移动。例如在 HAc 溶液中加入一定量的 NaAc 时，由于 NaAc 是强电解质，在溶液中完全电离，溶液中 Ac^-浓度大大增加，使 HAc 的电离平衡向左移动，从而降低了 HAc 分子的电离度，结果使溶液的酸性减弱。

$HAc \rightleftharpoons H^+ + Ac^-$

$$NaAc \longrightarrow Na^+ + Ac^-$$

同理，在氨的水溶液中加入 NH_4Cl 时，溶液中 NH_4^+浓度相应增加，使电离平衡向左移动，降低了氨的电离度，结果使溶液的碱性减弱。

$$NH_3 + H_2O \rightleftharpoons NH_4^+ + OH^-$$

$$NH_4Cl \longrightarrow NH_4^+ + Cl^-$$

在弱电解质溶液中，加入与该弱电解质有相同离子的强电解质时，使弱电解质的电离度减小的现象叫作**同离子效应**。

四、缓冲溶液

1. 缓冲溶液的概念

为了理解缓冲溶液的概念，我们先分析表 3-2 所列实验数据。

表 3-2　缓冲实验数据

项目	1.8×10^{-5} mol·L^{-1} HCl	0.10 mol·L^{-1} HAc-0.10 mol·L^{-1} NaAc
1.0 L 溶液的 pH	4.74	4.74
加入 0.01 mol NaOH 后的 pH	12.00	4.83
加入 0.01 mol HCl 后的 pH	2.00	4.66

在稀盐酸（1.8×10^{-5}mol·L^{-1} HCl）溶液中，加入少量 NaOH 或 HCl，pH 有较明显的变化，说明这种溶液不具有保持 pH 相对稳定的性能。但是在 HAc-NaAc 这对共轭酸碱组成的溶液中，加入少量的强酸或强碱，溶液的 pH 改变很小。这类溶液具有缓解改变氢离子浓度而保持 pH 基本不变的性能。同样，碱 NH_3 及其盐 NH_4Cl 的混合溶液以及 $NaHCO_3$-Na_2CO_3 等都具有这种性质。这种具有能保持 pH 相对稳定性能的溶液（也就是不因加入少量强酸或强碱或稍加水稀释而显著改变 pH 的溶液）叫作缓冲溶液。

从组成上看，缓冲溶液由下列三类混合液配成：

（1）弱酸及其盐，如 HAc-NaAc，H_2CO_3-$NaHCO_3$；

（2）弱碱及其盐，如 NH_4Cl-$NH_3\cdot H_2O$；

（3）不同酸度的酸式盐，如 NaH_2PO_4-Na_2HPO_4，$NaHCO_3$-Na_2CO_3。

2. 缓冲原理

缓冲溶液为什么能够保持 pH 相对稳定，而不因加入少量强酸或强碱引起 pH 有较大的变化？我们以 HAc-NaAc 缓冲溶液为例，在 HAc 和 NaAc 的混合溶液中，NaAc 为强电解质，在水溶液中完全电离为 Na^+和 Ac^-。大量的 Ac^-对 HAc 的电离产生同离子效应，使 HAc 的电离度更小，HAc 几乎全部以分子的形式存在。因此溶液中存在大量的 Ac^-和大量的 HAc。

$$NaAc \longrightarrow Na^+ + Ac^-$$

$$HAc \rightleftharpoons H^+ + Ac^-$$

大量　　少量　大量

当向混合溶液中加入少量强酸时，Ac^-能与 H^+结合，转变成 HAc，使平衡向左移动。

达到平衡时，Ac^-的浓度略有降低，HAc 分子的浓度略有升高，而 H^+的浓度几乎不变，所以溶液的 pH 值基本保持不变。

当向溶液中加入少量强碱时，OH^-立即与 H^+反应生成 H_2O，因而使 H^+浓度减少，平衡向右移动，促使 HAc 离解生成 H^+，补充与 OH^-反应所消耗的 H^+。达到平衡时，HAc 的浓度略有降低，Ac^-的浓度略有升高，而 H^+的浓度几乎没有改变，所以溶液的 pH 基本保持不变。

3. 缓冲溶液的 pH 值计算

缓冲溶液的缓冲原理如下：

$$\underset{\text{酸}}{\mathrm{HAc}} \rightleftharpoons \mathrm{H^+} + \underset{\text{盐}}{\mathrm{Ac^-}}$$

$$K_a = \frac{c(\mathrm{H^+})c(\mathrm{Ac^-})}{c(\mathrm{HAc})} \Rightarrow c(\mathrm{H^+}) = K_a \frac{c(\mathrm{HAc})}{(\mathrm{Ac^-})}$$

两边取对数有 $\mathrm{pH} = \mathrm{p}K_a + \lg\frac{c(\mathrm{Ac^-})}{c(\mathrm{HAc})}$

由此可知，因 $c(\mathrm{HAc})$、$c(\mathrm{Ac^-})$较大，加入少量强酸或强碱时溶液中的 $c(\mathrm{HAc})/c(\mathrm{Ac^-})$仅稍有变化，故 pH 基本保持不变。

依次类推，对于一元弱酸及其盐组成的缓冲溶液 HA-MA 的 pH 值为

$$\mathrm{pH} = \mathrm{p}K_a + \lg\frac{c_{\text{盐}}}{c_{\text{酸}}} \tag{3-14}$$

对于一元弱碱及其盐组成的缓冲溶液，其 pH 的计算公式为

$$\mathrm{pOH} = \mathrm{p}K_b + \lg\frac{c_{\text{盐}}}{c_{\text{碱}}}$$

$$\mathrm{pH} = 14 - \mathrm{p}K_b^{\ominus} + \lg\frac{c_{\text{碱}}}{c_{\text{盐}}} \tag{3-15}$$

【例 3-4】欲配制 pH = 5.00 的缓冲溶液，需在 50 mL 0.10 mol · L^{-1} 的 HAc 溶液中加入 0.10 mol · L^{-1} 的 NaOH 溶液多少毫升？

解：设需 NaOH 溶液的体积为 x。则 $n(\mathrm{NaOH}) = n(\mathrm{Ac^-})$

$$\mathrm{pH} = \mathrm{p}K_a^{\ominus}(\mathrm{HAc}) - \lg\frac{c(\mathrm{HAc})}{c(\mathrm{Ac^-})}$$

$$5.00 = 4.75 - \lg\frac{0.10\times 50 - 0.10x}{0.10x}$$

$$x = 32$$

第三节　盐类的水解

盐在水中离解所产生的阴阳离子与水发生电离出的 H^+ 或 OH^- 结合成弱酸或弱碱的反应

称为盐类的水解反应。由强酸强碱所生成的盐在水中完全电离产生的阴、阳离子不水解，其水溶液为中性，除此之外，其他盐类在水中电离所产生的阳、阴离子则不然。

一、弱酸强碱盐的水解

NaAc、NaCN 这类一元弱酸强碱盐的水溶液显碱性。这些盐在水中完全电离生成阴阳离子。以 NaAc 为例，有

$$NaAc = Na^+ + Ac^-$$

同时，还存在水的电离平衡：

$$H_2O \rightleftharpoons H^+ + OH^- \quad K_w^\ominus$$

这样，Ac^-会与水电离出的 H^+结合成难电离的 HAc：

$$Ac^- + H^+ \rightleftharpoons HAc \quad K_a^\ominus$$

从而破坏了水的电离平衡，使得该平衡不断向右移动，当两个可逆反应，重新达到平衡时，溶液中的 $c(H^+) < c(OH^-)$，从而使溶液呈碱性，用离子方程式表示如下：

$$Ac^- + H_2O \rightleftharpoons HAc + OH^- \quad K_h^\ominus$$

当水解达到平衡时，有：

$$K_h^\ominus = \frac{[c(HAc)/c^\ominus][c(OH^-)/c^\ominus]}{[c(Ac^-)/c^\ominus]} = \frac{[c(HAc)/c^\ominus][c(OH^-)/c^\ominus]}{[c(Ac^-)/c^\ominus]}\frac{[c(H^+)/c^\ominus]}{[c(H^+)/c^\ominus]}$$

得
$$K_h^\ominus = \frac{K_w^\ominus}{K_a^\ominus} \tag{3-16}$$

$K_h^\ominus$ 为水解平衡的标准平衡常数，式（3-16）表明弱酸强碱盐的水解常数 $K_h^\ominus$ 与组成盐的弱酸的 $K_a^\ominus$ 成反比，酸越弱，$K_a^\ominus$ 越小，$K_h^\ominus$ 越大，盐的水解程度越大。酸的电离程度可用电离度表示，同样的，盐类的水解程度可用水解度 h 来表示：

$$h = \frac{\text{已发生水解的盐的浓度}}{\text{盐的起始浓度}} \times 100\% \tag{3-17}$$

二、强酸弱碱盐的水解

强酸弱碱盐在水中发生水解显酸性，以 NH_4Cl 溶液为例，其水解过程如下：

$$NH_4Cl = NH_4^+ + Cl^-$$

$$H_2O \rightleftharpoons H^+ + OH^-$$

$$NH_4^+ + OH^- \rightleftharpoons NH_3 \cdot H_2O$$

用离子方程式表示为 $NH_4^+ + H_2O \rightleftharpoons NH_3 \cdot H_2O + H^+$

同理，可推出一元强酸弱碱盐的水解常数关系式为

$$K_h^\ominus = \frac{K_w^\ominus}{K_b^\ominus} \tag{3-18}$$

三、弱酸弱碱盐的水解

在弱酸弱碱盐溶液中，阴离子和阳离子都能水解，且相互促进，使得水解度增大。同理，可推出一元弱酸弱碱盐的水解常数关系式为

$$K_h^\ominus = \frac{K_w^\ominus}{K_a^\ominus K_b^\ominus} \tag{3-19}$$

溶液的酸碱性取决于其水解常数的相对大小。例如对于 NH_4CN 溶液，由于 $K_a^\ominus(HCN) < K_b^\ominus(NH_3)$，所以 $K_b^\ominus(CN^-) > K_a^\ominus(NH_4^+)$，因此，$NH_4CN$ 溶液呈碱性。

四、影响盐类水解的因素及应用

化学平衡移动的一般规律适用于盐溶液中的水解反应，影响盐类水解的因素只有温度和浓度。盐的水解反应是中和反应的逆反应，中和反应一般为放热反应，故其逆反应为吸热反应，因此，随着温度升高，水解加剧。当温度一定时，盐浓度越小，水解度越大。总之，加热和稀释都有利于盐类的水解。

在化工生产和实验室中，水解现象是经常遇到的，有时配制某些盐溶液，常由于这些盐的水解而不能得到这些盐的澄清溶液。例如：

$$SnCl_2 + H_2O \rightleftharpoons Sn(OH)Cl\downarrow + HCl$$

$$SbCl_3 + H_2O \rightleftharpoons SbOCl\downarrow + 2HCl$$

$$BiCl_3 + H_2O \rightleftharpoons BiOCl\downarrow + 2HCl$$

为了防止水解的发生，可以向其中加入相应的酸，使水解平衡向左移动。通常先将盐溶于较浓的相应酸中，然后再加水稀释到所需的浓度。然而，有时也可以利用盐类水解反应生成沉淀，如利用水解反应除去无机化合物中的 Fe^{3+}。

第四节　难溶电解质的沉淀溶解平衡

溶解性是物质的重要性质之一，常用溶解度来定量表示。在一定温度下，某固态物质在 100 g 溶剂中达到饱和状态时所溶解的质量，叫作这种物质在这种溶剂中的溶解度。

根据溶解度的大小，习惯上将电解质分为可溶电解质和难溶电解质。若某物质在水中的溶解度在 10 g/100 g H_2O 以下的电解质，称为难溶电解质。

一、沉淀溶解平衡与溶度积

氯化银虽是一种难溶电解质，但将其晶体放入水中时，仍有所溶解。晶体表面的 Ag^+ 与 Cl^-在水分子的作用下，逐渐离开晶体表面进入水中，成为自由移动的水合离子，此过程

称为溶解。与此同时，进入水中的 Ag^+与 Cl^-，在不断的运动过程中会碰到固体表面，受固体表面异电荷离子的吸引，重新回到固体表面，此过程称为结晶（或沉淀）。当溶解速率和结晶速率相等时，建立起平衡，即为**沉淀溶解平衡**，此时的溶液为饱和溶液。沉淀溶解平衡是一种多相平衡，是未完全溶解的固体与溶液中的离子之间建立的动态平衡体系。例如，对未完全溶解的固体 AgCl 和 AgCl 饱和溶液中的离子之间的沉淀溶解平衡为：

$$AgCl(s) \rightleftharpoons Ag^+(aq) + Cl^-(aq)$$

根据化学平衡原理，平衡体系中有关组分的平衡浓度存在着常数关系。因为固体状态存在的物质的浓度不写在平衡关系式中，所以 AgCl 的标准平衡常数 $K_{sp}^{\ominus}$ 和浓度平衡常数 K_{sp} 表达式分别为：

$$K_{sp}^{\ominus} = \{c(Ag^+)/c^{\ominus}\}\{c(Cl^-)/c^{\ominus}\}$$

$K_{sp}^{\ominus}$ 也称为难溶电解质的**溶度积常数**，简称**溶度积**。用通式表示难溶电解质的溶度积常数：

$$A_nB_m(s) \rightleftharpoons nA^{m+}(aq) + mB^{n-}(aq)$$

$$K_{sp}^{\ominus}(A_nB_m) = \left\{c(A^{m+})/c^{\ominus}\right\}^n \left\{c(B^{n-})/c^{\ominus}\right\}^m \quad (3\text{-}20)$$

式中，m、n 分别代表了 B^{n-}、A^{m+}的化学计量系数，分别对应 A^{m+}、B^{n-}所带的电荷数。可见，溶度积表达式与难溶电解质的类型有关，即与难溶电解质在水溶液中的解离方式有关（表 3-3），其中中括号“[ ]”表示达到平衡时各离子的平衡浓度。

表 3-3　难溶电解质的类型与溶度积表达式关系

类型	举例	解离方式	$K_{sp}^{\ominus}$ 表达式
AB	$BaSO_4$	$BaSO_4(s) = Ba^{2+} + SO_4^{2-}$	$K_{sp}^{\ominus} = [Ba^{2+}][SO_4^{2-}]$
A_2B	Ag_2CrO_4	$Ag_2CrO_4(s) = 2Ag^+ + CrO_4^{2-}$	$K_{sp}^{\ominus} = [Ag^+]^2[CrO_4^{2-}]$
AB_2	$Mg(OH)_2$	$Mg(OH)_2(s) = Mg^{2+} + 2OH^-$	$K_{sp}^{\ominus} = [Mg^{2+}][OH^-]^2$
AB_3	$Fe(OH)_3$	$Fe(OH)_3(s) = Fe^{3+} + 3OH^-$	$K_{sp}^{\ominus} = [Fe^{3+}][OH^-]^3$

溶度积常数是物质的特征常数，其数值的大小与难溶电解质的本性有关，反映了物质的溶解程度和溶解能力。不同的物质有不同的溶度积常数。溶度积数值的大小与温度有关，不同温度条件下，同一物质的溶解度不同，平衡体系中实际解离的有关离子的浓度不同，溶度积的数值也不同。溶度积常数与组分的初始浓度和体系中存在的其他物质的浓度无关。

二、溶度积和溶解度之间的关系

一定温度下饱和溶液中所含溶质的量，叫该溶质在该温度下的溶解度，在研究沉淀溶解平衡体系问题时常以物质的量浓度为单位。

溶解度（S，这里指饱和溶液中溶质的物质的量浓度，单位为 $mol \cdot L^{-1}$）和溶度积（$K_{sp}^{\ominus}$）都可以用来表示物质的溶解能力。根据难溶电解质的沉淀溶解平衡的有关组分与溶解度的相互关系，可以进行溶解度和溶度积的互相换算。由于不同类型的难溶电解质在水溶液中的解离方式不同，溶解度（S）和溶度积（$K_{sp}^{\ominus}$）之间的换算关系也不同，见表 3-4。注意：严格地讲，该换算关系是一种近似计算，其运算结果与实验的数据可能有所不同。

表 3-4　溶解度与溶度积之间的近似换算关系

难溶电解质的类型	解离方式	K_{sp}与 S 的关系	换算公式
AB	$AB(s) = A^+ + B^-$	$K_{sp} = [A^+][B^-] = S^2$	$S = (K_{sp})^{1/2}$
A_2B（AB_2）	$A_2B(s) = 2A^+ + B^{2-}$	$K_{sp} = [A^+]^2[B^{2-}] = (2S)^2S = 4S^3$	$S = (K_{sp}/4)^{1/3}$
AB_3	$AB_3(s) = A^{3+} + 3B^-$	$K_{sp} = [A^{3+}][B^-]^3 = S(3S)^3 = 27S^4$	$S = (K_{sp}/27)^{1/4}$

【例 3-5】25 °C 下，已知 Ag_2CrO_4 和 AgCl 的 $K_{sp}^{\ominus}$ 分别为 2.0×10^{-12} 和 1.8×10^{-10}，则纯水中 Ag_2CrO_4 的溶解度小于 AgCl，结论是否正确？

解：设 Ag_2CrO_4 的溶解度为 x mol · L^{-1}，AgCl 的溶解度为 y mol · L^{-1} 。

$$Ag_2CrO_4(s) \rightleftharpoons 2Ag^+(aq) + CrO_4^{2-}(aq)$$

$$\quad\quad 2x \quad\quad x$$

$$K_{sp}^{\ominus} = \left[Ag^+\right]^2\left[CrO_4^{2-}\right] = (2x)^2 \times x = 4x^3$$

$$x = 7.9\times10^{-5}\ (mol \cdot L^{-1})$$

$$AgCl(s) \rightleftharpoons Ag^+(aq) + Cl^-(aq)$$

$$\quad\quad y \quad\quad y$$

$$K_{sp}^{\ominus} = \left[c(Ag^+)\right]\left[c(Cl^-)\right] = y \times y = y^2$$

$$y = 1.3\times10^{-5}$$

$x>y$，所以结论不正确

由此可见，尽管 K_{sp}(氯化银) > K_{sp}(铬酸银)，但 S(氯化银) < S(铬酸银)，所以用溶度积来说明难溶电解质的溶解度的相对大小时，仅限于在相同类型的难溶电解质之间或溶度积相差很大的难溶电解质之间进行直接比较。

溶度积和溶解度的区别在于：溶度积是未溶解的固相与溶液中相应离子达到平衡时离子浓度的乘积，只与温度有关。溶解度不仅与温度有关，还与系统的组成、pH 的改变、配合物的生成等因素有关。

值得注意的是，在难溶弱电解质和易水解的难溶电解质，如 $Fe(OH)_3$、$Co(OH)_3$、$Ni(OH)_3$、$PbCO_3$、$FeCO_3$、Ag_2S 等溶液中，都存在着解离平衡和水解平衡。多重平衡存在的结果使溶度积与溶解度的换算更为复杂，为简便起见，本书中的计算忽略上述影响。

三、溶度积规则

难溶电解质沉淀-溶解平衡与其他动态平衡一样，完全遵循勒夏特列原理。如果条件改变，可以使溶液中的离子转化为固相——沉淀生成；或者使固相转化为溶液中的离子——沉淀溶解。体系到底是生成沉淀还是沉淀溶解可通过溶度积规则来判断。

1. 离子积

在难溶电解质溶液中，有关离子浓度幂的乘积为**离子积**（或离子商，与反应商 J 类似），用符号 Q 表示。例如，对难溶电解质的多相离子平衡来说

$$A_nB_m(s) \rightleftharpoons nA^{m+}(aq) + mB^{n-}(aq)$$

沉淀溶解平衡时：$K_{sp}^{\ominus}(A_nB_m) = \{c(A^{m+})/c^{\ominus}\}^n\{c(B^{n-})/c^{\ominus}\}^m$

非平衡态时：$Q = \{c(A^{m+})\}^n\{c(B^{n-})\}^m$

可见，离子积 Q 的表达式与溶度积 $K_{sp}^{\ominus}$ 的表达式相同，但两者的概念不同。$K_{sp}^{\ominus}$ 表示难溶电解质达到沉淀溶解平衡时，饱和溶液中离子浓度幂的乘积（或者说是离子平衡浓度幂的乘积），对某一难溶电解质，在一定温度条件下，$K_{sp}^{\ominus}$ 为一常数；而 Q 表示体系在任何情况下（不一定是饱和状态）的离子浓度幂的乘积，其数值不定。$K_{sp}^{\ominus}$ 可以看作是 Q 的一个特例。

2. 溶度积规则

难溶电解质的沉淀溶解平衡是一种动态平衡，同样遵循勒夏特列原理。在一定温度下，当溶液中的离子浓度变化时，平衡会发生移动，直至离子积等于溶度积为止。因此，比较 Q 与 $K_{sp}^{\ominus}$ 的大小，就可判断沉淀的生成与溶解：

（1）若 $Q = K_{sp}^{\ominus}$，则溶液为饱和溶液，溶液中离子与沉淀之间处于动态平衡；

（2）若 $Q > K_{sp}^{\ominus}$，则溶液处于过饱和状态，沉淀过程为主导过程。即平衡向生成沉淀的方向移动，体系中不断析出沉淀直至达到新的平衡为止（此时 $Q = K_{sp}^{\ominus}$，形成饱和溶液）。

（3）若 $Q < K_{sp}^{\ominus}$，则溶液为不饱和溶液，溶解过程为主导过程。若体系中有固体存在，沉淀发生溶解直至达到平衡为止（此时 $Q = K_{sp}^{\ominus}$，形成饱和溶液）。

上述三种关系就是沉淀和溶解平衡的反应商判据，称为**溶度积规则**。根据此规则，在一定温度下，控制难溶电解质溶液中离子的浓度，使溶液中离子起始浓度的离子积大于或小于溶度积常数，就可以使难溶电解质生成沉淀或使其沉淀溶解。

【例 3-6】已知 $K_{sp}^{\ominus}(Ag_2CrO_4) = 2.0\times10^{-12}$，将 0.004 $mol \cdot L^{-1}$ $AgNO_3$ 和相同浓度的 K_2CrO_4 溶液等体积混合时，是否有沉淀析出？

解：

① 写出离子方程式：$2Ag^+ + CrO_4^{2-} = Ag_2CrO_4(s)$

② 计算混合后有关离子浓度：$c(Ag^+) = c(CrO_4^{2-}) = 0.004/2 = 0.002\ (mol \cdot L^{-1})$

③ 给定条件下的浓度积求算：$Q = c(Ag^+)^2c(CrO_4^{2-}) = (0.002)^2\times0.002 = 8\times10^{-9}$

④ 根据溶度积规则判断：$Q > K_{sp}^{\ominus}$

故两溶液混合后有铬酸银沉淀生成。

四、沉淀的生成与溶解

（一）沉淀的生成

1. 加入沉淀剂

如果要使某种离子以沉淀方式从溶液中析出，通常采用的方法是加入适量的化学试剂

使其生成难溶电解质，使体系的离子积 Q 大于该难溶电解质的溶度积 $K_{sp}^{\ominus}$，析出沉淀。该化学试剂叫沉淀剂。

【例 3-7】已知 $K_{sp}(CaC_2O_4) = 2.6\times10^{-9}$，要使每升含有 0.02 mol 钙离子的溶液生成沉淀，所需草酸根离子的浓度是多少？

解：$Ca^{2+} + C_2O_4^{2-} \rightleftharpoons CaC_2O_4(s)$

$K_{sp} = [Ca^{2+}][C_2O_4^{2-}] = 2.6\times10^{-9}$

$[C_2O_4^{2-}] = K_{sp}(CaC_2O_4)/[Ca^{2+}] = 2.6\times10^{-9}/0.02 = 1.3\times10^{-7}\ (mol \cdot L^{-1})$

应用溶度积规则判断沉淀的生成在实际应用过程中应该注意下列几种情况：

（1）原则上讲，只要 $Q > K_{sp}^{\ominus}$ 便有沉淀生成。但实际操作中，只有当每毫升含有 10^{-5} g 以上的固体时才会使水溶液混浊，仅有极少量沉淀生成，肉眼观察不出。

（2）有时由于生成过饱和溶液，虽然 $Q > K_{sp}^{\ominus}$，仍然观察不到沉淀的生成。

（3）副反应的发生能致使按照理论计算量加入的沉淀剂在实际过程中不会产生沉淀。

（4）有时虽加入过量的沉淀剂，但由于配合反应的发生，也不会产生沉淀。

2. 同离子效应和盐效应

如果在难溶电解质的饱和溶液中加入易溶的强电解质，则难溶电解质的溶解度与其在纯水中的溶解度有可能不同。易溶电解质的存在对难溶电解质的溶解度的影响是多方面的。这里主要讨论影响溶解度的两种不同效应——同离子效应和盐效应。

在难溶电解质的溶液中加入含有相同离子的强电解质，使难溶电解质的多相离子平衡将发生移动。如同弱酸或弱碱溶液中的同离子效应那样，难溶电解质中的同离子效应使其溶解度降低。

【例 3-8】计算说明硫酸钡饱和溶液的溶解度以及其在 0.01 mol · L^{-1} Na_2SO_4 溶液中的溶解度[已知 $K_{sp}^{\ominus}(BaSO_4) = 1.1\times10^{-10}$]。

解：　$BaSO_4(s) \rightleftharpoons Ba^{2+} + SO_4^{2-}$

因为难溶电解质在溶液中溶解后完全电离，其溶解度等于溶液中的钡离子浓度。

（1）饱和溶液中的 Ba^{2+} 浓度

$$[Ba^{2+}] = [SO_4^{2-}] = \{K_{sp}^{\ominus}(BaSO_4)\}^{1/2}$$

$$= (1.1\times10^{-10})^{1/2}$$

$$= 1.05\times10^{-5}\ (mol \cdot L^{-1})$$

（2）电解质溶液中的 Ba^{2+} 浓度

设 $BaSO_4$ 在给定 Na_2SO_4 溶液中的溶解度为 x mol · L^{-1}

平衡时 $[Ba^{2+}] = x$ mol · L^{-1}

由于 $BaSO_4$ 的溶度积为 1.1×10^{-10}，x 很小，因此可近似认为

$$0.01 + x \approx 0.01$$

$$[SO_4^{2-}] \approx 0.01\ mol \cdot L^{-1}$$

$$K_{sp}^{\ominus}(BaSO_4) = [Ba^{2+}][SO_4^{2-}]$$

$$1.1\times10^{-10} = x \cdot 0.01$$

$x = 1.1\times10^{-8}\ (\text{mol}\cdot\text{L}^{-1})$

同离子效应的实际应用：① 加入过量沉淀剂可使被沉淀离子沉淀完全。例如，用硝酸银和盐酸生产 AgCl 时，加入过量盐酸可使贵金属离子 Ag^+沉淀完全。所谓完全，并不是使溶液中的某种被沉淀离子浓度等于零，实际上这也是做不到的。一般情况下，只要溶液中被沉淀的离子浓度不超过某一限度，如 $10^{-5}\ \text{mol}\cdot\text{L}^{-1}$，即认为这种离子沉淀完全了。而在定量分析中，则要求小于 $10^{-6}\ \text{mol}\cdot\text{L}^{-1}$。

② 定量分离沉淀时，选择洗涤剂以使损耗降低。例如在洗涤 AgCl 沉淀时，可使用 NH_4Cl 溶液。洗涤液一般过量 20%~50%，过大会引起副反应，反而使溶解度加大。例如 $BaSO_4$ 沉淀中加入过量的 H_2SO_4 导致酸效应：

$$BaSO_4 + H_2SO_4 \longrightarrow Ba(HSO_4)_2$$

AgCl 沉淀中加入过量的 HCl 导致配位效应：

$$AgCl + Cl^- \longrightarrow AgCl_2^-$$

而使 $BaSO_4$、AgCl 溶解度增大，甚至能溶解。例如，在用 Cl^-沉淀 Ag^+、Pb^{2+}和 Hg_2^{2+}等时，一般选择 $3\ \text{mol}\cdot\text{L}^{-1}$ HCl，而不选用浓盐酸。

在难溶电解质饱和溶液中加入不含共同离子的易溶强电解质，难溶电解质的溶解度增大。例如，在 AgCl 沉淀中加入 KNO_3，AgCl 溶解度增大。原因是：

$$AgCl(s) \rightleftharpoons Ag^+ + Cl^-$$

$$KNO_3 = K^+ + NO_3^-$$

KNO_3 溶于水后会完全电离，产生大量的 K^+和 NO_3^-，加剧了异性电荷离子之间的相互吸引、牵制作用，从而降低了沉淀离子的有效浓度，使之在单位时间内碰撞到晶体表面重新生成沉淀的机会减少，因而破坏了沉淀溶解平衡，溶解度增大。例如，AgCl 在纯水中的溶解度为 $1.3\times10^{-5}\ \text{mol}\cdot\text{L}^{-1}$，在 $0.1\ \text{mol}\cdot\text{L}^{-1}$ $NaNO_3$ 溶液中的溶解度为 $1.7\times10^{-5}\ \text{mol}\cdot\text{L}^{-1}$，溶解度增大了 31%。

注意：① 外加强电解质浓度越大、离子所带电荷越多，盐效应越显著；② 同离子效应和盐效应对难溶电解质溶解度的影响是相互矛盾的，同离子效应也伴有盐效应，当两者同时存在时，通常同离子效应起主导作用，盐效应影响较小。当沉淀剂过量不超过 $0.01\ \text{mol}\cdot\text{L}^{-1}$ 时，溶液较稀，盐效应可忽略不计。

（二）沉淀的溶解

根据溶度积规则，只要创造一定的条件降低溶液中的有关组分的离子浓度，使溶液中离子浓度幂的乘积小于溶度积，沉淀溶解平衡向溶解的方向移动，难溶电解质的沉淀就会溶解。常用的使沉淀溶解的方法有：

1. 生成弱电解质

（1）生成弱酸　难溶的碳酸盐、亚硫酸盐、部分硫化物等可以溶于强酸。因为这些难溶弱酸盐的酸根离子能与强酸提供的 H^+结合生成弱酸，甚至产生气体，有效降低酸根离子的浓度，使平衡向沉淀溶解的方向移动。例如，向 $CaCO_3$ 饱和溶液中加盐酸，$CaCO_3$ 沉淀逐渐消失，平衡移动过程为

$$CaCO_3(s) = Ca^{2+} + CO_3^{2-}$$
$$+$$
$$H^+$$
$$\|$$
$$HCO_3^- + H^+ = H_2CO_3$$
$$\|$$
$$CO_2\uparrow + H_2O$$

总反应式为：

$$CaCO_3(s) + 2H^+ = Ca^{2+} + H_2CO_3$$
$$\|$$
$$CO_2\uparrow + H_2O$$

（2）生成弱酸盐　铅离子能与醋酸根作用生成易溶的弱电解质 $Pb(Ac)_2$，使溶液中的 Pb^{2+} 浓度减少，使难溶的铅盐能溶于醋酸盐的溶液中。

$$PbSO_4(s) + 2Ac^- = Pb(Ac)_2 + SO_4^{2-}$$

（3）生成弱碱　少数溶度积较大的难溶氢氧化物可以溶于铵盐。因为铵盐中的 NH_4^+ 与难溶氢氧化物饱和溶液中的 OH^- 结合生成弱电解质 $NH_3 \cdot H_2O$，使 OH^- 浓度降低，引起沉淀的溶解。

$$Mg(OH)_2(s) + 2NH_4^+ = Mg^{2+} + 2NH_3 \cdot H_2O$$

（4）生成水　难溶氢氧化物可溶于酸

$$Fe(OH)_2(s) = Fe^{2+} + 2OH^-$$
$$+$$
$$2HCl \longrightarrow 2Cl^- + 2H^+$$
$$\|$$
$$2H_2O$$

2. 生成配合离子

某些试剂能与难溶电解质中的金属离子反应生成配合物，从而破坏了沉淀-溶解平衡，使沉淀溶解。

实例分析："定影"时用硫代硫酸钠（$Na_2S_2O_3$）溶液冲洗照片，则未感光的 AgBr 将被溶解，原因就是 $Na_2S_2O_3$ 与 AgBr 作用生成了可溶的配离子 $[Ag(S_2O_3)_2]^{3-}$。

再如

$$AgCl(s) \rightleftharpoons Ag^+(aq) + Cl^-(aq)$$

$$Ag^+(aq) + 2NH_3(aq) = [Ag(NH_3)_2]^+(aq)$$

因生成可溶性的配合离子大大降低了金属离子浓度，使 $Q < K_{sp}$，造成沉淀的溶解。

3. 发生氧化还原反应

通过氧化还原反应使难溶电解质的某一组分的存在状态发生变化，使 $Q < K_{sp}$ 从而使沉淀溶解。例如 CuS 的溶度积很小，既难溶于水，又难溶于稀盐酸，但与强氧化剂的硝酸相遇时，则会发生氧化还原反应生成单质 S 而溶解。

$$3CuS + 8HNO_3 = 3Cu(NO_3)_2 + 2NO\uparrow + 3S\downarrow + 4H_2O$$

可见，沉淀的溶解是涉及多种平衡的复杂过程。

五、两种沉淀之间的平衡

1. 沉淀的转化

在某种沉淀中加入适当的沉淀试剂，使原有的沉淀溶解而生成另一种沉淀的过程，称为沉淀的转化。某些难溶电解质采用上述方法也很难使其溶解，这时可采用沉淀转化的方法。

例如，向含有 $PbCl_2$ 沉淀及其饱和溶液（约 55 mL）的试管中，逐滴加入 $0.01\ mol\cdot L^{-1}$ KI 溶液，震荡试管，则白色沉淀 $PbCl_2$ 逐渐转变为黄色沉淀 PbI_2。由于 $K_{sp}^{\ominus}(PbI_2) < K_{sp}^{\ominus}(PbCl_2)$，所以向 $PbCl_2$ 饱和溶液中加入 KI 溶液后，将有更难溶解的 PbI_2 生成，溶液中 Pb^{2+} 浓度降低，致使 $Q(PbCl_2) < K_{sp}^{\ominus}(PbCl_2)$，溶液对 $PbCl_2$ 不饱和，沉淀溶解平衡向右移动。随着 PbI_2 的不断加入，$PbCl_2$ 将逐渐溶解，并转化为 PbI_2 沉淀。

上述反应的平衡常数为

$$K = \frac{\{c(Cl^-)\}^2}{\{c(I^-)\}^2} = \frac{c(Pb^{2+})\{c(Cl^-)\}^2}{c(Pb^{2+})\{c(I^-)\}^2} = \frac{K_{sp}^{\ominus}(PbCl_2)}{K_{sp}^{\ominus}(PbI_2)} = \frac{1.2\times10^{-5}}{7.1\times10^{-9}} = 1.4\times10^{3}$$

该沉淀转化反应的平衡常数很大，反应向右进行的趋势很强。

沉淀转化是一种难溶电解质不断溶解，而另一种难溶电解质不断生成的过程。通常由溶解度大的沉淀向溶解度小的沉淀转化，两种沉淀的溶解度之差越大，沉淀转化越容易进行。对于相同类型的难溶电解质。则一般情况下，由 $K_{sp}^{\ominus}$ 较大的向 $K_{sp}^{\ominus}$ 较小的方向进行。

（1）转化为更难溶的电解质

例如，在 Ag_2CrO_4 沉淀体系中加入 KI 溶液时，可以使 Ag_2CrO_4 砖红色沉淀完全转化成溶解度较小的 AgI 黄色沉淀。

$$Ag_2CrO_4(s) = 2Ag^+ + CrO_4^{2-}$$

$$+$$

$$2I^-$$

$$\|$$

$$2AgI\downarrow$$

（2）在特殊条件下难溶电解质也可转化成溶解度比之稍大的电解质

例如

$$BaSO_4(s) + CO_3{}^{2-} = BaCO_3(s) + SO_4{}^{2-}$$

$$K = [SO_4{}^{2-}]/[CO_3{}^{2-}] = K_{sp}(BaSO_4)/K_{sp}(BaCO_3)$$

$$= 1.1\times10^{-10}/5.1\times10^{-9} \approx 1/23$$

理论上当 $[CO_3{}^{2-}] > 23[SO_4{}^{2-}]$ 时，可以实现 $BaSO_4$ 沉淀转化成 $BaCO_3$ 沉淀。

2. 分步沉淀

在溶液中含有多种可被同一种沉淀剂沉淀的离子时，逐渐增大溶液中沉淀试剂的难度，使这些离子先后被沉淀出来的现象，称为分步沉淀。

例如在含有相同浓度的 I^- 和 Cl^-的混合溶液中，逐滴加入 $AgNO_3$溶液，刚开始只生成浅黄色的 AgI 沉淀，当 $AgNO_3$溶液加到一定量后，体系中开始出现白色的 AgCl 沉淀，就是分步沉淀的过程。

$$I^- + Ag^+ \xlongequal{\quad} AgI\downarrow$$

$$Cl^- + Ag^+ \xlongequal{\quad} AgCl\downarrow$$

体系中发生沉淀先后析出的现象的根本原因是 $K_{sp}(AgCl) > K_{sp}(AgI)$。随着 $AgNO_3$溶液的加入，体系中的 Ag^+浓度逐渐增大，首先满足 I^-的沉淀条件的要求，然后满足 AgCl 沉淀条件的要求。当体系中开始出现白色的 AgCl 沉淀时，体系中的 Ag^+浓度同时满足两个沉淀平衡的要求（即体系中 Ag^+浓度只有一个数值）。

分步沉淀可以解决沉淀的顺序问题、被沉淀离子分离是否完全的问题。只要掌握体系中离子的性质、有效地控制沉淀反应条件，可以利用分步沉淀的方法达到混合离子的有效分离。

根据溶度积规则，生成沉淀所需沉淀试剂浓度小的离子先被沉淀出来，即 J 先达到 $K_{sp}^{\ominus}$ 的离子先被沉淀出来。对于同一类型的化合物，且离子浓度相同情况，$K_{sp}^{\ominus}$ 小的先成为沉淀析出，$K_{sp}^{\ominus}$ 大的后成为沉淀析出。对于离子浓度不同或不同类型的化合物，不能用 $K_{sp}^{\ominus}$ 的大小判断沉淀的先后次序，需要通过计算分别求出产生沉淀时所需沉淀剂的最低浓度，其值低者先沉淀。

【例 3-9】已知：$K_{sp}^{\ominus}\{Cu(OH)_2\} = 2.2\times10^{-20}$，$K_{sp}^{\ominus}\{Fe(OH)_3\} = 4.0\times10^{-38}$，在 2.0 mol · L^{-1} $CuSO_4$ 溶液中，含有 0.010 mol · L^{-1} Fe^{3+} 杂质，问能否通过控制溶液 pH 的方法达到除杂的目的？

解：欲使 Cu^{2+} 产生沉淀，所需最低 OH^-浓度为

$$c(OH^-) = \sqrt{\frac{K_{sp}^{\ominus}\{Cu(OH)_2\}}{c(Cu^{2+})}} = \sqrt{\frac{2.2\times10^{-20}}{2.0}} = 1.05\times10^{-10}$$

$$pOH = -\lg c(OH^-) = -\lg(1.05\times10^{-10}) = 10$$

$$pH = 14 - pOH = 14 - 10.0 = 4.0$$

欲使 Fe^{3+} 产生沉淀，所需最低 OH^-浓度为

$$c(OH^-) = \sqrt[3]{\frac{K_{sp}^{\ominus}\{Fe(OH)_3\}}{c(Fe^{3+})}} = \sqrt[3]{\frac{4.0\times10^{-38}}{0.01}} = 1.6\times10^{-12}$$

$$pOH = -\lg c(OH^-) = -\lg(1.6\times10^{-12}) = 11.8$$

$$pH = 14 - pOH = 14 - 11.8 = 2.2$$

因此，沉淀 Fe^{3+} 比沉淀 Cu^{2+} 所需 OH^-的浓度要小，首先产生 $Fe(OH)_3$。

当 Fe^{3+} 浓度低于 1.0×10^{-5} mol · L^{-1} 时，认为已被沉淀完全。沉淀 Fe^{3+} 所需 OH^-的最低浓度为

$$c(OH^-) = \sqrt[3]{\frac{K_{sp}^{\ominus}\{Fe(OH)_2\}}{c(Fe^{3+})}} = \sqrt[3]{\frac{4.0\times10^{-38}}{1.0\times10^{-5}}} = 1.6\times10^{-11}$$

$$pOH = -\lg(1.6\times10^{-11}) = 10.8$$

$$pH = 14 - pOH = 14 - 10.8 = 3.2$$

只要控制 $3.2 < pH < 4.0$，就能实现除去杂质 Fe^{3+} 的目的。

利用分步沉淀分离混合离子时，当第二种沉淀刚好析出时，第一种离子应被沉淀完全，即其浓度 $\leqslant 1.0\times10^{-5}\,mol\cdot L^{-1}$，两者就可以被分离开。

由计算结果可见：利用分步沉淀原理，可使两种或两种以上的离子有效分离。如果两种沉淀的溶度积相差越大，分离得就会越完全。沉淀的先后次序，除与溶度积有关以外还与溶液中被沉淀离子的初始浓度有关，关键取决于体系中生成沉淀的有关组分是否达到 $Q > K_{sp}$ 的沉淀条件。

【知识拓展】

酸碱食品与健康

人体体液酸碱度（pH 值）通常情况下为 7.35，但人类每天吃的食品以酸味为多，碱味食品几乎没有，为什么人体环境反而是偏碱性呢，人体又是如何保持血液酸碱度的呢?

实际上，食品的酸碱性与其本身的 pH 值无关，也就是说，味道酸的食品不一定是酸性食品。食品的酸碱性主要由食品经过消化、吸收、代谢后，最后在人体内变成酸性或碱性的物质来界定。产生酸性物质的称为酸性食品，如动物的内脏、肌肉、植物种子（五谷类等）。产生碱性物质的称为碱性食品，如蔬菜、瓜、豆类，茶类、水果等。

以柠檬为例，虽然柠檬有非常强的酸味，其酸味来自柠檬酸。柠檬酸在人体内可以分解成二氧化碳和水，其中的二氧化碳是酸性的，但它通过呼吸作用被排出体外，实际上并不会明显增加人体的酸度。同时，柠檬等水果富含钾、镁等金属元素，这些元素属于“成碱元素”，它们经人体代谢后，可以让身体偏向碱性。所以，酸味极强的柠檬实际上却是一种典型的“碱性食品”。而肉类在人体内的代谢与柠檬的情况正好相反。肉类富含磷、硫等非金属元素。这些元素属于“成酸元素”，它们经人体代谢后形成酸根离子，从而让身体偏向酸性。所以，肉类都是“酸性食品”，尽管它们吃起来一点酸味也没有。

在正常情况下，人体有能力来维持自身的酸碱平衡。体液中的碳酸盐系统具有强大的缓冲能力，蛋白质等分子也有一定酸碱调节能力，肾可以调节离子的排出比例，肺也可以调节二氧化碳的呼出量。此外，人体还有一个巨大的碱性元素备用库，那便是骨骼。如果成酸元素过多，难以靠缓冲机制来调整，身体就会从骨骼中动用钙、镁等成碱元素来中和酸性元素，维持体液正常的酸碱度。

然而，人体的调节机制虽然精密而有效，却总有一个能力的限度。如果成酸元素过多，超出了人体调节的能力限度，就容易引起人体生理上的酸碱平衡失调。

常见的酸碱平衡失调问题是酸性食品摄取过多。长期如此，便会过多消耗骨骼中的钙库存，引起钙的加速流失，容易发生骨质疏松、龋齿和近视。如果长期处于酸碱食物失调的状况，形成“酸性体质”，还会使抵抗力降低，导致多种疾病的发生。

习　题

第四章 氧化还原反应

【学习目标】

1. 掌握氧化还原的基本概念和氧化还原反应式的配平方法。
2. 掌握原电池的组成及表示方法。
3. 理解标准电极电势的意义，能熟练地运用标准电极电势表来判断氧化剂和还原剂的相对强弱、氧化还原反应的方向，计算平衡常数。
4. 理解能斯特方程，理解浓度对电极电势、氧化还原反应的影响。
5. 了解化学电源、电解原理及金属防腐的相关知识。

根据反应的过程中是否有氧化数的变化或电子的转移，化学反应可分为两大类：一类是有电子转移或氧化数变化的氧化还原反应，另一类是没有电子转移或氧化数变化的非氧化还原反应。氧化还原反应是化学中最重要的反应，如工业上元素的提取，煤、石油、天然气的燃烧、许多有机物的合成等。可以说，凡是涉及化学的工矿企业，包括衣食住行的各行各业的物质生成，生物有机体的发生、发展和消亡，大多都与氧化还原反应有关。本章将在中学化学的基础上进一步讨论氧化还原反应方程式的配平问题和氧化还原的本质、特点，同时在介绍标准电极电势基本概念的基础上，重点讨论氧化还原反应的方向和进行的程度，最后简单介绍标准电极电势的应用和电化学的初步知识。

第一节 氧化还原反应的基本概念

一、氧化还原反应的实质

1. 氧化还原反应

无机化学反应一般分为两大类，一类是在反应过程中反应物之间没有电子的转移或得失的反应，我们称之为**非氧化还原反应**，如酸碱反应、沉淀反应，它们只是离子或原子间的相互交换；另一类则是在反应过程中反应物之间发生了电子转移（电子得失或共用电子对偏移）的反应，称为**氧化还原反应**。例如

$$Cu^{2+}(aq) + Zn(s) \longrightarrow Zn^{2+}(aq) + Cu(s)$$ 电子得失

$$H_2(g) + Cl_2(g) \longrightarrow 2HCl(g)$$ 电子偏移

氧化还原反应的实质是电子转移（电子得失或共用电子对偏移），元素氧化数的变化是

电子转移的结果，也是定义氧化剂、还原剂和配平氧化还原反应方程式的依据。

2. 氧化数

1970 年，国际纯粹化学和应用化学学会（IUPAC）定义氧化数的概念为：氧化数（又称氧化值）是某元素一个原子的荷电数，这种荷电数是将成键电子指定给电负性较大的原子而求得。确定氧化数的规则如下：

（1）在单质中，元素的氧化值为零。因为同一元素的电负性相同，在形成化学键时不发生电子的转移或偏离。例如 S_8 中的 S，Cl_2 中的 Cl，H_2 中的 H，金属 Cu、Al 等，氧化数均为零。

（2）在单原子离子中，元素的氧化值等于离子所带的电荷数。如 Cu^{2+}、Na^+和 S^{2-}，它们的氧化数分别为+2，+1 和−2。

（3）在大多数化合物中，氢的氧化值为+1，只有在金属氢化物中（如 NaH、CaH_2）中，氢的氧化值为−1。

（4）通常，在化合物中氧的氧化值为−2；但是在 KO_2、H_2O_2、Na_2O_2、Ba_2O_2 等过氧化物中，氧的氧化值为−1；在超氧化物（如 KO_2）中，氧的氧化数为−1/2；在氧的氟化物中，如 OF_2 和 O_2F_2 中，氧的氧化值分别为+2 和+1。

（5）在中性分子中，各元素氧化值的代数和为零。在多原子离子中，各元素氧化值的代数和等于离子所带电荷数。

根据以上规则，我们既可以计算化合物中各组成元素原子的氧化数，亦可以计算多原子离子中各组成元素原子的氧化数。

【例 4-1】计算 $K_2Cr_2O_7$ 与 MnO_4^- 中 Cr 和 Mn 的氧化数

解：$K_2Cr_2O_7$ 中 Cr 的氧化数为：$2\times(+1) + 2x + 7\times(-2) = 0$，$x = +6$

MnO_4^-中 Mn 的氧化数为：$x + 4\times(-2) = -1$，$x = +7$

由于氧化数是在指定条件下的计算结果，所以氧化数不一定是整数。如在四氧化三铁（Fe_3O_4）中，Fe 的氧化数为+8/3。这是由于分子中同一元素的铁原子处于不同的氧化态（+2，+3），而按上法计算的是铁元素氧化数的平均值，所以氧化数有非整数出现。

3. 氧化剂与还原剂

根据氧化数的概念，凡是物质氧化数发生变化的反应都是氧化还原反应。氧化数升高的过程称为氧化，氧化数降低的过程称为还原。在反应过程中，氧化数升高的物质称为还原剂，氧化数降低的物质称为氧化剂。氧化剂被还原，得到还原产物；还原剂被氧化，得到氧化产物。例如：在反应 $Zn + Cu^{2+} = Zn^{2+} + Cu$ 中，Zn 的氧化数升高，被氧化，为还原剂，得到氧化产物 Zn^{2+}；Cu^{2+}的氧化数降低，被还原，为氧化剂，得到还原产物 Cu。

既然氧化数降低的物质为氧化剂，那么氧化剂中一定含有高氧化数的元素，同理，还原剂中也必定含有低氧化数的元素。若元素处于中间价态，则既可以做氧化剂又可以做还原剂，视与其作用的物质和反应条件而定。

常见的氧化剂有以下几类：

（1）典型的非金属单质，如 F_2、O_2、Cl_2、Br_2、I_2、S 等。

（2）含有变价元素的高价化合物，如 $KMnO_4$、$KClO_3$、H_2SO_4、HNO_3、MnO_2 等。

（3）金属阳离子，如 Fe^{3+}、Cu^{2+}（H^+）。

常见的还原剂有以下几类：

（1）典型的金属单质，如 K、Ca、Na、Mg 等；

（2）某些非金属单质及其化合物，如 H_2、C、CO；

（3）有变价元素的最低价态化合物，如 H_2S、HI、HBr、HCl；

（4）非金属阴离子，如 S^{2-}、I^-、Br^-、Cl^-。

4. 氧化还原电对

任何氧化还原反应方程式可以拆成两个半反应式，即失电子的氧化半反应式和得电子的还原半反应式。例如

氧化还原离子反应式：$Ce^{4+} + Fe^{2+} = Ce^{3+} + Fe^{3+}$

氧化半反应式：$Fe^{2+} - e^- = Fe^{3+}$

还原半反应式：$Ce^{4+} + e^- = Ce^{3+}$

在半反应式中，同一元素的两种不同氧化数物种组成了氧化还原电对。用符号表示为：氧化型/还原型（注意：氧化型写在斜线左侧，还原型写在斜线右侧），如 Ce^{4+}/Ce^{3+}和 Fe^{3+}/Fe^{2+}。电对中氧化数较大的物种为氧化型，如上述半反应中的 Ce^{4+}和 Fe^{3+}；电对中氧化数较小的物种为还原型，如上述半反应中的 Ce^{3+}和 Fe^{2+}。

任意一个氧化还原电对，原则上都可以构成一个半电池，其半反应一般都采用还原反应的形式书写，即

$$\text{氧化型} + ne^- \rightleftharpoons \text{还原型}$$

任何氧化还原反应系统都是由两个电对构成的。氧化还原反应是两个（或两个以上）氧化还原电对共同作用的结果。

$$\text{氧化型(2)} + \text{还原型(1)} \rightleftharpoons \text{氧化型(1)} + \text{还原型(2)}$$

其中，还原型（1）为还原剂，在反应中被氧化为氧化型（1），即氧化产物；氧化型（2）是氧化剂，在反应中被还原为还原型（2），即还原产物。在氧化还原反应中，失电子与得电子，氧化与还原，还原剂与氧化剂既是对立的，又是相互依存的，共处于同一反应中。

5. 氧化还原反应的特殊类型

（1）自氧化还原反应　同一物质，既是氧化剂，又是还原剂，但氧化、还原发生在不同元素的原子上的反应，称为自氧化还原反应。

例如：$2KClO_3 \longrightarrow 2KCl + 3O_2\uparrow$

$2HgO \longrightarrow 2Hg + O_2\uparrow$

（2）歧化反应　同一物质中同一元素的原子，有的氧化数升高，有的氧化数降低，称为歧化反应。

例如：$\overset{0}{Cl_2}(g) + H_2O(l) = HO\overset{+1}{Cl}(aq) + H\overset{-1}{Cl}(aq)$

二、氧化还原反应方程式的配平

有些氧化还原反应比较复杂，需要按照一定的方法来配平，配平的基本原则如下：

（1）得失电子守恒：反应中氧化剂所得电子数必须等于还原剂所失去的电子数；

（2）质量守恒：根据质量守恒定律，方程式两边各元素的原子总数必须相等；

（3）电荷守恒：离子反应前后，所带的电荷总数相等。

最常用的配平方法有氧化数法和离子-电子法。

1. 氧化数法

（1）标（氧化数）　标出反应式中氧化数发生变化的元素（氧化剂、还原剂）的氧化数。

（2）列（变化值）　列出反应式中氧化剂、还原剂氧化数变化值。

（3）定（总数）　将氧化剂氧化数降低值和还原剂氧化数升高值的最小公倍数定为电子转移总数。依据电子守恒，确定氧化剂、还原剂、氧化产物、还原产物前面的系数。

（4）配平（化学计量数）　用观察法配平其他物质的化学计量数，配平后，把单线改成等号。化学方程式中两边的H和O的个数的配平方法如下：

在酸性介质中，不能出现 OH^-，O 原子少的一侧加 H_2O，另一侧加 H^+；

在碱性介质中，不能出现 H^+，O 原子多的一侧加 H_2O，另一侧加 OH^-；

在中性介质中，氧原子数不平时，一律左侧加 H_2O，右侧加 OH^-或 H^+。

（5）查（守恒）检查方程式两边是否得失电子守恒、质量守恒、电荷守恒。

【例 4-2】配平方程式 $HClO_3 + P_4 \longrightarrow HCl + H_3PO_4$，采用氧化数法。

解：（1）标出反应式中氧化数发生变化的元素（氧化剂、还原剂）的氧化数

$$H\overset{+5}{Cl}O_3 + \overset{0}{P_4} \longrightarrow H\overset{-1}{Cl} + H_3\overset{+5}{P}O_4$$

（2）列出反应式中氧化剂、还原剂氧化数变化值。

氧化数降低 5−(−1)=6

$$H\overset{+5}{Cl}O_3 + \overset{0}{P_4} \longrightarrow H\overset{-1}{Cl} + H_3\overset{+5}{P}O_4$$

氧化数升高 (5−0)×4=20

由此可见，$HClO_3$ 中氯元素的氧化数由+5 降低为−1，为氧化剂；P_4 中磷元素的氧化数由 0 升高为+5，为还原剂。

（3）将氧化剂氧化数降低值 6 和还原剂氧化数升高值 20 的最小公倍数 60 定为电子转移总数，即有

$$\begin{array}{l|l} 5-(-1)=6 & \times 10 = 60 \\ (5-0)\times 4 = 20 & \times 3 = 60 \end{array}$$

依据电子守恒，确定氧化剂 $HClO_3$、还原产物 HCl、还原剂 P_4、氧化产物 H_3PO_4 前面的系数，即有

$$10HClO_3 + 3P_4 \longrightarrow 10HCl + 12H_3PO_4$$

（4）用观察法配平其他物质的化学计量数。首先检查方程式两边的氢原子数目，由于右边多了 36 个氢原子，所以，应该在左边加上 18 个水分子。然后核对氧原子数。配平后，把单线改成等号，即得到了配平后的氧化还原方程式：

$$10HClO_3 + 3P_4 + 18H_2O = 10HCl + 12H_3PO_4$$

2. 离子-电子法（适用于溶液中的反应）

在有些化合物中，元素的氧化数比较难以确定，它们参加的氧化还原反应若用氧化数法配平则存在一定困难。例如

$$MnO_4^- + C_3H_7OH \longrightarrow Mn^{2+} + C_2H_5COOH$$

对于这样的反应，用离子-电子法配平就比较方便。此外，在溶液中发生的反应，除了用氧化数配平外，也可采用离子-电子法配平。其配平步骤如下：

（1）用离子式写出主要反应物和产物（气体、纯液体、固体和弱电解质则写分子式）。

（2）分别写出氧化剂被还原和还原剂被氧化的半反应。

（3）分别配平两个半反应方程式，等号两边的各元素的原子总数相等、且电荷数相等。

（4）确定两个半反应方程式得、失电子数目的最小公倍数。将两个半反应方程式中各项分别乘以相应的系数，使其得、失电子数目相同。然后，将两者合并，就得到了配平的氧化还原反应的离子方程式。有时根据需要可将其改为分子方程式。

【例 4-3】用离子电子法配平高锰酸钾和亚硫酸钾在稀硫酸中的反应

$$KMnO_4 + K_2SO_3 + H_2SO_4 \longrightarrow MnSO_4 + K_2SO_4 + H_2O$$

解：（1）用离子式写出主要反应物和产物

$$MnO_4^- + SO_3^{2-} + SO_4^{2-} \longrightarrow Mn^{2+} + SO_4^{2-} + H_2O$$

（2）分别写出氧化剂被还原和还原剂被氧化的半反应

还原半反应 $MnO_4^- + 5e^- \longrightarrow Mn^{2+}$

氧化半反应 $SO_3^{2-} \longrightarrow SO_4^{2-} + 2e^-$

（3）分别配平两个半反应方程式　首先配平原子数，然后在半反应的左边或右边加上适当电子数配平电荷数。

$$MnO_4^- + 8H^+ + 5e^- = Mn^{2+} + 4H_2O \qquad \times 2$$

$$SO_3^{2-} + H_2O = SO_4^{2-} + 2H^+ + 2e^- \qquad \times 5$$

（4）确定两个半反应方程式得、失电子数目的最小公倍数。将两个半反应方程式中各项分别乘以相应的系数，使其得、失电子数目相同。然后，将两者相加，即得到了配平的氧化还原反应的离子方程式。

$$2\ MnO_4^- + 5SO_3^{2-} + 6H^+ \longrightarrow Mn^{2+} + 5SO_4^{2-} + 3H_2O$$

（5）加上原来未参与氧化还原反应的离子，改写成分子方程式，核对方程式两边各元素原子个数相等，完成方程式配平。

$$2KMnO_4 + 5K_2SO_3 + 3H_2SO_4 = 2MnSO_4 + 6K_2SO_4 + 3H_2O$$

【例 4-4】用离子电子法配平在中性介质中进行的氧化还原反应

$$KMnO_4 + K_2SO_3 \longrightarrow MnO_2\downarrow + K_2SO_4$$

解：(1) 用离子式写出主要反应物和产物

$$MnO_4^- + SO_3^{2-} \longrightarrow MnO_2\downarrow + SO_4^{2-}$$

(2) 分别写出氧化剂被还原和还原剂被氧化的半反应

还原半反应　$MnO_4^- + 3e^- = MnO_2\downarrow$

氧化半反应　$SO_3^{2-} = SO_4^{2-} + 2e^-$

(3) 分别配平两个半反应方程式　首先配平原子数，然后在半反应的左边或右边加上适当电子数配平电荷数。在中性介质中，氧原子数不平时，左侧加 H_2O，右侧加 OH^-或 H^+。

$$MnO_4^- + 2H_2O + 3e^- = MnO_2\downarrow + 4OH^- \quad \times 2$$

$$SO_3^{2-} + H_2O = SO_4^{2-} + 2OH^- + 2e^- \quad \times 3$$

(4) 确定两个半反应方程式得、失电子数目的最小公倍数。将两个半反应方程式中各项分别乘以相应的系数，使其得、失电子数目相同。然后，将两者相加，即得到了配平的氧化还原反应的离子方程式。

$$2MnO_4^- + 3SO_3^{2-} + H_2O^- = 2MnO_2\downarrow + SO_4^{2-} + 2OH^-$$

补入合适的阴、阳离子，把离子方程式改写为分子方程式

$$2KMnO_4 + K_2SO_3 + H_2O = 2MnO_2\downarrow + 3K_2SO_4 + 2KOH$$

离子-电子法能反映出水溶液中反应的实质，特别对有介质参加的反应配平比较方便。此法不仅有助于书写半反应式，而且对根据反应设计原电池，书写电极反应及电化学计算都是有帮助的。但应注意，离子-电子法只适用于发生在水溶液中的氧化还原反应的配平。

第二节　电化学电池

1786 年，意大利解剖学家伽伐尼（L. Galvani）在做青蛙解剖时，两手分别拿着不同的金属器械，无意中同时碰在青蛙的大腿上，青蛙腿部的肌肉立刻抽搐了一下，仿佛受到电流的刺激，而当他只用一种金属器械去触动青蛙，青蛙并无此种反应。于是伽伐尼认为，出现这种现象是因为动物躯体内部产生的一种电，即“生物电”。伽伐尼于 1791 年将此实验结果公布于世，在科学界引起极大轰动。

意大利物理学家伏特在多次实验后指出：伽伐尼的“生物电”之说并不正确，他认为青蛙的肌肉之所以能产生电流是肌肉中某种液体在起作用。他把两种不同的金属片浸在各种溶液中进行试验，结果发现，只要有一种金属与溶液发生化学反应，金属片之间就能够

产生电流。在此基础上，1800 年伏特设计并装配完成了第一个能产生持续电流的电堆（即电池）。直到科学技术高度发达的现代社会，各种电池都是以伏特电堆的原理为基础发展起来的。

一、原电池

1. 原电池的组成

将锌片放在硫酸铜溶液中，可以看到硫酸铜溶液的蓝色逐渐变浅，析出紫红色的铜，此现象表明 Zn 与 $CuSO_4$ 溶液之间发生了氧化还原反应

$$Zn + CuSO_4 \xlongequal{\quad} Cu + ZnSO_4$$

Zn^+与 Cu^{2+}之间发生了电子转移。但这种电子转移不是电子的定向移动，不能产生电流。反应中化学能转变为热能，并在溶液中消耗掉了。

若该氧化还原反应在如图 4-1 所示的装置内进行，会发现当电路接通后，检流计的指针发生偏转，这表明导线中有电流通过，同时 Zn 片开始溶解，而 Cu 片上 Cu 沉积。由检流计指针偏转方向可知，电子从 Zn 电极流向 Cu 电极。

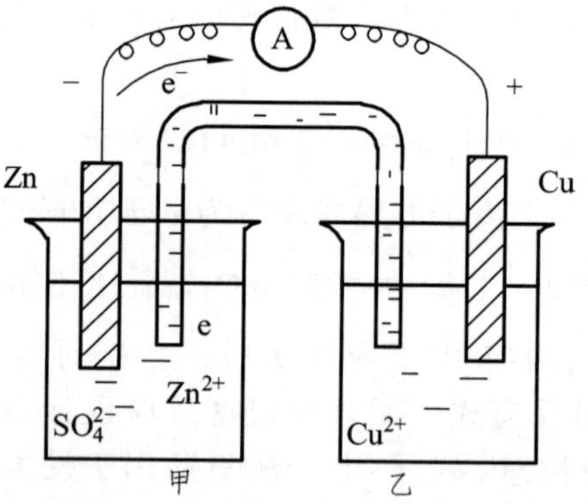

图 4-1　Zn-Cu 原电池示意图

这种借助于氧化还原反应自发产生电流的装置称为原电池。在原电池反应中化学能转变为电能。原电池包括两个半电池，每个半电池又称为一个电极。其中放出电子的一极称为负极，是电子流出极，发生氧化反应；另一极是接受电子的一极，称为正极，正极上发生还原反应。电极上分别发生的氧化还原反应，称为电极反应。一般说来，由两种金属电极构成的原电池，较活泼的金属做负极，另一金属做正极。负极金属失去电子成为离子而进入溶液，所以它总是逐渐溶解。

上述装置称为锌-铜原电池。锌-铜原电池是由两个半电池组成的，一个半电池为 Zn 片和 $ZnSO_4$ 溶液，另一个半电池为 Cu 片和 $CuSO_4$ 溶液，每个半电池可由同一元素的两种不同状态组成。两个半电池反应合并构成原电池总反应称为电池反应。原电池中与电解质溶液相连的导体称为电极。在电极上发生的氧化或还原反应则称为电极反应或半电池反应。原电池中，电子流出的电极是负极，发生氧化反应；电子流入的电极是正极，发生还原反应。

例如，锌-铜电池：

负极：$Zn-2e^- \xlongequal{\quad} Zn^{2+}$（氧化反应）

正极：$Cu^{2+} + 2e^- =\!=\!= Cu$（还原反应）

电池反应：$Zn + Cu^{2+} =\!=\!= Cu + Zn^{2+}$

两溶液间用盐桥相连。盐桥是一支装满饱和 KCl（或 NH_4NO_3）和琼脂的 U 形管。盐桥的作用是沟通两个半电池，使两个"半电池"的溶液都保持电中性，组成电池回路，本身并不起变化。

书写电极反应和电池反应时，必须满足物质的量及电荷平衡。同时，应标明离子或电解质溶液的浓度、气体的压力、纯液体或固体的相态。

2. 电池符号（电池图示）

为了科学方便地表示原电池的结构和组成，原电池装置可用符号表示。如锌-铜电池可表示为

$$(-)\ Zn|Zn^{2+}(c_1)\ \|\ Cu^{2+}(c_2)|Cu\ (+)$$

正确书写原电池符号的规则如下：

（1）负极写在电池符号表示式的左边，以"(－)"表示；正极写在电池符号表示式的右边，并以"(＋)"表示。

（2）金属材料写在外面，电解质溶液写在中间。

（3）以化学式表示电池中各物质的组成，溶液要标上浓度（$mol \cdot L^{-1}$），若为气体物质应注明其分压（Pa）。如不特殊指明，则温度为 298.15 K，气体分压为 100 kPa，溶液浓度为 1 $mol \cdot L^{-1}$。

（4）用｜表示电极与离子溶液之间的物相界面，不存在相界面，用"，"分开。

（5）若电极反应中无金属导体，则需用惰性电极 Pt 电极或 C 电极，它只起导电作用，而不参与电极反应，例如

$$(-)\ Pt, H_2(p)\ |\ H^+(c_1)\ \|\ Fe^{3+}(c_2), Fe^{2+}(c_3)\ |\ Pt\ (+)$$

即原电池符号通式：

（－）负极｜电解质溶液 1（浓度 1）‖电解质溶液 2（浓度 2）｜正极（＋）

【例 4-5】根据下列电池反应写出相应的电池符号。

（1）$H_2 + 2Ag^+ =\!=\!= 2H^+ + 2\,Ag$；（2）$Cu + 2\,Fe^{3+} =\!=\!= Cu^{2+} + 2\,Fe^{2+}$

解：（1）$(-)\ Pt,\ H_2(p)\ |\ H^+(c_1)\ \|\ Ag^+(c_2)\ |\ Ag\ (+)$

（2）$(-)\ Cu\ |\ Cu^{2+}(c_1)\ \|\ Fe^{3+}(c_2),\ Fe^{2+}(c_3)\ |\ Pt\ (+)$

二、原电池的电动势

把原电池的两个电极用导线（一般用与电极材料相同的金属）连接起来时，在构成的电路中就会有电流通过。这说明两个电极之间存在着电势差，如同有水流通过是因为存在水位差一样。用电位计所测得的正极与负极间的电势差就是该电池的电动势，电动势用符号 E 表示。即

$$E = E_{正} - E_{负} \tag{4-1}$$

式中 E——原电池的电动势，V；

$E_{正}$——原电池正极的电极电势，V；

$E_{负}$——原电池负极的电极电势，V。

原电池电动势大小主要取决于组成原电池物质的本性。溶液中离子的浓度改变，也会引起电动势的变化。此外，电动势还与温度有关，一般是在 25°C（即室温）下测定。当原电池中各物种均处于各物种的标准态时，即溶液中各离子的浓度均为 1.0 mol · L^{-1}，气体的分压为标准压力 100 kPa，固体及液体均为纯净物时，测定的电动势为**标准电动势**，用 $E^{\ominus}$ 表示。

第三节 电极电势

一、标准氢电极

原电池中两电极间的电势差为原电池的电动势。若已知各电极的电极电势值，就能很方便地求出原电池的电动势。然而，电极电势的绝对值是无法测量的，但是我们可以选择某种电极（如标准氢电极）作为参比电极，将待测电极与参比电极组成一个原电池，通过测定该电池的电动势，就可求出待测电极的电极电势的相对值。

标准氢电极的装置如图 4-2 所示，将表面镀有一层多孔铂黑（细粉状的铂，能吸附气体）的铂片，浸入氢离子浓度为 1 mol · L^{-1} 的酸溶液中（如 HCl），在 298.15 K 时不断通入压力为 100 kPa 的纯氢气流，使铂黑电极上吸附的氢气达到饱和。这时，H_2 与溶液中 H^+可达到平衡：

$$2H^+ + 2e^- \rightleftharpoons H_2(g)$$

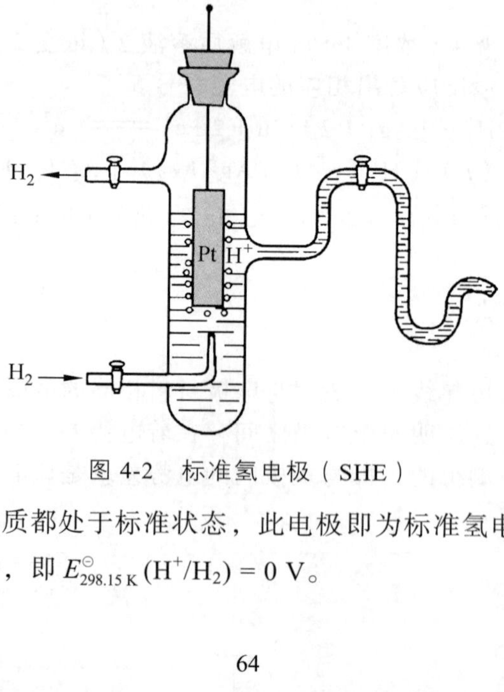

图 4-2 标准氢电极（SHE）

由于此时电对中的物质都处于标准状态，此电极即为标准氢电极，规定 298.15 K 时标准氢电极的电极电势为零，即 $E^{\ominus}_{298.15\,K}(H^+/H_2) = 0$ V。

二、标准电极电势及其测定

任何氧化还原电对处于标准状态的电极电势称为标准电极电势，以符号 $E^{\ominus}$（氧化型/还原型）表示。标准电极电势可以通过实验测得，如图 4-3 所示，将待测的标准电极与标准氢电极相连接组成原电池，以电压表测定该电池的标准电动势 $E^{\ominus}$。由电流方向确定其正极和负极，根据标准电动势 $E^{\ominus}=E^{\ominus}_{正}-E^{\ominus}_{负}$，即可求出待测电极的标准电极电势。

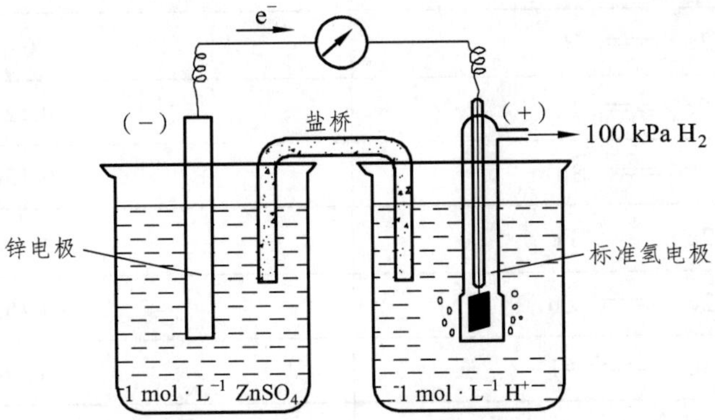

图 4-3　标准电极电势的测定

例如，若要测定锌电极的标准电极电势，可以将处于标准态的锌电极与标准氢电极组成原电池。根据检流计指针偏转方向，可知电流由氢电极通过导线流向锌电极，所以标准氢电极为正极，标准锌电极为负极。该原电池符号为

$$(-)\ Zn\ |\ Zn^{2+}(1\ mol \cdot L^{-1})\ ||\ H^{+}(1\ mol \cdot L^{-1})\ |\ H_2(100\ kPa)\ |\ Pt\ (+)$$

电池反应为　$Zn + 2H^{+} = Zn^{2+} + H_2$

298K 时，测得此原电池的标准电动势 $E^{\ominus}=0.763$ V，则

$$E^{\ominus}=E^{\ominus}(H^{+}/H_2)-E^{\ominus}(Zn^{2+}/Zn)=0.763\ V$$

所以　$E^{\ominus}(Zn^{2+}/Zn)=-0.763$ V

氢电极是气体电极，使用起来不方便，在实际应用中通常采用容易制备、使用方便且电极电势稳定的甘汞电极或银-氯化银作为参比电极。298.15 K 时，饱和甘汞电极和银-氯化银的电极电势为 0.2415 V 和 0.2223 V。

用上述方法可以测出一系列其他电对的标准电势。

三、标准电极电势表

将各电对的标准电极电势按代数值从上到下由小到大的顺序排列，可得到标准电势数据表，见表 4-1 或附录 E。本表采用的是电极反应为还原反应的电极电势，即还原电势，它表示电对中氧化型物质得电子能力的大小。由表 4-1 可知，氢以上的电对，如 $Zn^{2+}|Zn$、$Na^{+}|Na$ 等，其电极电势为负；氢以下的电对，如 $Cu^{2+}|Cu$、$Ag^{+}|Ag$，其电极电势为正。$E^{\ominus}$ 正值越大，表示电对中氧化型物质得电子能力越强，即氧化性越强；反之，$E^{\ominus}$ 负值越大，表示电对中还原型物质失电子能力越强，即还原性越强。

表 4-1 一些电对的标准电极电势（298.15K，酸性介质）

电极反应	$\varphi^\ominus$ / V
$Ag^+ + e^- \Longrightarrow Ag$	0.7995
$Hg^{2+}2e^- \Longrightarrow Hg$	0.845
$Cu^{2+}2e^- \Longrightarrow Cu$	0.337
$2H^+ + 2e^- \Longrightarrow H_2$	0
$Pb^{2+} + 2e^- \Longrightarrow Pb$	–0.126
$Sn^{2+} + 2e^- \Longrightarrow Sn$	–0.136
$Fe^{2+} + 2e^- \Longrightarrow Fe$	–0.44
$Zn^{2+} + 2e^- \Longrightarrow Zn$	–0.763
$Al^{3+} + 3e^- \Longrightarrow Al$	–1.66
$Mg^{2+} + 2e^- \Longrightarrow Mg$	–2.37
$Ca^{2+} + 2e^- \Longrightarrow Ca$	–2.87
$Ba^{2+} + 2e^- \Longrightarrow Ba$	–2.9

使用标准电极电势表时要注意以下几点：

（1）标准电极电势的符号是正或负，不因电极反应的写法而改变。

$$Zn^{2+} + 2e^- \Longrightarrow Zn \quad E^\ominus(Zn^{2+}/Zn) = -0.763\ V$$

$$Zn - 2e^- \Longrightarrow Zn^{2+} \quad E^\ominus(Zn^{2+}/Zn) = -0.763\ V$$

（2）标准电极电势仅适用于水溶液中，对非水溶液、高温反应、固相反应不适用。

（3）$E^\ominus$是电极处于平衡状态下表现出来的特征值，与反应速率无关。

（4）$E^\ominus$值的大小可用以判断在标准状态下电对中氧化型物质的氧化能力和还原型物质的还原能力的相对强弱，而与电极反应式的计量系数无关。例如：

$$I_2 + 2e^- \Longrightarrow 2I^- \quad E^\ominus = +0.54\ V$$

$$1/2I_2 + e^- \Longrightarrow I^- \quad E^\ominus = +0.54\ V$$

（5）一些电极在不同的介质中，电极反应和电极电势不同。例如，Fe^{3+}/Fe^{2+}电对在酸性介质中，电极反应为

$$Fe^{3+} + e^- \Longrightarrow Fe^{2+} \quad E^\ominus(Fe^{3+}/Fe^{2+}) = 0.771\ V$$

在碱性介质中，电极反应为

$$Fe(OH)_3 + e^- \Longrightarrow Fe(OH)_2 + OH^- \quad E^\ominus\{Fe(OH)_3/Fe(OH)_2\} = -0.56\ V$$

所以，查表时要注意溶液的酸碱性。

四、影响电极电势的因素

电极电势的大小首先取决于构成电对物质的性质，例如，活泼金属的电极电势值一般都很小，而活泼非金属的电极电势值一般较大。同时也受温度、溶液中离子的浓度和溶液酸碱度的影响。

标准电极电势是在标准状态下测定的，通常参考温度为 298 K。如果温度、溶液中离子的浓度和溶液酸碱度改变，则电对的电极电势也将随之改变。

能斯特（Nernst）方程用于求非标准状况下的电极电势，表达了电极电势与浓度、温度之间的定量关系。对于一般的电极反应：

$$a\,\text{氧化型} + ze^- \rightleftharpoons b\,\text{还原型}$$

$$E = E^{\ominus} + \frac{RT}{zF}\lg\frac{[c(\text{氧化型})/c^{\ominus}]^a}{[c(\text{还原型})/c^{\ominus}]^b} \qquad (4\text{-}2)$$

式中　E——电对在任一温度、浓度时的电极电势，V；

$E^{\ominus}$——电对的标准电极电势，V；

R——摩尔气体常数，8.314 $\text{J}\cdot\text{mol}^{-1}\cdot\text{K}^{-1}$；

F——法拉第常数，96485 $\text{C}\cdot\text{mol}^{-1}$；

T——热力学温度，K；

z——电极反应式中转移的电子数。

式（4-2）即电极反应的能斯特方程，它反映了温度、浓度对电极电势的影响。

方程中的 c(氧化型)和 c(还原型)分别是电极反应中等号左侧和右侧的各物种浓度与标准浓度的比值，若是气体则用相对分压表示，各物种的浓度的指数等于电极反应。

298 K 时，电极反应的能斯特方程为

$$E = E^{\ominus} + \frac{0.0592}{z}\lg\frac{[c(\text{氧化型})/c^{\ominus}]^a}{[c(\text{还原型})/c^{\ominus}]^b} \qquad (4\text{-}3)$$

使用 Nernst 方程的规则：

（1）氧化型、还原型为参与电极反应的所有物质的相对浓度，且浓度方次为其在电极反应中的系数。如 298 K 时

$$2H^+ + 2e^- \rightleftharpoons H_2$$

$$E\left(H^+/H_2\right) = E^{\ominus}\left(H^+/H_2\right) + \frac{0.0592}{2}\lg\frac{[c(H^+)]^2}{p\left(H_2\right)/p^{\ominus}}$$

（2）电对中的固体、纯液体浓度为 1，不写出。如 298 K 时

$$Zn^{2+} + 2e^- = Zn$$

$$E\left(Zn^{2+}/Zn\right) = E^{\ominus}\left(Zn^{2+}/Zn\right) + \frac{0.0592}{2}\lg[c(Zn^{2+})]$$

（3）由电极反应的能斯特方程可以看出：c(氧化型)或 p(氧化型)增大，电极电势增大；

c(还原型)或 p(还原型)增大，电极电势减小。

（4）式中 c(氧化型)和 c(还原型)是广义的，它包括参加电极反应的所有物质，如 H^+或 OH^-，这些物质的浓度也必须表示在能斯特方程式中，如 298 K 时，

$$MnO_4^- + 8H^+ + 5e^- \longequal Mn^{2+} + 4H_2O$$

$$E(MnO_4^- / Mn^{2+}) = E^{\ominus}(MnO_4^- / Mn^{2+}) + \frac{0.059\,2}{5}\lg\frac{c(MnO_4^-)[c(H^+)]^8}{c(Mn^{2+})}$$

【例 4-6】写出下列电对在 298.25 K 时的能斯特方程。

（1）Cu^{2+}/Cu

电极反应 $Cu^{2+} + 2e^- \rightleftharpoons Cu$

$$E(Cu^{2+}/Cu) = E^{\ominus}(Cu^{2+}/Cu) + \frac{0.0592}{2}\lg c(Cu^{2+})$$

（2）MnO_2/Mn^{2+}

电极反应 $MnO_2 + 4H^+ + 2e^- \rightleftharpoons 2H_2O + Mn^{2+}$

$$E(MnO_2/Mn^{2+}) = E^{\ominus}(MnO_2/Mn^{2+}) + \frac{0.0592}{2}\lg\frac{[c(H^+)]^4}{c(Mn^{2+})}$$

（3）O_2/H_2O

电极反应 $O_2 + 4H^+ + 2e^- \rightleftharpoons 2H_2O$

$$E(O_2/H_2O) = E^{\ominus}(O_2/H_2O) + \frac{0.0592}{4}\lg\frac{[p(O_2)/p^{\ominus}][c(H^+)]^4}{1}$$

（4）AgCl/Ag

电极反应 $AgCl(s) + e^- \rightleftharpoons Ag(s) + Cl^-$

$$E(AgCl/Ag) = E^{\ominus}(AgCl/Ag) + 0.0592\lg\frac{1}{c(Cl^-)}$$

【例 4-7】：已知：$E^{\ominus}(O_2/OH^-) = 0.4\ V$，求 298 K，在 pH = 13，$p(O_2) = 100\ kPa$ 时电极反应 $O_2 + 2H_2O + 4e^- \longequal 4OH^-$的电极电势。

解：pH = 13 时，pOH = 14−pH = 1，$c(OH^-) = 0.1\ mol \cdot L^{-1}$

$$E(O_2/OH^-) = E^{\ominus}(O_2/OH^-) + \frac{0.0592}{4}\lg\frac{p(O_2)/p^{\ominus}}{[c(OH^-)]^4}$$

$$= 0.40 + \frac{0.0592}{4}\lg\frac{100/100}{(10^{-1})^4} = 0.40 + 0.0592 = 0.459\ (V)$$

第四节　电极电势的应用

一、判断氧化剂和还原剂的强弱

在比较氧化剂或还原剂相对强弱的过程中，标准电极电势是很有用的。根据标准电极电势（还原电势）对应的电极反应，这种半电池反应常写作：

$$\text{氧化型} + ze^- \rightleftharpoons \text{还原型}$$

电对的 $E^\ominus$ 值越大，其氧化型物质在标准态下是越强的氧化剂，还原剂是越弱的还原剂；反之，电对的 $E^\ominus$ 值越小，其氧化型物质在标准态下是越弱的氧化剂，还原剂是越强的还原剂。在按 $E^\ominus$ 值由大到小的顺序排列的标准电极电势表中，最强的还原剂是 Li，它是标准电极电势最小的电对的还原型；最强的氧化剂是 F_2，它是标准电极电势最大的电对的氧化型。相应的 Li^+是最弱的氧化剂，F^-是最弱的还原剂。

电对的氧化型能力强，其对应的还原型的还原能力就弱。这种共轭关系如同酸碱的共轭关系一样。通常实验室用的强氧化剂，其电对的 $E^\ominus$ 值往往大于 1，如 $KMnO_4$、K_2CrO_7、H_2O_2 等；常用的强还原剂，其电对的 $E^\ominus$ 值往往小于零或大于零，如 Zn、Fe、Sn^{2+}等。当然氧化剂、还原剂的强弱是相对的，并没有严格的界限。

例如：$E^\ominus(Zn^{2+}/Zn) = -0.763$ V　　　$E^\ominus(Cu^{2+}/Cu) = 0.342$ V

所以　氧化性 $Cu^{2+} > Zn^{2+}$　　　　还原性 Zn > Cu

二、判断氧化还原反应自发进行的方向

氧化还原反应是争夺电子的反应，自发的氧化还原反应总是在得电子能力强的氧化剂与失电子能力强的还原剂之间发生。即

$$\text{强氧化剂 1} + \text{强还原剂 2} \longrightarrow \text{弱还原剂 1} + \text{弱氧化剂 2}$$

1. 对角线反应法

标准电极电势表右上方的还原型物质，在标准态均能自发地与左下方的氧化型物质发生氧化还原反应，即从标准电极电势表的右上角向左下角画对角线，所连接的物质之间在标准态能自发地进行氧化还原反应。

2. 电动势法

按照给定反应组成原电池，计算该电池的电动势，若 $E>0$，则反应正向自发进行；$E<0$，则反应逆向自发进行；$E = 0$，反应达到平衡状态。

在氧化还原反应中氧化剂被还原，相应电对为原电池的正极；还原剂被氧化，相应电对为原电池的负极，则原电池的电动势

$$E = E_{\text{正}} - E_{\text{负}} = E_{\text{氧化电对}} - E_{\text{还原电对}}$$

【例 4-8】试解释在标准状态下，三氯化铁溶液为什么可以溶解铜板？

解：　　$Cu^{2+} + 2e^- \rightleftharpoons Cu \quad E^{\ominus} = 0.337\ V$

$Fe^{3+} + e^- \rightleftharpoons Fe^{2+} \quad E^{\ominus} = 0.771\ V$

对反应：$2Fe^{3+} + Cu = 2Fe^{2+} + Cu^{2+}$

方法 1　根据对角线规则，画线连接的是 Fe^{3+}和 Cu，即 Fe^{3+}和 Cu 之间的反应能自发进行。

方法 2　电对 Fe^{3+}/Fe^{2+}做电池的正极；Cu^{2+}/Cu 电对做电池的负极。

因为　$E^{\ominus} = E^{\ominus}(Fe^{3+}/Fe^{2+}) - E^{\ominus}(Cu^{2+}/Cu) = 0.771 - 0.337 > 0$，反应向右自发进行。

所以，三氯化铁溶液可以氧化铜板。

【例 4-9】已知 $E^{\ominus}(Pb^{2+}/Pb) = -0.126\ V$，$E^{\ominus}(Sn^{2+}/Sn) = -0.136\ V$，试判断反应

$$Pb^{2+} + Sn \longrightarrow Pb + Sn^{2+}$$

（1）在标准状态下能否自发向右进行？

（2）当 $c(Sn^{2+}) = 1\ mol \cdot L^{-1}$，$c(Pb^{2+}) = 0.1\ mol \cdot L^{-1}$是能否自发法向右进行。

解（1）按照给定反应方向，写出电极反应

正极反应：$Pb^{2+} + 2e^- \rightleftharpoons Pb \quad E^{\ominus}(Pb^{2+}/Pb) = -0.126\ V$

负极反应：$Sn^{2+} + 2e^- \rightleftharpoons Sn \quad E^{\ominus}(Sn^{2+}/Sn) = -0.136\ V$

则
$$E^{\ominus} = E^{\ominus}_{正} - E^{\ominus}_{负} = E^{\ominus}(Pb^{2+}/Pb) - E^{\ominus}(Sn^{2+}/Sn)$$
$$= -0.126\ V - (-0.136\ V) = 0.01\ V > 0$$

因此，反应在标准状况下能正向自发进行。

（2）当 $c(Sn^{2+}) = 1\ mol \cdot L^{-1}$，$c(Pb^{2+}) = 0.1\ mol \cdot L^{-1}$时，

$$E(Pb^{2+}/Pb) = E^{\ominus}(Pb^{2+}/Pb) + \frac{0.059\ 2}{z}\lg c(Pb^{2+})$$
$$= -0.126 + \frac{0.0592}{2}\lg 0.1 = -0.156\ V$$

$$E = E_{正} - E_{负} = E(Pb^{2+}/Pb) - E(Sn^{2+}/Sn)$$
$$= -0.156 - (-0.136) = -0.02\ V < 0$$

所以，在该反应条件下反应逆向自发进行。

通常由标准电极电势很容易求得标准电池电动势 $E^{\ominus}$，但它只能用于判断标准状态下氧化还原反应的方向。根据经验，$E^{\ominus} > 0.2\ V$，反应正向自发进行；$E^{\ominus} < 0.2\ V$，则反应逆向自发进行；$-0.2\ V < E^{\ominus} < 0.2\ V$，必须用原电池的实际电动势 E 来判断反应方向。这一经验规则在多数情况下是适用的。

三、求氧化还原反应的平衡常数

从理论上讲，任意一个氧化还原反应都可以设计成原电池。氧化还原反应进行到一定程度时（当其电动势为 0 时）就达到了平衡，反应进行的程度，可由反应的平衡常数的大

小来衡量，平衡常数越大，反应进行得越彻底。

【例 4-10】计算 Cu-Zn 原电池反应的平衡常数

解：Cu-Zn 原电池反应式为

$$Zn + Cu^{2+} = Cu + Zn^{2+}$$

正极：
$$E(Cu^{2+}/Cu) = E^{\ominus}(Cu^{2+}/Cu) + \frac{0.059\,2}{2}\lg c(Cu^{2+})$$

负极：
$$E(Zn^{2+}/Zn) = E^{\ominus}(Zn^{2+}/Zn) + \frac{0.059\,2}{2}\lg c(Zn^{2+})$$

平衡时：
$$E_{正} = E_{负}$$

所以
$$E^{\ominus}(Cu^{2+}/Cu) + \frac{0.059\,2}{2}\lg c(Cu^{2+}) = E^{\ominus}(Zn^{2+}/Zn) + \frac{0.059\,2}{2}\lg c(Zn^{2+})$$

$$E^{\ominus}(Cu^{2+}/Cu) - E^{\ominus}(Zn^{2+}/Zn) = \frac{0.059\,2}{2}\lg c(Zn^{2+}) - \frac{0.059\,2}{2}\lg c(Cu^{2+})$$
$$= \frac{0.059\,2}{2}\lg\frac{c(Zn^{2+})}{c(Cu^{2+})}$$

又因为当此反应达到平衡时，反应的平衡常数为：

$$K^{\ominus} = \frac{c(Zn^{2+})}{c(Cu^{2+})}$$

所以
$$\lg K^{\ominus} = \frac{2[E^{\ominus}(Cu^{2+}/Cu) - E^{\ominus}(Zn^{2+}/Zn)]}{0.059\,2}$$

查表 4-1，代入数据得

$$\lg K^{\ominus} = \frac{2[0.337-(-0.763)]}{0.059\,2} = 37.2$$

$$K^{\ominus} = 1.58\times 10^{37}$$

该反应的平衡常数非常大，所以进行得很完全。

推而广之，298 K 时，任意一个氧化还原反应的平衡常数与对应电对的电极电势之间的关系为

$$\lg K^{\ominus} = \frac{z[E^{\ominus}_{正} - E^{\ominus}_{负}]}{0.059\,2} \tag{4-4}$$

或
$$\lg K^{\ominus} = \frac{z\Delta E^{\ominus}}{0.059\,2} \tag{4-5}$$

式中　$E^{\ominus}_{正}$——氧化剂电对的标准电极电势；

$E^{\ominus}_{负}$——还原剂电对的标准电极电势；

z——氧化还原反应中得失电子的最小公倍数。

由式（4-5）可知，我们可以根据两电极标准电极电势的差值来衡量氧化还原反应进行的程度，差值越大，反应进行得越彻底。一般认为 $K^{\ominus} \geqslant 10^6$ 时，反应进行得很完全，通过计算可知，对于 $z \geqslant 2$ 的反应，当 $\Delta E^{\ominus} \geqslant 0.2$ V 时，反应就进行得很完全了。

以上讨论说明，与 $K^{\ominus}$ 类似，电极电势只可以用于判断氧化反应进行的方向和程度，不能用于判断反应速率的快慢。一般说来，氧化还原反应的速率比酸碱反应和沉淀反应要慢些，特别是对于有结构复杂的含氧酸根参与的反应更是如此。有时氧化剂与还原剂的电极电势之差已足够大，反应应该进行得很完全，但由于反应速率很小，实际上却见不到反应发生。例如，MnO_4^- 与 Ag 在酸性溶液中的反应：

$$MnO_4^-(aq) + 5Ag(s) + 8H^+(aq) \rightleftharpoons Mn^{2+}(aq) + 5Ag^+ + 4H_2O(l)$$

$$\begin{aligned}\Delta E^{\ominus} &= E^{\ominus}(MnO_4^-/Mn^{2+}) - E^{\ominus}(Ag^+/Ag)\\ &= (1.51 - 0.7995)\ V = 0.7125\ V > 0.2\ V\end{aligned}$$

从 $\Delta E^{\ominus}$ 判断，该反应能够发生，但是，实际上却难以进行。这是由于该反应的速率非常小，当在溶液中引进少量的催化剂如 Fe^{3+} 后，MnO_4^- 的紫色能较快地褪去。即从 $\Delta E^{\ominus}$ 角度指出了氧化还原反应的可能性、趋势大小，不能说明反应速率快慢。工业生产中选择氧化剂或还原剂时，不仅要考虑反应能否发生，还要考虑是否能快速进行。

四、计算物质的某些常数

用化学分析方法很难直接测定难溶物质在溶液中的浓度，所以很难用离子浓度来计算 $K_{sp}^{\ominus}$，但可以通过测定原电池的电动势来计算 $K_{sp}^{\ominus}$。

【例 4-11】已知：$Cl^- + Ag^+ \rightleftharpoons AgCl(s)$　　$E^{\ominus} = 0.2223$ V

$$Ag^+ + e^- \rightleftharpoons Ag \qquad E^{\ominus} = 0.7995\ V$$

求 AgCl 的 $K_{sp}^{\ominus}$。

解：把两电极反应组成原电池，则电对 AgCl/Ag 为负极，Ag^+/Ag 为正极。

电池反应为

$$Ag^+ + Cl^- = AgCl(s)$$

$$K^{\ominus} = \frac{1}{c(Ag^+)c(Cl^-)} = \frac{1}{K_{sp}^{\ominus}}$$

$$\lg K^{\ominus} = \frac{z[E_{正}^{\ominus} - E_{负}^{\ominus}]}{0.059\,2} = \frac{1 \times (0.799\,5\ V - 0.222\,3\ V)}{0.059\,2} = 9.75$$

$$K^{\ominus} = 5.62 \times 10^9$$

$$K_{sp}^{\ominus} = \frac{1}{K^{\ominus}} = 1.8 \times 10^{-8}$$

同理，弱酸的离解常数、配合物的稳定常数等也可用测定电池电动势的方法求得。

五、元素电势图

把同一元素不同氧化态按高低顺序从左到右排列起来，并把两种氧化态构成的电对用一条直线连接起来，在直线的上方标出标准电极电位，由此构成的图称为元素电势图。例如，氧元素在酸性介质中的电势图如图 4-4 所示：

$$E_a^{\ominus}/\mathrm{V} \qquad O_2 \xrightarrow{0.682} H_2O_2 \xrightarrow{1.78} H_2O$$

$$O_2 \xrightarrow{\quad 1.229 \quad} H_2O$$

图 4-4　氧元素在酸性介质中的电势图

图中所对应的各半反应为：

$$O_2 + 2H^+ + 2e^- \rightleftharpoons H_2O_2 \qquad E^{\ominus} = 0.682\ \mathrm{V}$$

$$H_2O_2 + 2H^+ + 2e^- \rightleftharpoons 2H_2O \qquad E^{\ominus} = 1.78\ \mathrm{V}$$

$$O_2 + 4H^+ + 4e^- \rightleftharpoons 2H_2O \qquad E^{\ominus} = 1.229\ \mathrm{V}$$

这样的表示方法，直观而明确，可以省略许多电极反应。

在使用元素电势图一定要明确查酸表还是碱表。凡是酸性物质或在酸性介质中进行的反应查酸表，酸表是在 $c(H^+) = 1\ \mathrm{mol \cdot L^{-1}}$，25 °C（或 298 K）测得的，用 $E_a^{\ominus}/\mathrm{V}$ 表示，下角标 a 是酸（acid）的缩写。凡是碱性物质或者须在碱性介质中进行的反应则查碱表，碱表是指 $c(OH^-) = 1\ \mathrm{mol \cdot L^{-1}}$ 时在 25 °C（或 298 K）所测得的，$E^{\ominus}$ 值表示为 $E_b^{\ominus}/\mathrm{V}$，下角标 b 是碱（base）的缩写。

元素电势图对于了解元素的单质及其化合物的氧化还原性能非常有用。我们可以借助于元素电势图来分析不同介质中哪些状态稳定，哪些不稳定，哪些状态易发生歧化反应，哪些状态又易发生歧化反应的逆反应。

发生歧化反应的一般规则：元素的电势图按氧化态从高到低的顺序排列如下

$$A \xrightarrow{E_{左}^{\ominus}} B \xrightarrow{E_{右}^{\ominus}} C$$

若 $E_{右}^{\ominus} > E_{左}^{\ominus}$ 时，则物质 B 能发生歧化反应，$B \rightleftharpoons A + C$。

因为若将两相邻电对组成电池，则 B 到 C 的电对，氧化数升高，失去电子，发生还原半反应，为电池正极，而由 B 到 A 的电对，氧化数降低，得到电子，发生氧化半反应，为电池负极。而电池的电动势为 $E^{\ominus}=E_{右}^{\ominus} - E_{左}^{\ominus}$，若 $E_{右}^{\ominus} > E_{左}^{\ominus}$，$E^{\ominus} > 0$，表示电池反应可自发进行，即中间物质可发生歧化反应。

例如：酸性介质中，Cu 元素的电势图如图 4-5 所示。

$$E_a^{\ominus}/\mathrm{V} \qquad Cu^{2+} \xrightarrow{0.159} Cu^+ \xrightarrow{0.520} Cu$$

$$Cu^{2+} \xrightarrow{\quad 0.337 \quad} Cu$$

图4-5　铜在酸性介质中的电势图

由于 $E^{\ominus}(Cu^+/Cu) > E^{\ominus}(Cu^{2+}/Cu)$，所以 Cu^+可发生歧化反应生成 Cu^{2+}和 Cu。

第五节　化学电源简介

从氧化还原反应释放的化学能转变为电能，有两种途径：一种是通过氧化还原反应所产生的热能（例如煤、天然气的燃烧）来加热蒸汽，然后利用蒸汽推动涡轮机来发电；另一种是使化学能直接转变为电能，这样的装置我们称为化学电源，也叫电池。

目前我们的电能大都是用前一种间接方法得到的，这种间接过程无论在理论上还是在实用上都比应用电池直接将化学能转变为电能的效率低，最好的电厂也只能将燃烧热的30%~40%转换为电能，其余部分热能都消耗在周围的空气和水中。

用电池装置把化学能直接转变为电能，从理论上讲是完全可行的。日常用的干电池、蓄电池就属于这一类型装置。它的原理在原电池中已详细论述。然而前面所述有盐桥的原电池，虽然对测定氧化还原反应中的重要数据（如电极电势等）是一个好方法，但由于这种电池的内阻较高而不适合于实际应用，所以商用电池均不用盐桥。

按照其使用性质，化学电源可分为一次电池（原电池）、二次电池（又称为蓄电池）和燃料电池三种。

一、一次电池

一次电池是使用一次后就废弃的电池，如锌锰干电池、银锌纽扣电池等。

1. 锌锰干电池

$Zn\text{-}MnO_2$ 干电池就是最常见的一次电池，其结构如图 4-6 所示。干电池的外壳（锌）是负极，中间的碳棒是正极，在碳棒的周围是细密的石墨同去极化剂 MnO_2 的混合物，在混合物周围再装入以 NH_4Cl 溶液浸湿的 $ZnCl_2$，NH_4Cl 和淀粉或其他填充物（制成糊状物）。为了避免水的蒸发，干电池用蜡封好。

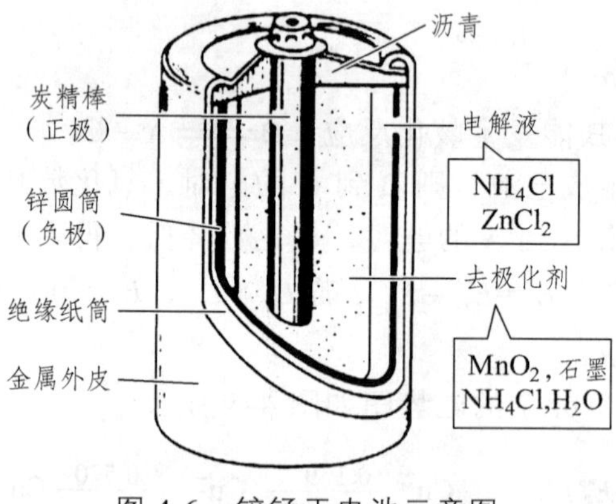

图 4-6　锌锰干电池示意图

电池反应可表示为

负极：$Zn-2e^- = Zn^{2+}$

正极：$2MnO_2 + 2NH_4^+ + 2e^- = Mn_2O_3 + 2NH_3 + H_2O$

总反应：$Zn + 2MnO_2 + 2NH^{4+} = Zn^{2+} + Mn_2O_3 + 2NH_3 + H_2O$

锌锰干电池的电动势为 1.5 V。因为产生的 NH_3 气被石墨吸附，引起电动势下降比较快。如果用高导电的糊状 KOH 代替 NH_4Cl，正极材料改用钢筒，Mn 层紧靠钢筒，就构成碱性锌锰干电池。由于电池反应没有气体产生，内电阻较低，电动势为 1.5 V，比较稳定。

2. 锌汞电池

实用的锌汞电池是 S. Ruben 在二战期间研制成功以供军用的，它是以氧化汞为正极活性物质，汞齐化的锌粉为负极活性物质，氢氧化钾溶液为电解质的一种碱性原电池。

电池符号可表示为

（－）Zn | KOH（糊状，含饱和 ZnO）‖ HgO（炭粉）(＋)

正极　$HgO + H_2O + 2e^- = Hg + 2OH^-$

负极　$Zn + 2OH^- = ZnO + H_2O + 2e^-$

电池反应　$HgO + Zn = ZnO + Hg$

锌汞电池主要用于自动曝光照相机、助听器、医疗仪器、电路板上的固定偏置电压及一些军事装备中。由于电池中大量使用氧化汞，用完后随意丢弃会严重污染环境，故其生产及使用范围正在趋向缩小，部分正被锌银电池取代。

二、二次电池

与一次电池不同，二次电池可以通过多次的充电和放电反复使用。充电是使直流电通过蓄电池，将电能转化为化学能存储起来。在放电时，二次电池又将化学能转变为电能，此时相当于原电池。我们使用的手机电池大多都是锂离子二次电池。常见的二次电池还有铅酸蓄电池、镍镉电池等。

1. 铅蓄电池

常用的蓄电池是铅蓄电池，铅蓄电池的极板是用铅锑合金制成的栅状极片，正极的极片上填塞着 PbO_2，负极的极片上填塞着铅灰 Pb，见图 4-7。这两组极片交替地排列在蓄电池中，并浸泡在 30%的 H_2SO_4 的电解质溶液中。其结构可表示为：

$$(-)\ Pb \mid H_2SO_4\ (30\%)\ \|\ PbO_2\ (Pb)\ (+)$$

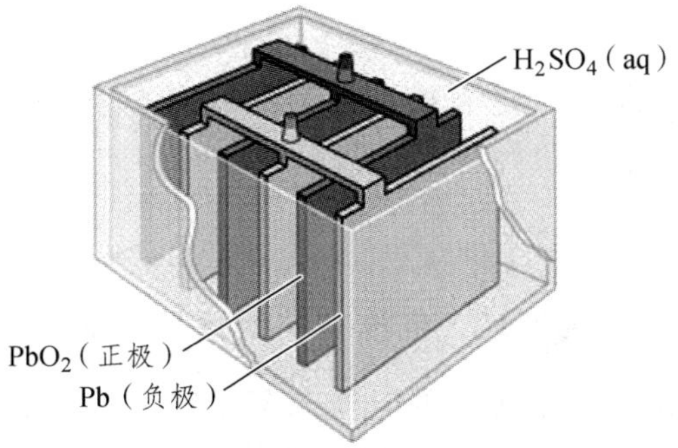

图 4-7　铅蓄电池示意图

蓄电池放电时（即使用时），正极上的 PbO_2 被还原为 Pb^{2+}，负极上 Pb 的被氧化成 Pb^{2+}。Pb^{2+}与溶液中的 SO_4^{2-}作用生成 $PbSO_4$，沉淀在正、负极片上，反应为：

负极：$Pb + SO_4^{2-} = PbSO_4 + 2e^-$

正极：$PbO_2 + 4H^+ + SO_4^{2-} + 2e^- = PbSO_4 + 2H_2O$

总反应：$PbO_2 + Pb + 2H_2SO_4 = 2PbSO_4 + 2H_2O$

随着蓄电池放电，H_2SO_4 的浓度逐渐降低，这是因为每 1 mol Pb 参加反应，要消耗 2 mol H_2SO_4，生成 2 mol H_2O。当电解液的浓度降低到一定程度时，蓄电池应该进行充电。蓄电池充电时，外加电流使极片上的反应逆向进行。

正极：$PbSO_4 + 2e^- = Pb + SO_4^{2-}$

负极：$PbSO_4 + 2H_2O = PbO_2 + 4H^+ + SO_4^{2-} + 2e^-$

总反应：$2PbSO_4 + 2H_2O = PbO_2 + Pb + 2H_2SO_4$

蓄电池经过充电，基本恢复原状，可再次重复使用。

铅蓄电池的工作电压平稳，使用温度及使用电流范围宽，能充放电数百个循环，造价较低，因而应用广泛，用于汽车、摩托车、轮船等的发动。但缺点是比能量（单位重量所蓄电能）小，对环境腐蚀性强，较为笨重，所以更适用于固定设备。

2. 燃料电池

目前许多科学家都在探索一种把价格低廉的燃料燃烧过程中放出的化学能直接转换为电能的装置。这种装置叫作燃料电池，燃料电池和其他电池中的氧化还原反应一样，都是一种自发的化学反应。

严格地讲，燃料电池也属于一次电池，但一般的一次电池的正负极活性物质是固体并放在电池内，用完后不能补充，因而电池容量较小，使用寿命较短，而燃料电池的活性物质是放在电池外储罐中的气体或液体，只要气体或液体的活性物质能源源不断地输入燃料电池中，电池就能连续发电。如目前已应用于宇宙飞船和潜艇中的氢氧燃料电池，其基本反应是：

负极：$H_2 + 2OH^- = 2H_2O + 2e^-$

正极：$1/2O_2 + H_2O + 2e^- = 2OH^-$

总反应：$H_2 + 1/2O_2 = H_2O$

燃料电池的突出优点是把化学能直接转变为电能而不经过热能这一中间形式，因此化学能的利用率很高而且减少了环境污染。

【知识拓展】

“摇椅式”电池——锂离子电池

目前，我们使用的笔记本、手机等的电池大多是锂离子电池。锂离子电池的构想可追溯到 20 世纪 70 年代末或 80 年代初，但该构想的首次实用化是在 1991 年，由日本 Sony 公司实现。

Sony 公司电池的成功在于其采用了合适的正负极材料，即采用石墨做“锂槽”负极，钴酸锂做“锂源”正极，即将两种可嵌入电极联合起来，一个接受锂离子，做负极，另一个释放锂离子，做正极。在充电过程中，电负性的嵌入电极做“锂槽”，正极做“锂源”，总的电化学过程即为锂离子在两个嵌入电极间的迁移；在放电过程中，正好相反，不断循环。这些体系本质上是浓差电池，是锂离子在两个电极间“摇摆”形成的一类新体系，被称为“摇椅式电池”（图 4-8）。

充放电过程中发生的正负两极的电极反应可表示为：

正极反应：$LiCoO_2 \underset{\text{放电}}{\overset{\text{充电}}{\rightleftharpoons}} Li_{1-x}CoO_2 + xLi^+ + xe^-$

负极反应：$C + xLi^+ + xe^- \underset{\text{放电}}{\overset{\text{充电}}{\rightleftharpoons}} Li_xC$

电池总反应：$LiCoO_2 + C \underset{\text{放电}}{\overset{\text{充电}}{\rightleftharpoons}} Li_{1-x}CoO_2 + Li_xC$

Sony 公司的工作激发了全世界对锂电池的兴趣，这种摇椅式电池，后又称之为锂离子电池，由于能量密度大大超过传统的镍镉电池和镍氢电池，很快在二次电池市场取得巨大成功。现在，锂离子电池被用作一系列可移动电子产品（如手机、笔记本、照相机、Mp3 等）的能源，年产量可达到几十亿。

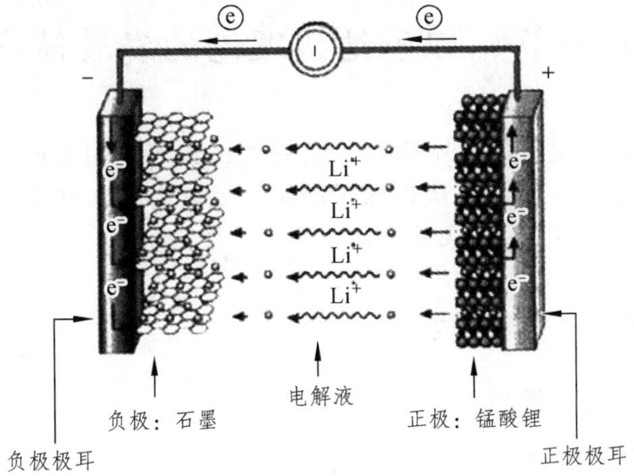

图 4-8 锂离子电池的结构和原理

习　题

第五章　原子结构与元素周期律

【学习目标】

1. 了解原子结构理论的发展概况和玻尔原子理论的基本内容。
2. 掌握核外电子运动的特殊性，认识对核外电子运动状态的量子力学描述。
3. 看懂并能区分波函数和电子云的角度分度图。
4. 掌握四个量子数的物理意义、取值规则。
5. 按照近似能级图顺序和核外电子排布三原则，能够熟练地书写电子排布式，并根据电子层结构特征判断元素在周期表中的位置。
6. 掌握电离能、电子亲和能以及电负性的意义和它们在周期表上的变化规律，并能运用它们的数据说明元素的某些性质。

第一节　原子结构理论的发展简史

原子是物质发生化学反应的基本微粒，物质的许多宏观的物理和化学性质很大程度上是由原子内部结构决定的。因此，认识原子的结构及其与元素性质之间的关系对研究物质的结构、性质、用途等起着至关重要的作用。

一、不同时期的原子结构模型

1. 道尔顿“实心球”模型

1803 年英国化学家和物理学家道尔顿（J. Dalton）创立了原子学说，成为人类认识物质世界的漫长道路上的第一个里程碑。他认为，原子是组成物质的基本粒子，是坚实的、不可再分的实心球。

2. 汤姆孙“葡萄干布丁”模型

1897 年汤姆孙（J. J. Thomson）在研究稀薄气体放电的实验中，证明了原子中电子的存在，打破了“原子不可分割”的理念，并因此获得了诺贝尔奖。他认为原子呈球状，带正电荷，而带负电荷的电子则一粒粒地“镶嵌”在这个圆球上。这种模型称为“葡萄干布丁”模型，电子就像布丁上的葡萄干一样。

3. 卢瑟福“行星系统”模型

1910 年卢瑟福（L. Rutherford）等人进行了一次名留青史的实验——α 粒子散射实验。

他们用 α 粒子（带正电的氦核）轰击一张极薄的金箔，以此来确认那个“葡萄干布丁”的大小和性质。然而，不可思议的情况出现了：绝大多数 α 粒子穿过金箔后仍沿原来的方向前进，少数 α 粒子发生了较小的偏转，极少数 α 粒子的偏转较大，更少一部分 α 粒子竟然被反弹回来（图 5-1）。对于这个情况，卢瑟福自己描述得非常形象：“这就像你用十五英寸的炮弹向一张纸轰击，结果这炮弹却被反弹了回来，反而击中了你自己一样。”

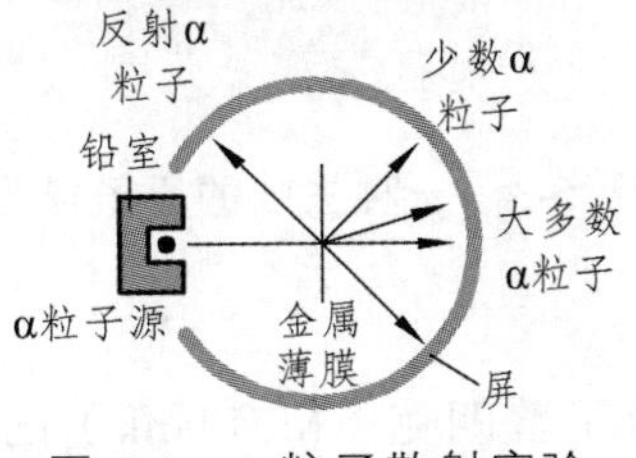

图 5-1　α 粒子散射实验

卢瑟福在次年提出了原子的新模型，即原子中心有一个原子核，它占据原子的很小空间却集中了原子的全部正电荷和几乎全部的质量，带负电的电子则沿着特定的轨道绕着它运行。这个模型被称为“行星系统”模型，原子核就像是太阳，而电子则是围绕太阳运行的行星。

该模型对 α 粒子散射实验结果做出了较好的解释：如图 5-2 所示，绝大多数 α 粒子通过金属原子时不改变运动方向，说明原子内部的大部分空间是“空”的；少数 α 粒子发生了较小的偏转，是因为 α 粒子经过电子附近时受到了电子的吸引力；极少数 α 粒子的偏转超过 90°，是由于 α 粒子经过原子核附近时受到了比电子的吸引力更大的排斥力，因为原子核集中了金属原子的所有正电荷，比一个电子所带的电荷大；更小一部分 α 粒子反弹回来，是因为 α 粒子直接撞在了比其质量更大、正电荷更高的原子核上，由于原子核只占据很小的空间，所以该概率也很小。

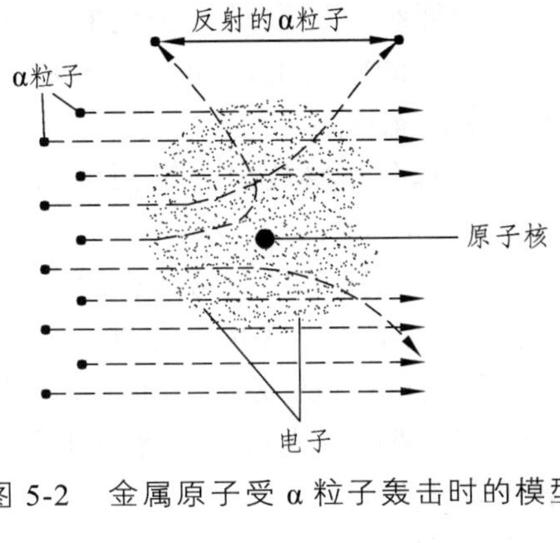

图 5-2　金属原子受 α 粒子轰击时的模型

但是，这个看似完美的模型却有着它自身难以克服的严重困难。因为物理学家们很快就指出，带负电的电子绕着带正电的原子核运转，这个体系是不稳定的。两者之间会放射出强烈的电磁辐射，从而导致电子一点点地失去自己的能量。作为代价，电子不得不逐渐缩小运行半径，直到最终“坠毁”在原子核上为止（图 5-3），整个过程用时不过一眨眼的工夫。如果真像卢瑟福描述的那样，那么世界在转瞬之间就会因原子自身的坍缩而毁灭。然而，事实并非如此，这也将经典物理学概念推到前所未有的尴尬境地。

图 5-3　一种失败的原子模型

4. 玻尔原子模型

1913 年玻尔（N. Bohr）综合了普朗克（M. Plank）的量子论和爱因斯坦（A. Einstein）的光子学说，提出了玻尔原子模型，如图 5-4 所示。其基本要点如下：

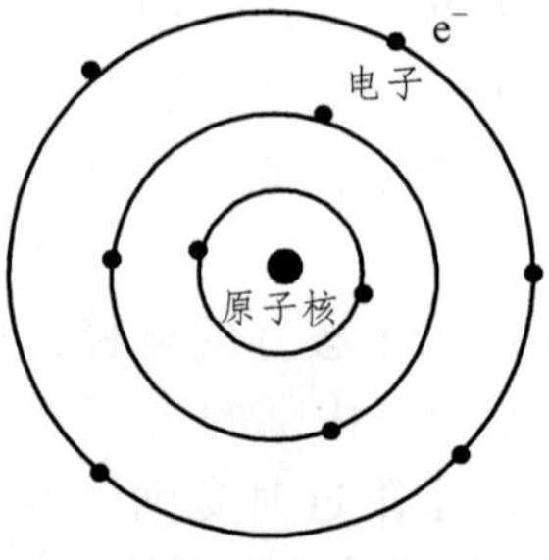

图 5-4　玻尔原子模型

（1）定态轨道　核外电子只能在具有确定半径和确定能量的轨道上绕核运动，且在这些轨道上运动的电子既不吸收能量也不放出能量。

（2）轨道能级　不同轨道的能量不同，离核越近的轨道能量越低，离核越远的轨道能量越高。轨道的这些能量状态称为能级，能级是量子化的，即不能连续取任意值。一般情况下，电子在离核最近（能量最低）的轨道上运动，处于基态；原子吸收能量后，电子被激发到能量较高的轨道上，处于激发态。

（3）频率假设　从激发态回到基态，要放出一定频率的光，光的能量等于这两个轨道的能量差。

玻尔原子模型成功地解释了原子的稳定存在问题，原子不受激发时，电子处在最低能级的轨道上（基态），既不吸收能量也不放出能量。此外，该模型还可用来说明氢原子光谱的规律性。如图 5-5 所示，将一只装有氢气的放电管通过高压电流，使氢分子离解为氢原子并激发而发光，光通过狭缝再经过三棱镜分光后，即得到如图 5-6 所示的氢原子光谱。该光谱为不连续的线状光谱，各谱线有各自的频率。

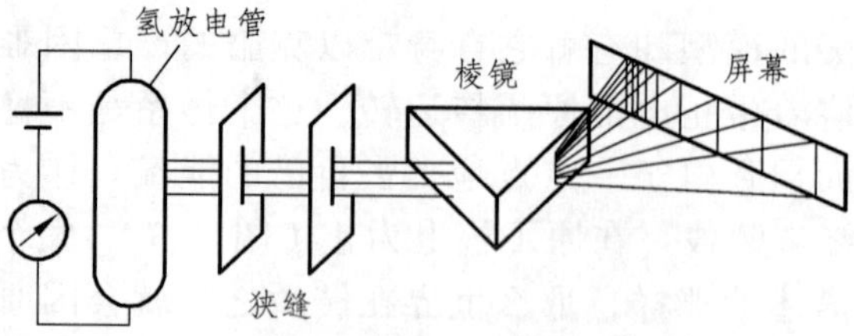

图 5-5　氢原子实验光谱图

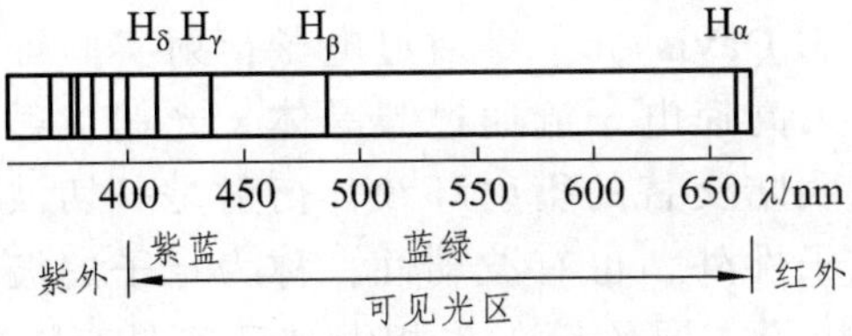

图 5-6　氢原子实验光谱图

根据玻尔原子理论，当氢原子受到放电等能量激发时，电子会吸收能量由基态跃迁到激发态。但处于激发态的电子是不稳定的，它可以自发回到能量较低的轨道，并以光子的形式释放出能量，由于两个轨道即两个能级的能量差是确定的，所以发射出来的射线有确定的频率。而能级的不连续性造成了氢原子光谱的不连续性。如图 5-7 所示，我们可以形象地将氢原子的光谱线看作是电子从一个较高的“台阶”跳跃到另外一个较低的“台阶”所释放的能量。而电子的“台阶”（或者轨道）是量子化的，即不能连续取任意值，必须分成“第一台阶”“第二台阶”“第三台阶”等，在两个“台阶”之间，是电子的禁区，电子不可能出现在那里。

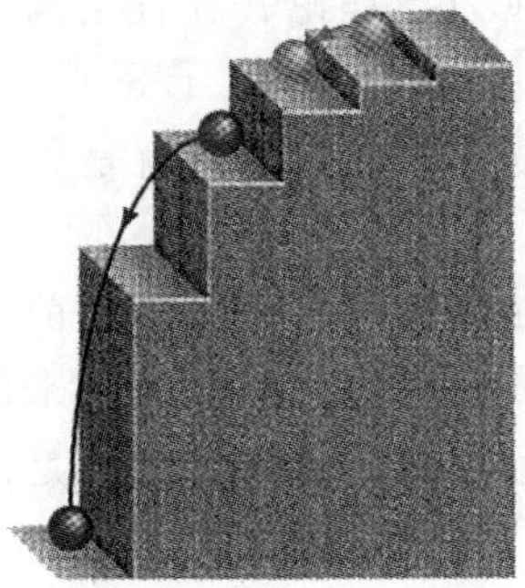

图 5-7　量子化形象表示

玻尔的理论虽然对氢原子光谱做出了相当满意的解释，但不能说明多电子原子的光谱和氢原子光谱的精细结构（上述氢原子光谱中的某些谱线是由多条精密谱线组成的）。因为它没有完全摆脱经典力学的束缚，虽然引入了量子化条件，但仍将电子视为有固定轨道运动的宏观粒子，未认识到电子运动的波动性，因此不能全面反映原子核外电子的运动规律。这就迫切需要建立新的原子结构理论。下面我们简要介绍近代原子结构理论的一些思想。

二、电子的波粒二象性

20 世纪初物理学确立了光具有波粒二象性，光在传播过程中的干涉、衍射等现象充分表现出了光的波动性，而光电效应则说明光是由许许多多个光子组成的，一束光线就是一束光子流，即光具有微粒的性质。因此，光既具有波动性，又具有粒子性，即具有波粒二象性。

受光的波粒二象性的启发，1924 年法国物理学家德布罗意（L. de Broglie）大胆预言一切运动着的实物粒子（如电子、质子、中子、原子等）都具有波粒二象性。1927 年美国物理学家戴维森（C. J. Davisson）等通过电子衍射实验证明了德布罗意预言的合理性。如图 5-8 所示，将一束高速电子流通过镍晶体（光栅）射到荧光屏上时，会得到与光衍射现象相似的一系列明暗交替的衍射环纹。衍射是一切波动的共同特性，由此充分证明了高速电子流除有粒子性外，也有波动性，称为**电子的波粒二象性**。后来，其他微观粒子（中子、质子、α 粒子、原子等）也相继被证实具有波粒二象性。

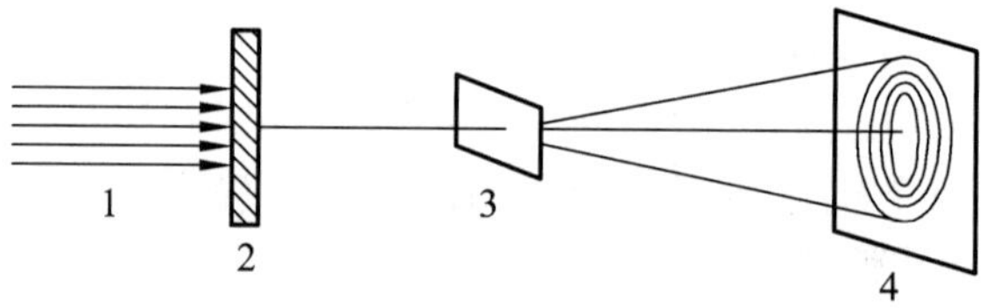

1—电子束；2—狭缝；3—光栅（晶体）；4—屏幕

图 5-8　电子衍射实验示意图

具有波粒二象性的微观粒子的运动状态与宏观物体的运动状态不同。对于宏观物体（如飞机、导弹等）的运动，根据经典力学理论，在任何瞬间，都能同时准确地测定其位置和动量（或速度）。而对于微观粒子（如电子、光子等）的运动，由于其具有波动性，在任何瞬间，都不能同时准确地测定其位置和动量，这就是著名的海森堡（W. Heisenberg）测不准原理。

值得注意的是，海森堡测不准原理并不是因为目前的测量技术不够精确，也不是说微观粒子的运动是虚无缥缈的、不可认识的，实际上它来源于微观粒子运动的波粒二象性，我们可以理解为微观粒子运动没有确定的轨道，也就是说，电子不可能按照玻尔模型中行星绕太阳的轨道运动。

三、波函数和电子云

1. 波函数与原子轨道

既然电子的运动没有确定的轨道，我们就不能用经典物理学中描述宏观物体运动的轨道、速度来描述电子的运动。那么，电子的运动应该如何描述呢？

量子力学用波函数来描述电子的运动。为了理解波函数与电子运动的关系，我们再来仔细考察电子的衍射实验。如果电子流较强，即单位时间内射出的电子较多，则很快会出现如图 5-8 中电子衍射环，但是如果电子流较弱，电子是一个一个射出的，这时会出现一个一个的点，显示出电子的粒子性，而且我们很难预知下一个或两个电子将射在哪。开始时，这些点无规则地分布着，但随着时间的延续，点的数目开始增多，点的分布也开始呈现规律性。当射出的电子的数目与强电子流的数目一样多时，衍射环与强电子流的衍射环一样，显示出电子的波动性。因此，电子的波动性可以看作电子的粒子性的统计结果。尽管我们不能同时准确地测定电子的位置和速度，但我们可以用统计的方法得出电子在某一空间范围内出现的概率。波函数就与电子在某一空间范围内出现的概率有关。

既然波函数与电子在某一空间范围内出现的概率有关，那么波函数就是空间坐标 x、y、

z 的函数。量子力学用波函数 ψ 来描述核外电子的运动，并借用经典力学描述宏观物体运动的轨道概念，将波函数 ψ 称为**原子轨道函数**，简称**原子轨道**。但此处的原子轨道绝无经典力学中宏观物体固定轨道的含义，它不是行星绕太阳运动的轨道，也不是火箭的弹道，也不是电子在原子中的运动轨迹，只是电子在原子核外可能出现的某个区域的数学描述，它反映了电子运动的波动性和统计学规律。

2. 概率密度与电子云

波函数 ψ 是描述核外电子运动状态的数学表达式，没有具体的物理意义，其物理意义可通过波函数的平方 ψ^2 来体现。ψ^2 表示在空间某处单位微体积内电子出现的概率，即**概率密度**。

电子云是电子在原子核外空间概率密度分布的形象描述。假如我们能对氢原子核外的一个电子的运动进行无限快的拍照，记录下该电子每一瞬间在核外空间的位置，然后对不同瞬间拍摄的千百万张照片上电子的位置进行考察。如果分别观察每一张照片，似乎电子在原子核外毫无规则地运动，一会儿在这里出现，一会儿在那里出现；但如果把这千百万张照片中电子的位置叠加，就会发现电子的运动呈现明显的统计学规律，电子经常出现的区域是核外的一个球形空间（图 5-9）。图中每一个小黑点表示一张照片上电子的位置，即电子在该处出现了一次（不表示一个电子），小黑点越密的地方，表明电子在该处出现的次数越多，也就是说，电子在该处出现的概率越大。由图 5-9 可看出，离核越近（r 越小）的地方，电子出现的概率密度越大（ψ^2 越大），电子云图像中小黑点也越密。

图 5-9　基氢原子中电子概率密度分布及电子云

由此可见，知道了电子的波函数 ψ 或 ψ^2，我们就知道了该电子在核外空间各处出现的概率密度，进而可以知道该电子在核外某一空间出现的概率。

3. 波函数和电子云的角度分布图

由于波函数是空间坐标 x、y、z 的函数，很难用适当的简单图形表示清楚，所以常将波函数转换成用 r、θ、φ 表示的球坐标，然后把 $\psi(r, \theta, \varphi)$分解为用 r 表示的径向分布函数 $R(r)$（简称径向分布）和用角度变量 θ、φ 表示的角度分布函数 $Y(\theta, \varphi)$（简称角度分布）。

（1）原子轨道的角度分布图

将角度分布函数 $Y(\theta, \varphi)$随 θ、φ 的变化作图，就可得到原子轨道的角度分布图。图 5-10 给出了三种常见的原子轨道的角度分布图。从图中我们可以看出：s 轨道为球形，p 轨道为哑铃形，d 轨道为花瓣形。注意：图中的正负号丝毫没有“电性”的意义，表示的是角度分

布函数 $Y(\theta, \varphi)$的正负号，这种正、负号在讨论原子间成键时有一定的用途。在下一章讨论原子间成键形成分子时，原子轨道的角度分布图有很重要的用途。

（2）电子云的角度分布图

与原子轨道的角度分布图相对应，也有电子云即概率密度$|\psi|^2$的角度分布函数$|Y|^2(\theta, \varphi)$，以$|Y|^2(\theta, \varphi)$对 θ、φ 的变化作图，就得到电子云的角度分布图（图 5-10）。由图可知，电子云的角度分布图与相应的原子轨道的角度分布图非常相似，其主要区别有：① 电子云的角度分布图要比原子轨道的角度分布图“瘦”一些，这是因为 Y 值一般小于 1，因此$|Y|^2$ 小于 Y；② 原子轨道角度分布图有正、负之分，而电子云角度分布图上没有正负号，因为 Y^2 总是正值，故通常不标出。

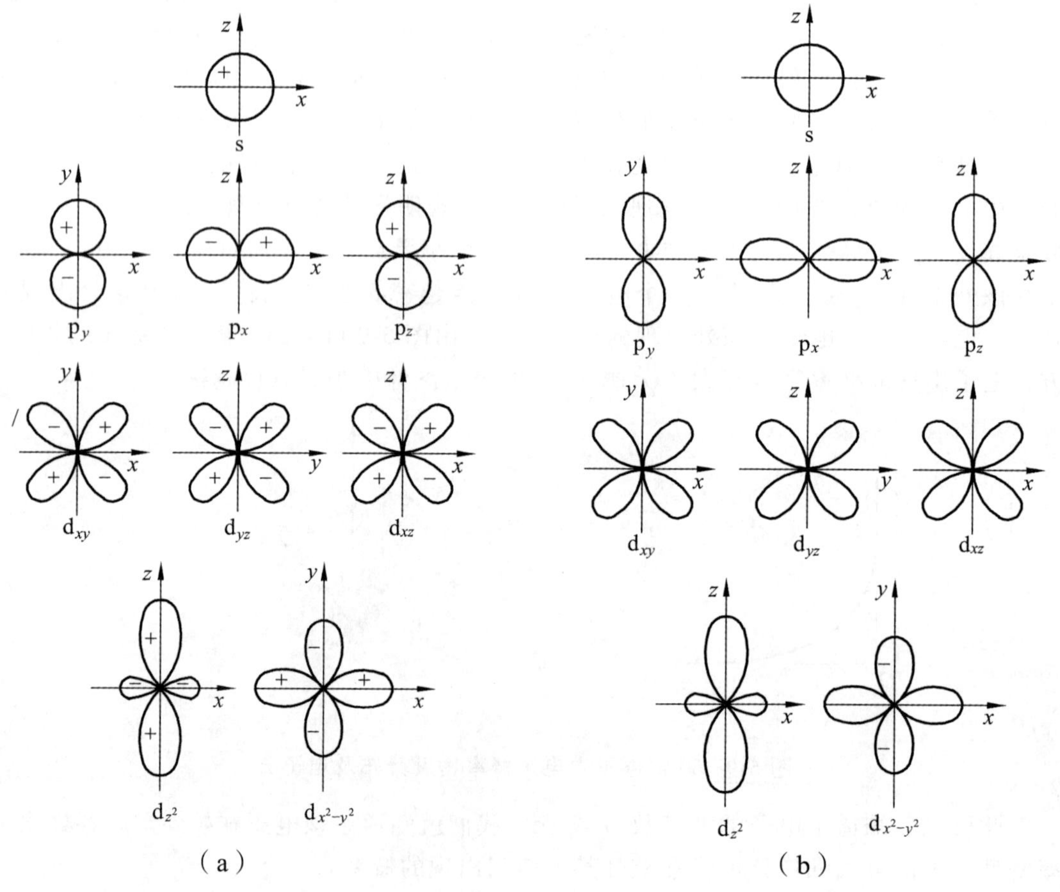

图 5-10　s、p、d 原子轨道（a）和电子云（b）的角度分布图

四、描述电子运动的四个量子数

我们首先建立起一个模型，假设原子核外电子是分层排布的，由里到外，依次为第一层、第二层……第 n 层，n 表示电子层数，称为主量子数；每一个电子层又可分为几个形状不同的亚层，用角量子数 l 来描述；每一个亚层中可以有几种空间取向不同的原子轨道，而磁量子数 m 就代表了原子轨道的空间取向。显然，角量子数 l 和磁量子数 m 的取值受到主量子数 n 的限制，三个量子数可取的数值及其关系如下：

主量子数 $n = 1, 2, 3, \cdots, n$（n 个正整数）;

角量子数 $l = 0, 1, 2, 3, \cdots, n-1$（$n$ 个从零开始的整数）;

磁量子数 $m = 0, \pm1, \pm2, \cdots, \pm l$（$2l + 1$ 个整数）。

1. 主量子数 n

主量子数 n 表示电子出现最大概率区域离核的远近，也是决定电子能量的主要因素。对于氢原子，电子的能量则完全由 n 决定：

$$E_n = -\frac{13.6}{n^2}\text{eV}\ (n = 1, 2, 3, 4, \cdots)$$

在一个原子内，n 越大，电子出现最大概率区域离核越远，电子的能量越高。n 相同的电子几乎在同样的空间范围内运动，我们就说它们处于同一电子层，因此，n 值又代表**电子层数**，不同电子层的符号如表 5-1 所示：

表 5-1　不同电子层的符号

n	1	2	3	4	5	6	7
电子层	第一层	第二层	第三层	第四层	第五层	第六层	第七层
电子层符号	K	L	M	N	O	P	Q
离核距离	近 ⟷ 远						
电子能量	低 ⟷ 高						

2. 角量子数 l

同一电子层可以分为若干个能量稍有差别、原子轨道形状不同的亚层。**角量子数** l **就是**用来描述不同亚层的量子数，它决定了原子轨道形状。对于给定的 n，量子力学证明 l 只能取从 0 到 $n-1$ 的整数，每个 l 值代表一个亚层（表 5-2）。

表 5-2　n 与 l 的对应

n	1	2	3	4
l	0	0，1	0，1，2	0，1，2，3

当 $n = 1$ 时，$l = 0$，表明第一电子层（K 层）只有 1 个亚层。当 $n = 2$ 时，$l = 0$、1，表明第二电子层（L 层）有 2 个亚层，以此类推，第 n 层共有 n 个亚层。

亚层也有相应的符号，$l = 0$ 的亚层叫 s 亚层，为球形；$l = 1$ 的亚层叫 p 亚层，为哑铃形；$l = 2$ 的亚层叫 d 亚层，为花瓣形；$l = 3$ 的亚层叫 f 亚层，为花瓣形（图 5-10）。角量子数 l，不同亚层的符号及对应的原子轨道形状如表 5-3 所示：

表 5-3　不同亚层的符号及对应的原子轨道形状

l	0	1	2	3
亚层符号	s	p	d	f
原子轨道或电子云形状	球形	哑铃形	花瓣形	花瓣形

在多原子中，角量子数 l 与主量子数 n 一起决定轨道的能级，当电子层（n）相同时，l

越大，原子轨道的能级越高，即 $E_{ns} < E_{np} < E_{nd} < E_{nf}$。

3. 磁量子数 *m*

每个亚层还可以分为几个空间取向不同的原子轨道。**磁量子数 *m*** 描述轨道在空间的伸展方向，其取值为：$m = 0, \pm1, \pm2, \cdots, \pm l$，共有（$2l+1$）个取值，每个取值表示亚层中的一个有一定空间伸展方向的轨道。

由于 s 亚层是球对称的，只有一个空间取向，故 s 亚层只有一个轨道；p 亚层在空间沿 *x*、*y*、*z* 轴 3 个方向伸展，得到 3 个空间伸展方向不同的轨道，即 p_x、p_y、p_z（图 5-10），由于这三个轨道的能量相同，故称为**等价轨道或简并轨道**；d 亚层有 5 个空间伸展方向不同的轨道，即 d_{xy}、d_{yz}、d_{xz}、d_{z^2}、$d_{x^2-y^2}$（图 5-10），这 5 个轨道也是等价轨道。因此，一个亚层中 *m* 可取几个数值，该亚层中就有几个伸展方向不同的轨道。

n、*l* 与 *m* 的关系见表 5-4。由表 5-4 可知，一个 *n* 值代表一个电子层，每一个电子层又可以分为 *n* 个亚层（用角量子数 *l* 表示），每一个亚层又有（$2l+1$）个简并轨道，每个电子层有 n^2 个轨道。例如，当 $n=1$，代表电子在第一电子层（K 层），而此时 *l* 只能取 0，说明第一电子层（K 层）只有一个电子亚层，即 1s 亚层，1s 亚层只有 1 个空间取向，故第一电子层只有 1 个轨道；当 $n=2$，代表电子在第二电子层（L 层），而此时 *l* 取值为 0、1，说明第二层（L 层）有两个亚层，分别为 2s 亚层和 2p 亚层，2s 亚层只有 1 个轨道；而 2p 亚层有 3 个简并轨道，故第二电子层有 4 个轨道。

表 5-4　*n*、*l* 与 *m* 的关系

主量子数 *n*	1	2		3			4			
电子层符号	K	L		M			N			
角量子数 *l*	0	0	1	0	1	2	0	1	2	3
电子亚层符号	1s	2s	2p	3s	3p	3d	4s	4p	4d	4f
磁量子数 *m*	0	0	0 ±1	0	0 ±1	0 ±1 ±2	0	0 ±1	0 ±1 ±2	0 ±1 ±2 ±3
亚层轨道数（$2l+1$）	1	1	3	1	3	5	1	3	5	7
电子层轨道数 n^2	1	4		9			16			

4. 自旋量子数 m_s

m_s 表示电子在空间的自旋方向。它是在研究原子光谱时发现的，强磁场存在时光谱图中的每条光谱都是由两条非常接近的谱线组成。为了解释这一现象，有人根据“大宇宙与小宇宙的相似性”，提出电子除绕核运动外，还绕自身的轴旋转，即电子的自旋。其方向只可能有两个：顺时针方向和逆时针方向，用自旋量子数 $m_s = +1/2$ 和 $m_s = -1/2$ 表示，也常用向上和向下的箭头“↑”和“↓”形象地表示。

自旋运动使电子具有类似于微磁体的行为，图 5-11 给出了想象中的两种自旋方向和与之相关的磁场。在成对电子中，自旋方向相反的两个电子产生的反向磁场相互抵消，因而不显示磁性。

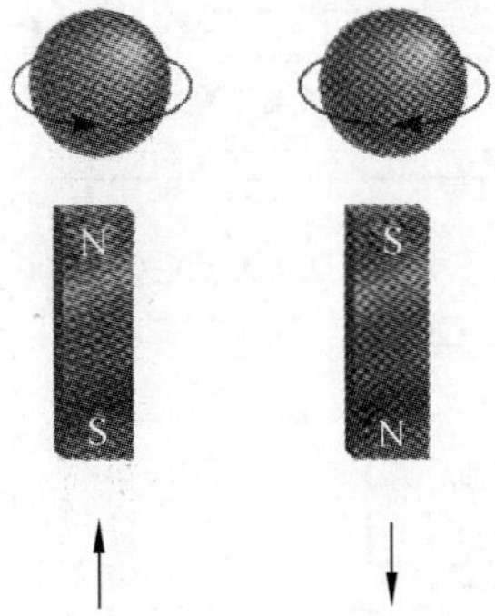

图 5-11　电子自旋示意图

【例 5-1】某一多电子原子，试讨论在其第四电子层中：（1）亚层数是多少？并用符号表示各亚层；（2）各亚层上的轨道数是多少？该电子层上的轨道总数是多少？哪些是简并轨道？

解：第四电子层，即主量子数 $n = 4$。

（1）亚层数由角量子数 l 决定，第四电子层，说明 $n = 4$，而当 $n = 4$ 时，$l = 0$、1、2、3，所以第四电子层共有四个亚层，符号分别为 4s、4p、4d、4f。

（2）各亚层上的轨道数由磁量子数 m 决定，而 m 共有（$2l + 1$）个取值，因此 4s 亚层（$l = 0$）的轨道数为 1，4p 亚层（$l = 1$）的轨道数为 3，4d 亚层（$l = 2$）的轨道数为 5，4f 亚层（$l = 3$）的轨道数为 7。该电子层上的轨道总数为 $n^2 = 16$ 个。简并轨道是指 n 和 l 值相同的轨道，故 3 个 p 轨道、5 个 d 轨道、7 个 f 轨道都分别是简并轨道。

综上所述，描述一个原子轨道要用三个量子数（n, l, m）；描述一个原子轨道上核外电子的运动状态要用四个量子数（n, l, m, m_s）；描述一个原子轨道的能量高低一般要用两个量子数（n, l）。

第二节　多电子原子结构

氢原子核外只有一个电子，其能量只取决于主量子数；而对多电子原子，由于电子不仅受到原子核的吸引作用，还受到其他电子的排斥作用，原子轨道能级关系较为复杂。

一、多电子原子轨道能级

鲍林（Pauling）根据光谱实验结果总结出多电子原子中各轨道能级相对高低的情况，图 5-12（a）为鲍林近似能级图，图中圆圈表示原子轨道，其位置的高低代表了各轨道能级的相对高低，简并轨道并列在一起，能级相近的原子轨道为 1 个能级组，不同能级组之间的能量相差较大，共有 7 个能级组，每个能级组（除第一能级组外）都以 s 能级开始，以 p 能级结束。多电子原子的电子按照能级从低到高的循序依次填入核外空间轨道，1s；2s，2p；3s，3p；4s，3d，4p；5s，4d，5p；6s，4f，5d，6p；7s，5f，6d，7p，如图 5-12（b）所示。

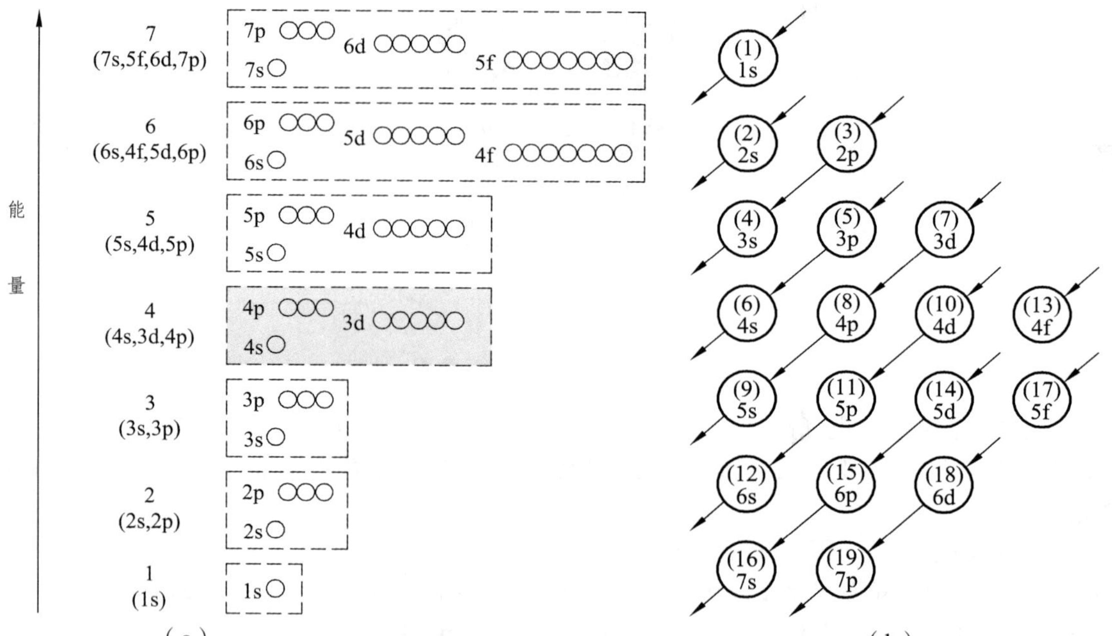

图 5-12　近似能级图（a）和电子填充顺序（b）

由图 5-12 可知，多电子原子的能级不仅与主量子数 n 有关，还与角量子数 l 有关：

（1）当 l 相同时，n 越大，能级越高，即有 $E_{1s} < E_{2s} < E_{3s}$ …。

（2）当 n 相同时，l 越大，能级越高，即有 $E_{ns} < E_{np} < E_{nd} < E_{nf}$…。

（3）对于 n 和 l 值都不同的原子轨道，能级变化比较复杂。例如，$E_{4s} < E_{3d}$；$E_{5s} < E_{4d}$；$E_{6s} < E_{4f} < E_{5d}$。这种 n 值大的亚层的能量反而比 n 值小的亚层的能量更低的现象称为**能级交错**。能级交错现象可用屏蔽效应和钻穿效应来解释。

二、屏蔽效应和钻穿效应

1. 屏蔽效应

在多电子原子中，其他电子对选定电子的排斥作用，相当于屏蔽或降低了原子核对该电子的吸引作用，这种作用称为**屏蔽效应**。其结果使得该电子实际受到的核电荷（**有效核电荷** Z^*）的引力比原子序数 Z 的核电荷的引力小，相当于从 Z 中减去一个 σ 值，σ 称为**屏蔽常数**，即有

$$Z^* = Z - \sigma$$

一般而言，内层电子对外层电子的屏蔽作用较大，同层电子的屏蔽作用较小，外层电子对较内层电子可近似地看作不产生屏蔽作用。即

$$\sigma(\text{同处于 } n \text{ 层的电子}) < \sigma(\text{处于 } n-1 \text{ 层的电子}) < \sigma(\text{处于 } n-2 \text{ 层的电子})$$

如果将原子核和非外层电子分别比作光源和遮光障碍物，你会有这样的经验：障碍物离光源越近，屏蔽掉的光线越多。

2. 钻穿效应

量子力学认为，电子可能出现在原子内任何位置，即外层电子也可钻入内电子层而更

靠近原子核，这种电子渗入原子内部空间而更靠近核的本领称为**钻穿**。钻穿结果降低了其他电子对它的屏蔽作用，起到了增加有效核电荷，降低轨道能量的作用。电子钻穿得越靠近核，电子的能量越低。这种由电子钻穿而引起能量发生变化的现象称为**钻穿效应**。

对主量子数相同的电子，其钻穿效应随 l 值的增大而减小，即有 $n\mathrm{s} > n\mathrm{p} > n\mathrm{d} > n\mathrm{f}$，导致原子轨道的能量随 l 值的增大而增大，即有 $E_{n\mathrm{s}} < E_{n\mathrm{p}} < E_{n\mathrm{d}} < E_{n\mathrm{f}}$。

多电子原子中的每一个电子既受内层和同层其他电子的屏蔽作用，又有逃避这种屏蔽向内层钻穿使能量降低的作用，由于屏蔽或钻穿程度的差别而产生了“能级交错”现象。例如，$E_{4\mathrm{s}} < E_{3\mathrm{d}}$ 可以看作是 4s 轨道强烈的钻穿效应引起的。钻穿与屏蔽之间的关系好比篮球场上双方运动员的攻防关系。像攻防的强弱只体现在得分一样，钻穿与屏蔽两种作用的总效果都反映在有效核电荷上。赢了一场球，可以将原因说成对方力量较弱，也可说成己方力量较强。

三、基态原子核外电子排布原理

根据原子光谱实验结果及对元素周期律的分析，科学家归纳总结出了大多数基态原子核外电子排布必须同时满足的三个基本原理。

1. 泡利不相容原理

泡利（W. Pauli）指出：同一原子中不可能同时存在 4 个量子数完全相同的电子，或者说在同一原子中没有 2 个运动状态完全相同的电子，每一个轨道最多只能容纳 2 个自旋方向相反的电子。

例如，Li 原子的核外电子排布为 $1\mathrm{s}^2 2\mathrm{s}^1$，这三个电子的运动状态可分别用 4 个量子数表示如下：

$1\mathrm{s}^2$：$n = 1,\ l = 0,\ m = 0,\ m_s = +\frac{1}{2}$

$n = 1,\ l = 0,\ m = 0,\ m_s = -\frac{1}{2}$

$2\mathrm{s}^1$：$n = 2,\ l = 0,\ m = 0,\ m_s = +\frac{1}{2}$

$n = 2,\ l = 0,\ m = 0,\ m_s = -\frac{1}{2}$

应用泡利不相容原理可推出各电子层和各亚层的最大容量（表 5-5）。

表 5-5　各电子层和各亚层的最大容量

主量子数 n	1	2		3			4			
电子层符号	K	L		M			N			
角量子数 l	0	0	1	0	1	2	0	1	2	3
电子亚层符号	1s	2s	2p	3s	3p	3d	4s	4p	4d	4f
亚层轨道数（$2l+1$）	1	1	3	1	3	5	1	3	5	7
各亚层最大容量[$2(2l+1)$]	2	2	6	2	6	10	2	6	10	14
电子层轨道数 n^2	1	4		9			16			
电子层最大容量 $2n^2$	2	8		18			32			

由表5-5可知，主量子数为 n 的电子层最多能容纳 $2n^2$ 个电子；角量子数为 l 的电子亚层最多能容纳 $(4l+2)$ 个电子。

2. 能量最低原理

自然界的任何体系总是能量越低越稳定，原子也是如此。原子核外电子在原子轨道上排布时，总是尽先占据能量最低的轨道，再依次进入能量较高的轨道，使整个原子的能量处于最低状态。这就是能量最低原理。

根据能量最低原理与鲍林近似能级图，基态多电子原子核外电子的填充顺序如下：

1s；2s，2p；3s，3p；4s，3d，4p；5s，4d，5p；6s，4f，5d，6p；7s，5f，6d，7p

例如：锂原子核外的3个电子，根据能量最低原理，电子首先填入1s轨道，再填入2s轨道。又根据泡利不相容原理，1s轨道能容纳2个电子，剩下的1个电子就填入了2s轨道。所以，锂原子的核外电子排布为 $1s^22s^1$，而不是 $1s^12s^2$。

3. 洪特规则

洪特（F. Hund）通过大量光谱实验数据总结出一条规律，即洪特规则：同一亚层的各个轨道（简并轨道）上，电子总是尽可能分占不同的轨道，并且自旋方向相同。

例如，N原子的核外有7个电子，根据能量最低原理，电子先填入1s轨道，再依次填入2s，2p轨道；而根据泡利不相容原理，s轨道只能填充2个电子，这样还剩下的3个电子就填充到2p轨道上，其核外电子排布为 $1s^22s^22p^3$。其中，2p轨道上的3个电子按图5-13（a）列出的方式而不是按图5-13（b）或（c）列出的方式排布。

（a）　　（b）　　（c）

图5-13　N原子2p轨道上的3个电子排布方式

此外，光谱实验结果表明：当简并轨道的电子处于全充满、半充满或全空状态时比较稳定，称为洪特规则特例。其结构分别表示如下：

全充满：p^6 或 d^{10} 或 f^{14}

半充满：p^3 或 d^5 或 f^7

全空：p^0 或 d^0 或 f^0

例如，铜原子的核外电子排布式：${}_{29}Cu$ 是 $1s^22s^22p^63s^23p^63d^{10}4s^1$，而不是 $1s^22s^22p^63s^23p^63d^94s^2$，因为 $3d^{10}$ 为全充满。

四、基态原子核外电子排布实例及表示方法

根据上述的三个基本原理，并结合鲍林近似能级图，将电子逐个填入原子轨道，即为基态原子的核外电子排布，其表示方法主要有两种——轨道排布式和电子排布式。

1. 轨道排布式

用“○”“□”或“____”表示原子轨道，对应的能级符号写在下方；用一个向上或向下

的箭头（“↑”或“↓”）表示一个电子，箭头的方向表示电子的自旋方向，将对应的电子填入原子轨道中，即得到了轨道排布式。

例如：氧原子核外有 8 个电子，根据能量最低原理，电子依次填入 1s，2s，2p 轨道；由泡利不相容原理可知，s 轨道（$l = 0$）最多能容纳 2（$4l + 2 = 2$）个电子，所以还剩 4 个电子填入 3 个 2p 简并轨道；根据洪特规则，3 个电子分别以自旋相同的方式分占 3 个不同的 2p 简并轨道，剩下的 1 个电子则以自旋相反的方式填入。所以，氧原子的轨道排布式如图 5-14 所示。

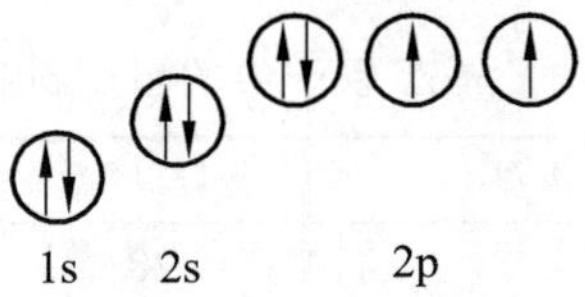

图 5-14　氧原子的轨道排布式

2. 电子排布式

按能量由低到高依次写出轨道符号，并将相应的电子数标在上角标，即得电子排布式，也称为电子构型。例如，氧原子的电子排布式为 $1s^22s^22p^4$。再比如，对于磷原子核外的 15 个电子，首先按能量最低原理写出电子的填入顺序，即 1s2s2p3s3p……，根据泡利不相容原理，s 轨道最多能容纳 2 个电子，p 轨道最多能容纳 6 个电子，再将电子数以上角标形式标在对应的轨道上，即可得到磷原子的电子排布式为 $1s^22s^22p^63s^23p^3$。

在化学反应时，原子中能参与形成化学键的电子称为价电子。价电子在原子核外的分布称为价电子层构型。应用价电子层构型可方便讨论化学反应规律。我们可以用原子实（原子结构内层与稀有气体原子核外电子分布相同的那部分实体）来简化核外电子分布，突出原子的“价电子层构型”。原子实常用加有方括号的稀有气体元素符号表示。

例如，磷原子和铁原子的电子排布式可分别简写为

$${}_{15}P：[Ne]\ 3s^23p^3 \qquad {}_{26}Fe：[Ar]\ 3d^64s^2$$

对比可知，电子排布式更简单、更方便，一般情况下用得较多；但轨道排布式更形象、更直观，且能反映出洪特规则，在讨论原子轨道形成分子轨道时用得较多。

【例 5-2】（1）分别写出 ${}_{24}Cr$、${}_{4}Be$ 的电子排布式和价电子层构型；（2）用四个量子数表示 ${}_{4}Be$ 各能级上的电子运动状态。

解：（1）首先按能量最低原理写出电子的填入顺序，即 1s2s2p3s3p4s3d4p；根据泡利不相容原理，s 轨道最多能容纳 2 个电子，p 轨道最多能容纳 6 个电子，d 轨道最多能容纳 10 个电子，再将电子数以上角标形式标在对应的轨道上，即为 $1s^22s^22p^63s^23p^64s^23d^4$；又根据洪特规则特例，半满状态更稳定，所以应为 $4s^13d^5$，最后把同一层的排列在一起。则正确的电子排布式应为：$1s^22s^22p^63s^23p^63d^54s^1$，价电子层构型为 $[Ar]\ 3d^54s^1$。

同理，${}_{4}Be$ 的电子排布式和价电子层构型分别为 ${}_{4}Be$：$1s^22s^2$，$[He]2s^2$。

（2）${}_{4}Be$ 的 4 个电子分布在 1s 和 2s 两个能级上，其运动状态分别用四个量子数来描述为

$$1s^2：n = 1，l = 0，m = 0，m_s = +\frac{1}{2}$$

$$n = 1，l = 0，m = 0，m_s = -\frac{1}{2}$$

$2s^2$：$n = 2$，$l = 0$，$m = 0$，$m_s = +\frac{1}{2}$

$n = 2$，$l = 0$，$m = 0$，$m_s = -\frac{1}{2}$

表 5-6 列出了由光谱实验数据得到的原子序数 1 ~ 109 各元素基态原子的电子排布式。其中绝大多数元素的电子排布符合核外电子排布三原理，但是少数元素的电子排布不符合三原理（见表中加粗部分）。对此，必须尊重事实，并在此基础上去探求更符合实际的理论解释。

表 5-6 基态原子中的电子排布式

原子序数	元素	电子构型	原子序数	元素	电子构型
1	H	$1s^1$	28	Ni	$[Ar]3d^84s^2$
2	He	$1s^2$	29	Cu	$[Ar]3d^{10}4s^1$
3	Li	$[He]2s^1$	30	Zn	$[Ar]3d^{10}4s^2$
4	Be	$[He]2s^2$	31	Ga	$[Ar]3d^{10}4s^24p^1$
5	B	$[He]2s^22p^1$	32	Ge	$[Ar]3d^{10}4s^24p^2$
6	C	$[He]2s^22p^2$	33	As	$[Ar]3d^{10}4s^24p^3$
7	N	$[He]2s^22p^3$	34	Se	$[Ar]3d^{10}4s^24p^4$
8	O	$[He]2s^22p^4$	35	Br	$[Ar]3d^{10}4s^24p^5$
9	F	$[He]2s^22p^5$	36	Kr	$[Ar]3d^{10}4s^24p^6$
10	Ne	$[He]2s^22p^6$	37	Rb	$[Kr]5s^1$
11	Na	$[Ne]3s^1$	38	Sr	$[Kr]5s^2$
12	Mg	$[Ne]3s^2$	39	Y	$[Kr]4d^15s^2$
13	Al	$[Ne]3s^23p^1$	40	Zr	$[Kr]4d^25s^2$
14	Si	$[Ne]3s^23p^2$	**41**	**Nb**	**$[Kr]4d^45s^1$**
15	P	$[Ne]3s^23p^3$	42	Mo	$[Kr]4d^55s^1$
16	S	$[Ne]3s^23p^4$	43	Tc	$[Kr]4d^55s^2$
17	Cl	$[Ne]3s^23p^5$	**44**	**Ru**	**$[Kr]4d^75s^1$**
18	Ar	$[Ne]3s^23p^6$	**45**	**Rh**	**$[Kr]4d^85s^1$**
19	K	$[Ar]4s^1$	46	Pd	$[Kr]4d^{10}$
20	Ca	$[Ar]4s^2$	47	Ag	$[Kr]4d^{10}5s^1$
21	Sc	$[Ar]3d^14s^2$	48	Cd	$[Kr]4d^{10}5s^2$
22	Ti	$[Ar]3d^24s^2$	49	In	$[Kr]4d^{10}5s^25p^1$
23	V	$[Ar]3d^34s^2$	50	Sn	$[Kr]4d^{10}5s^25p^2$
24	Cr	$[Ar]3d^54s^1$	51	Sb	$[Kr]4d^{10}5s^25p^3$
25	Mn	$[Ar]3d^54s^2$	52	Te	$[Kr]4d^{10}5s^25p^4$
26	Fe	$[Ar]3d^64s^2$	53	I	$[Kr]4d^{10}5s^25p^5$
27	Co	$[Ar]3d^74s^2$	54	Xe	$[Kr]4d^{10}5s^25p^6$

续表

原子序数	元素	电子构型	原子序数	元素	电子构型
55	Cs	$[Xe]6s^{1}$	83	Bi	$[Xe]4f^{1}5d^{10}6s^{2}6p^{3}$
56	Ba	$[Xe]6s^{2}$	84	Po	$[Xe]4f^{1}5d^{10}6s^{2}6p^{4}$
57	**La**	**$[Xe]5d^{1}6s^{2}$**	85	At	$[Xe]4f^{1}5d^{10}6s^{2}6p^{5}$
58	**Ce**	**$[Xe]4f^{1}5d^{1}6s^{2}$**	86	Rn	$[Xe]4f^{1}5d^{10}6s^{2}6p^{6}$
59	Pr	$[Xe]4f^{3}6s^{2}$	87	Fr	$[Rn]7s^{1}$
60	Nd	$[Xe]4f^{4}6s^{2}$	88	Ra	$[Rn]7s^{2}$
61	Pm	$[Xe]4f^{5}6s^{2}$	**89**	**Ac**	**$[Rn]6d^{1}7s^{2}$**
62	Sm	$[Xe]4f^{6}6s^{2}$	**91**	**Pa**	**$[Rn]5f^{2}6d^{1}7s^{2}$**
63	Eu	$[Xe]4f^{7}6s^{2}$	**92**	**U**	**$[Rn]5f^{3}6d^{1}7s^{2}$**
64	**Gd**	**$[Xe]4f^{7}5d^{1}6s^{2}$**	**93**	**Np**	**$[Rn]5f^{4}6d^{1}7s^{2}$**
65	**Tb**	**$[Xe]4f^{9}6s^{2}$**	94	Pu	$[Rn]5f^{6}7s^{2}$
66	Dy	$[Xe]4f^{10}6s^{2}$	95	Am	$[Rn]5f^{7}7s^{2}$
67	Ho	$[Xe]4f^{11}6s^{2}$	**96**	**Cm**	**$[Rn]5f^{7}6d^{1}7s^{2}$**
68	Er	$[Xe]4f^{12}6s^{2}$	97	Bk	$[Rn]5f^{9}7s^{2}$
69	Tm	$[Xe]4f^{13}6s^{2}$	98	Cf	$[Rn]5f^{10}7s^{2}$
70	Yb	$[Xe]4f^{14}6s^{2}$	99	Es	$[Rn]5f^{11}7s^{2}$
71	Lu	$[Xe]4f^{14}5d^{1}6s^{2}$	100	Fm	$[Rn]5f^{12}7s^{2}$
72	Hf	$[Xe]4f^{14}5d^{2}6s^{2}$	101	Md	$[Rn]5f^{13}7s^{2}$
73	Ta	$[Xe]4f^{14}5d^{3}6s^{2}$	102	No	$[Rn]5f^{14}7s^{2}$
74	W	$[Xe]4f^{14}5d^{4}6s^{2}$	103	Lr	$[Rn]5f^{14}6d^{1}7s^{2}$
75	Re	$[Xe]4f^{14}5d^{5}6s^{2}$	104	Rf	$[Rn]5f^{14}6d^{2}7s^{2}$
76	Os	$[Xe]4f^{14}5d^{6}6s^{2}$	105	Db	$[Rn]5f^{14}6d^{3}7s^{2}$
77	Ir	$[Xe]4f^{14}5d^{7}6s^{2}$	106	Sg	$[Rn]5f^{14}6d^{4}7s^{2}$
78	**Pt**	**$[Xe]4f^{14}5d^{9}6s^{1}$**	107	Bh	$[Rn]5f^{14}6d^{5}7s^{2}$
79	Au	$[Xe]4f^{14}5d^{10}6s^{1}$	108	Hs	$[Rn]5f^{14}6d^{6}7s^{2}$
80	Hg	$[Xe]4f^{14}5d^{10}6s^{2}$	109	Mt	$[Rn]5f^{14}6d^{7}7s^{2}$
81	Tl	$[Xe]4f^{1}5d^{10}6s^{2}6p^{1}$	110	Uun	
82	Pb	$[Xe]4f^{1}5d^{10}6s^{2}6p^{2}$	111	Uuu	

第三节　原子结构与元素周期表

19 世纪前期，化学的迅速发展使得单质与化合物的数目急剧增加。面对这一情况，科学家们开始着手对其进行归纳分类，以探索其中的规律性。首先获得成功的是俄国科学家门捷列夫（D. Mendeleev），他于 1869 年发表了使他至今仍享有世界盛誉的元素周期律和世界上第一张元素周期表。元素周期律是指元素的化学性质随原子序数递增而呈现出周期性变化的规律。元素周期表是元素周期律的图表形式。

一、周期与能级组

周期表中每一横行称为一个**周期**，共有七个周期。第一、二、三周期分别有 2、8、8 种元素，为**短周期**；第四、五、六周期分别有 18、18、32 种元素，为**长周期**；第七周期没有完全填满，为**不完全周期**。周期的划分与能级组的划分完全一致，每个能级组都独立对应一个周期。

表 5-7 给出了周期与最外轨道、最外能级组的对应关系。由表 5-7 可得出下列关系：

周期序数 ＝ 该周期元素原子的电子层数（$_{46}$Pd 除外）＝ 能级组数

各周期元素的数目 ＝ 最外能级组中原子轨道所能容纳的电子数

表 5-7　周期与最外轨道、最外能级组的对应关系

周期序数	最外轨道	最外能级组序数	最外能级组轨道总数	最外能级组可容纳的电子数	周期内元素种类	电子层数
1（特短周期）	1s	1	1	2	2	1
2（短周期）	2s2p	2	1 + 3 = 4	8	8	2
3（短周期）	3s3p	3	1 + 3 = 4	8	8	3
4（长周期）	4s3d4p	4	1 + 5 + 3 = 9	18	18	4
5（长周期）	5s4d5p	5	1 + 5 + 3 = 9	18	18	5
6（特长周期）	6s4f5d6p	6	1 + 7 + 5 + 3 = 16	32	32	6
7（未完成周期）	7s5f6d7p	7	1 + 7 + 5 + 3 = 16	32	未完	7

二、族与价电子构型

元素周期表中共有 16 个族：7 个 A 族（主族）和 7 个 B 族（副族），还有零族和Ⅷ族，族序号用罗马数字表示。

1. 主族（A 族）元素

电子最后填充在最外层的 s 或 p 轨道上的元素称为**主族**（A 族）元素，包括ⅠA~ⅦA 及 0 族。其价层电子构型为 $ns^{1\sim2}$ 或 $ns^2np^{1\sim6}$。对主族元素有以下规律：

主族元素的族序数 = 原子最外层电子数 = $(ns + np)$电子数 = 价电子数

主族常用相应第二周期元素命名，如ⅢA~ⅥA 分别称为硼族、碳族、氮族，氧族等。而ⅠA，ⅡA、ⅦA 分别称为碱金属、碱土金属、卤素，0 族称为零族或惰性气体。

2. 副族（B 族）元素

电子最后填充在（n−1）d 或（n−2）f 轨道上的元素称为**副族**（B 族）元素，由于副族

元素位于元素周期表的中部，因此又习惯称其为过渡元素。周期表中共有 8 个副族，从左至右依次为ⅢB~Ⅷ~ⅡB。对副族元素有：

ⅢB ~ ⅦB 族序数 = 外层电子数 = [$(n-1)$d + ns]电子数 = 价电子数

ⅠB、ⅡB 副族元素的族序数 = 最外层 s 电子数目

Ⅷ 族序数包括外层[$(n-1)$d + ns]电子数分别为 8，9，10 的三列 9 个元素。

副族常以相应第四周期元素命名，分别称为钪副族、钛副族、钒副族等；但Ⅷ 族中铁钴镍（第四周期元素）称铁系元素，钌铑钯锇铱铂（第五、六周期元素）则称为铂系元素。

ⅢB 中 57 号元素镧（La）代表 57~71 号元素，称为镧系元素；89 号元素锕（Ac）代表 89~103 号元素，称为锕系元素，镧系和锕系元素统称为内过渡元素，其价层电子构型为 $(n-2)f^{0\sim14}(n-1)d^{0\sim2}ns^2$。

三、元素分区

周期表中的元素除了按周期和族划分外，还按价电子构型划分为 s 区，d 区，ds 区，p 区 4 个区；副表（镧系和锕系）是 f 区元素。各区分布及元素的原子价电子构型如图 5-15 所示，各区元素的原子结构特征如下：

s 区：包括ⅠA 族和ⅡA 族元素，最外层只有 1~2 个 s 电子，没有 d 电子，价电子构型为 $ns^{1\sim2}$。

p 区：包括ⅢA~ⅦA 族元素，最外层除了 2 个 s 电子之外，还有 1~6 个 p 电子（He 无 p 电子），外层没有 d 电子，价电子构型为 $ns^{1\sim2}np^{1\sim6}$。

d 区：包括ⅢB~ⅦB 族及Ⅷ族元素，最外层除了 2 个（个别为 1 个，Pd 无）s 电子之外，此外层有 1~10 个 d 电子，价电子构型写为 $(n-1)d^{1\sim10}ns^{1\sim2}$。

ds 区：包括ⅠB，ⅡB 族，此外层的电子数已经满足，其最外层的电子数又与 s 区元素相同，价电子构型为 $(n-1)d^{10}ns^{1\sim2}$。

f 区：包括镧系元素和锕系元素。电子层结构在 f 亚层增加电子，价电子构型为 $(n-2)f^{1\sim14}(n-1)d^{0\sim1}ns^2$。由于电子结构差别是在（$n$−2）层的 f 轨道上的电子数不同，所以它们的化学性质非常相似。

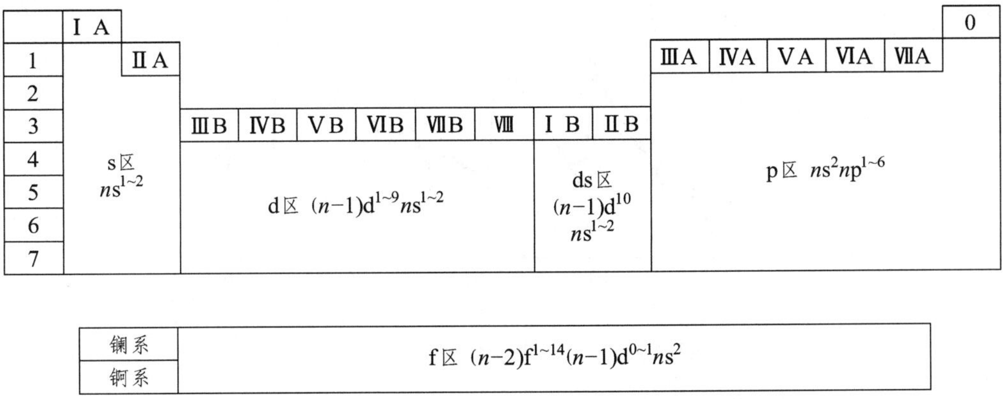

图 5-15　元素周期表中元素的分区及价电子构型

综上所述，原子的电子构型与其在周期表中的位置密切相关。已知元素的原子序数，可以写出该原子的电子构型并推断其在周期表中的位置；反之，已知元素在周期表中的位置，也可以推知其原子序数与电子构型。

【例 5-3】写出下列各原子的价电子的构型，并指出它们所处的周期和族。

（1）Br（$Z = 35$）；（2）Co（$Z = 27$）；（3）Cd（$Z = 48$）；

解：（1）根据核外电子排布三原理，Br 的核外电子排布式为 $1s^22s^22p^63s^23p^63d^{10}4s^24p^5$，价电子构型为 $4s^24p^5$。因为最后一个电子填充在 4p 轨道上，说明该元素位于第四周期，且为主族元素；又因为其价电子数为 $2 + 5 = 7$，所以该元素位于ⅦA 族。

（2）Co 的核外电子排布式为 $1s^22s^22p^63s^23p^63d^74s^2$，价电子构型为 $3d^74s^2$。因最后一个电子填充在 3d 轨道上，说明该元素为副族元素，最外层电子的电子层数 $n = 4$，说明该元素位于第四周期；又由于其价电子数为 $7 + 2 = 9$，大于 8，说明该元素属于Ⅷ族。

（3）Cd 的核外电子排布式为 $1s^22s^22p^63s^23p^63d^{10}4s^24p^64d^{10}5s^2$，价电子构型为 $4d^{10}5s^2$。因最外层电子的电子层数 $n = 5$，该元素位于第五周期。其最后一个电子填空在 4d 轨道上，则属副族元素，且 d 轨道已经全满，则最外层上的电子数即为其族数，所以为ⅡB 族元素。

第四节　元素性质的周期律

原子的核外电子排布呈周期性变化决定了元素性质包括有效核电荷、原子半径、电离能、电子亲和能、电负性等也呈现出周期性变化规律。

一、有效核电荷（Z^*）

元素原子序数增加时，原子的核电荷 Z 呈线性关系依次增加，但有效核电荷 Z^* 却呈周期性的变化。这是因为屏蔽常数 σ 的大小与电子层结构有关，而电子层结构呈周期性的变化。

根据理论计算，有效核电荷 Z^* 与原子序数 Z 的关系见图 5-16。

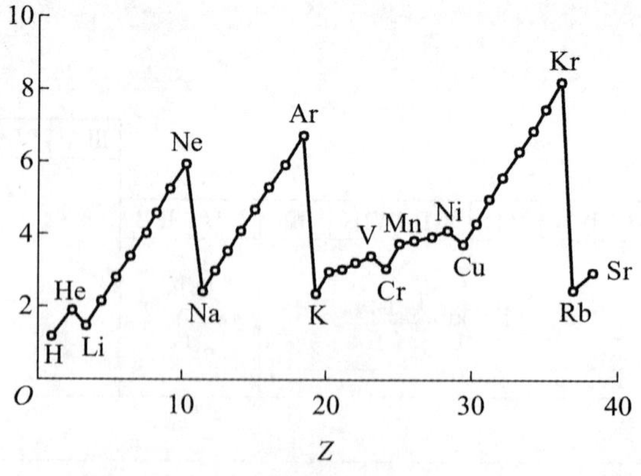

图 5-16　有效核电荷的周期性变化

由图可知：（1）同一周期，从左到右，主族元素的 Z^* 随 Z 增加而显著增加，而副族

元素的 Z^*随 Z 增加的幅度要小很多。其原因是主族元素的电子依次填充到最外层，加在同一电子层中，而同层电子之间的屏蔽作用较弱，因此，有效核电荷显著增加；但是副族元素的电子填充到次外层，而内层电子对外层电子的屏蔽作用较强，因此有效核电荷增大不多。

（2）同一族，从上到下，虽然元素的核电荷增加较多，但相邻两元素之间相当于增加了一个电子内层，其屏蔽作用也较大，因而有效核电荷 Z^*增加不显著。

（3）当次外层电子半充满（Cr）或全充满（Cu）时，由于屏蔽作用较大，因此有效核电荷 Z^*略有下降。

二、原子半径（r）

1. 原子半径

原子的大小可以用“原子半径”来描述。严格地讲，电子云没有明确的边界，所以原子半径也很难测定。但我们可假定原子呈球形且原子半径具有加和性，根据原子的不同存在形式，将原子半径分为金属半径，共价半径和范德华半径来测定。

（1）金属半径　将金属晶体看成是由金属原子紧密堆积而成的，则两相邻金属原子核间距离的一半为该金属原子的**金属半径**。

（2）共价半径　同种元素的两个原子以共价键结合时核间距的一半为该原子的**共价半径**。周期表中各元素原子的共价半径见表 5-8。

（3）范德华半径　在分子晶体中，相邻分子间两个非键结合的同种原子核间距离的一半，为该原子的**范德华半径**。同一元素原子的范德华半径大于共价半径。例如，氯原子的共价半径为 99 pm，范德华半径为 180 pm，两者的区别见图 5-17。

表 5-8　元素原子的原子半径

H 32																	He 93
Li 123	Be 89											B 82	C 77	N 70	O 66	F 64	Nc 112
Na 154	Mg 136											Al 118	Si 117	P 110	S 104	Cl 99	Ar 154
K 203	Ca 174	Sc 144	Ti 132	V 122	Cr 118	Mn 117	Fe 117	Co 116	Ni 115	Cu 117	Zn 125	Ga 126	Ge 122	As 121	Se 117	Br 114	Kr 169
Rb 216	Sr 191	Y 162	Zr 145	Nb 134	Mo 130	Tc 127	Ru 125	Rh 125	Pd 128	Ag 134	Cd 148	In 144	Sn 140	Sb 141	Te 137	I 133	Xe 190
Cs 235	Ba 198	△Lu 158	Hf 144	Ta 134	W 130	Re 128	Os 126	Ir 127	Pt 130	Au 134	Hg 144	Tl 148	Pb 147	Bi 146	Po 146	At 145	Rn 220
Fr	Ra	Lr															

△	La 169	Ce 165	Pr 164	Nd 164	Pm 163	Sm 162	Eu 185	Gd 162	Tb 161	Dy 160	Ho 158	Er 158	Tm 158	Yb 170

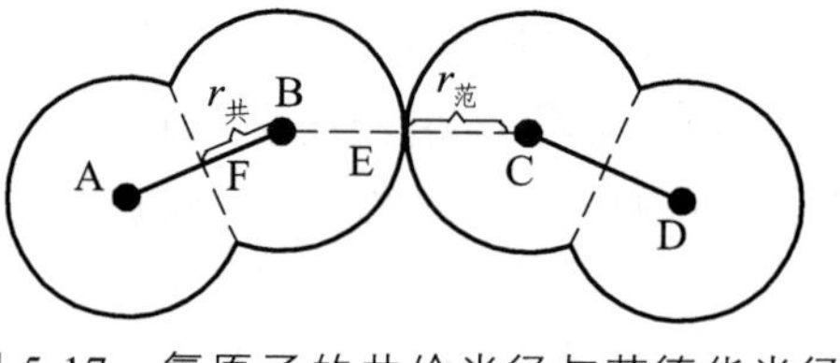

图 5-17　氯原子的共价半径与范德华半径

2. 原子半径的周期性变化

（1）同周期原子半径变化的总趋势同一周期从左到右，随着原子序数的增大，原子半径逐渐减小，因为在电子层数不变的情况下，有效核电荷的增大导致核对电子的吸引力增大，外层电子被拉得更紧。

此外，相邻元素的原子半径的减小幅度：主族元素>过渡元素>内过渡元素。对这三类元素而言，电子分别逐个添加在外层、次外层和倒数第三层，而越靠近内层的电子对最外层电子的屏蔽作用越强，使得三者的有效核电荷增加的幅度依次变小，因此原子半径减小的幅度也依次变小。镧系元素原子半径随原子序数缓慢递减的现象称为镧系收缩。由于镧系收缩的影响使镧系之后第六周期副族元素的原子半径变得较小，以至于与第五周期副族中的相应元素的原子半径很相近，化学性质也极相似。

（2）同族原子共价半径变化的总趋势对于主族元素，从上到下，原子半径增加，因为电子层数依次增大，其影响超过了有效核电荷增大的影响。对副族元素，因有镧系收缩的影响，同一族的第五与六周期元素的原子半径相差很少。

三、电离能（I）

1. 电离能的定义

电离能是指气态原子在基态时失去电子变成气态离子所需的能量，SI 单位为 $kJ \cdot mol \cdot L^{-1}$。基态气态原子失去第一个电子成为气态+1 价阳离子所需的最小能量称为第一电离能，用 I_1 表示；由+1 价阳离子失去第二个电子成为+2 价阳离子所需的最小能量称为第二电离能，用 I_2 表示；余类推。各级电离能的大小顺序是：$I_1 < I_2 < I_3 < I_4 < I_5 \cdots$，因为离子所带正电荷越大，离子半径越小，所以失去电子逐渐变难，需要能量越高。例如：

$$Al(g) - e^- \longrightarrow Al^+(g) \qquad I_1 = 577.6\ kJ \cdot mol^{-1}$$

$$Al^+(g) - e^- \longrightarrow Al^{2+}(g) \qquad I_2 = 1817\ kJ \cdot mol^{-1}$$

$$Al^{2+}(g) - e^- \longrightarrow Al^{3+}(g) \qquad I_3 = 2745\ kJ \cdot mol^{-1}$$

2. 电离能的周期性变化

电离能都是正值，因为使原子失去外层电子总是需要吸收能量来克服核对电子的吸引力，其大小主要取决于有效核电荷、原子半径和电子层结构，故电离能也呈周期性变化，见图 5-18。由图可知：

（1）同一周期，主族元素从ⅠA 到ⅦA，有效核电荷 Z^* 增大，原子半径 r 减小，核对电子的吸引增大，越难失去电子，因此第一电离能 I_1 明显增大；过渡元素的电子依次加到次外层，引起屏蔽效应大，Z^*增加不多，r减小缓慢，故 I_1 变化不大；稀有气体元素的原子的电离能最高，因为它们具有 np^6 的全充满的稳定价层电子结构。

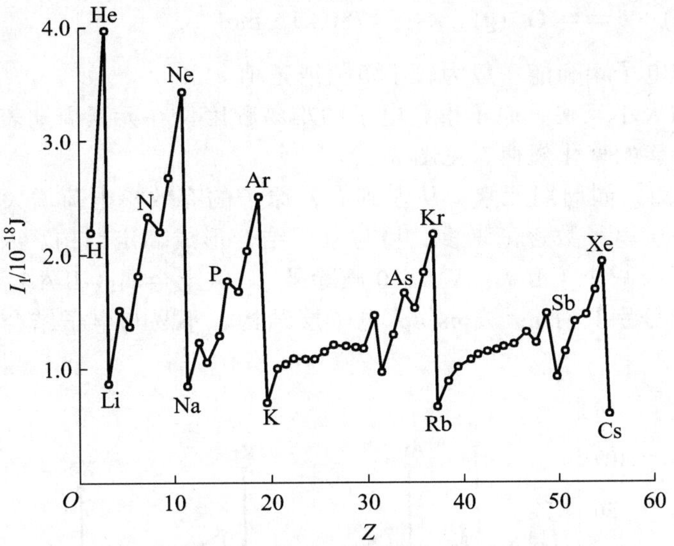

图 5-18　元素的第一电离能的周期性变化

（2）同一族元素，从上至下，Z^*增加不明显，原子半径增大起主要作用，半径越大，核对电子引力越小，越易失去电子，故电离能逐渐变小。

（3）此外，图中曲线中有小突起，例如 N、P、As 元素的电离能分别比 O、S、Se 元素的电离能高，这是因前者具有 np^3 半充满的相对稳定结构，要破坏这些相对稳定的结构就需较高能量。

3. 电离能的应用

（1）衡量原子失去电子的难易程度，进而判断金属活泼性强弱。元素第一电离能越小，原子失去电子越容易，相应金属越活泼。例如 Cs 原子的第一电离能很小，说明 Cs 是一个非常活泼的金属，在光的照射下，即可以失去最外层电子。

（2）说明元素呈现的常见氧化态。例如的 Li 的第二电离能（I_2 = 7298.1 kJ · mol^{-1}）比第一电离能（I_1 = 520.2 kJ · mol^{-1}）大得多，故通常 Li 只失去一个电子形成 Li^+。

（3）证明电子的分层排布或相对稳定结构。如果不同级的电离势有突跃性的变化，从另一角度证明了核外电子分层排布的事实。例如，对 Li 有 $I_1 \ll I_2 < I_3$，说明锂的核外电子分两层排布。电离能的周期性变化的第三点就证明了原子的相对稳定结构。

四、电子亲和能（A）

元素的亲和能（A）是气态原子在基态时得到电子形成气态负离子所释放的能量，单位为 kJ · mol^{-1}。和电离能相似，依次加入一个电子，则称为第一电子亲和能、第二电子亲和能……，分别用 A_1，A_2，…，表示，单位为 kJ · mol^{-1}。活泼非金属的第一电子亲和能一般为负值（放出能量），但当负一价离子获得电子时，要克服负电荷之间的排斥力，因此需要吸收能量，故第二电子亲和能却是较高的正值（吸收能量）。如：

$$O(g) + e^- \xlongequal{} O^-(g) \quad A_1 = -141.8\ kJ \cdot mol^{-1}$$

$$O^-(g) + e \xlongequal{} O^{2-}(g) \quad A_2 = +780\ kJ \cdot mol^{-1}$$

而金属原子的电子亲和能一般为较小负值或正值。

电子亲和能的大小反映了原子得到电子的难易程度。在元素周期表中，电子亲和能的变化规律类似电离能的变化规律，见图 5-19。

由图 5-19 可知，同周期元素，从左到右，原子的有效核电荷增大，原子半径逐渐减小，同时由于最外层电子数逐渐增多，易与电子结合形成稳定结构。因此，元素的电子亲和能（代数值）逐渐减小（ⅡA、ⅤA、0 族除外）。碱土金属（ⅡA）和稀有气体（0 族）的原子半径大，且分别具有 ns^2 或 ns^2np^6 电子层结构，不易与电子结合，因而它们的电子亲和能均为正值。

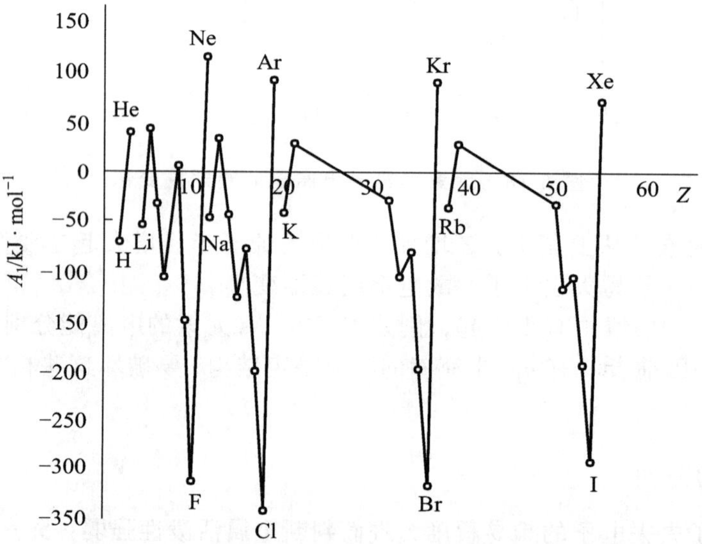

图 5-19　元素的第一电子亲和能的周期性变化

同一主族中，从上到下，元素的电子亲和能变化规律不如周期变化那么明显，要根据有效核电荷、原子半径和电子层结构具体分析，大部分逐渐增大，部分呈相反趋势。

五、电负性（X）

1. 电负性的定义

电离能和电子亲和能只能表示孤立气态原子得失电子的能力，但原子在形成化合物时，有时并没有电子的得失，只有电子的偏移。因此，只从电离能或电子亲和能来判断元素的金属性或非金属性存在一定的局限性。为了比较全面描述原子在形成化合物时对成键电子的吸引能力，1932 年鲍林定义元素的电负性来衡量原子在分子中吸引电子的能力。指定氟的电负性为 4.0，并根据热化学数据比较各元素原子吸引电子的能力，得出其他元素的电负性 X（表 5-9）。

表 5-9 鲍林元素电负性表

H																
2.2																
Li	Be											B	C	N	O	F
1.0	1.6											2.0	2.6	3.0	3.4	4.1
Na	Mg											Al	Si	P	S	Cl
0.9	1.3											1.6	1.9	2.2	2.6	3.2
K	Ca	Sc	Ti	V	Cr	Mn	Fe	Co	Ni	Cu	Zn	Ga	Ge	As	Se	Br
0.8	1.0	1.4	1.5	1.6	1.7	1.6	1.8	1.9	1.9	1.9	1.7	1.8	2.0	2.2	2.6	3.0
Rb	Sr	Y	Zr	Nb	Mo	Tc	Ru	Rh	Pd	Ag	Cd	In	Sn	Sb	Te	I
0.8	1.0	1.2	1.3	1.6	2.2	1.9	2.2	2.3	2.2	1.9	1.7	1.8	2.0	2.1	2.1	2.7
Cs	Ba	Lu	Hf	Ta	W	Re	Os	Ir	Pt	Au	Hg	Tl	Pb	Bi	Po	At
0.8	0.9	1.3	1.3	1.5	2.4	1.9	2.2	2.2	2.3	2.5	2.0	2.0	2.3	2.0	2.2	2.2
Fr	Ra															
0.7	0.9															

2. 电负性的周期性变化

由表 5-9 鲍林的元素电负性数值可知，过渡元素电负性无明显规律。主族元素的电负性呈周期性变化：同一周期内，从左至右，主族元素的电负性随原子序数的增加而增大，因为其有效核电荷增大，半径减小，原子在分子中吸引成键电子的能力增加；同一族内，自上而下，虽然有效核电荷有所增加，但原子半径增大起主导作用，原子核吸引成键电子的能力变小，电负性也减小。

3. 电负性的应用

（1）用来判断元素的金属性和非金属性。元素电负性越大，原子吸引电子的能力越强，越容易得到电子，非金属性越强；反之，易失电子，金属性越强。一般认为，$X > 2.0$ 为非金属元素；$X<2.0$ 为金属元素；在周期表中 F 的电负性最大（$X = 3.98$），为非金属元素；而 Cs 的电负性最小（$X = 0.79$），为非金属元素。

（2）用于估计化学键的类型。元素的电负性差值 $\Delta X>1.7$，一般为离子键；$\Delta X<1.7$，一般为极性共价键，$\Delta X = 0$ 一般为非极性共价键。例如，对于 HCl，Cl 与 H 的电负性差值为 $\Delta X = 3.2-2.2 = 1<1.7$，所以 H—Cl 为极性共价键；对于 Cl_2，因为是由同种元素 Cl 组成，$\Delta X = 3.2-3.2 = 0$，所以 Cl—Cl 为非极性共价键；而对于 NaCl，Cl 与 Na 电负性差值为 $\Delta X = 3.2-0.9 = 2.3>1.7$，所以 Na—Cl 为离子键。

【知识拓展】

光电效应及其应用

一、光电效应的原理

光照射到金属上，使电子从金属表面逸出的现象，称为光电效应，逸出的电子称为光电子，形成的电流称为光电流。

图 5-20 为光电效应实验装置。实验结果表明：只有入射光的频率大于某一频率时，电子才会从金属表面逸出，而且，从光线开始照射直到金属释放电子，无论光的强度如何，几乎是瞬时的，不会超过 10^{-9} s。这些实验事实是当时已完全认可的光的波动说完全不能解释的。按波动性理论，如果入射光较弱，照射的时间要长一些，金属中的电子才能积累足够的能量，飞出金属表面。

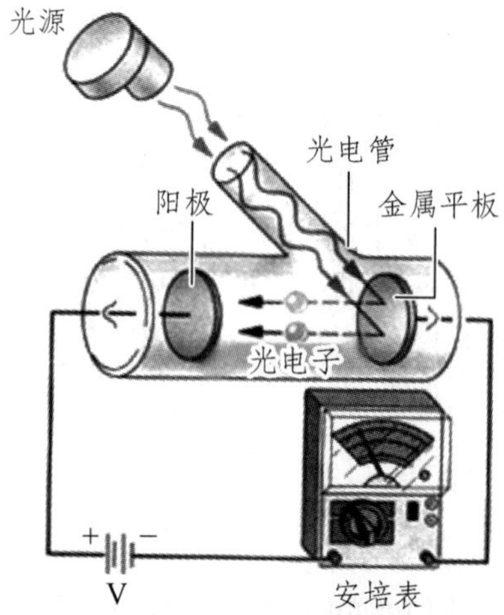

图 5-20　光电效应实验装置

1905 年，年仅 26 岁的爱因斯坦提出光子假设，成功解释了光电效应，因此获得 1921 年诺贝尔物理学奖。他认为光可看成是由光子组成的粒子流，光子能量 $\varepsilon = h\nu$；光电效应是电子吸收光子能量而产生的，其能量一部分转化为逸出功脱出金属表面，其余部分转化为光电子的初动能。由能量守恒有入射光子能量 = 光电子初动能 + 逸出功，即著名的光电效应方程

$$h\nu = \frac{1}{2}mv^2 + W$$

只有当光子的能量大于逸出功，即入射光的频率大于某一频率时，电子才能脱出金属表面，且光电子的能量取决于光的波长，与光强度无关；电子一旦吸收了一个光子的能量，就可以立刻从金属表面逸出，所以无须时间累积。光强大，光子数多，释放的光电子也多，所以光电流也大。

二、光电效应的应用

1. 光控制电器

利用光电管制成的光控制电器，可以用于自动控制，如自动计数、自动报警、自动跟踪等，图 5-21 是光控制电器的示意图，它的工作原理是：当光照在光电管上时，光电管电路中产生电光流，经过放大器放大，使电磁铁 M 磁化，而把衔铁 N 吸住，当光电管上没有光照时，光电管电路中没有电流，电磁铁 M 就自动控制，利用光电效应还可测量一些转动物体的转速。

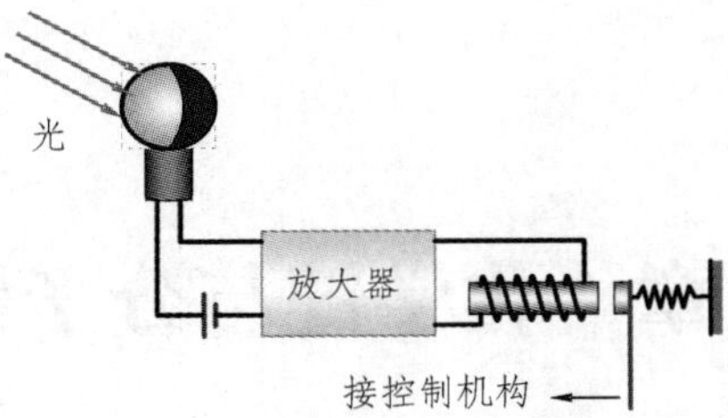

图 5-21　光控制电器示意图

2. 光电倍增管

利用光电效应还可以制造多种光电器件，如光电倍增管、电视摄像管、光电管、电光度计等，这里介绍一下光电倍增管。图 5-22 是光电倍增管的大致结构，它的管内除有一个阴极 K 和一个阳极 A 外，还有若干个倍增电极 K_1、K_2、K_3、K_4、K_5 等。使用时不但要在阴极和阳极之间加上电压，各倍增电极也要加上电压，使阴极电势最低，各个倍增电极的电势依次升高，阳极电势最高，这样，相邻两个电极之间都有加速电场，当阴极受到光的照射时，就发射光电子，并在加速电场的作用下，以较大的动能撞击到第一个倍增电极上，

图 5-22　光电倍增管示意图

光电子能从这个倍增电极上激发出较多的电子，这些电子在电场的作用下，又撞击到第二个倍增电极上，从而激发出更多的电子，这样，激发出的电子数不断增加，最后阳极收集到的电子数将比最初从阴极发射的电子数增加了很多倍（一般为 105 ~ 108 倍）。因而，这种管子只要受到很微弱的光照，就能产生很大电流，在工程、天文、军事等方面都有重要的作用。

3. 农业病虫害防治

为害昆虫表现了对敏感光源具有个体差异性和群体一贯性的趋光性行为特征，并通过视觉神经信号响应和生理光子能量需求的方式呈现出生物光电效应的作用本质。利用昆虫的这种趋性行为诱导增益特性，一些光电诱导杀虫灯技术以及害虫诱导捕集技术广泛地应用于农业虫害的防治。

习　题

第六章　化学键与分子结构

【学习目标】

1. 熟悉键能、键长、键角和键的极性等键参数，理解化学键的形成、本质及性质。
2. 掌握现代价键理论的基本要点及共价键的类型与特点。
3. 掌握杂化轨道理论基本要点，会用其解释某些常见分子的构型和分子的极性。
4. 掌握离子键和共价键的基本特征及区别。
5. 了解分子轨道理论的基本内容。
6. 了解分子间作用力及氢键的性质和特点。

分子是指由原子组成的、具有一定稳定性的微粒。由一个原子组成的分子叫**单原子分子**，如稀有气体和蒸气状态金属；由两个原子构成的分子叫**双原子分子**，如 Cl_2、H_2 等；由两个以上的原子构成的分子则叫**多原子分子**，如 O_3、H_2O、S_8。

不难想象，原子组成分子时离不开某种作用力，这类问题属于化学键讨论的范畴。通常把分子中直接相邻的两个（或多个）原子之间强的相互作用力称为**化学键**。化学键可分为离子键、共价键和金属键。化学键理论是当代化学的一个中心问题，对探索物质的性质和功能都具有重要的意义。本章将在原子结构的基础上，着重讨论分子的形成过程以及有关化学键理论，包括现代价键理论、杂化轨道理论及离子键理论。同时对分子间作用力、氢键、分子结构与物质性质之间的关系以及四种晶体结构等进行初步讨论。

第一节　共价键理论

1916 年，美国化学家路易斯（G. N. Lewis）为了说明分子的形成，提出了经典共价键理论，初步揭示了共价键与离子键的区别。1927 年，德国物理学家海特勒（W. Heitler）和伦敦（F. Londen）首次运用量子力学阐明了共价键的本质，后来，鲍林（L. C. Pauling）等人发展这一成果，建立了现代价键理论和杂化轨道理论。1932 年美国化学家密立根（R. A. Mulliken）和德国化学家洪特（F. Hund）提出了分子轨道理论。

一、路易斯的经典共价学说

1. 经典共价学说基本要点

（1）分子中原子之间可以通过共用电子对，而使每一个原子具有稳定的稀有气体结构。

（2）原子通过共用电子对而形成的化学键称为共价键。两个原子间共用一对电子的共价键称为单键，共用二对电子的共价键称为双键，共用三对电子的共价键称为三键。

2. 路易斯结构式

下面所表达的电子结构统称为 Lewis 结构，其中短线表示共价键，例如，“—”表示单键，“═”代表双键，“≡”代表三键，小黑点表示没有参加形成共价键的孤对电子。路易斯结构式的写法规则又称八隅体规则（即 8 电子结构）。至今简单分子的 Lewis 结构式仍为化学家采用。

H_2　　O_2　　N_2　　OH　　NH_3　　CH_4

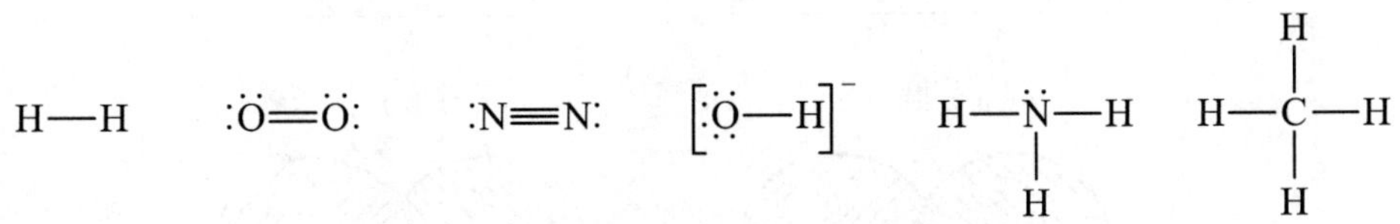

路易斯的共价概念能解释一些非金属原子形成共价分子的过程以及与离子键的区别。但还存在一些不足，例如，它不能说明为什么共用电子对就能使两个原子结合得更牢固这一共价键本质，而且很多分子不满足八隅体规则，如 PCl_5、SF_6 等。这些问题可用现代价键理论和分子轨道理论给予回答。

二、价键理论

（一）共价键本质

1927 年，德国化学家海勒（W. Heitler）和伦敦（F. London）用量子力学处理氢原子形成氢分子的过程时，得到了两个氢原子相互作用时的能量（E）随两原子核间距（R）的变化曲线，从而阐明了共价键的形成和本质。

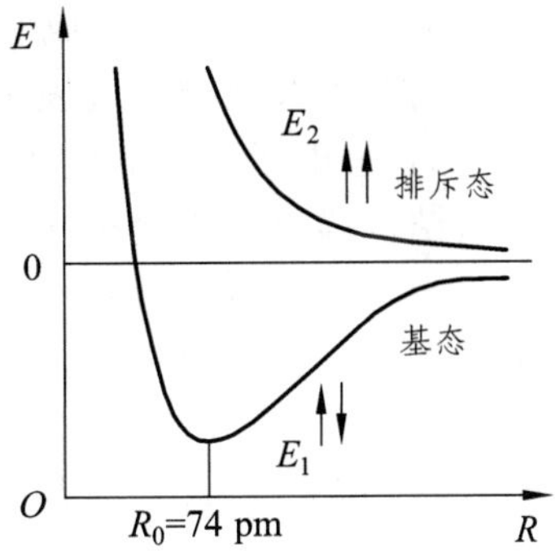

E_1—基态；E_2—排斥态

图 6-1　H_2 分子形成过程中能量与核间距关系示意图

如图 6-1 中 E_1 曲线所示，假定 A、B 两个氢原子中的电子自旋是相反的，当 A、B 相距很远时，它们之间基本不存在相互作用力，此时整个系统的能量接近于 0。当 A、B 相互趋近时（即 R 变小时），A 原子的电子不仅受 A 核吸引，也受 B 核吸引；同时，B 原子的电子不仅受 B 核吸引，也受 A 核吸引，使得整个系统的能量降低（即 E 变小）。当 A、B 的核间距为 74 pm，系统的能量最低（即 E 最小），若 A、B 再继续靠近，两原子核间的斥力增大而使得系统的能量升高（即 E 变大）。表明两个氢原子在此平衡距离处成键，形成稳定的 H_2 分子，此状态称为 H_2 分子的基态。

若 A、B 两个氢原子中的电子自旋相同，当 A、B 相互趋近时（即 R 变小时），两原子间的排斥力逐渐增大，系统的能量也逐渐升高（即 E 变大），说明它们不能形成稳定的 H_2 分子，这种不稳定的状态称为 H_2 分子的排斥态，如图 6-1 中 E_2 曲线所示。

根据量子力学原理，基态 H_2 分子之所以稳定，是因为两个氢原子的 1s 轨道发生有效重叠，使得电子云密集在两个原子核之间，一方面有利于降低两核间的正电排斥，另一方面有利于增加两原子核对核间负电荷的吸引，从而降低系统的能量，形成稳定的共价键。而 H_2 分子的排斥态则相当于两个轨道重叠部分互相抵消，在两核间出现了一空白区域，电子云在核间变得稀疏，两核间的排斥力增大，系统能量也随之增大，故不能成键（图 6-2）。

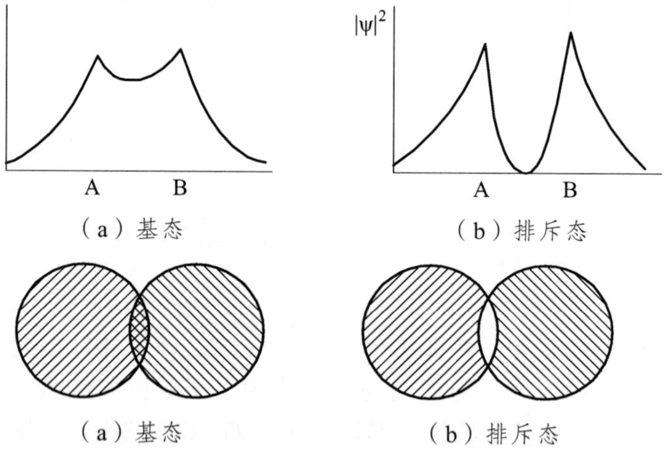

图 6-2　H_2 分子的概率密度分布示意图

（二）价键理论的基本要点

1930 年美国化学家鲍林（Pauling）把上述研究 H_2 分子的成果推广到其他分子系统，发展为价键理论。其基本要点归纳如下：

（1）电子配对原理：两个原子相互接近时，自旋方向相反的的未成对的价电子可以配对，形成共价键。由于每个未成对电子只能与一个自旋相反的未成对电子成键，一个原子有几个未成对电子，就可以形成几个共价键。

例如，H 原子只有一个未成对电子，因此 H_2 只能通过一对共用电子对相结合形成共价单键，分别用电子式或结构式表示为H : H或 H—H。而 O 原子的电子构型为 $1s^22s^22p^4$，有两个未成对的 2p 电子，因此两个 O 原子能通过两对共用电子对相结合形成两个共价单键，可用路易斯结构式表示为Ö══Ö。

（2）最大重叠原理：成键电子的原子轨道重叠越多，两核间电子概率密度越大，所形成共价键越牢固，分子也越稳定。

（三）共价键的特点

（1）饱和性　在形成共价键时，一个电子和另一个电子配对以后，就不能再和其他电子配对了。因此，一个原子能有几个未成对电子，便可与其他原子的几个自旋相反的未成对电子配对成键，这就是共价键的饱和性。例如，稀有气体原子没有未成对电子，其单质只能为单原子分子；而 N 原子有 3 个未成对电子，所以 N_2 分子为三键结合，即

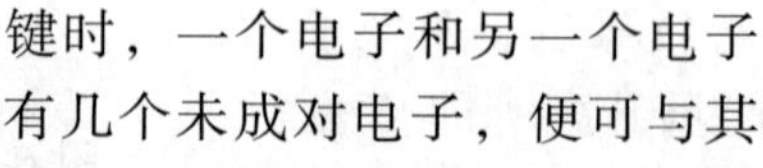

（2）方向性　为满足最大重叠原理，原子轨道只能沿着轨道伸展的方向重叠。原子轨道中，除 s 轨道是球形对称没有方向性外，p、d、f 轨道均有一定的空间伸展方向。所以，在形成共价键时，除了 s 轨道与 s 轨道可以在任何方向上达到最大重叠之外，p、d、f 轨道的重叠，只有沿着一定的伸展方向才能达到最大重叠。例如，在形成 HCl 分子时，氢原子的 1s 电子与氯原子的一个未成对 $2p_x$ 电子形成一对共价键，但 s 电子只有沿着 p_x 轨道的对称轴（即 x 轴）方向才能达到最大重叠，才能成键，如图 6-3（a）所示。反之，则发生很少的重叠或不重叠，不能成键，见图 6-3（b）或（c）。

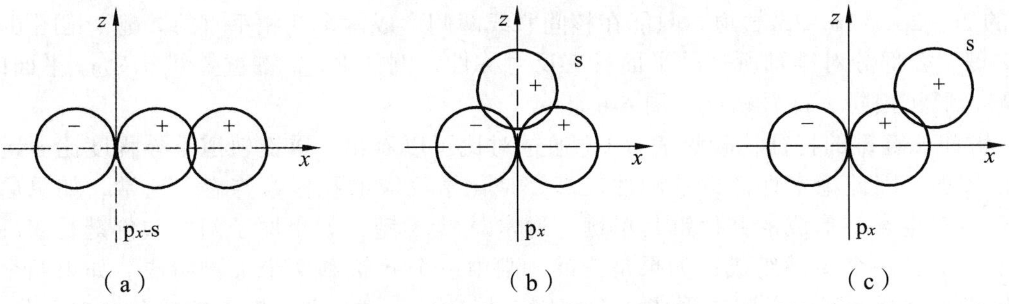

图 6-3　HCl 分子的成键示意图

此外，只有当原子轨道对称性相同的部分（即“+”与“+”、“−”与“−”）重叠时，原子间的概率密度才会增大，才能形成化学键，称为原子轨道重叠的对称性原则。如图 6-4 所示，s 轨道与 p 轨道，p 轨道与 p 轨道按照最大重叠原理形成共价键。

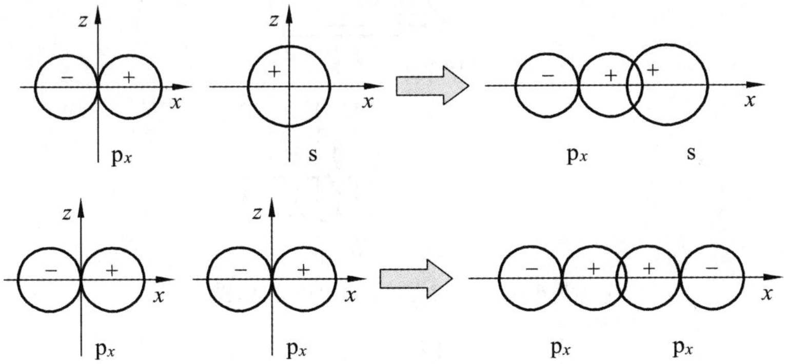

图 6-4　原子轨道重叠的对称性原则示意图

（四）共价键的键型

1. σ 键和 π 键

根据原子轨道重叠方式的不同，共价键可分为 σ 键和 π 键。

（1）σ 键　原子轨道沿键轴以“头碰头”的方式进行重叠所形成的共价键叫作 σ 键。σ 键的特点是轨道重叠部分沿键轴呈圆柱形对称，即沿键轴旋转时其重叠程度及符号不变。形成 σ 键的电子称为 σ 电子。可形成 σ 键的轨道有：s 轨道与 s 轨道，s 轨道与 p 轨道，p 轨道与 p 轨道等，见图 6-5。例如，H—H、H—Cl、Cl—Cl 键分别为 σ_{s-s}、σ_{s-p}、σ_{p-p} 键。

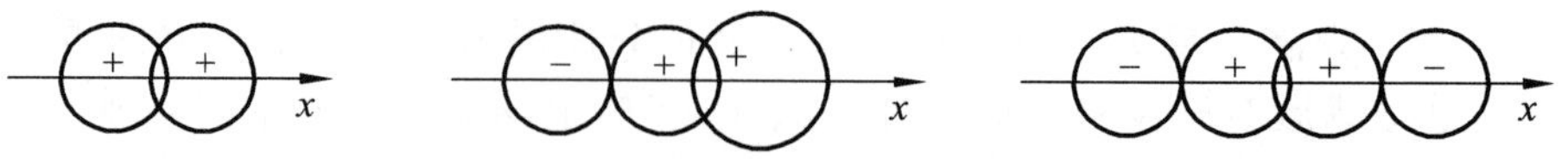

（a）σ_{s-s} （b）σ_{s-p} （c）σ_{p-p}

图 6-5 键轨道的重叠示意图

（2）**π键** 原子轨道沿键轴以“肩并肩”方式进行重叠所形成的共价键叫π键。例如，N 原子的价电子构型为 $2s^22p^3$，3 个未成对的 2p 电子分布在 3 个互相垂直的 $2p_x$、$2p_y$、$2p_z$ 原子轨道上。当两个 N 原子沿 x 方向接近形成 N_2 分子时，两个 $2p_x$ 形成 σ 键，而另外四个垂直于 p_x 的 $2p_y$–$2p_y$、$2p_z$–$2p_z$ 轨道，只能在核间联线两侧形成两个互相垂直的π键，见图 6-6。

π键重叠部分对键轴所在的平面具有反对称性，例如 $\pi_{p_z-p_z}$ 键重叠部分对 xy 平面的上、下两侧，形状相同、符号相反（图 6-6）。

σ 键和 π 键键的特征比较见表 6-1。通过对比可以看出，π键轨道重叠程度比 σ 键小，键能也较小，因此稳定性低，活动性较高，是化学反应的积极参与者。通常，如果原子之间只有 1 对电子，形成的共价键是单键，通常总是 σ 键；如果原子间的共价键是双键，则由一个 σ 键、一个 π 键组成；如果是三键，则由一个 σ 键和两个 π 键组成。如果两个原子可以形成多重键，其中必定先形成一个 σ 键，其余为 π 键。即 π 键不能单独存在于分子中，有 π 键则必定先形成 σ 键。

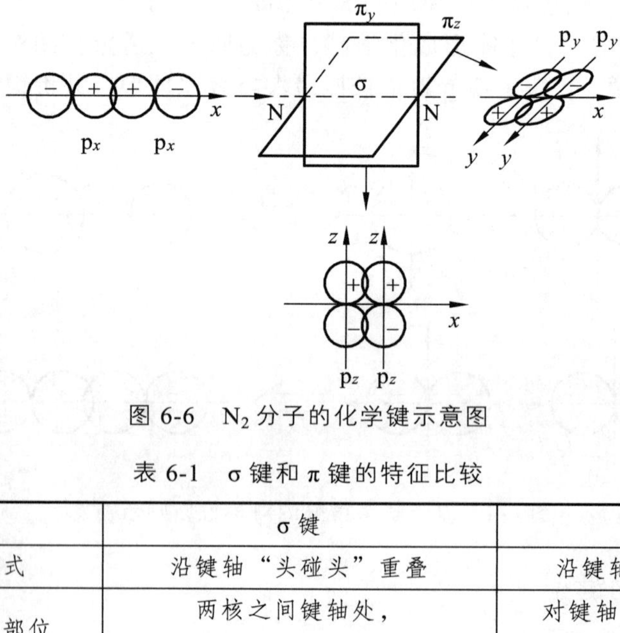

图 6-6 N_2 分子的化学键示意图

表 6-1 σ 键和 π 键的特征比较

键型	σ 键	π 键
原子轨道重叠方式	沿键轴“头碰头”重叠	沿键轴“肩并肩”重叠
原子轨道重叠方式部位	两核之间键轴处，沿键轴呈圆柱形对称	对键轴所在的平面具有反对称性，键轴处为 0
原子轨道重叠程度	大	小
键的强度	较大	较小
化学活泼性	不活泼	活泼

2. 极性键和非极性键

在共价键中，若参与成键的两原子相同，即电负性差值为 0，电子云则均匀分布在两核之间，这种键称为非极性共价键，简称非极性键，如 H_2、O_2 等单质分子中分别存在的 H—H，O—O 键。反之，若参与成键的两原子不同，即电负性差值不为 0，电子云则偏向于电负性较大的原子，这种键称为非极性共价键，简称非极性键，如 HCl、HBr 等分子分子中分别存在的 H—Cl，H—Br 键。

3. 正常共价键与配位共价键

按共用电子对由成键原子提供的方式不同，可将共价键分为正常共价键和配位共价键。如果共价键的共用电子对是由两个成键的原子各提供 1 个电子，称为正常的共价键。例如，H_2、HF 等。如果共价键的共用电子对由一个原子单独提供的，称为**配位共价键**，简称**配位键**。提供电子对的原子称为**电子对给予体**，接受电子对的原子称为**电子对接受体**。配位键用符号"→"表示，箭头指向电子对接受体。如 CO 分子中，碳原子和氧原子的电子构型分别为 $1s^22s^22p^2$，$1s^22s^22p^4$，在形成共价键时，碳原子的两个未成对的 2p 电子与氧原子的两个未成对 2p 电子形成两个共价键，此外，氧原子的一对已成对的 2p 电子还可与碳原子的一个 2p 空轨道形成一个 π 配位键，其形成过程如图 6-7 所示：

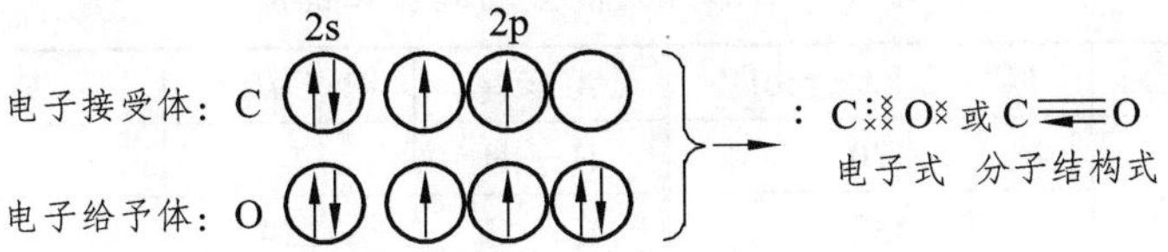

图6-7　CO 中化学键的形成

由此可见，配位键的形成必须具备如下条件：

（1）一个原子的价电子层有孤电子对，我们称之为电子给予体。例如，CO 分子中的 O 原子为电子给予体，已成对的 2p 电子称为孤电子对。

（2）另一个原子价层有空轨道，我们称之为电子接受体。例如，CO 分子中的 C 原子为电子给予体，C 原子含有 2p 空轨道。

注意：正常共价键和配位键的差别仅仅表现在成键过程中，虽然共用电子对的来源不同，但成键后，二者并无任何差别。配位键也是共价键的一种，也具有方向性和饱和性。很多无机化合物的分子或离子都有配位键，如 NH_4^+，HBF_4，$[Cu(NH_4)]^{2+}$等。有一些重要的天然物质如血红素、叶绿素的分子里也有配位键。

（五）键参数

表征化学键性质的物理量，统称为键参数，常见的键参数有键能、键长、键角、键级等。键参数可用来简单定性、半定量确定分子的形状，解释分子的某些性质。在理论上可以由量子力学计算而得，也可以由实验测定。

1. 键　能

键能是用来衡量化学键的强弱的物理量。在标准状态下，气态分子拆开成气态原子时，每种键所需能量的平均值叫**键能**。用符号 E 来表示，单位 $kJ \cdot mol^{-1}$。

在标准状态下，将 1 mol 理想气态双原子分子 AB 拆开成为气态的 A 原子和 B 原子，所需的能量称为 A—B 的**离解能**，常用 $D(A—B)$表示，单位 $kJ \cdot mol^{-1}$。

对于双原子分子，键能 = 键解离能。例如，

$$HCl(g) \longrightarrow H(g) + Cl(g);\ E = D = 431\ kJ \cdot mol^{-1}$$

对于多原子分子，若有多个相同的键，则该键的键能为同种键逐级解离能的平均值。例如，对于 NH_3 分子，三个 N—H 键的键能是相同的；三级解离能不同：

$$NH_3(g) \longrightarrow NH_2(g) + H(g);\ D_1 = 435\ kJ \cdot mol^{-1}$$

$$NH_2(g) \longrightarrow NH(g) + H(g);\ D_2 = 398\ kJ \cdot mol^{-1}$$

$$NH(g) \longrightarrow N(g) + H(g);\ D_3 = 339\ kJ \cdot mol^{-1}$$

$$E = (D_1 + D_2 + D_3)/3 = (435 + 398 + 339)/3 = 391\ (kJ \cdot mol^{-1})$$

此外，同是 C—C 单键，在不同的化学环境下，如在 C—C—C、C—C═C 和 C—C≡C 中，邻键不同，键能也不相同。所以，对于多原子分子，键能是一种统计平均值。表 6-2 给出了部分共价键的键长和键能。

表 6-2　部分共价键的键长和键能

共价键	键长 l/pm	键能 E/kJ · mol^{-1}	共价键	键长 l/pm	键能 E/kJ · mol^{-1}
H—F	92	570	H—H	74	436
H—Cl	127	432	C—C	154	346
H—Br	141	366	C═C	134	602
H—I	161	298	C≡C	120	835
F—F	141	159	N—N	145	159
Cl—Cl	199	243	N≡N	110	946
Br—Br	228	193	C—H	109	414
I—I	267	151	O—H	96	464

由表 6-2 可知，单键、双键、三键（如 C—C、C═C、C≡C）对比，键能越来越大。同周期元素的同类键（如 H—F、H—Cl、H—Br、H—I）的键能从上到下依次减小。但 F—F 键能明显反常，竟然比 Cl—Cl 甚至 Br—Br 的键能还小。主要是由于氟原子过小，一个原子的电子对另一原子的电子会因形成分子而互相排斥。

键能对估算化学反应中的能量变化很有实用价值。

2. 键　长

分子中两原子核间的平衡距离称为键长。例如，H_2 分子，$l = 74$ pm。

键长是反映分子空间构型的重要物理量。分子中两原子核间的平衡距离称为键长，用符号 l 表示，单位为 pm。用 X 射线衍射法可以精确地测得各种化学键的键长，见表 6-2。一般情况下，键合原子的半径越小，成键电子对越多，其键长越短，键能越大，共价键越牢固。

同一种键长，例如羰基 C═O 的键长，随分子不同而异，通常的数据是一种统计平均值。键长的大小与原子的大小、原子核电荷以及化学键的性质（单键、双键、三键、键级、共轭）等因素有关。

3. 键 角

键角也是反映分子空间构型的重要物理量。键角是指多原子分子中原子核的连线的夹角。例如，在 H_2O 分子中，两个 O—H 键的夹角为 104°45′，这就决定了 H_2O 是 V 形构型；而在 CO_2 分子中，两个 C═O 键的夹角是 180º，说明 CO_2 是直线形分子。键角可通过 X 射线衍射、光谱等实验的方法精确测定。键角的大小会影响分子的许多性质，如分子的极性，从而影响其溶解性、熔沸点等。

三、杂化轨道理论

价键理论成功地解释了共价键的成键本质，以及共价键的方向性和饱和性等问题。但随着近代物理技术的发展，人们发现用价键理论无法解释实验测得的某些分子的空间构型。例如，根据价键理论，H_2O 分子中 O 原子的两个成键的 2p 轨道互相垂直，其夹角应为 90°，而实验测得两个 O—H 键间的夹角为 104°45′（图 6-8）。为了阐明共价分子的空间结构，鲍林在电子配对法的基础上，于 1931 年提出了杂化轨道理论。

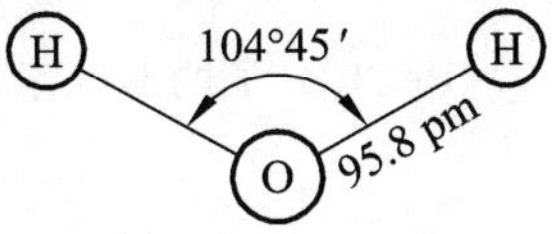

图 6-8 H_2O 分子的空间结构

（一）杂化轨道理论的要点

杂化轨道理论认为，一个原子在与其他原子形成分子的过程中，中心原子所用的原子轨道不再是纯粹的 s 轨道或 p 轨道，而是将几个不同类型、能量相近的原子轨道混杂，重新组成同等数目的能量相同、空间取向不同的新原子轨道，以满足成键的需要。这个过程称为原子轨道的杂化，简称杂化，所形成的新的原子轨道称为杂化轨道。其要点有：

（1）原子只有形成分子时，为了满足原子轨道的最大重叠，才发生杂化，且只有同一个原子中能量相近的轨道才能发生杂化。杂化轨道成键能力大于未杂化轨道。

（2）杂化前后轨道数目不变，即 n 个原子轨道杂化后可得到 n 个杂化轨道。杂化后轨道伸展方向和形状发生改变。

（3）原子形成分子的过程中，经过激发、杂化、轨道重叠等过程，激发过程所需要的能量可由成键时放出的能量得到补偿。

（二）杂化轨道的类型及分子构型

根据原子轨道的种类和数目的不同，可以组成不同类型的杂化轨道。

1. sp 杂化

由同一原子的 1 个 ns 轨道和 1 个 np 轨道发生的杂化称为 sp 杂化。每个杂化轨道含 1/2 s 轨道成分和 1/2 p 轨道成分。sp 杂化轨道的形状表现出一头大、一头小，两个杂化轨道在空间伸展方向呈直线形，夹角为 180°（图 6-9）。

例如，$BeCl_2$分子中，中心原子 Be 的杂化。从表面上看，基态 Be 的电子构型为 $1s^22s^2$，价电子层上没有成单电子，不能形成化学键。但是，在激发状态下，Be 原子的一个 2s 电子被激发到 2p 轨道上，形成了 2 个含有成单电子的轨道，即 2s、2p 轨道。杂化轨道理论认为 Be 原子的 1 个 2s 轨道和 1 个 2p 轨道发生杂化，形成 2 个 sp 杂化轨道。Be 原子的 2 个 sp 杂化轨道分别与 Cl 原子的 3p 轨道重叠，形成两个 σ_{p-p} 键。由于杂化轨道之间的夹角是 180°，所以，$BeCl_2$分子呈直线形（图 6-9）。

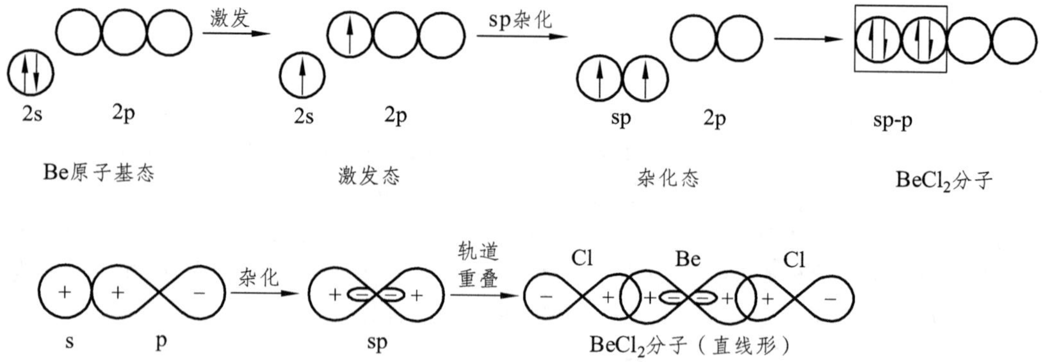

图 6-9　$BeCl_2$ 分子的形成示意图

2. sp^2 杂化

由同一原子的 1 个 *n*s 轨道和 2 个 *n*p 轨道发生的杂化称为 sp^2 杂化。每个杂化轨道含 2/3 s 轨道成分和 1/3 p 轨道成分。sp^2 杂化轨道的形状也表现出一头大、一头小，形状与 sp 杂化轨道大致相似，sp^2 杂化轨道间夹角为 120°，空间构型为平面三角形（图 6-10）。

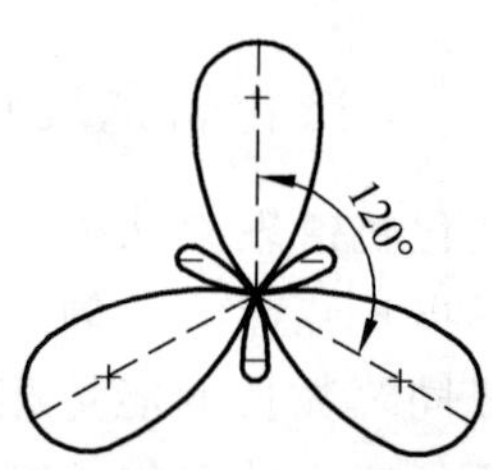

图 6-10　sp^2 杂化轨道

例如，BF_3分子中，中心原子 B 的杂化。如图 6-11 所示，B 原子的电子构型为 $1s^22s^22p_x^1$，当 B 与 F 反应时，B 原子的一个 2s 电子被激发到一个空的 2p 轨道上，使其电子构型变为 $1s^22s^12p_x^12p_y^1$。然后，B 原子的一个 2s 轨道与两个 2p 轨道发生杂化，形成 3 个 sp^2 杂化轨道。这 3 个 sp^2 杂化轨道再各自分别与 1 个 F 原子的 2p 轨道进行“头碰头”同号重叠，形成三个 sp^2-p 的 σ 键。由于 3 个 sp^2 杂化轨道在同一平面上，且夹角为 120°（图 6-10），所以，BF_3分子具有平面三角形的空间结构（图 6-12）。

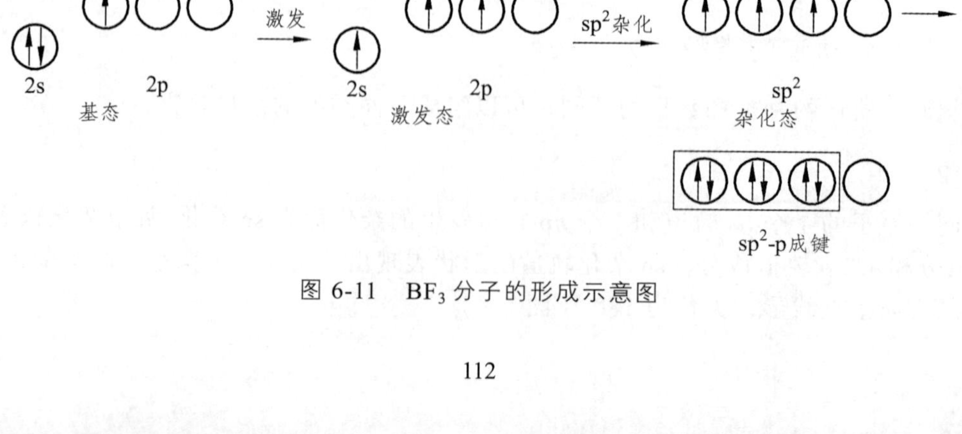

图 6-11　BF_3 分子的形成示意图

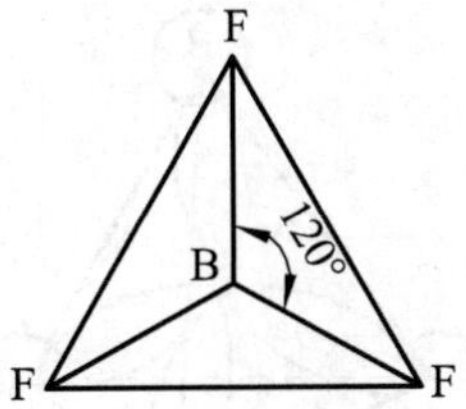

图 6-12　BF_3 分子的空间结构

3. sp^3 杂化

由同一原子的 1 个 *n*s 轨道和 3 个 *n*p 轨道发生的杂化称为 sp^3 杂化。每个杂化轨道含 1/4s 轨道成分和 3/4 p 轨道成分。sp^3 杂化轨道，形状一头大、一头小，大头分别指向正四面体的四个顶点，轨道夹角为 109°28′（图 6-13）。

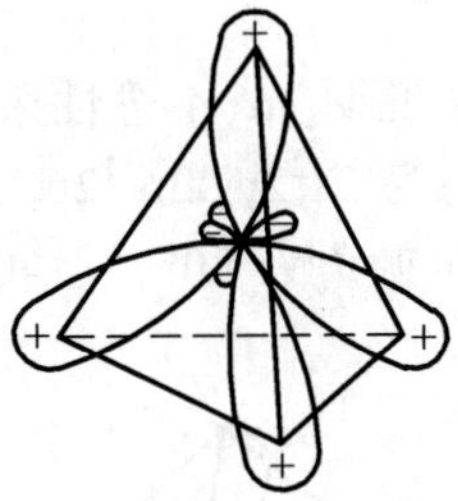

图 6-13　sp^3 杂化轨道示意图

例如，如图 6-14 所示，在形成 CH_4 分子时，基态碳原子的 2s 轨道的一个电子激发到 2p 轨道上，形成 4 个含有未成对电子的轨道，即 2s、$2p_x$、$2p_y$、$2p_z$。处于激发态的这 4 个原子轨道经过杂化，重新组合成 4 个 sp^3 杂化轨道。然后，每个杂化轨道较大的一端各与 1 个 H 原子的 1s 轨道发生“头碰头”重叠，形成了正四面体构型的 CH_4 分子（图 6-15），与实验测得的结果完全相符。

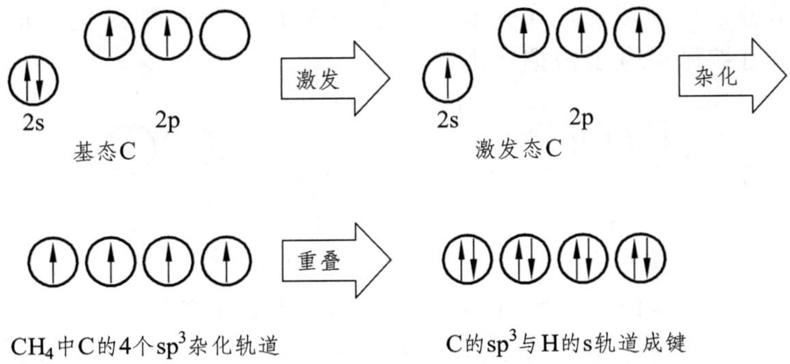

图 6-14　CH_4 分子的形成过程

4. 不等性杂化

同类型的杂化轨道（如 sp^3 杂化）可分为等性杂化和不等性杂化两种。如果原子轨道杂化后形成的杂化轨道是等同的，这种杂化叫作等性杂化。如 CH_4 分子中的 C 原子杂化后形成的 4 个杂化轨道完全等同，都含有 1/4 s 轨道成分和 3/4 p 轨道成分，所以，我们说 CH_4

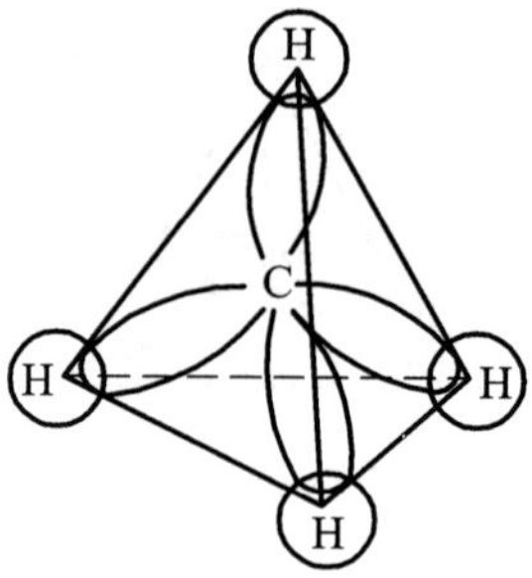

图 6-15　CH_4 分子的空间结构

分子中的 C 原子采用等性 sp^3 杂化。如果原子轨道杂化后形成的杂化轨道中有一个或几个被孤对电子占据，使得杂化轨道之间的夹角改变，这种由于孤对电子的存在而造成杂化轨道不完全等同的杂化，叫作不等性杂化。例如，NH_3 分子中的 N 原子和 H_2O 分子中的 O 原子均采用 sp^3 不等性杂化。

下面用 NH_3 分子的形成及结构来说明 sp^3 不等性杂化。

NH_3 分子中的 N 原子价电子结构为 $2s^22p_x^{\ 1}2p_y^{\ 1}2p_z^{\ 1}$，按价键理论，N 原子 3 个 p 轨道可以与 H 结合形成 3 个 σ 键。N—H 间夹角为 90°，但实验测得 NH_3 分子中的 N—H 间夹角为 107°20′（图 6-16）。

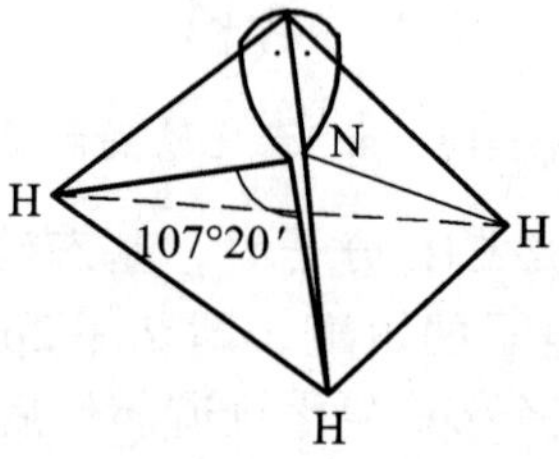

图 6-16　NH_3 分子的空间结构

杂化轨道认为，NH_3 分子中的 N 原子采用 sp^3 不等性杂化，形成 4 个 sp^3 杂化轨道：其中 3 个 sp^3 杂化轨道分别被未成对电子占有，它们和 3 个氢原子的 1s 电子形成 3 个 σ 键，而另一个 sp^3 杂化轨道被孤对电子占据（图 6-17）。

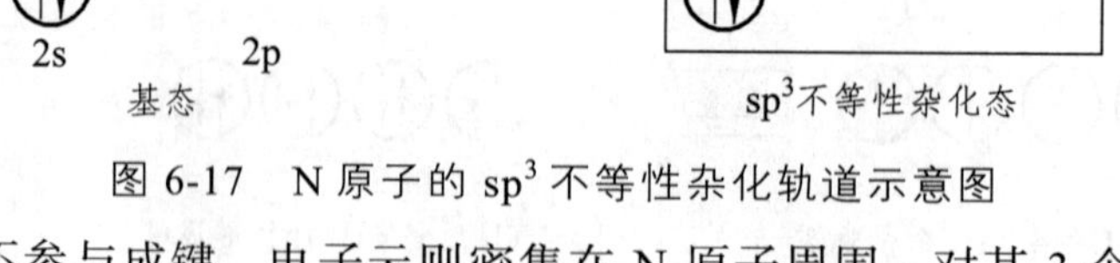

图 6-17　N 原子的 sp^3 不等性杂化轨道示意图

由于孤电子对不参与成键，电子云则密集在 N 原子周围，对其 3 个成键轨道施以同电相斥作用，使得 sp^3 杂化轨道间的夹角由 109°28′减小为 107°20′，分子空间构型为三角锥形（图 6-16）。

同理，在 H_2O 分子中，O 原子价电子结构为 $2s^22p_x^{\ 2}2p_y^{\ 1}2p_z^{\ 1}$，其中 O 原子也是采用 sp^3 不等性杂化（图 6-18），形成了 4 个 sp^3 杂化轨道：其中 2 个 sp^3 杂化轨道分别被未成对电子占有，它们和 2 个氢原子的 1s 电子形成两个 O—H 键，而另外两个 sp^3 杂化轨道被孤电子对占据。这两对孤电子对由于更靠近 O 原子，其电子云在氧原子外占据更大的空间，对另外两个成键轨道 O—H 的电子云的排斥作用更大，因此键角被压缩得更多，为 104°45′。水分子的空间构型呈 V 形（图 6-19）。

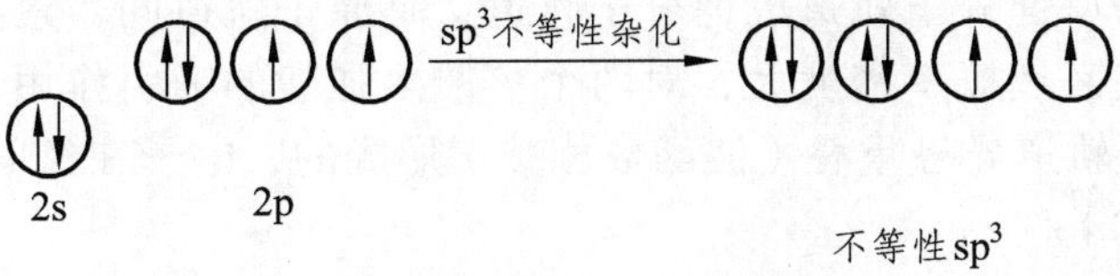

图 6-18　水分子中氧原子的轨道杂化方式

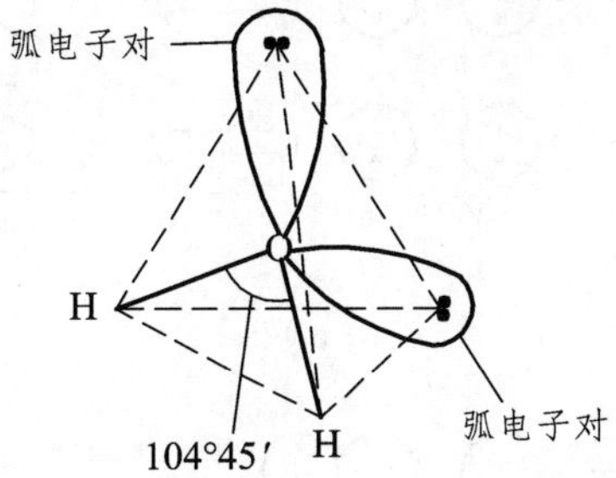

图 6-19　H_2O 分子的空间结构

表 6-3 给出了杂化轨道与分子的空间构型，由表可见，杂化轨道成功地解释了许多分子的形状和键角。

表 6-3　杂化轨道与分子的空间构型

杂化类型	sp	sp^2	sp^3		
杂化轨道构型	直线形	三角形	四面体形		
杂化轨道中孤电子对数	0	0	0	1	2
分子几何构型	直线形	三角形	正四面体	三角锥	V 形
实例	$BeCl_2$、CO_2	BF_3、SO_3	CH_4、CCl_4、SiH_4	NH_3	H_2O
键角	180°	120°	109°28′	107°18′	104°45′
分子极性	无	无	无	有	有

四、分子轨道理论

价键理论较好地说明了共价键的形成，为引入量子力学处理分子结构奠定了基础。但是，该理论把形成共价键的电子局限在两个相邻原子之间，没有考虑整个分子的情况。因此不能解释某些分子的性质。例如，氧分子具有顺磁性，表明氧分子中含有未成对电子，但是根据价键理论，O_2 分子的结构式为 $\ddot{\underset{\cdot\cdot}{O}}=\ddot{\underset{\cdot\cdot}{O}}$，即所有电子均已成对，显然与实验事实不符。而且价键理论无法解释 H_2^+的存在。分子轨道理论则成功解决了上述问题，因此与价键理论共同构成了量子化学理论描述分子结构的两大不同的分支。

1. 分子轨道理论的要点

（1）分子中的电子围绕整个分子运动，其运动状态可以用分子轨道来描述。

（2）分子轨道是由原子轨道线性组合而成，分子轨道数目等于组成分子的原子轨道数目。其中一半轨道的能量比原子轨道能量低，称为成键分子轨道；另一半轨道的能量比原子轨道能量高，称为反键分子轨道成键分子轨道，是原子轨道同号重叠（波函数相加）形成的，电子出现在核区域概率密度大，对两个核产生强烈的吸引作用，形成的键强度大；反键分子轨道是原子轨道异号重叠（波函数相减）形成的，电子在核间出现的概率密度小，对成键不利（图 6-20）。

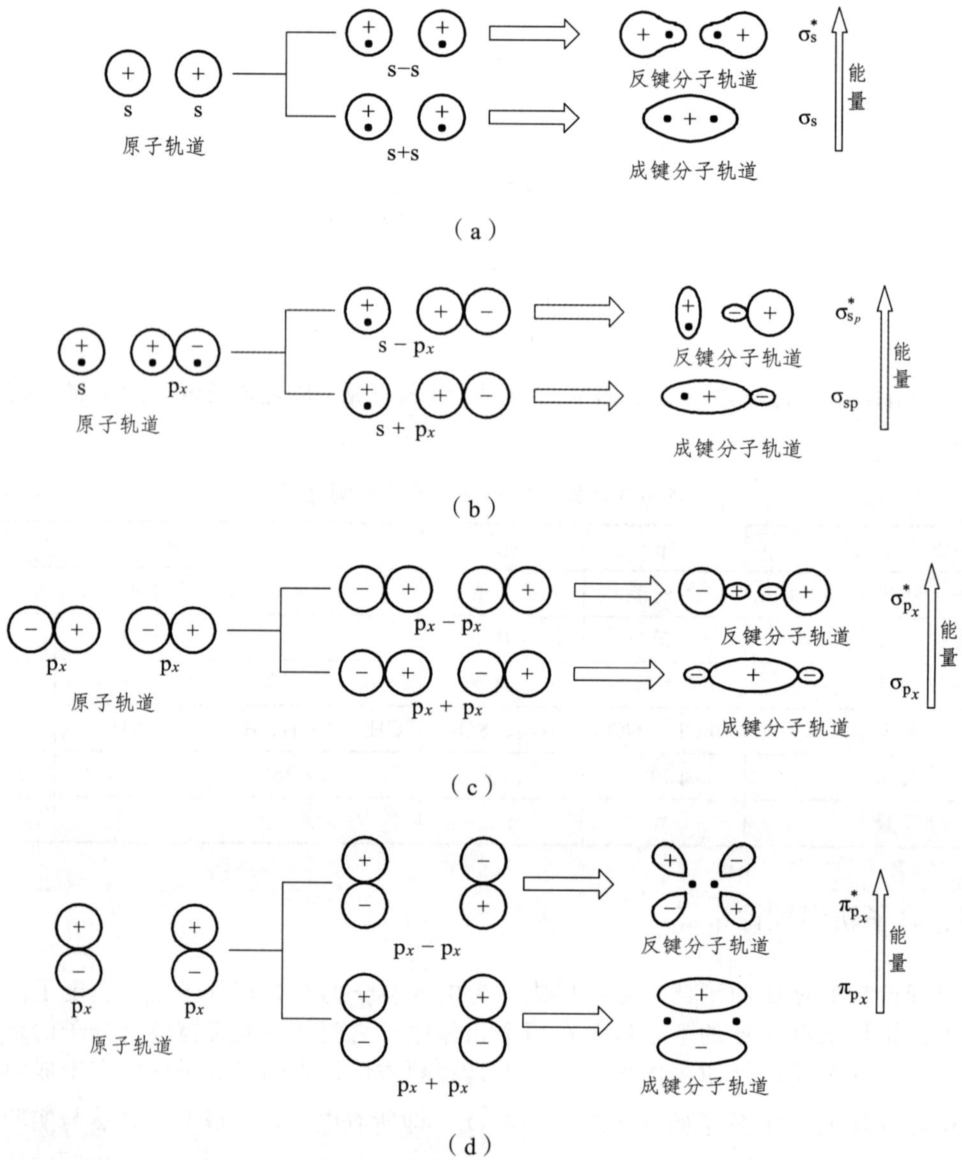

图 6-20　成键分子轨道与反键分子轨道的形成示意图

注意：分子轨道的组合和杂化轨道不同，杂化轨道是同一原子内部能量相近的不同类型的轨道重新组合，而分子轨道却是由不同原子提供的原子轨道的线性组合。原子轨道用 s、p、d……表示，分子轨道中成键轨道用 σ、π……表示，反键轨道用 $σ^*$、$π^*$表示。其中沿键轴以“头碰头”方式重叠的，称为σ轨道，沿键轴以“肩并肩”方式重叠的，称为π轨道。

（3）原子轨道要有效地组合成分子轨道，必须遵循以下三原则：

① 能量相近原理——只有能量相近的原子轨道才能组合成有效的分子轨道。

② 对称匹配原理——相对于键轴具有相同对称性的原子轨道才能组合成分子轨道。例如，在图 6-21 中，（a）（c）对称性不匹配，（b）（d）（e）对称性匹配。

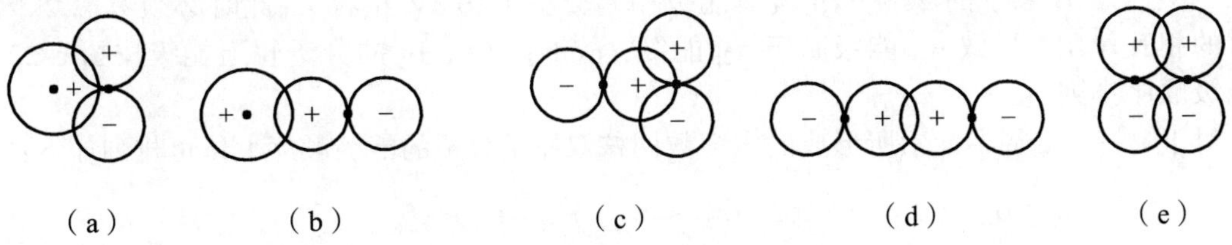

图 6-21　对称性匹配原则

③ 最大重叠原理——两原子轨道重叠越大，成键轨道的能量越低。

（4）电子在分子轨道中的填充，要符合能量最低原理、泡利原理和洪特规则。

2. 分子轨道能级图

每个分子轨道都有相应的能量，分子轨道的能级顺序主要是从光谱实验数据来确定的。如果把分子中各分子轨道按能级高低排列起来，可得分子轨道能级图，如图 6-22 所示。

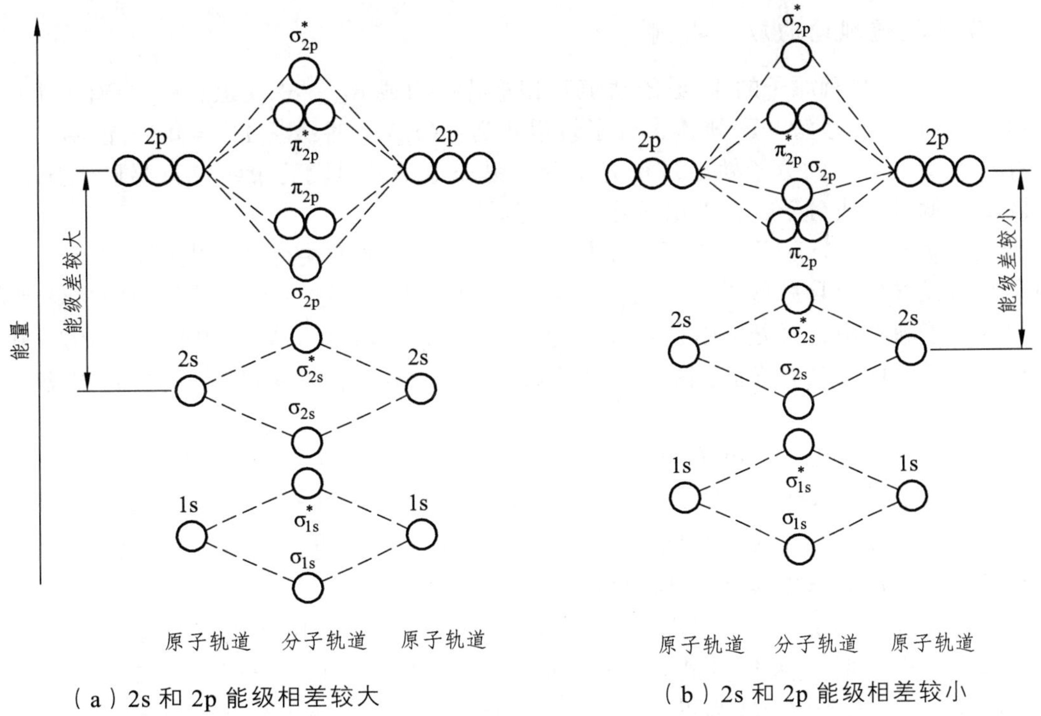

图 6-22　同核双原子分子的分子轨道能级图

对于第二周期元素形成同核双原子分子的能级顺序有以下两种情况：

（1）当组成原子的 2s 和 2p 轨道能量差较大时，不会发生 2s 和 2p 轨道之间的相互作用，只发生 s-s 和 p-p 重叠，能级图如图 6-22（a）所示，其中 $\pi_{2p_y}=\pi_{2p_z}>\sigma_{2p}$。例如 O、F 原子的 2s 和 2p 轨道能级相差较大（大于 15 eV），故不必考虑 2s 和 2p 轨道间的作用，因此 O_2、F_2 的分子轨道能级是按图 6-22（a）的能级顺序排列。

（2）当组成原子的 2s 与 2p 能量差较小时，两个相同原子互相接近时，不仅会发生 s-s 和 p-p 重叠，也会发生 s 与 p 轨道的重叠，其能级顺序如图 6-22（b）所示，此时 $\pi_{2p_y}=\pi_{2p_z}<\sigma_{2p}$。例如，N、C、B 原子的 2s 和 2p 轨道能级相差较小（10 eV 左右），此时必须考虑 2s 和 2p 轨道的相互作用，导致 σ_{2p} 能级高于 π_{2p} 能级，故 N_2、C_2、B_2 的分子轨道能级按图 6-22（b）的能级顺序排列。

对于第一、二周期元素所形成的大多数同核双原子分子的能级顺序大体可排列如下：

$$\sigma_{1s}<\sigma_{1s}^*<\sigma_{2s}<\sigma_{2s}^*<\pi_{2p_y}=\pi_{2p_z}<\sigma_{2p_x}<\pi_{2p_y}^*=\pi_{2p_z}^*<\sigma_{2p_x}^*$$

在分子轨道理论中，分子中全部电子属于分子所有，电子进入成键分子轨道使系统能量降低，对成键有贡献，电子进入反键分子轨道使系统能量升高，对成键起削弱或抵消作用。在分子轨道理论中，常用键级的大小来表示成键的强度。键级定义为：

$$\text{键级}=\frac{\text{成键电子总数}-\text{反键电子总数}}{2}$$

键级越大，说明形成分子后系统能量降低得越多，键的强度越大，分子越稳定。若键级为零，说明形成分子后系统能量没有降低，分子不能稳定存在。

3. 分子轨道理论的应用实例

（1）H_2^+　两个氢原子的 1s 原子轨道互相重叠后组成 σ_{1s}、σ_{1s}^* 轨道，H_2^+ 只有一个电子，这个电子先填入 σ_{1s} 成键分子轨道，分子轨道式为：$(\sigma_{1s})^1$。键级 = 1/2 = 0.5，说明 H_2^+ 仍可稳定存在。由此可见，分子轨道理论并不受路易斯电子配对说的束缚，只要形成分子体系能量降低，就可形成分子，并非必须电子“配对”。

（2）Be_2 分子　Be 原子的电子层结构为 $1s^22s^2$，Be_2 分子共有 8 个电子，两个 Be 原子的原子轨道经线性组合后形成 σ_{1s}、σ_{1s}^*、σ_{2s}、σ_{2s}^* 分子轨道，这 8 个电子按能级从低到高的顺序填入分子轨道中，用分子轨道式表示为：$(\sigma_{1s})^2(\sigma_{1s}^*)^2(\sigma_{2s})^2(\sigma_{2s}^*)^2$，键级 = (4−4)/2 = 0，说明形成分子后总能量没有降低。因此可以预期 Be_2 分子不能稳定存在。目前也确实没有发现 Be_2 分子。

（3）N_2 分子　N 原子的电子层结构为 $1s^22s^22p^3$，N_2 分子共有 14 个电子。按图 6-22（b）能级顺序填入电子，得到分子轨道式为：$(\sigma_{1s})^2(\sigma_{1s}^*)^2(\sigma_{2s})^2(\sigma_{2s}^*)^2(\pi_{2p_y})^2(\pi_{2p_z})^2(\sigma_{2p_x})^2$，键级 = (10−4)/2 = 3，共形成三个键，从图中可以看出，实验也已表明，N_2 分子中 π 轨道的能级较低，比较稳定，这可能是 N_2 具有惰性的一个重要原因。

（4）O_2 分子　氧原子的电子构型为 $1s^22s^22p^4$，O_2 分子共有 16 个电子，按图 6-22（a）能级顺序填入电子，同样遵从能量最低原理、泡利原理和洪特规则，得到如图 6-23 所示的 O_2 分子轨道能级图，其分子轨道式为：$(\sigma_{1s})^2(\sigma_{1s}^*)^2(\sigma_{2s})^2(\sigma_{2s}^*)^2(\sigma_{2p_x})^2(\pi_{2p_y})^2(\pi_{2p_z})^2(\pi_{2p_y}^*)^1(\pi_{2p_z}^*)^1$，键级 = (10−6)/2 = 2，实验测得键能为 494 kJ · mol^{-1}，相当于双键。可以认为 O_2 分子中形成 1 个 σ 键和 2 个三电子 π 键，每个三电子 π 键有 2 个电子在成键轨道上，1 个电子在反键轨道上，故相当于半个键。因此，氧的电子式可简写为 $:\!O\overset{\cdots}{\underset{\cdots}{—}}O\!:$。由于 O_2 分子中有两个单电子在

反键轨道上，所以 O_2 分子具有顺磁性。

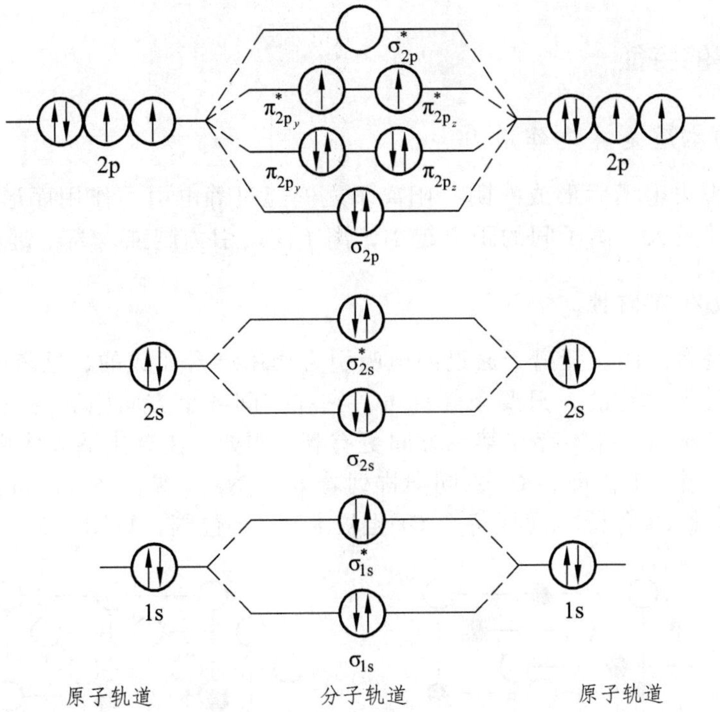

图 6-23　O_2 分子的分子轨道能级图

可见，应用分子轨道理论能从整体上说明共价键的形成，也较好地解释了分子中单电子键和三电子键的存在，成功地阐明了价键理论不能解释的问题，但是它对分子的几何构型的描述则不如价键理论直观。

第二节　离子键理论

一、离子键理论的基本要点

1916 年德国化学家科塞尔（Kossel）根据稀有气体具有稳定结构的事实提出了离子键理论。离子键的本质是正、负离子间的引力。其基本要点如下：

（1）当活泼金属原子和活泼非金属原子在一定反应条件下互相接近时，它们都有达到稳定的稀有气体结构的倾向，由于原子间电负性相差较大，活泼金属原子易失去最外层电子而成为带正电荷的正离子（或阳离子），而活泼非金属原子易得电子，使最外层电子充满而带负电荷成为负离子（或阴离子）。例如：

$$Na\cdot + \cdot\ddot{\underset{..}{Cl}}: \longrightarrow Na^+ + [:\ddot{\underset{..}{Cl}}:]^-$$

（2）正离子和负离子由于静电引力相互形成离子键。通过离子键结合的化合物叫离子化合物。离子键可存在于气态分子中，如气态氯化钠分子（又叫离子型分子），但大多存在于固体中，通过离子键结合的固体叫作离子型晶体。

二、离子键的特征

1. 离子键的本质是静电作用力

它是由原子得失电子后形成的阴、阳离子之间通过静电引力作用而形成化学键。由此可见，当离子电荷越大，离子间的距离越小，离子间的引力越强，离子键越稳定。

2. 离子键没有方向性

正因为离子键是由阴、阳离子通过静电吸引力作用结合而成的，且离子都是带电球体，它的电荷分布是球形对称的，只要条件许可，它在空间各个方向施展的电性作用相同，在吸引带异电荷的离子时，并不存在某一方向更有利。例如，在氯化钠晶体中，每个 Na^+周围等距离地排列着 6 个 Cl^-，每个 Cl^-也同样排列着 6 个 Na^+，见图 6-24（a）。在氯化铯晶格中，每个 Cs^+被 8 个 Cl^-包围，同样每个 Cl^-也被 8 个 Cs^+包围，见图 6-24（b）。

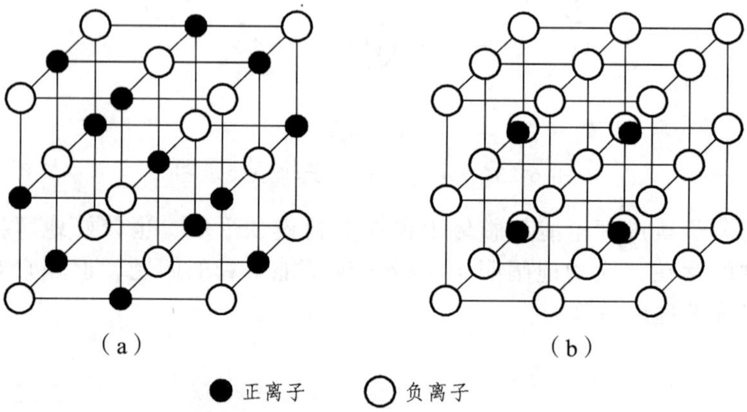

图 6-24　NaCl（a）和 CsCl（b）晶体示意图

3. 离子键没有饱和性

只要周围空间容许，每个离子可以吸引尽可能多的带相反电荷的离子，因此离子键无饱和性。当 1 个 Na^+与 1 个 Cl^-相互靠近成键时，阴、阳离子的电荷并没有相互抵消，每个离子仍能继续吸引不同方向的异电荷离子，但受两个原子核的平衡距离限制，每个 Na^+（或 Cl^-）周围空间只允许有 6 个 Cl^-（或 Na^+）相结合，但距离较远的地方仍可以继续吸引异号离子，只不过是引力较弱，并非是静电力已饱和。

基于离子键的特点，所以无法在离子晶体中辨认出独立的“分子”，只能认为整个晶体是个大分子。例如，在 NaCl 晶体中，不存在独立的氯化钠分子，NaCl 只是氯化钠的化学式，表示晶体中 Na^+与 Cl^-数目比例为 1∶1，而不是分子式。

由于离子型化合物中的离子并不是刚性电荷，正负离子原子轨道也有部分重叠。离子化合物中离子键的成分取决于元素的电负性差值，差值越大，离子性越大。

三、离子的特征

离子的特征包括所带的电荷数、电子构型及离子半径。

1. 离子电荷

简单离子的电荷是由原子得到或失去电子形成的，电荷的绝对值为得到或失去的电子数。一般，元素正离子的正电荷不大于 4。这是受各级电离势的支配所致。半径较大，电离势较小的金属，如钍、铈等，有可能形成 Th^{4+}、Ce^{4+}。元素负离子的负电荷一般不大于 3。复杂离子(称为根)的电荷等于其氧化数，如 H_3PO_4 分子中的磷酸根带三个负电荷，即 PO_4^{3-}。

离子电荷越大，阴、阳离子之间的静电引力越大，离子键越牢固。

2. 离子的电子构型

离子的电子构型是指原子得到或失去电子形成离子时的外层电子构型。由不同电子构型的离子形成的离子化合物，其性质、化学键略有不同。

所有简单阴离子的电子构型都是 8 电子型，并与其相邻稀有气体相同。如 F^-、O^{2-}与 Ne 的组态相同，S^{2-}，Cl^-与 Ar 的组态相同，Se^{2-}，Br^-与 Kr 的组态相同，Te^{2-}，I^-与 Xe 的组态相同，Po^{2-}，At^-与 Rn 的组态相同。

元素正离子在电离势容许的情况下，依次失去一部分电子生成 M^{n+}（$n\leqslant 4$），但由于原子的最外层电子构型的差别，虽然具有稀有气电子构型的正离子为数较多，但也有一些其他形式的组态（表 6-4）。

表 6-4　离子的电子构型

离子外电子层电子排布通式	离子的电子构型	阳离子实例
$1s^2$	2（稀有气体型）	Li^+、Be^{2+}
ns^2np^6	8（稀有气体型）	Na^+、Mg^{2+}、Al^{3+}、Sc^{3+}、Ti^{4+}
$ns^2np^6nd^{1-9}$	9～17	Cr^{3+}、Mn^{2+}、Fe^{2+}、Fe^{3+}、Cu^{2+}
$ns^2np^6nd^{10}$	18	Ag^+、Zn^{2+}、Cd^{2+}、Hg^{2+}
$(n-1)s^2(n-1)p^6(n-1)d^{10}ns^2$	18 + 2	Sn^{2+}、Pb^{2+}、Sb^{3+}、Bc^{3+}

离子的电子层构型对化合物的性质有一定的影响，例如碱金属和铜族，它们最外层只有 1 个 ns 电子，都能形成+1 价离子，如 Na^+、K^+、Cu^+、Ag^+。但由于它们的电子层构型不同，Na^+、K^+为 8 电子构型，Cu^+、Ag^+为 18 电子构型，因此它们的化合物（如氯化物）的性质就有明显的差别，如 NaCl、KCl 易溶于水，CuCl、AgCl 难溶于水。

3. 离子半径

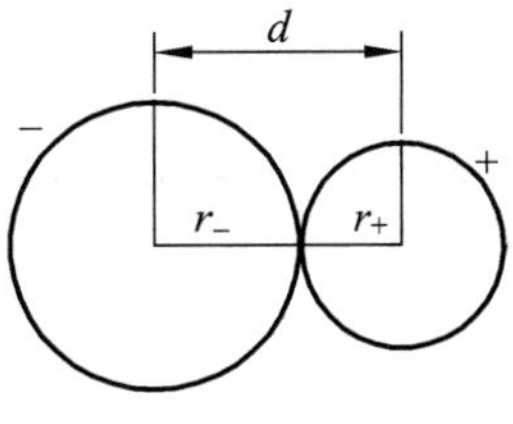

图 6–25　离子半径示意图

离子晶体中阴、阳离子接触的半径叫离子半径。在离子化合物中相邻的阴、阳离子的静电吸引作用与其核外电子之间以及原子核之间的排斥作用达到平衡时，正、负离子间保持的最短距离称为核间距，结晶学上用符号 d 表示，可用 X 射线衍射法测定。核间距可以看作是相邻两个离子半径之和，

即 $d = r_+ + r_-$（图 6-25）。

而鲍林（Pauling）是从核电荷数和屏蔽常数出发，也推算出一套离子半径，当今引用最广泛（表 6-5）。根据表中数据，归纳出离子半径的规律如下：

（1）阳离子半径小于其原子半径，简单阴离子半径大于其原子半径，如 $Na > Na^+$。

（2）同一周期电子层结构相同的阳离子半径随离子电荷数的增加而减小，如 $Na^+ > Mg^{2+}$。

（3）主族同族的相同电荷的离子，从上到下，随层数增多离子半径增大，如 $Li^+ < Na^+ < K^+ < Rb^+ < Cs^+$，$F^- < Cl^- < Br^- < I^-$。

（4）同一元素的不同电荷的正离子，电荷高者半径小，如 $Fe^{3+} < Fe^{2+}$。

表 6-5　鲍林离子半径*

离子	r/pm	离子	r/pm	离子	r/pm
H^-	208	Tl^+	140	Bi^{3+}	20
F^-	136	NH^{4+}	148	Al^{3+}	50
Cl^-	181	Be^{2+}	31	Sc^{3+}	81
Br^-	195	Mg^{2+}	65	Y^{3+}	93
I^-	216	Ca^{2+}	99	La^{3+}	115
O^{2-}	140	Sr^{2+}	113	Ga^{3+}	62
S^{2-}	184	Ba^{2+}	135	In^{3+}	81
Se^{2-}	198	Ra^{2+}	140	Tl^{3+}	95
Te^{2-}	221	Zn^{2+}	74	Fe^{3+}	64
Li^+	60	Cd^{2+}	97	Cr^{3+}	89
Na^+	95	Hg^{2+}	110	C^{4+}	15
K^+	133	Pb^{2+}	121	Si^{4+}	41
Rb^+	148	Mn^{2+}	80	Ti^{4+}	68
Cs^+	169	Fe^{2+}	76	Zr^{4+}	80
Cu^+	96	Co^{2+}	74	Ce^{4+}	101
Ag^+	126	Ni^{2+}	69	Ge^{4+}	53
Au^+	137	Cu^{2+}	72	Sn^{4+}	71

*注：数据引自：Cotton F A，Wilkinson G. Advanced Inorganic Chemistry. 4th ed. John Wiley & Sons，1980.

（5）周期表中，相邻族的左上方和右下方斜对线的正离子半径比较接近，称为对角线规则。这是层数增加使半径增大和电荷升高使半径减小的影响部分抵消的结果。例如 Li^+（60 pm）~ Mg^{2+}（65 pm）。

四、离子晶体的稳定性—— 晶格能 U

离子间的静电作用强度可用晶格能的大小来衡量。晶格能是指在标准状态下，1 mol 离子晶体解离成自由气态离子时所吸收的能量，用符号 U 表示。例如 NaCl 的晶格能为

$$NaCl(s) = Na^+(g) + Cl^-(g) \quad U = \Delta_r H_m^\ominus$$

晶格能 U 越大，离子键越强，离子晶体越稳定。键能和晶格能均能表示离子键的强度，两者大小一致，通常，晶格能比较常用。其数值无法通过实验直接测定的，而是通过间接计算得出。

在晶体类型相同时，晶格能与阴、阳离子电荷数（Z）成正比，与它们之间的核间距（r_0）成反比。晶格能的大小直接影响着离子晶体的许多性质，如熔点、硬度。对相同类型的晶体，U 越大，晶体的熔点越高、硬度越大（表 6-6）。

表 6-6　离子电荷、r_0 对晶格能和晶体熔点、硬度的影响

NaCl 型离子化合物	Z	r_0/pm	U/kJ · mol^{-1}	熔点 / °C	Mohs 硬度
NaF	1	231	923	993	3.2
NaCl	1	282	786	801	2.5
NaBr	1	298	747	747	<2.5
NaI	1	323	704	661	<2.5
MgO	2	210	3791	2852	6.5
CaO	2	240	3401	2614	4.5
SrO	2	257	3223	2430	3.5
BaO	2	256	3054	1918	3.3

五、离子的极化作用和变形性

1. 离子极化与变形

当离子处于外电场中，原子核和外层电子的电子云就会发生相对移动，离子发生变形，产生诱导偶极，这个过程称为离子的极化（图 6-26）。

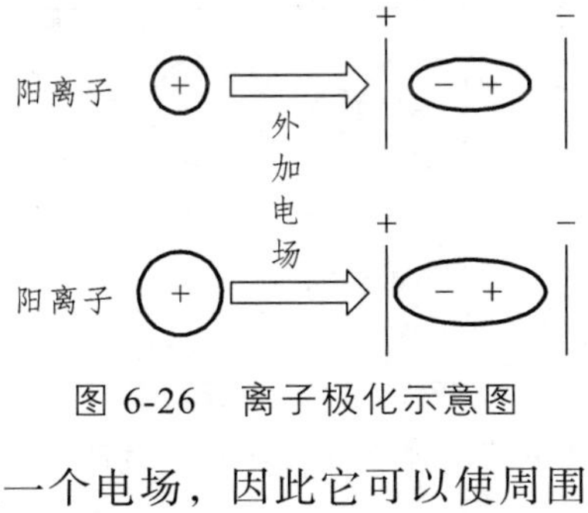

图 6-26　离子极化示意图

离子本身带有电荷，也是一个电场，因此它可以使周围的其他离子产生极化作用，使该离子最外层电子云发生变形。同时，离子自身也受其他离子电场的作用，也可以发生极化，其结果都是使电子云变形，并使阳离子和阴离子之间产生了额外的吸引力。

离子极化程度主要决定于阳离子的极化作用和阴离子的变形性。异号离子都可以使对方极化，但阳离子具有多余的正电荷，半径较小，在外层上缺少电子，因此对相邻的阴离子的诱导作用显著，即通常以极化作用为主；而阴离子半径较大，在外层上有较多电子，

容易被诱导产生诱导偶极而使电子云变形，即通常以变形性为主。

2. 影响阳离子极化作用的主要因素

阳离子的极化作用与离子的电荷、半径和外层电子构型有关。

（1）离子电荷　当离子外层的电子构型相同、半径相近时，离子所带电荷数越多，所产生的电场的强度越大，极化作用也越大，如 $Al^{3+} > Mg^{2+} > Na^{+}$。

（2）外层电子构型　当离子电荷数相等，半径相近时，不同外层电子构型的阳离子其极化作用大小顺序为：8 电子构型<9~17 电子构型<2、18、18 + 2 电子构型

（3）离子半径　当离子外层电子构型相同，离子电荷数相等时，半径越小，离子极化作用越大。因为距离越小，作用力越大。如极化能力：$Li^{+} > Na^{+} > K^{+} > Rb^{+} > Cs^{+}$。

由于阳离子半径相差不大，故阳离子的电荷数及外层电子构型对极化影响较大。

3. 影响阴离子变形性的主要因素

阴离子的变形性主要取决于离子半径，其次是离子电荷数。

（1）离子半径　当电荷数相等时，阴离子半径越大，其变形性越大，如 $F^{-} < Cl^{-} < Br^{-} < I^{-}$。

（2）离子电荷数　当阴离子半径相近时，随阴离子电荷数的增加，其变形性将逐渐增大，如 $O^{2-} > F^{-}$。

此外，复杂的阴离子团的变形能力通常很小，尤其是对称性高的阴离子集团，如 SO_4^{2-}。具有 18 电子构型的正离子（如 Zn^{2+}、Ag^{+}等），不但极化力大，其变形性也较大，易被负离子极化。

4. 离子极化对化合物性质的影响

（1）对化学键类型的影响　随着离子极化的增强，离子间的核间距缩短，会引起化学键型的变化，键的性质可能从离子键逐步过渡到共价键。即经过一系列中间状态的极化键，最后可转变为极化很小的共价键（图 6-27）。

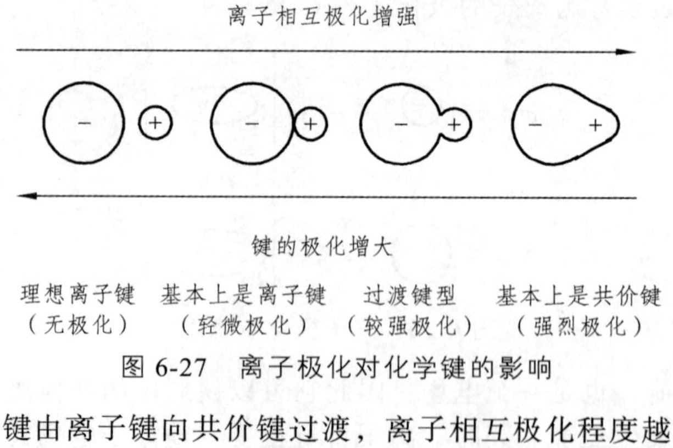

图 6-27　离子极化对化学键的影响

离子极化使化学键由离子键向共价键过渡，离子相互极化程度越大，共价成分越高。例如，如表 6-7 所示，对卤化银而言，Ag^{+}为 18 电子构型，其极化作用和变形性都很强；而由于阴离子的变形性随着半径的增大而增大，有 $F^{-} < Cl^{-} < Br^{-} < I^{-}$，所以，它们与 Ag^{+}之间的极化作用也不断增强，化学键的极性也逐渐减弱，AgF 是离子键，到 AgI 已经是共价键。可见，离子键和共价键之间没有绝对的界限。无机化合物中不少属于过渡键型。

表 6-7　卤化银的键型、晶体结构和性质

卤化物	AgF	AgCl	AgBr	AgI
卤素离子半径/pm	136	181	196	216
正负离子半径之和/pm	262	307	322	342
实测键长/pm	246	277	288	299
离子极化程度	从左到右逐渐增强			
键型	离子键	过渡键型	过渡键型	共价键
实际晶体构型	NaCl 型	NaCl 型	NaCl 型	ZnS 型
配位数	6	6	6	4
溶解度/mol · L^{-1}	易溶	1.3×10^{-5}	7.1×10^{-7}	9.1×10^{-9}
颜色	白色	白色	淡黄色	黄色

（2）对晶体类型的影响　若正、负离子相互极化作用明显，离子的电子云相互重叠增大，阳离子部分钻入阴离子的电子云（共价），导致晶体向配位数较小的构型转变。例如 AgF、AgCl 和 AgBr 晶体都属于 NaCl 型晶体（配位数是 6）。但由于 AgI 离子间有很强的极化作用，离子更加靠近，AgI 转变为 ZnS 型晶格。

（3）对溶解度的影响　离子化合物大都易溶于水，而离子的极化作用会使化合物的溶解度降低。如表 6-7 所示，随着离子极化作用增强，卤化银在水中的溶解度也依次降低：

$$AgF > AgCl > AgBr > AgI$$

（4）对物质颜色的影响　阴、阳离子相互极化的结果可引起电子能级发生改变，致使激发态和基态间的能量差变小，以至于只吸收可见光部分的能量即可引起激发，从而呈现颜色。极化作用越强，激发态和基态能量差越小，化合物的颜色就越深。如 AgCl、AgBr、AgI 的颜色逐渐加深，同样 ZnS（白色）、CdS（黄色）、HgS（红色或黑色）颜色也逐渐加深。

第三节　金属键理论

周期表中五分之四的元素为金属元素。除汞在室温是液体外，所有金属在室温都是晶体，其共同特征是：具有金属光泽，优良的导电、导热性，富有延展性等。金属的特性是由金属内部特有的化学键的性质决定的。

一、金属键的改性共价键理论

金属键的改性共价键理论认为，在固态或液态金属中，价电子可以自由地从一个原子跑向另一个原子，这样一来就好像价电子为许多原子或离子（指每个原子释放出自己的电子便成为离子）所共有。这些共用电子起到把许多原子（或离子）黏合在一起的作用，形成了金属键。这种键可以认为是改性的共价键，它是由多个原子共用一些能够流动的自由电子所组成的。对于金属键有两种形象的说法：一种说法是在金属原子（或离子）之间有电子气在自由流动；另一种说法是金属离子浸沉在电子的海洋中。

根据上述理论可以看出金属键没有方向性和饱和性，且无固定的键能。金属键的强弱与自由电子的多少有关，也与离子半径、电子层结构等其他许多因素有关。通常，金属键的强弱可以用金属原子化热等来衡量。金属原子化热是指 1 mol 金属变成气态原子所需要的热量。金属原子化热越小，其熔沸点越低，质地越软（表 6-8）。

表 6-8　钠与铝的原子化热及熔沸点

金属	原子化热/kJ · mol^{-1}	熔点/°C	沸点/°C
Na	108.4	97.5	880
Al	326.4	660	1800

该理论可定性地解释金属的机械性能和其他通性。金属键是在一块晶体的整个范围内起作用的，因此要断开金属比较困难。但由于金属键没有方向性，原子排列方式简单，重复周期短（这是由于正离子堆积得很紧密），因此在两层正离子之间比较容易产生滑动，在滑动过程中自由电子的流动性能帮助克服势能障碍。滑动过程中，各层之间始终保持着金属键的作用，金属虽然发生了形变，但不至断裂（图 6-28）。因此，金属一般有较好的延性、展性和可塑性。

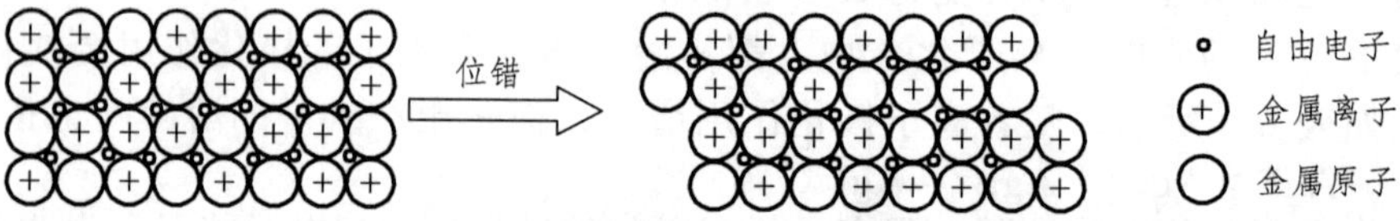

图 6-28　金属键的“自由电子理论”模型

由于自由电子几乎可以吸收所有波长的可见光，随即又发射出来，因而使金属具有通常所说的金属光泽。自由电子的这种吸光性能，使光线无法穿透金属。因此，金属一般是不透明的，除非是经特殊加工制成的极薄的箔片。金属可以吸收波长范围极广的光，并重新反射出，故金属晶体不透明，且有金属光泽。在外电压的作用下，自由电子可以定向移动，故金属有导电性。受热时通过自由电子间的相互碰撞及其与金属离子之间的相互碰撞，能迅速传递能量，因此，金属是热的良导体。

可见，该理论对金属的许多重要性质都给予了一定的解释。但是，由于金属的自由电子模型过于简单化，不能解释金属晶体为什么有结合力，也不能解释金属晶体为什么有导体、绝缘体和半导体之分。随着科学和生产的发展，建立了金属键的能带理论。

二、金属键的量子力学模型

金属键的量子力学模型叫作能带理论，它是在分子轨道理论的基础上发展起来的现代金属键理论。该理论的要点如下：

（1）金属晶体可视为一个大分子

金属分子由晶体中所有原子组合而成。由于各原子的原子轨道之间的相互作用，组成一系列相应的分子轨道，其数目与形成它的原子轨道数目相同。所有电子属于金属晶体，或说为整个金属大分子所共有，不再属于哪个原子。

（2）组成金属能带

根据分子轨道理论，一个气态双原子分子 Li_2 的分子轨道是由 2 个 Li 原子的轨道（$1s^22s^1$）组合而成的。6 个电子在分子轨道中的分布如图 6-29（a）所示。σ_{2s} 成键轨道填 2 个电子，σ_{2s}^* 反键轨道没有电子。

现在若有 n 个原子聚积成金属晶体，则各价电子波函数将相互叠加而组成 n 条分子轨道，其中 $n/2$ 条分子轨道有电子占据，另外 $n/2$ 条是空的，见图 6-29（b）。

由于金属晶体中原子数目 n 极大，所以这些分子轨道之间的能级间隔极小，几乎连成一片，形成能带。

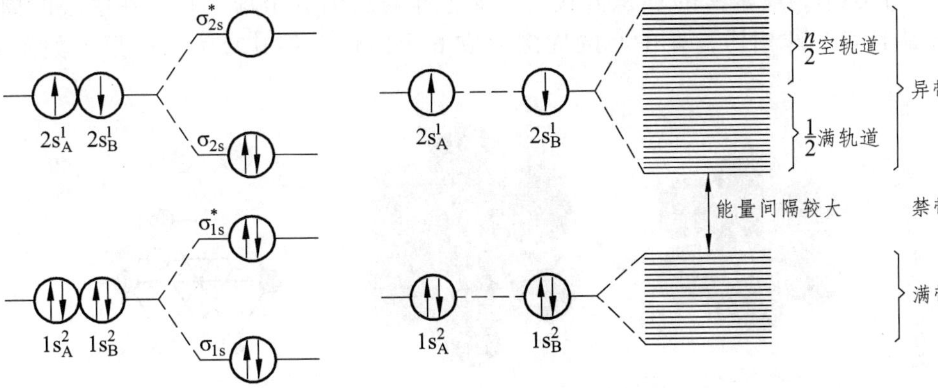

（a）Li_2 分子轨道　　（b）Li_n 金属分子轨道（能带模型）

图 6-29　比较 Li_2 双原子分子轨道和 Li_n 金属分子轨道

（3）满带、导带和禁带

由已充满电子的原子轨道所形成的低能量能带称为满带，由未充满电子的能级所组成的高能量能带称为导带。以 Li 为例，1s 能带充满了电子，为满带；2s 轨道半充满，组成的能带未充满，为导带。满带与导带之间的能量相差很大，电子不易逾越，故又称为禁带。

金属键的能带理论可以很好地说明导体、半导体和绝缘体之间的区别。金属导体的价电子能带是半满的（如 Li、Na）或价电子能带虽全满，但可与能量间隔不大的空带发生部分重叠，当外电场存在时，价电子可跃迁到相邻的空轨道，因而能导电。绝缘体中的价电子都处于满带，满带与相邻带之间存在禁带，能量间隔大（$E_g \geqslant 5$ eV），故不能导电，如金刚石。半导体的价电子也处于满带（如 Si、Ge），其与相邻的空带间距小，能量相差也小（$E_g < 3$ eV）低温时是电子的绝缘体，高温时电子能激发跃过禁带而导电，所以半导体的导电性随温度的升高而升高，而金属却因升高温度，原子振动加剧，电子运动受阻等原因，使得金属导电性下降。由于电子在能带中跃迁，能量变化的覆盖范围相当广泛，放出各种波长的光，故大多数金属呈银白色。受外力时，金属能带不受破坏，因此，金属表现良好的延展性。一般而言，金属单电子多时，金属键强，熔点高，硬度大，如 W 和 Re 熔点达 3 500 K，而 K 和 Na 单电子少，金属键弱，熔点低，硬度小。

三、金属晶体

金属原子只有少数的价电子能用于成键，不足以使金属晶体中的原子间形成正规的共价键或离子键，因此金属在形成晶体时倾向于组成极为紧密的结构，使每个原子拥有尽可能多的相邻原子（通常是 8 或 12 个原子），这样，电子的能级可以尽可能多地重叠，从而形成“少电子多中心”键，金属的这种结构形式，已被 X 射线衍射研究证实。

金属晶体中离子是以紧密堆积的形式存在的。下面以刚性球模型来讨论堆积方式。取许多直径相同的硬圆球，把它们相互接触排列成一条直线（所有的球心准确地在一条直线上），形成了一个等径圆球密置列。将许多互相平行的等径圆球密置在一个平面上最紧密地相互靠拢（要做到最紧密只能有一个方式，就是每个球与周围其他 6 个球相接触），就形成了一个等径圆球密置层。它是沿二维空间伸展的等径圆球密堆积唯一的一种排列方式。即在一个层中，最紧密的堆积方式是，这个球与周围 6 个球相切，在中心的周围形成一个球与周围 6 个球相切，在中心的周围形成 6 个凹位，将其算为第一层，如图 6-30 中的 A 层。

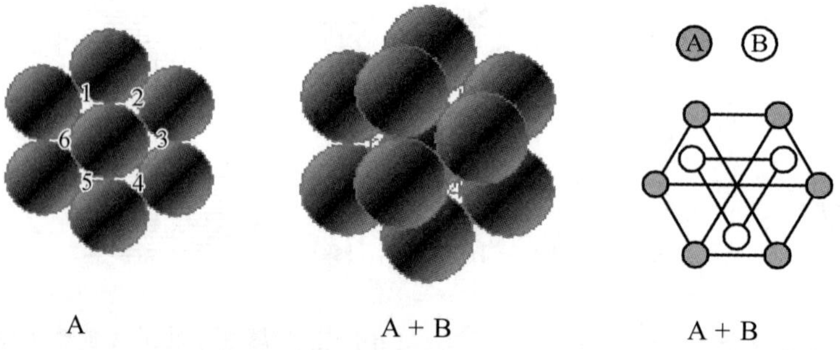

图 6-30　最紧密的堆积方式示意图

第二层，对第一层来讲，最紧密的堆积方式是将球对准第一层的 1、3、5 位（若对准 2、4、6 位，其情形也一样），如图 6-30 中的 B 层。

关键是第三层，对第一、二层而言，可以有两种最紧密的堆积方式：第一种是将球对准第一层的球，于是每两层形成一个周期，即 ABAB 堆积方式，形成六方紧密堆积(图 6-31)，配位数为 12（同层 6，上下各 3）。

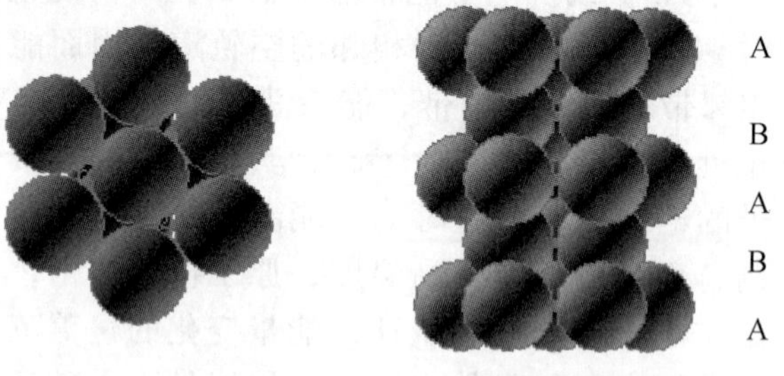

图 6-31　六方紧密堆积方式示意图（ⅢB，ⅣB）

另一种是将球对准第一层的 2、4、6 位，即不同于 AB 两层的位置，称为 C 层，第四层再排 A，于是形成 ABCABC 三层一个周期（图 6-32），得到面心立方堆积，配位数为 12。

这两种堆积都是最紧密堆积，空间利用率为 74.05%。

还有一种空间利用率稍低的堆积方式——立方体心堆积：立方体 8 个顶点上的球互不相切，但均与体心位置上的球相切（图 6-33）。配位数为 8，空间利用率为 68.02%。

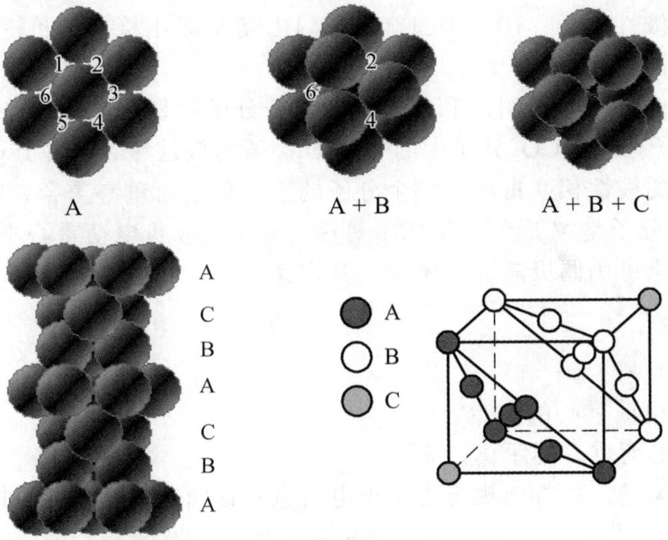

图 6-32　面心立方堆积方式示意图（ⅠB，Ni，Pd，Pt）

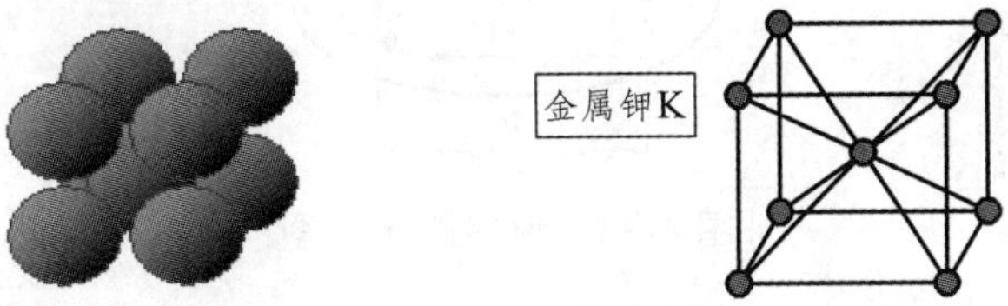

图 6-33　立方体心堆积方式示意图（ⅠA，ⅤB，ⅥB）

第四节　分子间作用力

分子间作用力是 1873 年由荷兰物理学家范德华首先提出来的，故又称为范德华力。相对于化学键，分子间作用力是一类很弱的作用力，但气体物质能凝聚为液态，液体物质能凝固成固态，都是分子间相互作用的结果。分子间产生作用力的根本原因是分子具有极性和变形性。

一、分子的极性与极化作用

1. 分子的极性

任何共价键分子中，都存在带正电荷的原子核和带负电荷的电子。尽管整个分子是电中性的，但可设想分子中两种电荷分别集中于一点，分别称为正电荷重心和负电荷重心，即“+”极和“−”极。如果正、负电荷重心重合，则分子无极性，为**非极性分子**。反之，如果正、负电荷重心不重合，分子便会显示出极性，称为**极性分子**。极性分子本身存在的正负极（正负电荷中心）称为固有偶极或永久偶极。

双原子分子的极性和化学键的极性是一致的。例如，H_2、O_2、Cl_2 分子由非极性共价键结合，它们都是非极性分子；HF、HCl、HBr、HI 等分子由极性共价键结合，正、负电荷重心不重合，它们都是极性分子。

多原子分子的极性由分子组成和结构决定。若分子构型是对称的，则为非极性分子；反之，则为极性分子。例如 CO_2 分子中的 C—O 键虽为极性键，但由于 CO_2 分子是直线形，结构对称。两边键的极性相互抵消，整个分子的正、负电荷重心重合，因此 CO_2 分子是非极性分子；而 H_2O 分子是 V 形的，结构不对称，分子正、负电荷重心不重合，故为极性分子；分子极性的大小可用偶极矩 μ 来衡量。其定义如下：

$$\mu = q \times l$$

式中　μ——偶极矩，C·m；

q——分子正电荷重心的电量，C；

l——正、负电荷重心的距离，m。

偶极矩是一个矢量，其方向规定为由正电荷重心指向负电荷重心（图 6-34）。

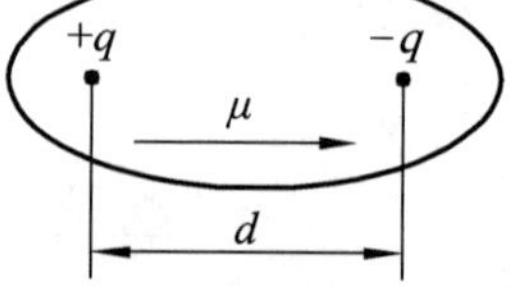

图 6-34　偶极距示意图

如表 6-9 所示，偶极矩越大，分子的极性越大。偶极矩 $\mu = 0$ 的分子为非极性分子，例如，同核双原子分子的实测偶极矩都等于零，为非极性分子。偶极矩 $\mu \neq 0$ 的分子为极性分子，例如，异核双原子分子 HF、HCl、HBr、HI 均为极性分子，且分子的极性也依次减小。

表 6-9　一些分子的偶极矩 μ

分子	$\mu/10^{-30}$C·m	分子	$\mu/10^{-30}$C·m	分子	$\mu/10^{-30}$C·m
N_2	0	HCl	1.03	H_2S	3.66
$BeCl_2$	0	HBr	0.79	H_2O	6.16
CO_2	0	HI	0.38	SO_2	5.33
BF_3	0	CO	0.12	NH_3	4.90
CH_4	0	HCN	6.99	$CHCl_3$	3.37

2. 分子的极化

非极性分子在外电场作用下，电子云与核发生相对位移，分子变形，并出现偶极，这种偶极称为**诱导偶极**（图 6-35），分子的形状发生变化的性质叫**分子的变形性**，这一变化过程叫**分子的极化**。诱导偶极的大小同外界电场的强度成正比。当外电场消失时，诱导偶极也将随之消失，分子恢复原状。

图 6-35　非极性分子在外电场中的极化

由于极性分子的正、负电荷重心不重合，因此分子中始终存在着正极端和负极端。极性分子本身存在的正、负两极称为**固有偶极**。通常这些极性分子做不规则运动[图 6-36(a)]，当极性分子被置于外电场中时，所有分子的偶极会按照电场的方向进行定向排列[图 6-36(b)]，这一过程称为取向，亦称为分子的取向极化。同时在外电场的作用下，极性分子也会因变形而产生诱导偶极。分子此时所呈现的极性，是由极性分子本身的固有偶极和由外电场诱发的诱导偶极组成的[图 6-36(c)]。

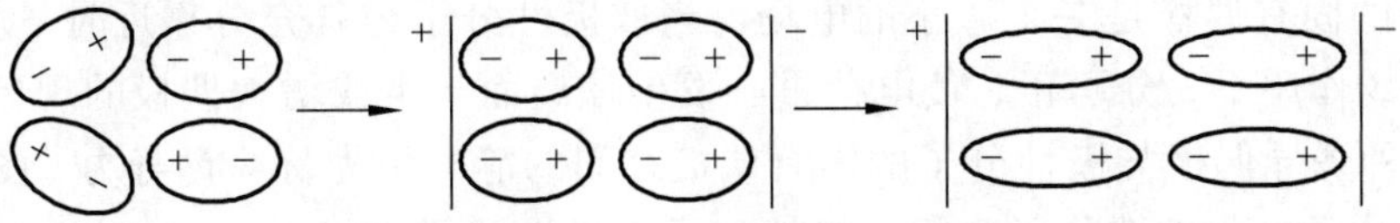

（a）无电场　　（b）电场作用下取向　　（c）电场进一步作用下变形

图 6-36　极性分子在外电场中的取向和变形极化

外电场越强，分子被极化的程度越大，其变形性也越大。分子被极化的程度，可用分子极化率表示。极化率表示在单位电场作用下，分子被极化的程度或变形性的大小。极化率可以由实验测得，极化率越大，表示该分子的变形性越大。

注意：由于极性分子本身存在着正、负极，因此极性分子本身就相当于一个微电场。当极性分子与非极性分子、极性分子与极性分子相邻时，同样也会发生极化作用，产生诱导偶极，并产生诱导偶极的叠加。这种极化作用对分子间力的产生有重要影响。

二、分子间作用力

分子间作用力包括取向力、诱导力和色散力。

1. 色散力

非极性分子的偶极矩为零，似乎不存在相互作用。但事实上，分子内的原子核和电子总是在不停地运动。在某一瞬间，正、负电荷重心会发生相对位移，使分子产生**瞬时偶极**，如图 6-37（a）所示。当两个或多个非极性分子在一定条件下充分靠近时，就会由于瞬时偶极而发生异极相吸的作用，如图 6-37（b）和（c）**所示**。这种由瞬时偶极而产生的相互作用力，称为**色散力**。

瞬时偶极很短暂，转瞬即逝。但由于原子核和电子时刻在运动，瞬时偶极不断出现，异极相邻的状态也时刻出现，所以分子间始终存在色散力。任何分子都会产生瞬时偶极，因此色散力不仅是非极性分子之间的作用力，也存在于极性分子与极性分子之间、极性分子与非极性分子的相互作用之中。

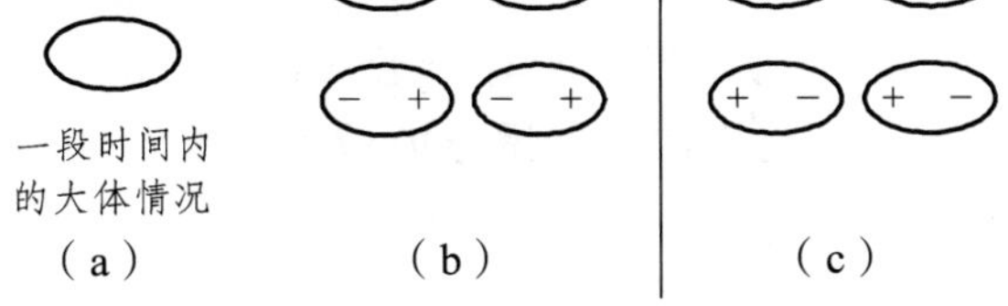

图 6-37　非极性分子间的相互作用

色散力的大小与分子的变形性有关。通常组成、结构相似的分子，相对分子质量越大，分子越易变形，其色散力就越大。例如，稀有气体从 He 到 Xe，卤素单质从 F_2 到 I_2，卤素氢化物从 HF 到 HI 等，随着相对分子质量的增大，色散力递增。

2. 诱导力

极性分子的固有偶极是一个微小的电场，当非极性分子与其充分靠近时，就会被极性分子极化（在电场作用下，分子正、负电荷重心发生偏离而产生或增大偶极的现象），进而产生诱导偶极，这种诱导偶极与极性分子的固有偶极之间的静电引力称为**诱导力**（图 6-38）。诱导力存在于极性分子与非极性分子之间、极性分子与极性分子之间。

图 6-38　极性分子和非极性分子间的作用

诱导力的大小决定于极性分子的固有偶极矩大小和被诱导分子变形性的大小决定的诱导偶极矩。极化率越大，分子越容易变形，在同一固有偶极作用下产生的诱导偶极矩就越大。极化率相同的分子在固有偶极矩较大的分子作用下产生的诱导力也较大。分子间的距离越大，诱导力越弱，且诱导力随距离增大而迅速减小。

3. 取向力

当两个极性分子充分靠近时，固有偶极就会发生同极相斥、异极相吸的取向（或有序）排列，如图 6-39 所示。这种极性分子与极性分子之间的固有偶极之间的静电引力称为**取向力**，又叫定向力。

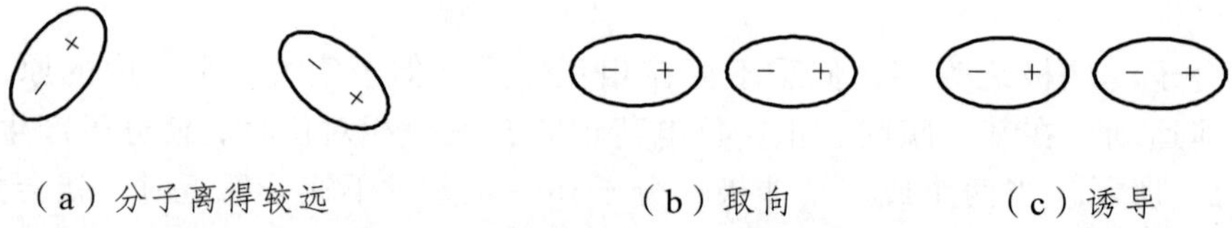

图 6-39　极性分子间的相互作用

取向力只有极性分子与极性分子之间才存在。取向力的本质是静电引力，其大小决定于极性分子的偶极矩。分子的极性越强，偶极矩越大，取向力越大。例如：HCl、HBr、HI 的偶极矩依次减小，因而其取向力依次减小。此外，取向力还受温度的影响，温度越高，取向力越弱。对大多数极性分子，取向力仅占其范德华力构成中的很小份额，只有少数强极性分子例外。

综上所述，在非极性分子之间只有色散力，在极性分子和非极性分子之间有诱导力和色散力，在极性分子与极性分子之间有取向力、诱导力和色散力。这三种分子间作用力本质上都是静电引力，其中，色散力不仅是所有分子都有的、最普遍存在的范德华力，而且经常是范德华力的主要构成，取向力次之，诱导力最小（表 6-10）。通常情况下，分子间力以色散作用力为主（除强极性分子 HF、H_2O 等极性非常大的物质外）。

表 6-10　分子间的吸引作用

分子	$E_{取向}$/kJ · mol^{-1}	$E_{诱导}$/ kJ · mol^{-1}	$E_{色散}$/ kJ · mol^{-1}	$E_{总}$/ kJ · mol^{-1}
Ar	0.000	0.000	8.49	8.49
CO	0.0029	0.0084	8.74	8.75
HCl	3.305	1.004	16.82	21.13
HBr	0.686	0.502	21.92	23.09
HI	0.025	0.113	25.86	25.98
NH_3	13.31	1.548	14.94	29.58
H_2O	36.38	1.929	8.996	47.28

4. 分子间力对物质性质的影响

分子间力比化学键弱得多，即使在分子晶体中或分子靠得很近时，其作用力仅是化学键的 1%~10%。并且只有在分子间距小于 500 pm 时，才表现出分子间力，并随分子间距的增加而迅速减小，因此分子间力是短程力，无方向性和饱和性。

（1）对物质熔、沸点的影响　共价化合物的熔化与汽化，需要克服分子间力。分子间力越强，物质的熔、沸点越高。在元素周期表中，由同族元素生成的单质或同类化合物，其熔、沸点往往随着相对分子质量增大而升高。

例如，卤素单质都是非极性分子，常温下 F_2 和 Cl_2 是气体，Br_2 是液体，而 I_2 是固体，也反映了从 F_2 到 I_2 色散力依次增大的事实。又如，卤化氢分子是极性分子，按 HCl、HBr、HI 顺序，分子的偶极距递减（表 6-9），变形性递增，分子间的取向力和诱导力依次减小，色散力明显增大（表 6-10），致使这几种物质的熔、沸点依次升高（表 6-11），这也说明在分子间色散力起主要作用。

表 6-11　卤化氢的熔沸点

卤化氢	HF	HCl	HBr	HI
沸点/°C	−83	−115	−87	−51
熔点/°C	20	−85	−67	−35

（2）对溶解性的影响　结构相似的物质易于相互溶解。极性分子易溶于极性溶剂之中，非极性分子易溶于非极性溶剂之中，这个规律称为“相似相溶”规律。原因是这样溶解前后分子间力的变化较小。

例如，结构相似的乙醇（CH_3CH_3OH）和水（H_2O）可以任意比例互溶，极性相似的 NH_3 和 H_2O 有较强的互溶能力；非极性的碘单质（I_2）易溶于非极性的苯或四氯化碳（CCl_4）溶剂中，而难溶于水。

依据“相似相溶”规律，在工业生产中和实验室中可以选择合适的溶剂进行物质的溶解或混合物的萃取分离。

三、氢　键

1. 氢键的形成

按照前面对分子间作用力的讨论，在卤化氢中，HF 的分子量最小，熔沸点应该也最低，但事实并非如此。类似情况也存在于ⅤA、ⅥA族元素氢化物中（图 6-40）。

从图 6-40 可看出：HF、H_2O、NH_3有着反常高的沸点。这是由于 HF、H_2O、NH_3等分子之间除范德华力外，还存在着另一种特殊的分子间力，这就是氢键，氢键的本质也是静电引力。

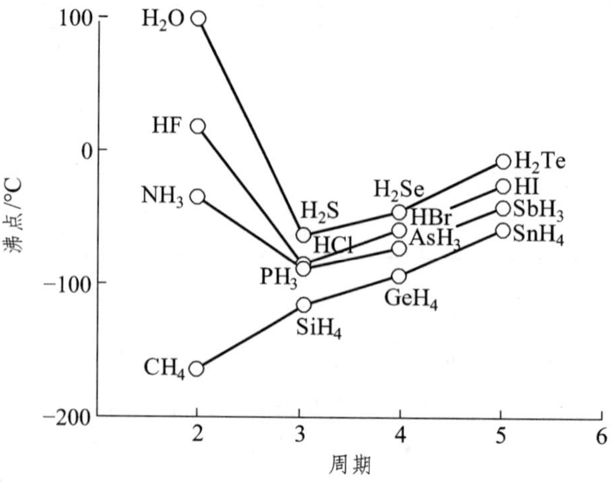

图 6-40　ⅣA~ⅦB 同族元素氢化物沸点递变情况

例如，在 HF 分子中，由于 F 原子的半径小、电负性大，共用电子对强烈偏向于 F 原子一方，使 H 原子的核几乎“裸露”出来，能和相邻 HF 分子中的 F 原子的孤对电子相吸引，这种静电引力就是氢键。

已经和电负性很大的原子（如 F、O、N)形成共价键的 H 原子，又与另一个电负性很大且含有孤对电子的原子之间较强的静电吸引作用称为氢键。由于氢键的形成,HF 分子发生缔合,形成缔合分子(如右所示，其中虚线表示氢键)。

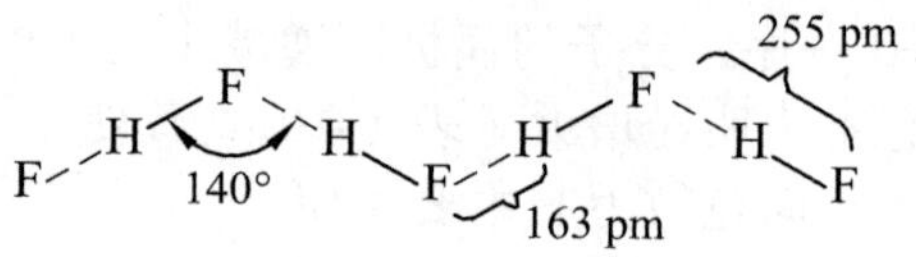

氢键的组成可用 X—H⋯Y 表示，其中 X 和 Y 代表电负性大、半径小、有孤对电子且具有局部负电荷的原子，一般是 F、O、N 等原子。X 和 Y 可以是不同原子，也可以是相同原子。氢键既可在同种分子（如 HF，H_2O，NH_3 等分子）中或不同种分子之间（如 H_2O 和 NH_3 之间）形成，又可在分子内（如 HNO_3 或 H_3PO_3 中）形成。

与共价键相似，氢键也有方向性和饱和性。即每个 X—H 只能与一个 Y 原子相互吸引形成氢键；Y 与 H 形成氢键时，尽可能取 X—H 键键轴的方向，使 X—H ⋯ Y 在一条直线上。

氢键的强度介于化学键和分子间作用力之间，与元素电负性有关，元素的电负性越大，形成的氢键就越强。

2. 氢键对化合物性质的影响

氢键不是化学键，简单分子形成缔合分子后并不改变其化学性质，但会对物质的某些物理性质产生较大影响。氢键的结合能远比化学键小得多，但通常又比分子间力大得多，最高不超过 40 kg · mol^{-1}

（1）对熔、沸点的影响　HF、H_2O、NH_3 由固态转化为液态，或由液态转化为气态时，除需克服分子间力外，还需破坏比分子间力更大的氢键，需要消耗更多的能量，这也是 HF、

H_2O 及 NH_3 熔沸点反常的原因。

（2）对溶解度的影响　如果溶质分子与溶剂分子间能形成氢键，将有利于溶质的溶解。HF 和 NH_3 在水中有较大的溶解度就是这个原因。

3. 分子内氢键

氢键既可存在于分子之间，称为分子间氢键，也可以存在于分子内，称为分子内氢键。例如：邻硝基苯酚中羟基上的氢原子可与硝基上的氧原子形成分子内氢键；间硝基苯酚和对硝基苯酚则没有这种分子内氢键，只有分子间氢键（如下所示）。所以邻硝基苯酚的熔点比间硝基苯酚和对硝基苯酚的熔点低。

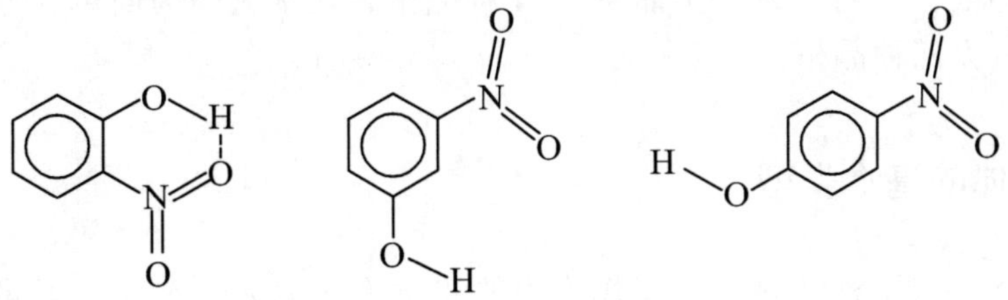

熔点/°C　45　96　114

第五节　晶体结构

一、晶体的特征与内部结构

1. 晶体的特征

固体是有一定体积和形状的物质。固体分为晶体和非晶体两大类，自然界中的固态物质大多数是晶体。晶体有以下特征：

（1）规则的几何外形　一块完整的晶体在显微镜下可以观察到其规则的几何外形，如食盐（NaCl）晶体是立方体，明矾（硫酸铝钾）$[AlK(SO_4)_3 \cdot 12H_2O]$晶体是正八面体。而非晶体如玻璃、松香、沥青等没有规则的几何外形，因此称为无定形体。

（2）有固定的熔点　在一定压力下，晶体的熔点是一定的。例如，常压下冰的熔点为 0 °C，当冰没有完全融化之前，冰水混合物的温度是不会改变的。而非晶体没有固定的熔点，只有一段软化温度范围，在此温度范围内非晶体先软化成黏稠状，最后逐渐转变为液体，如松香的软化温度范围是 50~70 °C。

（3）呈现各向异性　取一张云母薄片，在其上面涂上很薄的一层石蜡，然后用烧热的钢针接触其反面，发现融化的石蜡呈椭圆形扩张；如果用玻璃做同样的实验，则融化的石蜡呈圆形，这说明云母的导热性沿不同方向是有差异的。这种晶体的某些物理性质（如导热性、导电性、光学性质和力学性质）沿不同方向有不同值的现象，称为各向异性。而非晶体是各向同性的，如打碎一块玻璃时，它并不是沿着一定方向破裂，而是得到不同形状的碎片。

因此，晶体是具有整齐规则的几何外形、有固定的熔点、各向异性的固体。

2. 晶体内部结构

晶体和非晶体性质上的差异，主要是由内部结构决定的。晶体是由在空间排列很有规律的粒子（原子、分子、离子）组成的，晶体中粒子的排列按一定的方式不断重复出现，这种性质叫作晶体结构的周期性。晶体的一些特性都和粒子排列的规律有关。

为便于研究晶体的几何结构，将晶体中的粒子抽象为几何学中的点，无数这样的点在空间按照一定的规律重复排列而组成的几何图形叫作晶格（或点阵），每个粒子的位置就是晶格结点。晶格中最小的重复单位，即能体现晶格一切特征的最小单元称为晶胞，通常是一个六面体。晶胞是晶体结构的基本重复单位，无数个晶胞在空间紧密排列就组成了晶体。根据晶胞的特征，可划分为 7 个晶系，14 种晶格，最常见的为简单立方、面心立方、体心立方和简单六方四种晶格。

二、晶体的基本类型

按照晶格上粒子种类和粒子间作用力的实质（化学键的键型）不同，晶体可分为四种基本类型。

1. 离子晶体

离子晶体是指晶格结点上交替排列着阴、阳离子，且两者之间以离子键相结合的晶体。这类晶体中不存在独立的小分子，整个晶体就是一个巨型分子，常以其化学式表示其组成。例如，NaCl 晶体就是典型的离子晶体。

晶体的特性主要取决于晶格结点上粒子的种类及其相互作用力。离子晶体主要有如下特征：离子晶体晶格结点上粒子间的作用力为阴、阳离子以离子键相结合，结合力强。因此，离子晶体的硬度大，熔、沸点高，常温下均为固体。离子晶体因其极性强，故多数易溶于极性较强的容积（如 H_2O）。离子晶体中，阴、阳离子被束缚在相对固定的位置上，不能自由移动，故离子晶体不导电。但在熔融状态或水溶液中。离子能自由移动，在外电场作用下可导电。离子晶体在水中的溶解性差别较大，如 NaOH、NaCl、KNO_3 等易溶于水，而 $CaCO_3$、$BaSO_4$、AgCl 等则难溶于水。

2. 原子晶体

原子晶体是指晶格结点上交替排列着原子且原子之间以共价键相结合的晶体。原子晶体中分辨不出单个小分子，整个晶体是个大分子。其结构特征是以共价键相结合的，结合力很强，且共用电子对没有流动性。因此其具有如下特点：硬度很大；熔点很高；导电性差，多为绝缘体或半导体，如硅、碳化硅等有半导体性质，在一定条件下它们能导电；溶解性差，不溶于常见溶剂；无延展性。

例如，金刚石就是典型的原子晶体。在金刚石晶体中，每个 C 原子以 sp^3 杂化轨道与周围 4 个 C 原子通过共价键连接成一个三维骨架结构，见图 6-41。金刚石硬度为 10，是所有材料中最硬的，熔点为 3 552 °C，也比离子晶体的熔点（通常 < 2 700 °C）高得多。

常见原子晶体还有金刚砂（SiC）、石英（SiO_2）、氮化硼（BN）、氮化铝（AlN）等。

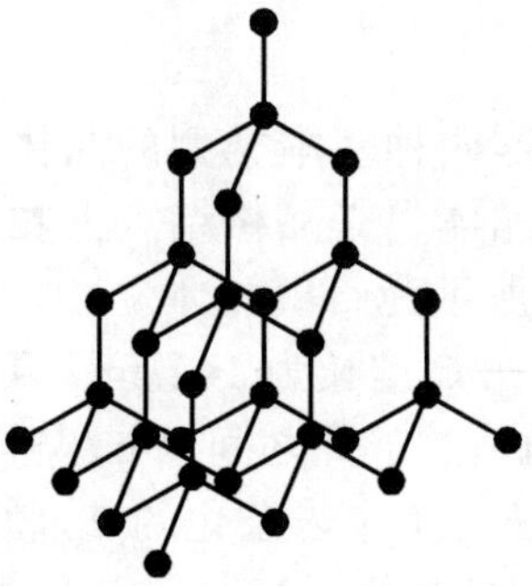

（a）金刚石晶体结构

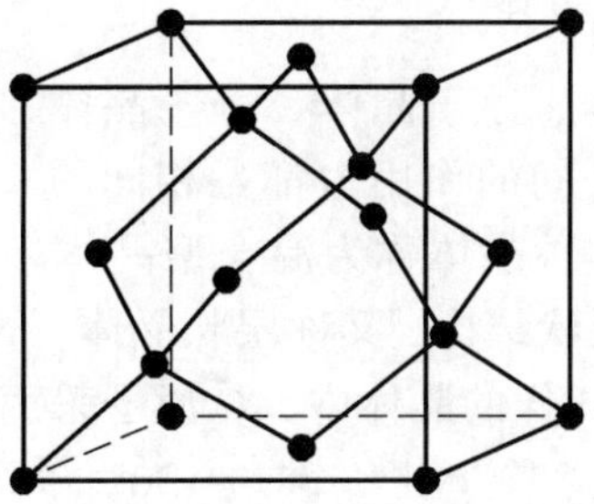

（b）金刚石晶胞

图 6-41　金刚石的结构

3. 分子晶体

分子晶体的晶格结点上排列的粒子是极性分子或非极性分子。虽然分子内部存在着较强的共价键，但分子之间是较弱的分子间力或氢键。因此，分子晶体的硬度小；熔点低；导电性差，为绝缘体，一些由极性分子组成的分子晶体，其水溶液导电；根据“相似相容”原理，由非极性分子形成的分子晶体易溶于非极性溶剂，由极性分子形成的分子晶体易溶于极性溶剂。

固态 CO_2（干冰）就是一种典型的分子晶体，其结构见图 6-42。此外，非金属单质（如 H_2、O_2、N_2、P_4、S_8、卤素）、非金属化合物（如 NH_3，H_2O，SO_2）及大部分有机化合物，在固态时也都是分子晶体。

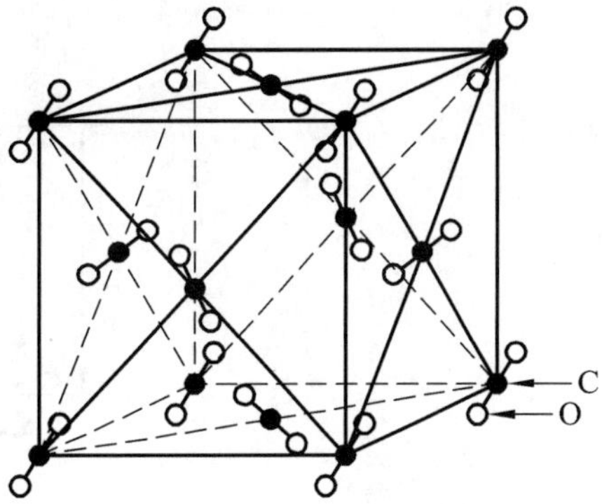

图 6-42　干冰的晶体结构

4. 金属晶体

金属晶体是指晶格上结点上，排列着金属原子或离子，并通过金属键结合而形成的晶体。金属晶体是同种原子以金属键结合成的巨型分子。金属晶体一般不透明且有金属光泽，是电和热的良导体，有很好的延展性，不像离子晶体那样脆，可以加工成细丝和薄片。

表 6-12 归纳了离子晶体、原子晶体、分子晶体、金属晶体的结构及基本性质。

表 6-12　四种晶体的结构及基本性质

晶体类型	离子晶体	原子晶体	分子晶体	金属晶体
晶格结点上的粒子	正、负粒子	原子	分子	金属原子
粒子间的作用力	离子键	共价键	分子间力（有些有氢键）	金属键
熔点	较高	很高	低	一般较高
硬度	大而脆	很大	小	一般较大
导电性	固态不导电，熔融状态或水溶液导电	不导电（半导体导电）	不导电（极性分子水溶液导电）	良导体
溶解性	易溶于极性溶剂	不溶	易溶于极性溶剂	不溶
例子	NaCl，MgO、$BaSO_4$	金刚石、SiO_2、SiC	Ar、CO_2、H_2O	Cu、W、Ag

5. 混合型晶体

在离子晶体、原子晶体、分子晶体、金属晶体这四种基本类型的晶体中，同一类晶体晶格结点上粒子间的作用力都是相同的。另有一些晶体，其晶格结点上粒子间的作用力并不完全相同，这种晶体称为混合型晶体。如图 6-43 所示为石墨晶体。

石墨具有层状结构，又称层状晶体。同一层的 C—C 键长为 142 pm，层与层之间的距离是 335 pm。在这样的晶体中，C 原子采用 sp^2 杂化轨道，彼此之间以 σ 键连接在一起。每个 C 原子周围形成 3 个 σ 键，键角 120°，每个 C 原子还有 1 个未杂化的 2p 轨道，其中有 1 个 2p 电子。这些 2p 轨道都垂直于 sp^2 杂化轨道的平面，且互相平行，它们以“肩并肩”方式重叠，形成了由多个原子参与的一个 π 键整体。这种包含着很多个原子的 π 键叫作大 π 键。

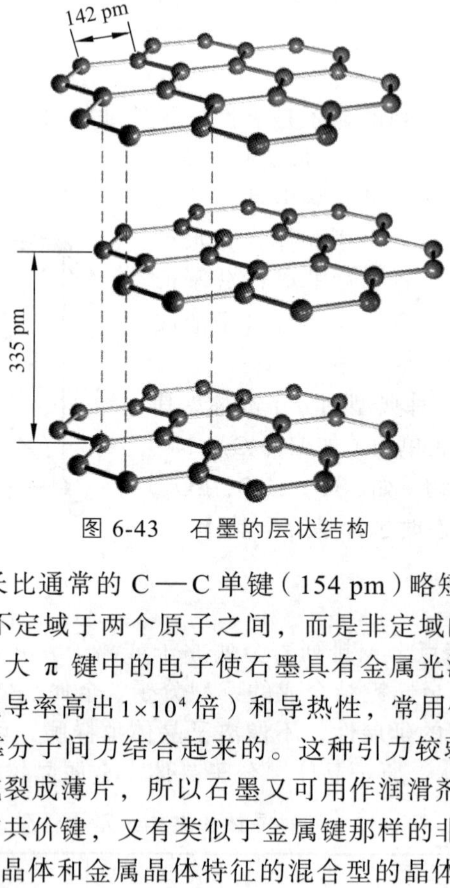

图 6-43　石墨的层状结构

因此石墨中 C—C 键长比通常的 C—C 单键（154 pm）略短，比 C═C 双键（134 pm）略长。大 π 键中的电子并不定域于两个原子之间，而是非定域的，可以在同一层中运动，类似于金属中的自由电子。大 π 键中的电子使石墨具有金属光泽，并具有良好的导电（层向电导率比垂直于层向的电导率高出 1×10^4 倍）和导热性，常用作电极材料。石墨相邻两层之间的距离较远，它们是靠分子间力结合起来的。这种引力较弱，当受到与层相平行的外力作用时，层间容易滑动或裂成薄片，所以石墨又可用作润滑剂以及用于制作铅笔芯等。

总之，石墨晶体中既有共价键，又有类似于金属键那样的非定域大 π 键和分子间力在起作用，是兼有晶体、分子晶体和金属晶体特征的混合型的晶体。其他如云母、氮化硼 BN 等也是层状结构的混合型晶体。而一些既有离子键成分，又有共价键成分的过渡晶体，如 AgCl、AgBr 等属于混合型晶体。

【知识拓展】

钻石恒永久，一颗永流传

有人说金刚石就是钻石，其实这种说法是完全错误的。金刚石与钻石的关系就如同木头与家具，钻石是金刚石精加工而成的产品，是经过琢磨的金刚石，而金刚石是一种天然矿物，是钻石的原石。简单地讲，钻石是在地球深部高压、高温条件下形成的一种由碳元素组成的单质晶体。人类文明虽有几千年的历史，但发现和初步认识钻石却只有几百年，而真正揭开钻石内部奥秘的时间则更短。在此之前，伴随它的只是神话般的崇拜和畏惧的传说，同时它被视为勇敢、权力、地位和尊贵的象征。如今，钻石不再神秘莫测，更不是只有皇室贵族才能享用的珍品。它已成为百姓们都可拥有、佩戴的大众宝石。钻石的文化源远流长，今天人们更多地把它看成是爱情和忠贞的象征。

钻石的化学成分是碳，它是宝石中唯一由单一元素组成的。常含有 0.05%~0.2%的杂质元素，其中最重要的是 N 和 B，它们的存在关系到钻石的类型和性质。钻石的晶体形态多呈八面体、菱形十二面体、四面体及它们的聚形。纯净的钻石无色透明，由于微量元素的混入而呈现不同颜色；有较强金刚光泽；折光率 2.417，色散中等，为 0.044；硬度为 10，是目前已知最硬的矿物，绝对硬度是石英的 1000 倍，刚玉的 150 倍；怕重击，重击后会顺其解理破碎。钻石具有发光性，日光照射后，夜晚能发出淡青色磷光；X 射线照射，发出天蓝色荧光。钻石的化学性质很稳定，在常温下不溶于酸和碱，且不与酸碱发生反应。

“A diamond is forever”这句 20 世纪堪称经典的广告语是纽约著名广告公司——爱尔广告公司（NW Ayer）于 1948 年为国际钻石推广中心（DTC）创作的。它跨越了一个世纪，打动了无数沉溺在爱河中的情侣，并让他们更加期待爱情的永恒，同时被钻石这一稀有、珍贵的“宝石之王”深深吸引。1993 年是中国钻石发展史上不平凡的一年，这一年 DTC 通过香港的奥美广告公司，征集“A diamond is forever ”的中文翻译，经过半年的评比，一名大学教师的翻译被选上，于是“钻石恒久远，一颗永流传”这句经典的广告语成功进入中国，并历经超过十年的时间使中国消费者开始广泛接受钻石文化。而在这之前，中国对钻石的了解可谓知之甚少，钻石行业发展并不成熟，钻石文化理念更是无从谈起。而打开这个历史性局面大门的钥匙就是这句 20 世纪最著名的广告语：“钻石恒久远，一颗永流传。”这经典的一句广告语也从此改变了中国人婚庆佩戴黄金、翡翠的传统局面，进而形成了中国新婚人们“无钻不婚”的全新理念。

习　题

第七章　配位化合物

【学习目标】

1. 掌握配合物的组成特点及配合物的命名方法。

2. 掌握配合物的化学键论及其基本应用。

3. 掌握配位平衡的基本概念，并熟悉影响配合平衡的重要因素，会用配位平衡常数进行简单的计算。

4. 了解配位化合物的应用。

第一节　配位化合物的组成特点

早在 1798 年，法国化学家塔索尔特（Tassare）就制备出了组成为 $CoCl_3 \cdot 6NH_3$ 的化合物。根据化学式判断，它是由两个简单化合物（$CoCl_3$ 和 NH_3）形成的一种新型的化合物。这类化合物的出现令当时很多化学家迷惑不解：既然简单化合物中的各个原子都已满足了各自的化合价，是什么驱动力促使它们之间形成这类新的化合物？由于当时人们不了解其成键的本质，故称之为复杂化合物。1893 年，维尔纳（A. Werner）教授提出了配位学说，才使人们对这类化合物的本性有了一定的了解。维尔纳也因此获得了 1913 年诺贝尔化学奖，并被誉为配位化学的奠基人。配位学说对无机化学和化学键理论的发展产生了深远的影响。近些年来，人们对配位化合物的合成、性质、结构及应用做了大量工作，配位化学得到了迅速发展，已广泛地渗透到分析化学、催化化学、结构化学和生物化学等各领域中，成为化学科学中的一个独立分支。

一、配位化合物的概念

1. 配位化合物的定义

配位化合物都含有配位单元。配位单元是由一定数目的配体按一定的方式通过配位键形式结合在中心原子周围形成的。配位单元可以是带电荷的阴阳离子，如 $[Fe(CN)_6]^{3-}$、$[Cu(NH_3)_4]^{2+}$，称为配离子；也可以是电中性的分子，如 $Ni(CO)_4$，称为配位分子。含有配离子的化合物{如 $[Co(NH_3)_6]Cl_3$、$K_2[HgI_4]$}及中性配位分子{如 $Fe(CO)_5$}统称为配位化合物，简称配合物（也称络合物）。通常把配离子也称为配合物。

2. 配合物与复盐的区别

配合物与我们所熟悉的复盐是完全不同的。两者虽然都是由简单化合物结合而成的复杂化合物，但在水溶液中复盐可以完全离解成简单离子，而中性配位分子在水的作用下，不离解，含有配离子的配合物除离解出部分简单离子外，溶液中还存在着较稳定的配离子，即配离子。例如，复盐明矾 $KAl(SO_4)_2 \cdot 12H_2O$ 溶于水后电离为 K^+、Al^{3+}和 SO_4^{2-}，电离方程式如下：

$$KAl(SO_4)_2 = K^+ + Al^{3+} + 2SO_4^{2-}$$

而配合物$[Cu(NH_3)_4]SO_4$、$K_3[Fe(CN)_6]$在水的作用下离解方程式分别如下：

$$[Cu(NH_3)_4]SO_4 = [Cu(NH_3)_4]^{2+} + SO_4^{2-}$$

$$K_3[Fe(CN)_6] = 3K^+ + [Fe(CN)_6]^{3-}$$

可见，配离子是一种较为稳定的结构单元，在水中一般只能发生部分离解。多数配离子既存在于晶体中，也能存在于水溶液中。但也有些配离子只能在固态或气态或特殊溶剂中存在。

二、配合物的组成

1. 配合物的内界和外界

根据化学键特点及其水溶液中的离解方式不同，含有配离子的配合物可分成两大部分：内界和外界。内界是以配位键结合的配离子部分，通常写在方括号内。外界是以离子键与配离子结合的带相反电荷的离子，写在方括号外。内界配离子由中心离子和配位体组成。例如，配合物$[Cu(NH_3)_4]SO_4$由内界$[Cu(NH_3)_4]^{2+}$配离子和外界 SO_4^{2-}两部分组成，而 $K_3[Fe(CN)_6]$则是由中心离子 Fe^{3+}和配位体 CN^-组成。形成配合物的组成如下：

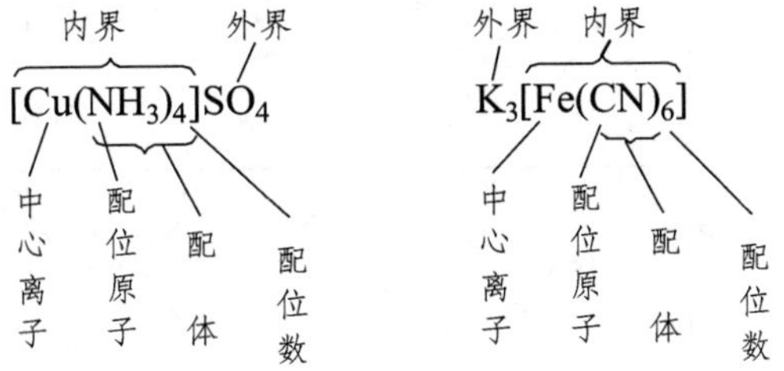

配位分子只有内界没有外界。

2. 中心离子（或中心原子）

中心离子（或中心原子）是在配位单元中提供空轨道的金属离子（或原子）。常见的中心离子（或中心原子）多是过渡元素金属离子（或中心原子），如$[Cu(NH_3)_4]^{2+}$中的 Cu^{2+}、$[Fe(CN)_6]^{3-}$中的 Fe^{2+}、$[HgI_4]^{2-}$中的 Hg^{2+}、$Ni(CO)_4$ 中的 Ni 原子。少数高氧化态的非金属元素也可以作为中心离子，如$[SiF_6]^{2-}$中的 Si^{4+}。

3. 配位体与配位原子

配位体是提供孤电子对、以配位键与中心离子（或中心原子）结合的分子或离子，简称配体。如$[Cu(NH_3)_6]^{3+}$中的 NH_3、$[Fe(CN)_6]^{3-}$中的 CN^-、$Ni(CO)_4$ 中的 CO 等。在配体中直接向中心离子提供孤对电子的原子为配位原子，如 NH_3 中的 N 原子，CN^-中的 C 原子。根据配体中所含配位原子的数目不同，配位体可分为：

（1）单齿配体：只含有一个配位原子的配体，如 H_2O、Cl^-。

（2）多齿配体：含两个或多个配位原子的配体，如草酸根（$C_2O_4^{2-}$）中的两个 C 都可以作为配位原子，是双齿配体。乙二胺四乙酸根（EDTA）中 2 个 N 和 4 个 O 可作为配位原子，为六齿配体。

常见的配体及其配位原子见表 7-1。

表 7-1　常见的配体表

配体			化学式	配位原子
类型	名称	简写		
单齿配体	卤离子	X^-	F^-、Cl^-、Br^-、I^-	F、Cl、Br、I
	氰根	—	CN^-	C
	硫氰根	—	$—SCN^-$	S
	异硫氰根	—	$—NCS^-$	N
	亚硝酸根	—	$—ONO^-$	O
	乙酸根	Ac^-	CH_3COO^-	O
	硝基	—	$—NO_2$	N
	水	—	H_2O	O
	氨	—	NH_3	N
	羰基	—	CO	C
双齿配体	乙二胺	en	$H_2C—CH_2$ $H_2N\colon\ \ \colon NH_2$	N
	草酸根	OX	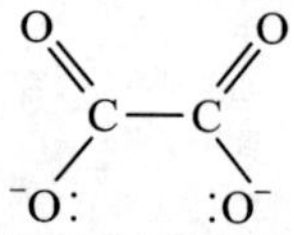	O
	邻菲罗啉	*o*-phen	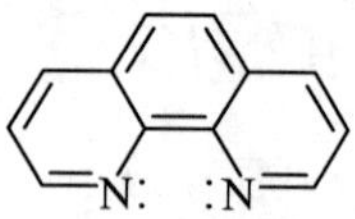	N
	联吡啶	bpy	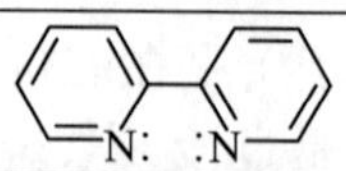	N
三齿配体	二亚乙基三胺	DEN	$HN(CH_2CH_2NH_2)_2$	N
四齿配体	氨三乙酸根	NTA	$N(CH_2COOH)_3$	N、O
六齿配体	乙二胺四乙酸根	EDTA	$H\ddot{O}OCCH_2\qquad CH_2CO\ddot{O}H$ $\colon NCH_2CH_2N\colon$ $H\ddot{O}OCCH_2\qquad CH_2CO\ddot{O}H$	N、O

4. 配位数

配合物中直接与中心离子配位键结合的配位原子的总数称为该中心离子的配位数，即中心离子与配体形成配位键的数目。中心离子的配位数取决于配离子所含配体的种类和数目。

单齿配体形成配位键的数目等于配体的个数，多齿配体形成配位键的数目等于配体数乘以配体中所含配位原子的数目。如$[Co(en)_2(NH_3)_2]^{3+}$中的Co^{3+}的配位数是 6 而不是 4，因为每个乙二胺（en）配体含有两个 N 配位原子。通常中心离子的配位数是 2、4、6，也有少数的是 3、5、7。表 7-2 给出了一些常见金属离子（M^{m+}）的配位数（n）。

表 7-2　常见金属离子（M^{m+}）的配位数（n）

M^+	n	M^{2+}	n	M^{3+}	n
Cu^+	2、4	Cu^{2+}	4、6	Fe^{3+}	6
Ag^+	2	Zn^{2+}	4、6	Cr^{3+}	6
Au^+	2、4	Cd^{2+}	4、6	Co^{3+}	6
		Pt^{2+}	4	Sc^{3+}	6
		Hg^{2+}	2、4	Au^{3+}	4
		Ni^{2+}	4、6	Al^{3+}	4、6

影响中心离子的配位数大小的主要因素有中心离子和配体的性质（电荷、离子体积、电子层结构等），配合物形成时的条件（浓度、温度等）。一般地讲，中心离子的电荷越高，离子半径越大，吸引配位体的数目越多，如$[Cu(NH_3)_2]^+$、$[Cu(NH_3)_4]^{2+}$，$[AlF_6]^{3-}$、$[BF_4]^-$。配体负电荷增加时，一方面增加了与中心离子的引力，另一方面又增加了配体之间的斥力，其综合结果是使配位数减少，如$[Zn(NH_3)_6]^{2+}$、$[Cu(CN)_4]^{2-}$。配体半径越大，中心离子周围所能容纳的配体的数目越少，配位数也越小，如$[AlF_6]^{3-}$、$[AlCl_4]^-$、$[AlBr_4]^-$。

增大配体浓度有利于形成高配位的配合物，例如 Fe^{3+}与硫氰酸钾作用，配位数可以是 1 ~ 6，在浓度较高时以 6 配位形式较稳定。体系温度升高，分子的热运动加剧，配位数减小。

5. 配离子的电荷

配离子的电荷数等于中心离子和配体所带电荷的代数和。因为配合物是电中性的，所以也可以根据外界离子的电荷数计算配离子的电荷数。

【例 7-1】已知有两种钴的配合物，它们具有相同的分子式 $Co(NH_3)_5BrSO_4$，两者的区别在于：一种配合物的溶液加入 $BaCl_2$ 溶液时，产生 $BaSO_4$ 沉淀，但加入 $AgNO_3$ 试剂时，不产生沉淀；另一种配合物的溶液进行相同的反应产生的现象刚好相反。试写出两种配合物的结构式，并指出中心离子的配位数和配离子的电荷数。

解：配合物的外界离子在水溶液中能完全电离，与沉淀剂可发生沉淀反应。题中所给实验结果主要是针对 Br^-和 SO_4^{2-}，能出现沉淀现象说明离子是以离子键与配离子结合的外界反离子；不出现沉淀现象说明离子是以配位键结合于配离子的内界。因此两种配合物的判断结果是：

结构式	中心离子的配位数	配离子的电荷数	实验现象
$[Co(NH_3)_5Br]SO_4$	6	+2	产生 $BaSO_4$ 沉淀
$[Co(NH_3)_5SO_4]Br$	6	+1	产生 AgBr 沉淀

三、配合物的命名

1. 配离子的命名顺序

配离子的命名顺序为：

配体数—配体名称—“合”—中心离子名称（中心离子的氧化数）

配体数用中文的大写数字“一、二、三……”表示；中心离子的氧化数用罗马数字“Ⅰ、Ⅱ、Ⅲ……”表示（配位分子的中心原子的氧化数为 0，可以不标明）。例如：

$[Ag(NH_3)_2]^+$　　二氨合银（Ⅰ）配离子

2. 配合物的命名规则

配合物的命名方法基本上遵循一般无机化合物的命名规则。

（1）若配合物的外界是简单阴离子，叫作“某化某”，即“阴离子名—化—配离子名称”。例如：

$[Co(NH_3)_6]Cl_3$　　氯化六氨合钴（Ⅲ）

（2）若配合物的外界是复杂阴离子，叫作“某酸某”，即“复杂阴离子名—配离子名称”。例如：

$[Zn(NH_3)_4]SO_4$　　硫酸四氨合锌（Ⅱ）

（3）若配合物的外界是 OH^-，叫作“氢氧化某”，即“氢氧化— 配离子名称”。例如：

$[Cu(NH_3)_4](OH)_2$　　氢氧化四氨合铜（Ⅱ）

（4）若配合物的外界是阳离子，叫作“某酸某”，即“配离子名称—酸—阳离子名”。例如：

$K_2[Zn(OH)_4]$　　四羟合锌（Ⅱ）酸钾

（5）若配合物的外界是 H^+，叫作“某酸”，即“配离子名称—酸”。例如：

$H_4[Fe(CN)_6]$　　六氰合铁（Ⅱ）酸

3. 配体的命名顺序

当配合物有多种配体时，配体的排列顺序原则上是先阴离子配体后中性分子配体；先无机配体，后有机配体；同类配体按配位原子元素符号在英文字母中的顺序排列；若同类配体的配位原子也相同，则将含较少原子数的配体排在前面；异性双基配体命名时注意配体的名称是与其配位原子有关的。

（1）先阴离子配体后中性分子配体。例如：

$K[PtCl_3NH_3]$　　三氯·氨合铂（Ⅱ）酸钾

（2）先无机配体，后有机配体。例如：

$K[PtCl_3(C_2H_4)]$　　三氯·乙烯合铂（Ⅱ）酸钾

（3）同类配体（同为离子或同为分子）按配位原子元素符号的英文字母顺序排列。例如：

$[Co(NH_3)_5H_2O]Cl_3$　　三氯化五氨·水合钴（Ⅲ）

（4）若同类配体的配位原子也相同，则将含较少原子数的配体排在前面。例如：

$[Pt(NO_2)(NH_3)(NH_2OH)(py)]Cl$　　氯化·硝基·氨·羟胺·吡啶合铂（Ⅱ）

（5）配位原子和原子数目都相同时，按非配位原子的元素符号英文字母顺序排列。例如：

$[Pt(NH_2)(NO_2)(NH_3)_2]$　　氨基·硝基·二氨合铂（Ⅱ）

（6）异性双基配体命名时注意配体的名称是与其配位原子有关的。例如：

$K_3[Fe(SCN)_6]$　　六硫氰酸根合铁酸钾

$[Co(NCS)(NH_3)_5]Cl_3$　　氯化异硫氰酸根·五氨合铁钴

【例 7-2】写出$[Co(en)_2(ONO)_2]NO_2$、$[Co(H_2O)(NH_3)_3Cl_2]Cl$、$[Pt(NO_2)(NH_3)_4Cl]CO_3$配合物的名称、中心离子、配体、配位数和配位原子。

解：见表 7-3。

表 7-3　配合物的名称、中心离子、配体、配位数和配位原子

化学式	名称	中心离子	配体	配位数	配位原子
$[Co(en)_2(ONO)_2]NO_2$	亚硝酸二亚硝酸根二（乙二胺）合钴（Ⅲ）	Co^{3+}	en、ONO^-	6	N、O
$[Co(H_2O)(NH_3)_3Cl_2]Cl$	氯化二氯三氨一水合钴（Ⅲ）	Co^{3+}	H_2O、NH_3、Cl^-	6	O、N、Cl
$[Pt(NO_2)(NH_3)_4Cl]CO_2$	碳酸一氯一硝基四氨合铂（Ⅳ）	Pt^{4+}	NO_2^-、NH_3、Cl^-	6	N、N、Cl

注意：（1）命名时要按照命名规则顺序排列配体的名称顺序，用正确的方式表示配体数目和中心离子的氧化值。

（2）写配体时要写全，离子配体要表示清楚，要注意 Cl^-与 Cl 的意义完全不同。

（3）配位数的计算要考虑到多齿配体和配体中所含配位原子的数目。

（4）有些配合物也习惯地使用俗名，如$[Cu(NH_3)_4]^{2+}$称铜氨配离子，$[Ag(NH_3)_2]^+$称银氨配离子，$K_3[Fe(CN)_6]$称铁氰化钾，$K_2[PtCl_6]$称氯铂酸钾等。

四、配位化合物的类型

1. 简单配位化合物

简单配位化合物是指由单基配位体与中心离子配位而成的配合物，如$[Cu(NH_3)_4]^{2+}$、$[Ag(NH_3)_2]^+$、$[CuCl_2]^-$等。这类配合物通常配位体的数目较多，在溶液中逐级离解成一系列

配位数不同的配离子。例如，$[Cu(NH_3)_4]^{2+}$在溶液中的逐级离解如下：

$$[Cu(NH_3)_4]^{2+} \rightleftharpoons [Cu(NH_3)_3]^{2+} + NH_3$$

$$[Cu(NH_3)_3]^{2+} \rightleftharpoons [Cu(NH_3)_2]^{2+} + NH_3$$

$$[Cu(NH_3)_2]^{2+} \rightleftharpoons [Cu(NH_3)]^{2+} + NH_3$$

$$[Cu(NH_3)]^{2+} \rightleftharpoons Cu^{2+} + NH_3$$

这种现象叫逐级离解现象。这种配合物也被称为维尔纳型配合物。

2. 螯合物

以 Cd^{2+}可与乙二胺形成的螯合物为例，其结构如下：

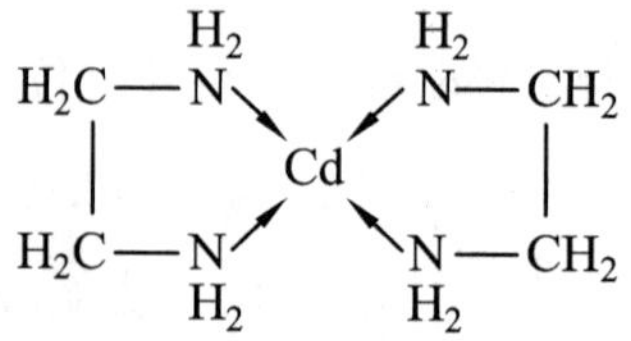

乙二胺为双齿配体，2 个 N 提供一对孤对电子与 Cd^{2+}形成配位键，犹如螃蟹的螯把中心原子钳住一样，从而形成环状结构，将中心原子嵌在中间。这种由中心原子与多齿配体形成的环状配合物称螯合物。生成螯合物而使配合物稳定性大大增加的作用称为螯合效应。能与中心原子形成环状螯合物的多齿配体称为螯合剂。常见的螯合剂大多是有机化合物，特别是具有氨基 N 和羧基 O 的一类氨羧螯合剂使用较广，如乙二胺四乙酸（EDTA）。

3. 多核配合物

一个配位原子与二个中心离子结合所成的配合物称多核配合物。例如：

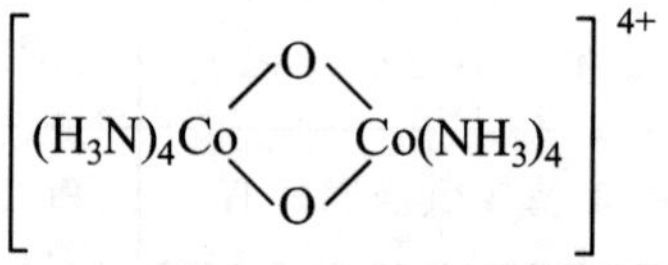

第二节　配合物的化学键理论

第六章中讲过的化学键是指分子内部原子之间的强相互作用力，而本章讨论的化学键是指配位单元内部中心原子与配体之间的作用力。配合物的化学键理论包括价键理论、晶体场理论和分子轨道理论。这里主要介绍价键理论。

一、配合物的价键理论的基本要点

价键理论是根据配位化合物的性质，按杂化轨道理论解释配合物中金属离子和配位体间的结合力。其基本要点如下：

（1）中心离子（或原子）提供空轨道、配体提供孤对电子，形成配位键（一般用 M←L 表示）。

（2）中心离子（或原子）提供的是一组等性杂化的空轨道，杂化轨道数等于配位数。

（3）配位单元的空间结构取决于中心离子（或原子）的杂化轨道空间构型。

二、杂化方式与配合物的空间构型

中心离子（或原子）所采用的杂化方式首先是由中心离子（或原子）的结构特性决定的，即中心离子有哪些能量相近的原子轨道能参加杂化。此外与配位数有关，中心离子要提供与配位数相等的杂化轨道形成配位键。不同的杂化方式使杂化轨道的空间构型不同，在形成配位键时要求配体必须从特定的空间位置接近中心离子，以保证原子轨道的最大重叠，形成稳定的共价键，所以可以根据中心离子的杂化方式判断配合物的空间构型。

1. sp 杂化

sp 杂化形成的配合物的配位数为 2，以$[Hg(NH_3)_2]^{2+}$配离子的形成为例：如图 7-1 所示，在$[Hg(NH_3)_2]^{2+}$配离子中，中心离子 Hg^{2+}的价电子层结构为 $5d^{10}$。当 Hg^{2+}与 2 个 NH_3 接近时，2 个 N 原子共有 2 对孤对电子，Hg^{2+}需提供两个空轨道，Hg^{2+}外层能量相近的 1 个 6s 和 1 个 6p 轨道进行 sp 杂化，形成与配位数相同的 2 个等价（即能量相等、成键能力相同）的 sp 杂化轨道，分别接纳 2 个 NH_3 分子中 N 原子上的孤对电子，形成 2 个配位键，配位键的夹角是 180°，配离子空间构型呈直线形（表 7-4）。

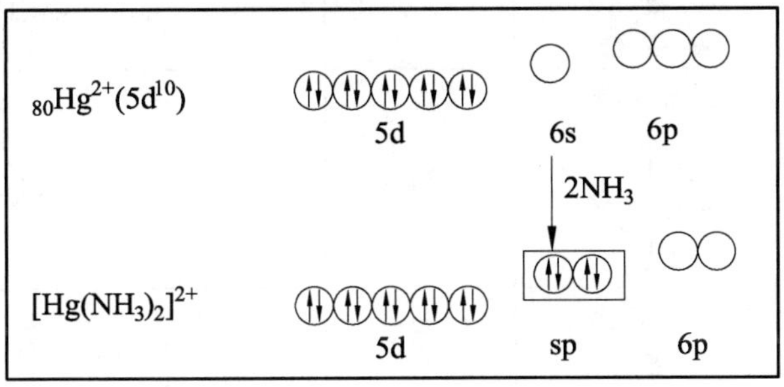

图 7-1　$[Hg(NH_3)_2]^+$配离子的形成

2. sp^2 杂化

sp^2 杂化形成的配合物的配位数为 3，以$[CuCl_3]^{2-}$ 配离子的形成为例：如图 7-2 所示，在$[CuCl_3]^{2-}$ 配离子中，中心离子 Cu^+的价电子层结构为 $3d^{10}$。当 Cu^+与 3 个 Cl^-接近时，3 个 Cl^-共有 3 对孤对电子，Cu^+需提供 3 个空轨道，Cu^+外层能量相近的 1 个 4 s 和 2 个 4 p 轨道进行 sp^2 杂化，形成与配位数相同的 3 个等价（即能量相等、成键能力相同）的 sp^2 杂化轨道，分别接纳 3 个 Cl 原子上的孤对电子，形成 3 个配位键，配位键的夹角是 120°，配离子空间构型呈平面三角形，Cu^+在三角形的中心，3 个配位原子 Cl 在三角形的 3 个顶点（表 7-4）。

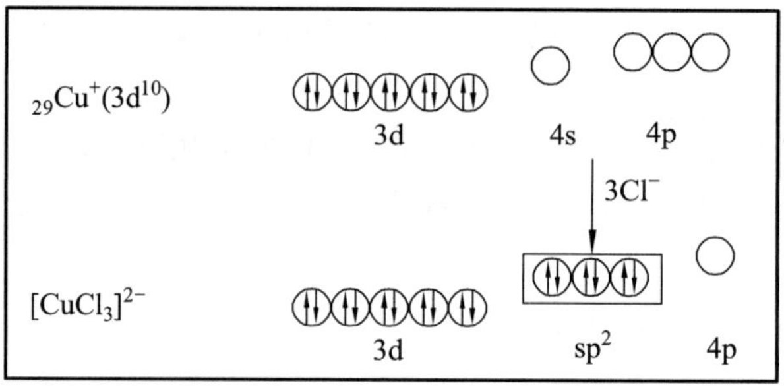

图 7-2　$[CuCl_3]^{2-}$配离子的形成

表 7-4　常见轨道杂化类型与配位单元的几何构型

配位数	杂化类型	几何构型	类型	实例
2	sp	直线形 	外轨型	$[Ag(NH_3)_2]^{+}$、$[Cu(NH_3)_2]^{+}$、$[Hg(NH_3)_2]^{+}[CuCl_2]^{+}$、$[Ag(CN)_2]^{-}$
3	sp^2	平面三角形 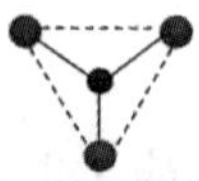	外轨型	$[CuCl_3]^{2-}$、$[CuCN_3]^{2-}$、$[HgI_3]^{-}$
4	sp^3	正四面体 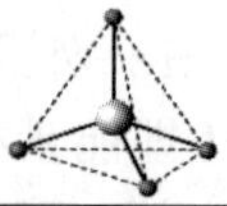	外轨型	$[Ni(NH_3)_4]^{2+}$、$[Cd(NH_3)_4]^{2+}$、$[Zn(NH_3)_4]^{2+}$、$[Ni(CO)_4]^{2+}$、$[HgI_4]^{2-}$、$[BF_4]^{2-}$
	dsp^2	正方形 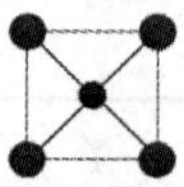	内轨型	$[Ni(CN)_4]^{2+}$、$[Cu(NH_3)_4]^{2+}$、$[PtCl_4]^{2-}$、$[Cu(H_2O)_4]^{2+}$
5	dsp^3	三角双锥 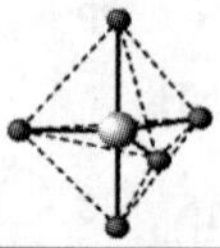	内轨型	$[Fe(CO)_5]$、$[Ni(CN)_4]^{2+}$
6	sp^2d^2	正八面体 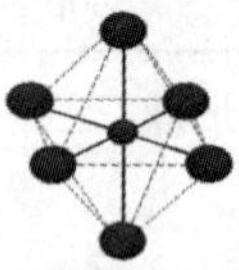	外轨型	$[CoF_6]^{3-}$、$[FeF_6]^{3-}$、$[Fe(CN)_6]^{3-}$、$[Fe(H_2O)_6]^{3+}$
	d^2sp^3		内轨型	$[Fe(CN)_6]^{4-}$、$[Co(NH_3)_6]^{3+}$、$[PtCl_6]^{2-}$

3. sp^3 杂化

sp^3 杂化形成的配合物的配位数为 4，以$[Ni(NH_3)_4]^{2+}$配离子的形成为例：如图 7-3 所示，在$[Ni(NH_3)_4]^{2+}$配离子中，中心离子 Ni^{2+}的价电子层结构为 $3d^8$。当 Ni^{2+}与 4 个 NH_3 分子接近时，4 个 NH_3 分子共有 4 对孤对电子，Ni^{2+}需提供 4 个空轨道，Ni^{2+}外层能量相近的一个 4 s 和 3 个 4 p 轨道进行 sp^3 杂化，形成 4 个等价 sp^3 杂化轨道，分别接纳 4 个 NH_3 分子中 4 个 N 原子提供的 4 对孤对电子形成 4 个配位键，配离子空间构型为正四面体形，Ni^{2+}在四面体的中心，4 个配位原子 N 在四面体的 4 个顶点（表 7-4）。

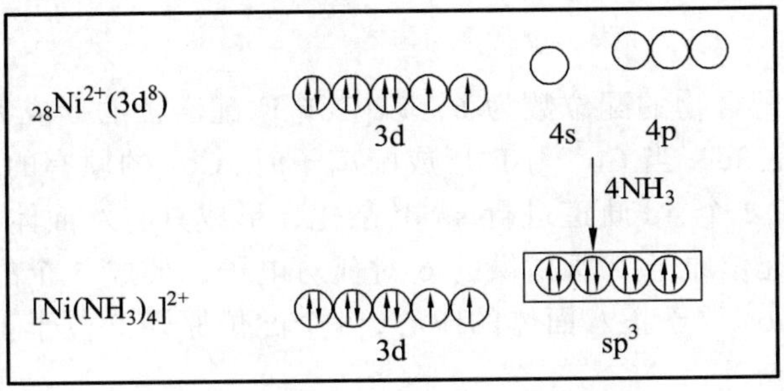

图 7-3　$[Ni(NH_3)_4]^{2+}$配离子的形成

4. dsp^2 杂化

dsp^2 杂化形成的配合物的配位数为 4，以$[Ni(CN)_4]^{2+}$配离子的形成为例：如图 7-4 所示，当 Ni^{2+}与 4 个 CN^-接近时，Ni^{2+}的价电子层结构发生重排，空出 1 个 3d 轨道，并用这个空的 3d 轨道、1 个 4 s 和 2 个 4 p 轨道进行 dsp^2 杂化，形成 4 个等价 dsp^2 杂化轨道，分别接纳 4 个 CN^-中的 4 个 C 原子提供的 4 对孤对电子，形成 4 个配位键，配离子空间构型为平面正方形，Ni^{2+}在平面正方形的中心，4 个配位原子 C 在平面正方形的四个顶点（表 7-4）。

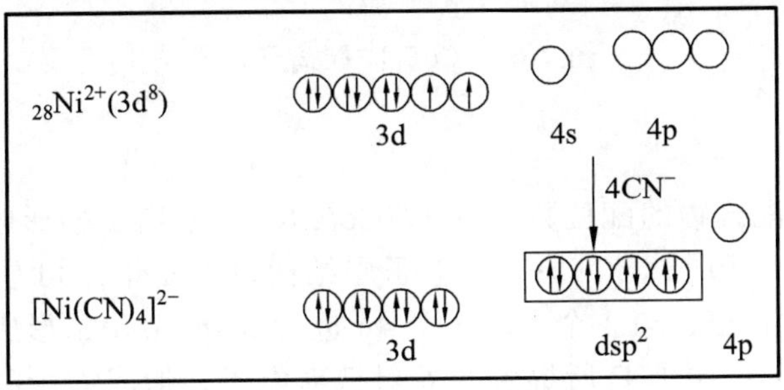

图 7-4　$[Ni(CN)_4]^{2+}$配离子的形成

5. dsp^3 杂化

dsp^3 杂化形成的配合物的配位数为 5，以$[Fe(CO)_5]$配位分子的形成为例：如图 7-5 所示，当 Fe 原子与 4 个 CO 接近时，Fe 原子的价电子层结构发生重排，空出 1 个 3d 轨道，并与 1 个 4 s 和 3 个 4 p 轨道进行 dsp^3 杂化，形成 5 个等价 dsp^3 杂化轨道，分别接纳 5 个 CO 中的 5 个 C 原子提供的 5 对孤对电子，形成 5 个配位键，配位分子空间构型为三角双锥形，Fe 原子在三角双锥的中心，5 个配位原子 C 位于三角双锥的 5 个顶角上（表 7-4）。

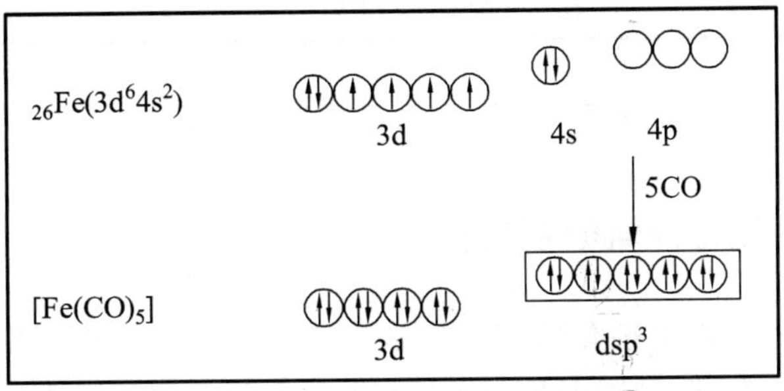

图 7-5　$[Fe(CO)_5]$配位分子的形成

6. sp^3d^2 杂化

sp^3d^2 杂化形成的配合物的配位数为 6，以$[CoF_6]^{3-}$配离子的形成为例：如图 7-6 所示，Co^{3+}的价电子层结构是 $3d^6$，当 Co^{3+}与 F^-形成配离子时，Co^{3+}的原有的电子层结构保持不变，用 1 个 4s、3 个 4p 和 2 个 4d 轨道进行 sp^3d^2 杂化，形成具有八面体构型的 6 个 sp^3d^2 杂化轨道，分别接纳 6 个配位原子 F 所提供的 6 对孤对电子，形成 6 个配位键，配离子的空间构型为正八面体形，Co^{3+}位于正八面体的中心，6 个配位原子 F 位于正八面体的 6 个顶角上（表 7-4）。

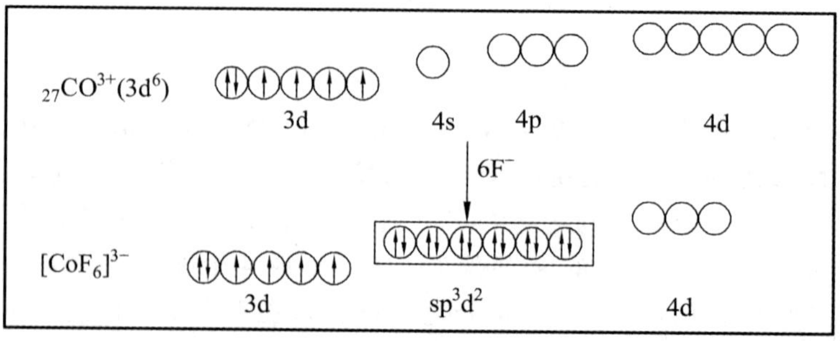

图 7-6　$[CoF_6]^{3-}$配离子的形成

7. d^2sp^3 杂化

d^2sp^3 杂化形成的配合物的配位数为 6，以$[Co(CN)_6]^{3-}$配离子的形成为例：如图 7-7 所示，当 Co^{3+}与 CN^-形成配离子时，Co^{3+}原有的电子层结构发生变化，3d 轨道中的 6 个价电子进行重排而空出 2 个 3d 轨道，与 1 个 4s、3 个 4p 进行 d^2sp^3 杂化，形成 6 个 d^2sp^3 杂化轨道，分别接纳 6 个 CN^-的配位原子 C 所提供的 6 对孤对电子，形成 6 个配位键，配离子的空间构型也是八面体形。

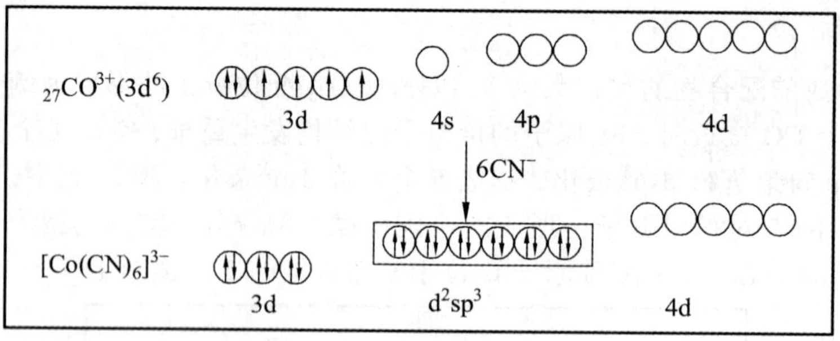

图 7-7　$[Co(CN)_6]^{3-}$配离子的形成

三、内轨型配合物和外轨型配合物

中心离子利用哪些空轨道杂化成键，这既与中心离子的价电子层结构有关，又与配位体的配位原子的电负性有关。特别是对$(n-1)$d 轨道尚未填满的过渡金属离子，是用次外层的$(n-1)$d 轨道与 *n*s、*n*p 轨道杂化成键，还是用 *n*s、*n*p、*n*d 轨道杂化成键，要考虑到配位原子的影响。根据中心离子提供参加杂化的轨道类型不同，价键理论将配合物分成内轨型配合物和外轨型配合物。

1. 外轨型配合物

如果配位原子的电负性较大，如 X、O（Cl^-、H_2O）等，它们不易给出孤电子对，其电场对中心离子的影响较小，使中心离子原有的价电子层结构不变，仅用外层的 ns、np、nd 空轨道进行杂化，生成能量相同具有一定空间构型的一组杂化轨道与配体结合，这类配合物称外轨型配合物。

外轨型配合物包括中心离子进行 sp、sp^3、sp^3d^2 杂化形成的配合物。如果中心离子的 $(n-1)$d 轨道全部充满电子时，就只能形成外轨型配合物。外轨型配合物的键能较小，不稳定，在水溶液中易离解。

2. 内轨型配合物

如果配位原子的电负性较小，如 C、N（CN^-、NO_2^-）在形成配位键时较易给出孤对电子，对中心离子的影响较大，形成配合物时能使中离子的价电子层结构发生电子重排，空出能量较低的次外层 d 轨道参与成键。由次外层 $(n-1)$d 和 ns、np 轨道参加杂化所形成的配合物称内轨型配合物。

内轨型配合物包括 dsp^2、dsp^3、d^2sp^3 杂化形成的配合物。内轨型配合物因为中心原子 $(n-1)$d 轨道参加杂化，使成键轨道的能量较低，有利于降低体系的能量，使配合物的键能较大，稳定性好，在水溶液中不易离解。通常内轨型配合物比外轨型配合物稳定。

【例 7-3】已知 $[Ni(CN)_4]^{2-}$ 为平面四方形空间构型，$[Cd(CN)_4]^{2-}$ 是四面体构型，指出中心离子的杂化类型、配合物的类型，用轨道式表示中心离子 d 电子的排布情况。

解：

配合物	中心离子的电子排布	杂化轨道的类型	配合物的类型
$[Ni(CN)_4]^{2-}$	$3d^8$	dsp^2	内轨型
$[Cd(CN)_4]^{2-}$	$4d^{10}$	sp^3	外轨型

3. 配合物类型的判断

内轨型配合物与外轨型配合物的区别见表 7-5。

表 7-5　内轨型配合物与外轨型配合物的区别

项目	未成对电子	磁矩	稳定性
内轨型配合物	少	小	较强
外轨型配合物	多	大	较弱

判断内轨型和外轨型配合物，一般是根据实验测定磁矩的数据来确定的。其基本原理是：物质的磁性主要取决于分子中存在的单电子。若分子中的电子都已成对，则电子的自旋磁场彼此抵消，物质在外加磁场的诱导下产生反（逆）磁性；若分子内含有单电子时，电子的自旋磁场使物质在外加磁场的作用下产生顺磁性。分子中所含单电子数目越多，其顺磁性越强。反映物质磁性大小的物理量磁矩（μ）与单电子数（n）的近似关

系式为：

$$\mu = \sqrt{n(n+2)}$$

式中　μ——磁矩，B·M；

n——未成对电子数。

将实验测得的磁矩数据与理论值进行对比，可以估计中心离子中所含单电子的数目（n），由此即可判断中心离子的杂化方式和配合物的空间构型。

例如：$[FeF_6]^{3-}$配离子磁矩实验值为 5.88 B·M，与 Fe^{3+}3d 轨道含有 5 个单电子的磁矩理论值 5.92 B·M 相近。说明在$[FeF_6]^{3-}$配离子中，Fe^{3+}保持着原有的电子构型，采取 sp^3d^2 杂化成键，故属外轨型配离子。$[Fe(CN)_6]^{3-}$配离子磁矩实验值为 2.3 B·M，与 $n = 1$ 的磁矩理论值 1.73 B·M 接近。表明在生成配离子时，Fe^{3+} $(n-1)$d 轨道上的 5 个单电子发生重排，空出 2 个 d 轨道，采取 d^2sp^3 杂化成键，故为内轨型配离子。

价键理论阐明了配合物化学键的形成、中心离子的配位数、空间构型、稳定性和磁性问题，但对配合物的颜色特征等性质还不能做出满意的解释，也无法定量地说明配合物的稳定性，其根本原因是它孤立地考虑中心离子与配体的成键，忽略了配体所形成的电场对中心离子价层 d 轨道能量的影响。而 1929 年由皮塞（H. Bethe）提出的晶体场理论则使这些问题得到比较满意的解释（见“知识拓展”部分）。

第三节　配位化合物在水中的稳定性

一、配位平衡常数

配合物以配位键结合的内界配离子在水溶液中具有一定的稳定性，是保持配合物性质特征的重要组分，但在一定条件下配离子仍然可以发生部分离解。

在一定条件下，中心离子生成配离子的过程与配离子的离解过程达到动态平衡时，称配位平衡。例如$[Ag(NH_3)_2]^+$：

$$Ag^+ + 2NH_3 \rightleftharpoons [Ag(NH_3)_2]^+$$

根据化学平衡原理，该配位平衡的标准平衡常数表达为：

$$K^{\ominus}_{稳} = \frac{c\{[Ag(NH_3)_2]^+\}}{c(Ag^+)c(NH_3)^2}$$

标准平衡常数 $K^{\ominus}_{稳}$ 值越大，体系中$[Ag(NH_3)_2]^+$的平衡浓度越大，即配离子越稳定。$K^{\ominus}_{稳}$ 值反映了配离子的稳定性，所以称配位平衡的平衡常数为配合物的稳定常数，用 $K^{\ominus}_{稳}$ 或 β 表示。

利用稳定常数可以比较相同类型的配合物的稳定性。如在相同条件下，$[Ag(NH_3)_2]^+$和$[Ag(CN)_2]^-$的稳定常数分别是 1.1×10^7、1.3×10^{21}，说明$[Ag(CN)_2]^-$比较稳定。

配离子的稳定性也可用离解平衡常数表示，例如

$$[Ag(NH_3)_2]^+ \rightleftharpoons Ag^+ + 2NH_3$$

$$K^{\ominus}_{\text{不稳}}=\frac{c(Ag^{+})c(NH_3)^2}{c\{[Ag(NH_3)_2]^{+}\}}$$

离解平衡常数用$K^{\ominus}_{\text{不稳}}$表示，$K^{\ominus}_{\text{不稳}}$值反映了配合物的不稳定性，叫配合物的不稳定常数。对同一配合物，不稳定常数$K^{\ominus}_{\text{不稳}}$与稳定常数β的关系是：

$$\beta=\frac{1}{K^{\ominus}_{\text{不稳}}}$$

配位反应是分步进行的可逆反应，对于每一步反应，都有一个对应的平衡常数。因此在配合物溶液中实际存在着一系列的配位平衡及对应于这些平衡的一系列稳定常数。

$$Ag^{+}+NH_3 \rightleftharpoons [Ag(NH_3)]^{+} \qquad \beta_1=\frac{c\{[Ag(NH_3)]^{+}\}}{c(Ag^{+})c(NH_3)}$$

$$[Ag(NH_3)]^{+}+NH_3 \rightleftharpoons [Ag(NH_3)_2]^{+} \qquad \beta_2=\frac{c\{[Ag(NH_3)_2]^{+}\}}{c\{[Ag(NH_3)]^{+}\}c(NH_3)}$$

β_1、β_2为逐级稳定常数，可见，逐级稳定常数的乘积等于该配离子的稳定常数，因此，β也叫作累积稳定常数，即

$$\beta=\beta_1\cdot\beta_2$$

配离子的逐级稳定常数彼此差别不大，通常是逐级减小，是前面配合反应的配体对后面反应的配体斥力产生影响的结果。因为在实际配合反应中，总是加入过量的配位剂，使绝大多数金属离子生成最高配位的配离子，如计算体系中的金属离子浓度时，可以只考虑总配位平衡和$K_{\text{稳}}$，忽略其他逐级平衡，从而使计算简化。

二、影响配位平衡移动的因素

配合物在水溶液中的稳定性首先与其结构组成因素有关，表现为不同的配合物其稳定常数不同，在水溶液中的解离程度不同；此外还与体系配位平衡存在的条件有关。

1. 配体浓度对配位平衡的影响

根据化学平衡原理，在配位平衡体系中加入过量的配合剂，可以使配位平衡向生成配合物的方向移动，或者说可以降低配合物的离解性，使其稳定性增强。但如果在体系中加入的是其他配合剂，有可能发生配体之间争夺金属离子生成新的配合物的反应。

2. 溶液的酸碱性对配位平衡的影响

（1）酸效应　因为大多数配体与H^{+}有很强的结合力，当体系的酸性增强时，配体可与H^{+}结合生成弱酸，使体系中的配体浓度减少，从而影响到配位平衡使其向配离子离解的方向移动，导致配离子的稳定性降低。因为体系酸度增大导致配合物稳定性降低的现象叫作

配合物的酸效应。

$$
\begin{array}{ccl}
[Cu(NH_3)_4]^{2+} & \rightleftharpoons & Cu^{2+} + 4NH_3 \\
 & & \qquad\quad + \\
 & & \qquad\quad 4H^+ \\
 & & \qquad\quad \downarrow \\
 & & \qquad\quad 4NH_4^+
\end{array}
$$

酸效应对配合物稳定性的影响程度，与配体结合 H^+的能力大小有关，结合 H^+能力大的配体所形成的配合物在酸性溶液中的稳定性较差。对 OH^-、NH_3、S^{2-}、Ac^- 等亲质子的配体所形成的配合物溶液，改变体系的酸度会影响到配合物的稳定性。

（2）金属离子的水解效应　溶液的酸度不仅能影响到配体的浓度，而且对配合物的中心离子的浓度产生影响。因为许多金属离子，特别是高价态的金属离子都具有显著的水解性。当体系的 pH 值升高时，可使金属离子与溶液中的 OH^-结合生成难溶氢氧化物沉淀析出，从而影响到配位平衡的移动。这种因为中心离子的水解作用而引起配合物稳定性变化的现象叫作水解效应。

3. 沉淀反应对配位平衡的影响

如果在配位平衡体系中加入能与配离子的中心离子结合生成难溶电解质的沉淀剂时，可以促使配位平衡发生移动，影响到配合物的稳定性，甚至使配合物完全离解。当然选择适当的配合剂，也可使难溶电解质重新溶解，关键取决于配合剂和沉淀剂竞争结合金属离子的能力大小。

例如：当向含有$[Ag(NH_3)_2]^+$配离子的溶液中加入沉淀剂 KBr 溶液时，有淡黄色的 AgBr 沉淀生成，最终可使配离子完全离解。如果离心分离后在沉淀体系中加入 $Na_2S_2O_3$ 溶液时，则 AgBr 沉淀能被生成$[Ag(S_2O_3)_2]^{3-}$ 配离子而溶解，所以沉淀平衡与配位平衡在一定条件下可以相互转化。

4. 氧化还原反应对配位平衡的影响

体系中配体与金属离子结合形成稳定的配离子，使金属离子浓度发生较大的变化，从而影响到金属离子/金属电对的实际电极电势，改变金属的氧化还原性。

【例 7-4】计算$[Ag(NH_3)_2]^+ + e^- \rightleftharpoons Ag + 2NH_3$ 电极反应的标准电极电势。已知$[Ag(NH_3)_2]^+$的 $K_{稳} = 1.7\times10^7$，$E^{\ominus}(Ag^+/Ag)= 0.81\ V$。

解：首先计算$[Ag(NH_3)_2]^+$在平衡时，解离出的 Ag^+的浓度。

$$Ag + 2NH_3 \rightleftharpoons [Ag(NH_3)_2]^+$$

$$K_{稳}^{\ominus} = \frac{c\left\{\left[Ag\left(NH_3\right)_2\right]^+\right\}}{c\left(Ag^+\right)c\left(NH_3\right)^2}$$

按题意，配离子和配位体的浓度均为 1 mol · L^{-1}时，则

$$[Ag^+] = 1/K_{稳} = 5.9\times10^{-8}\ (mol \cdot L^{-1})$$

$$E^{\ominus}([Ag(NH_3)_2]^+/Ag) = E^{\ominus}(Ag+/Ag) + 0.059\lg[Ag^+]$$

$$= 0.8 + 0.059\lg 5.9\times10^{-8} = 0.38\ (V)$$

计算结果表明，当金属离子在体系中形成稳定的配离子时其 $E(M^+/M)$降低，使金属离子得电子的能力降低，稳定性增高，金属单质的失电子能力提高，活泼性增强，

5. 螯合效应

由多齿配体与金属离子所形成的具有稳定环状结构的配合物叫螯合物。螯环的形成而使螯合物所具有的特殊稳定作用叫螯合效应。通常螯合物比单齿配体形成的配合物的稳定性好，能形成五、六元环的螯合物的稳定性较好，螯合物中所含环的数目越多，稳定性越好。

*第四节　配位化合物的应用

配合物极为普遍，已经渗透到许多自然科学领域和重工业部门，如分析化学、生物化学、医学、催化反应，在染料、电镀、湿法冶金、半导体、原子能等工业中都得到广泛应用。本节仅选择某些方面进行简要介绍。

一、分析化学中的应用

1. 离子的鉴定

在分析化学中，很多配位剂能和特定金属离子形成特征的有色配位化合物或沉淀，具有很高的灵敏度和专属性，可用作鉴定该离子的特征试剂。例如：Fe^{3+}与 KSCN 形成特征的血红色的$[Fe(NCS)_n]^{3-n}$，Cu^{2+}与氨水形成深蓝色的$[Cu(NH_3)_4]^{2+}$，Co^{3+}与 NCS^-形成的$[Co(NCS)_4]^{2-}$在丙酮中显鲜蓝色等。它们形成时产生的特征颜色常被用于有关金属离子存在的依据。

2. 离子的分离

两种离子若仅有一种离子能和某配位剂形成配位化合物，这种配位剂即可用于分离这两种离子。例如，向含有 Zn^{2+}和 Al^{3+}的混合溶液中加入氨水，此时 Zn^{2+}和 Al^{3+}均能够与氨水形成氢氧化物沉淀，但在加入过量的氨水后，$Zn(OH)_2$ 可与 NH_3 形成配合物$[Zn(NH_3)_4]^{2+}$溶解而进入溶液中：$Al(OH)_3$ 则不能与 NH_3 形成配合物，从而达到分离 Zn^{2+}和 Al^{3+}的目的（反应过程如右）。

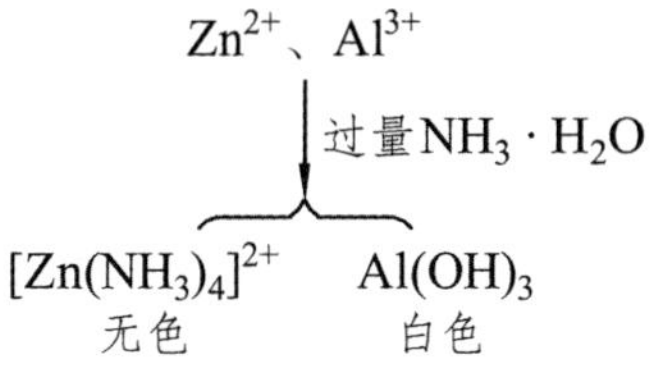

3. 离子的掩蔽

在分析鉴定中，常会因某种金属离子的存在而发生干扰，影响鉴定工作的正常进行。例如，Fe^{3+}的存在对用 NCS^- 鉴定 Co^{2+}就会发生干扰，因为 NCS^- 与 Fe^{3+}和 Co^{2+}都能配位，

分别形成血红色和鲜蓝色的配合物，所以，鉴定 Co^{2+}受到 Fe^{3+}的妨碍而无法观察清楚（反应过程如右）。

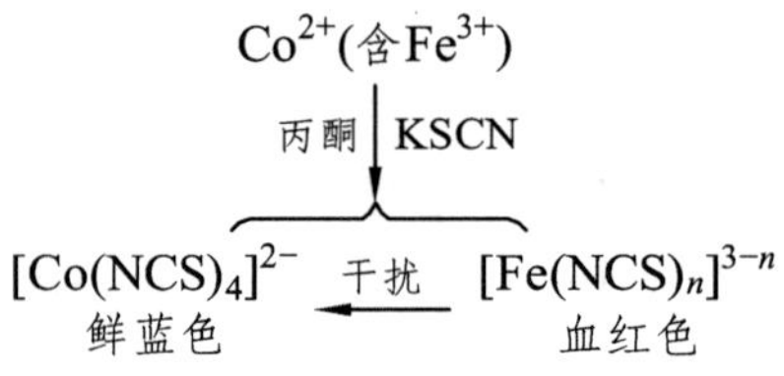

但只要在溶液中加入 NaF，F^- 与 Fe^{3+}可以形成更稳定的无色的$[FeF6]^{3-}$，使 Fe^{3+}不再与 NCS^- 配位，也就是说，把 Fe^{3+}掩蔽起来，避免了对 Co^{2+}鉴定的干扰。这种防止干扰的作用称为掩蔽效应，所用配位剂 NaF 就称为掩蔽剂。

4. 定量测定

定量分析中的配位滴定法，是测定金属含量的常用方法之一，依据的原理就是配合物的形成与相互转化。而最常用的分析试剂就是 EDTA。另外，一些配位剂也常用作分光光度法中的显色剂。

二、在生物化学和医学上的应用

金属配合物在生物化学中具有广泛而重要的应用。生物体中对各种生化反应起特殊作用的各种各样的酶，许多都含有复杂的金属配合物。由于酶的催化作用，许多目前在实验室中尚无法实现的化学反应在生物体内实现了。生命体内的各种代谢作用、能量的转换、以及 O_2 的输送，也与金属配合物有密切关系。

在植物生长中起光合作用的叶绿素，是一种以 Mg^{2+}为中心的复杂配合物，其结构如右所示，在进行光合作用时，将 CO_2、H_2O 合成为复杂的糖类，使太阳能转化为化学能加以贮存，供生命之需。

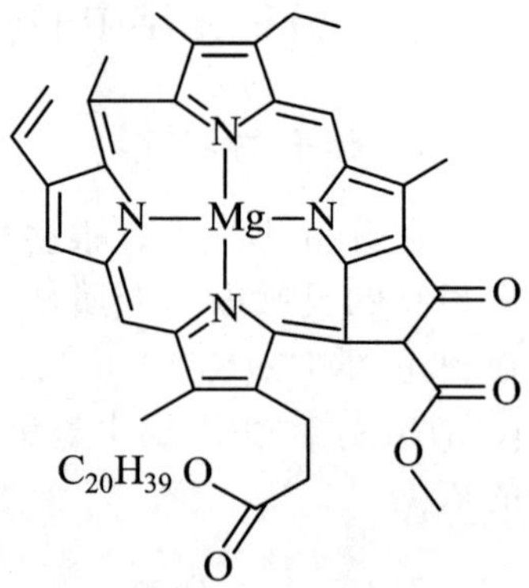

使血液呈红色的血红素结构是以 Fe^{2+}为中心的复杂配合物（结构如下所示），它与有机大分子球蛋白结合成一种蛋白质称为血红蛋白，氧合血红蛋白具有鲜红的颜色；而血红蛋白本身是蓝色的。这就解释了为什么动脉血呈鲜红色（含氧量高），而静脉血则带蓝色（含氧量低）。

$$\underset{\text{（蓝色）}}{\text{血红蛋白 } H_2O} + O_2 \longrightarrow \underset{\text{（鲜红色）}}{\text{血红蛋白 } O_2} + H_2O$$

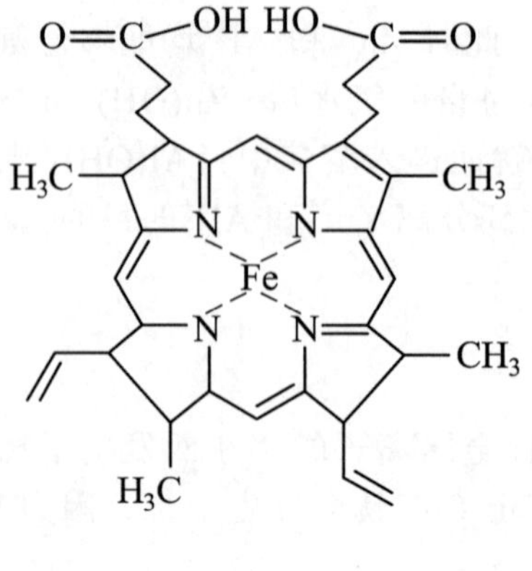

上述平衡对 O_2 的浓度很敏感。在肺部因有大量的 O_2，平衡右移。O_2 以血红蛋白配合物的形式为红细胞所吸收，并输送给各种细胞组织，以供应新陈代谢所需要的 O_2。某些分子或负离子，如 CO 或 CN^-，可以与血红蛋白形成比血红蛋白 O_2 更稳定的配合物，可以使血红蛋白中断输 O_2，造成组织缺 O_2 而中毒，这就是煤气（含 CO）及氰化物（含 CN^-）中毒的基本原理。

另外，人体生长和代谢必需的维生素 B_{12} 是 Co 的配合物，起免疫等作用的血清蛋白是 Cu 和 Zn 的配合物；植物固氮菌中的固氮酶含 Fe、Mo 的配合物等。目前，世界各国的科学界都在致力于这些配合物的组成、结构、性能和有关反应机理的研究，探索某些仿生新工艺，这显然是一个十分重要和备受关注的科学研究领域。

螯合物与医药学关系密切。血红蛋白、维生素 B_{12}、锌胰岛素及多种酶都是螯合物。Ca^{2+} 与 EDTA 螯合，治疗血钙过高时用 EDTA 可从骨中将 Ca^{2+} 移出，使钙通过肾脏迅速排出。EDTA 已用作 Pb^{2+}、Hg^{2+} 等中毒的解毒剂；顺式 $[Pt(NH_3)_2Cl_2]$（又称顺铂）具有抗癌作用而用作治癌药物。又如，用青霉胺治疗威尔逊氏症，将沉积于肝、脑、肾等组织中的过量 Cu^{2+} 以青霉胺-Cu(Ⅱ)螯合物形式从尿中排出，效果良好。

三、在工业生产上的应用

1. 提取贵金属

配合物的形成，对于一些贵金属的提取起着重要作用。我们知道，贵金属很难氧化，但有配位剂存在时，可形成配合物而溶解。Au、Ag 等贵金属的提取就是应用这个原理。用稀 NaCN 溶液在空气中处理已粉碎的含 Au、Ag 矿石，Au、Ag 便可形成配合物而转入溶液：

$$4Au + 8NaCN + 2H_2O + O_2 \longrightarrow 4Na[Au(CN)_2] + 4NaOH$$

$$4Ag + 8NaCN + 2H_2O + O_2 \longrightarrow 4Na[Ag(CN)_2] + 4NaOH$$

然后用活泼金属（如 Zn）还原，可得到单质 Au 或 Ag：

$$2[Au(CN)_2]^- + Zn \longrightarrow [Zn(CN)_4]^{2-} + 2Au$$

$$2[Ag(CN)_2]^- + Zn \longrightarrow [Zn(CN)_4]^{2-} + 2Ag$$

贵金属 Pt 的提取是利用王水溶解含 Pt 矿粉，Pt 便转化为 $H_2[PtCl_6]$，再将 $H_2[PtCl_6]$ 转化为氯铂酸铵沉淀。将沉淀分离出来在高温下分解便可制得海绵状 Pt：

$$3Pt + 18HCl + 4HNO_3 \longrightarrow 3H_2[PtCl_6] + 4NO + 8H_2O$$

$$H_2[PtCl_6] + 2NH_4Cl \longrightarrow (NH_4)_2[PtCl_6] + 2HCl$$

$$3(NH_4)_2[PtCl_6] \xrightarrow{800\ ^\circ C} 3Pt + 16HCl + 2NH_4Cl + 2N_2$$

上述提取贵金属的过程，不同于高温火法冶炼金属，是在溶液中进行的，因而称为**湿法冶金**。除 Au、Ag、Pt 以外，一些稀有金属的提取，也有采用湿法进行的。

2. 高纯金属的制备

CO 能与许多过渡金属（Fe、Ni、Co）形成羰基配合物，且这些金属配合物易挥发，受热后易分解成金属和一氧化碳。利用此可以制备高纯金属：

$$Fe + 5CO \xrightarrow{200\ ℃} [Fe + (CO)_5] \xrightarrow{200 \sim 250\ ℃} Fe + 5CO$$

3. 电　镀

许多金属制件，常用电镀法镀上一层既耐腐蚀、又增加美观的 Zn、Cu、Ni、Cr、Ag 等金属。在电镀时必须控制电镀液中的金属离子的浓度，并使它在作为阴极的金属制件上源源不断地放电沉积，才能得到均匀、致密、光洁的镀层。配合物能较好地达到此要求。CN^-可以与上述金属离子形成稳定性适度的配离子。所以，电镀工业中曾长期采用氰配合物电镀液，但是，由于含氰废电镀液有剧毒，容易污染环境，造成公害。近年来已逐步找到可代替氰化物做配位剂的焦磷酸盐、柠檬酸、氨三乙酸等，并已逐步建立无毒电镀新工艺。

4. 催　化

利用配合物的形成，对反应所起的催化作用称为配位催化，有些已应用于工业生产。例如，以 $PdCl_2$ 做催化剂，在常温常压下可催化乙烯氧化为乙醛：

$$C_2H_4 + PdCl_2 + H_2O \longrightarrow [PdCl_2H_2O(C_2H_4)] \longrightarrow CH_3CHO + Pd + 2HCl$$

$$2CuCl_2 + Pd \longrightarrow 2CuCl + PdCl_2$$

$$2CuCl + \frac{1}{2}O_2 + 2HCl \longrightarrow 2CuCl_2 + H_2O$$

三式相加得总反应：$C_2H_4 + \frac{1}{2}O_2 \longrightarrow CH_3CHO$

配位催化反应具有活性高、反应条件温和（常不需要高温高压）等优点，在有机合成、高分子合成中已有重要的工业化应用。

除上述各领域外，原子能、半导体、激光材料、太阳能储存等高科技领域，环境保护、印染、鞣革等部门也都与配合物有关。配合物的研究与应用，无疑具有广阔的前景。

【知识拓展】

晶体场理论

晶体场理论于 1929 年由皮塞（H. Bethe）提出。该理论将中心离子和配体之间的相互作用完全看作是静电的吸引和排斥，同时考虑到配体电场对中心离子 d 轨道的影响，成功地解释了过渡金属配合物的光学和磁性问题，从而得以迅速发展。

一、晶体场理论的要点

（1）中心原子（离子）与配体之间的作用力犹如离子晶体中的正负离子一样，靠静电作用相互结合。

（2）中心原子（离子）d 轨道与配体之间有排斥，该排斥力使中心离子 d 轨道发生分化改组，有的轨道能量上升，有的轨道能量下降。

（3）空间构型不同的配合物，配位体形成不同的负电场，对中心离子 d 轨道影响不同。

（4）中心原子（离子）d 轨道的电子在分裂后的能级上重新排布，体系能量降低，配合物更稳定。

二、d 轨道的能级分裂

晶体场理论将配体看成负电场，由于配体产生的电场不是球形对称的，各 d 轨道伸展方向不同，相互间影响不同。

1. 八面体场中 d 轨道的分裂

以六配位的八面体构型的配合物为例，当 6 个配体沿着 x，y，z 轴的方向接近中心离子时，配体形成一个八面体场。在八面体场中，中心离子的 d_{z^2} 和 $d_{x^2-y^2}$ 轨道正好与配体处于迎头相撞，其电子云受到配体负电荷的排斥作用最大，因而这两个轨道的能量比在球形对称场中的能量要高，而 d_{xy}、d_{xz}、d_{yz} 则恰巧处于配体的空隙之间，所以这三个轨道的电子云受到的排斥作用较小，比在球形对称场中的能量要低，这样便造成 d 轨道的分裂（图 7-8）：

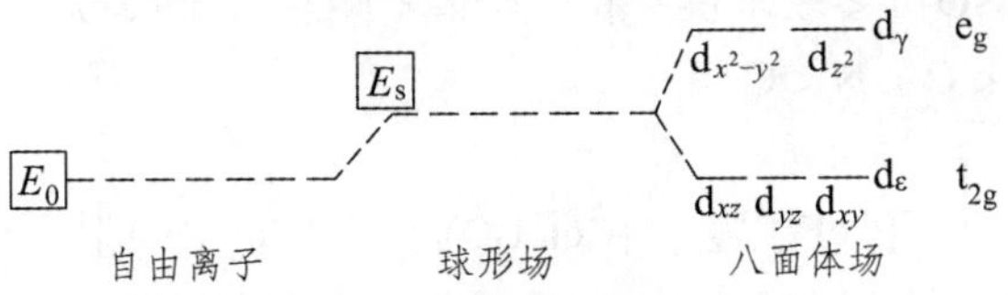

图 7-8　d 轨道分裂

即 5 个能级相等的 d 轨道分裂成两组：

能量较高的 d_{z^2}、$d_{x^2-y^2}$，为二重简并轨道，称 d_γ 轨道；能量较低的 d_{xy}、d_{xz}、d_{yz}，为三重简并轨道，称 d_ε 轨道。

2. 四面体场中 d 轨道的分裂

在四面体场中，d_{xy}、d_{xz}、d_{yz} 三个轨道距配体较近，受到的负电排斥作用较强，使能级升高，而 d_{z^2} 和 $d_{x^2-y^2}$ 距配体较远，受到的负电排斥作用较弱，使能量降低。产生与八面体恰恰相反的分裂，即 d_ε 轨道能量升高，而 d_γ 能量降低（图 7-9）：

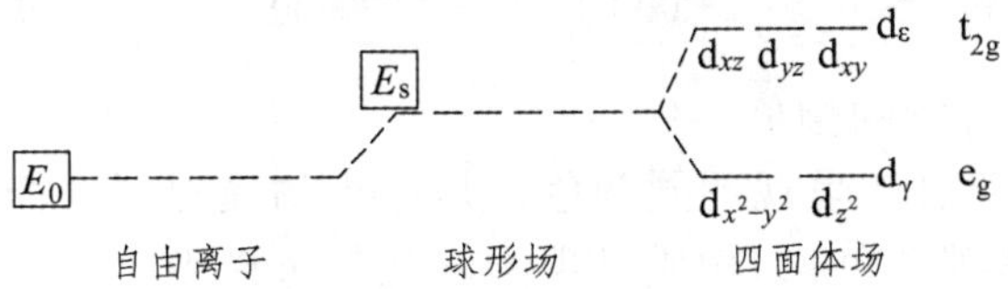

图 7-9　四面体场中 d 轨道的分裂

3. 平面四方形场中 d 轨道的分裂

在平面四方形场中有 4 个 L 沿 x 和 y 轴正负方向，向中心的 M^{n+} 趋近时，因 $d_{x^2-y^2}$ 轨道中的电子受 L 的负电排斥作用最强，能级升高最多，其次是 d_{xy} 轨道；而 d_{z^2} 和简并的 d_{yz}、d_{xz} 的能量降低。5 个 d 轨道分裂成四组（图 7-10）：

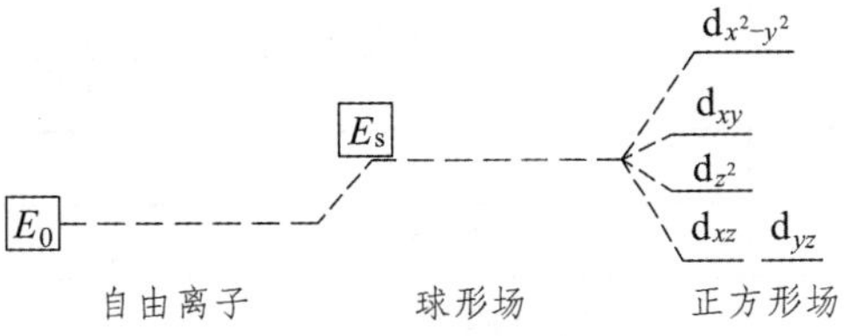

图 7-10　平面四方形场中 d 轨道的分裂

三、分裂能

d 轨道在不同构型的配合物中，分裂方式和大小都不同。分裂后最高能量 d 轨道和最低能量 d 轨道之间的能量差为分裂能（splitting energy），通常用符号 Δ 来表示，对八面体配

合物的分裂能用 Δ_o 表示（四面体用 Δ_t 表示），它相当于电子在分裂后 d 轨道间的跃迁所需的能量。

1. 配体电场的影响

（1）几何构型：平面正方形场 > 八面体场 > 四面体场

（2）光化学序列（实验的总结）：从正八面体配合光谱实验得到配体场强由弱到强的顺序为

$I^- < Br^- < Cl^- < SCN^- < F^-$~尿素 $< OH^-$~$ONO^- < C_2O_4^{2-} < H_2O < NCS^- < EDTA^{4-} <$ 吡啶~$NH_3 <$ en（乙二胺）$< SO_3^{2-} <$ 联吡啶~邻二氮菲 $< NO_2^-$（硝基）$< CN^- < CO$

作为配位原子：$X^- < O < N < C$

例如：

配合物	$[CoF_6]^{3-}$	$[Co(H_2O)_6]^{3+}$	$[Co(NH_3)_6]^{3+}$	$[Co(CN)_6]^{3-}$
Δ_o/cm^{-1}	13 000	18 600	22 900	34 000

2. 中心离子的影响

（1）电荷的影响

电荷低的引起分裂小，因为价态越高，中心离子与配体越近，排斥越大。

配合物	$[Fe(H_2O)_6]^{2+}$	$[Fe(H_2O)_6]^{3+}$
Δ_o/cm^{-1}	10 400	13 700

（2）随周期增加，有效核电荷增加，作用强。

配合物	$[Co(NH_3)_6]^{3+}$	$[Ph(NH_3)_6]^{3+}$	$[Ir(NH_3)_6]^{3+}$
轨道	3d	4d	5d
Δ_o/cm^{-1}	23 000	33 900	49 000

四、d→d 跃迁和配合物的颜色

物质之所以在日光照射下呈现不同颜色，是由于物质对混合光的选择吸收。如物质吸收日光中的红色光，便呈现蓝色，即物质呈现的颜色与选择吸收光的颜色互为补色（表 7-6）。

表 7-6　物质颜色与吸收光颜色的关系

物质颜色	吸收光颜色	吸收波长范围/nm
黄绿色	紫色	400~425
黄色	深蓝色	425~450
橙黄色	蓝色	450~480
橙色	绿蓝色	480~490
红色	蓝绿色	490~500
紫红色	绿色	500~530
紫色	黄绿色	530~560
深蓝色	橙黄色	560~600
绿蓝色	橙色	600~640
蓝绿色	红色	640~750

晶体场理论认为：含有 d^1 到 d^9 的过渡金属配合物之所以有颜色，是由于 d 轨道未充满，电子可以吸收光能在 d_ε 与 d_γ 轨道间发生跃迁，从而使配离子呈现被吸收光的互补色。对于

不同的配合物，分裂能Δ不同，电子跃迁需要的能量不同，因此吸收光的波长不同，因而呈现不同的颜色。例如，$[Cu(H_2O)_4]^{2+}$显蓝色，吸收峰约在 12 600 cm^{-1} 处（吸收橙红色光为主），而$[Cu(NH_3)_4]^{2+}$显很深的蓝紫色，吸收峰约在 15 100 cm^{-1} 处（吸收橙黄色光为主）。由光学顺序知，NH_3 是比 H_2O 更强的配体，$\Delta(NH_3)>\Delta(H_2O)$，故$[Cu(NH_3)_4]^{2+}$的吸收区向波长较短的黄绿色区移动，从而显更深的蓝紫色。

需要指出的是，颜色问题比较复杂，除 d→d 跃迁外，还有其他很多影响因素。

晶体场理论能说明配合物颜色，考虑了 d 轨道分裂，能解释配合物的磁性，但不能解释光谱化学，这是因为晶体场理论只考虑离子间相互作用力，没有考虑共价性，难解释非离子化合物，如 $Ni(CO)_4$。

习　题

第八章　卤素和氧族元素

【学习目标】

1. 理解 p 区元素的基本性质与原子结构的关系。
2. 理解卤素和氧族元素的单质及其化合物的主要性质及其变化规律。
3. 了解卤素和氧族元素的单质及其化合物的结构。
4. 理解惰性电子对效应等重要概念。

第一节　p 区元素概述

p 区元素是指基态组态为 $ns^2np^{1\sim6}$ 的元素，包括ⅢA~ⅦA 和 0 族元素，即除氢以外的所有非金属元素和部分金属元素。在周期表中沿 B、Si、As、Te、At 对 p 区作一条对角线，则线的右上方为非金属，线的左下方为金属，线上及其附近的元素，可称为“准（半）金属”。因为其中有些具有半导体的性质（如 B、Si、Ge 等），如 C、P、As、Se、Te 等常有非金属（色较浅）和金属（色较深）多种变体。

一、p 区元素概述

p 区元素具有以下特点：

（1）p 区元素的原子半径在同一族中，自上而下逐渐增大，得电子能力逐渐减弱，非金属性逐渐减弱，金属性逐渐增强。

（2）p 区元素在许多化合物中以共价键结合。除 In、Tl 以外，p 区元素形成的氢化物都是共价型的。

（3）p 区元素的价层电子构型为 $ns^2np^{1\sim6}$，大多数都有多种氧化态。非金属元素的最高氧化态等于所在主族的族序数。但 F 无正氧化态。ⅢA~ⅤA 族同族元素自上而下低氧化数化合物的稳定性增强，高氧化数化合物的稳定性减弱，这种现象称为**惰性电子对效应**。例如，TlCl 比 $TlCl_3$ 稳定。

二、p 区元素单质化合物性质递变规律

（一）p 区元素的单质

F_2、Cl_2、Br_2、O_2、P、S 等均为活泼非金属，易与金属元素形成卤化物、氧化物、硫化物、氢化物或含氧酸盐等。非金属元素之间也可形成共价化合物。大部分非金属单质不与水反应，卤素仅部分与水反应，碳在炽热条件下才与水蒸气反应。非金属一般不与非氧化性稀酸反应，C、S、P、I_2 能被浓硝酸和浓硫酸氧化。除碳、氮、氧外，非金属单质可和碱溶液反应，对于有变价的非金属元素主要发生歧化反应。例如：

$$Cl_2 + 2NaOH \longrightarrow NaClO + NaCl + H_2O$$
$$3S + 6NaOH \longrightarrow 2Na_2S + Na_2SO_3 + 3H_2O$$
$$4P + 3NaOH + 3H_2O \longrightarrow 3NaH_2PO_2 + PH_3$$
$$Si + 2NaOH + H_2O \longrightarrow Na_2SiO_3 + 2H_2\uparrow$$
$$2B + 2NaOH + 2H_2O \longrightarrow NaBO_2 + 3H_2\uparrow$$

（二）p 区元素的氢化物

非金属都有以共价键结合的分子型氢化物。例如：

B_2H_6	CH_4	NH_3	H_2O	HF
	SiH_4	PH_3	H_2S	HCl
		AsH_3	H_2Se	HBr
			H_2Te	HI

通常情况下 p 区元素的氢化物为气体或挥发性液体。

1. 熔沸点的变化规律

同一周期，熔沸点从左到右递增，而ⅦA 族元素的氢化物的熔沸点则低一些。

同一族中，熔沸点从上到下递增，但相比之下，第二周期的 NH_3、H_2O 及 HF 的沸点异常高，这是由于在这些分子间存在着氢键，分子间的缔合作用特别强。

2. 热稳定性的变化规律

同一周期中，热稳定性从左到右逐渐增加；同一族中，热稳定性自上而下地依次减小。这个变化规律与非金属元素电负性的变化规律一致。在同一族中，分子型氢化物的热稳定性与键能自上而下越来越小。

3. 还原性的变化规律

除 HF 以外，其他分子型氢化物都有还原性，其还原性在周期表中从右到左、从上到下递增，变化规律与稳定性的增减规律相反，稳定性大的氢化物，还原性小。

这些氢化物能与氧、卤素、高氧化态的金属离子以及一些含氧酸盐等氧化剂作用。

4. 酸性变化规律

非金属元素的氢化物，相对于水而言，大多数是酸，少数是碱。氧族元素氢化物水溶

液显酸性（除 H_2O 外），卤素氢化物的水溶液是酸，氮族元素氢化物的水溶液显碱性。同一周期能溶于水的氢化物的酸性，从左到右逐渐增加，同一族元素氢化物的酸性自上而下逐渐增强。氮族元素的氢化物 NH_3、PH_3、AsH_3 中，其弱碱性依次减弱。它们在水溶液中解离出 H^+的难易程度与非金属原子和氢原子之间的键能（HA 的键能）及键的极性（非金属元素 A 的电负性）有关。

（三）p 区元素的氧化物及其水合物

1. 氧化物

（1）同周期元素的最高价氧化物从左到右酸性逐渐增强（B 代表碱 base，A 代表酸 acid）

Na_2O	MgO	Al_2O_3	SiO_2	P_2O_5	SO_3	Cl_2O_7
B	B	AB	A	A	A	A

（2）同主族同价态氧化物从上到下碱性增强

N_2O_3	P_2O_3	As_2O_3	Sb_2O_3	Bi_2O_3
A	A	AB	AB	B

（3）同一元素多种价态的氧化物氧化数高的酸性强

MnO	MnO_2	MnO_3	Mn_2O_7
B	AB	A	A

2. 氧化物水合物的酸碱性

同一周期 p 区元素最高价氧化物的水合物从左到右碱性减弱，酸性增强，例如 H_3BO_3、H_2CO_3、HNO_3 酸性依次增强；同族元素相同化合价氧化物的水合物的酸碱性自上而下酸性减弱，碱性增强，如 HClO、HBrO、HIO 酸性依次减弱。同一元素不同化合物氧化物的水合物中，一般都是高价的酸性较强，低价的酸性较弱；碱性与之相反，如 HClO、$HClO_2$、$HClO_3$、$HClO_4$ 酸性依次增强。

（四）p 区元素化合物的氧化还原性

含氧酸（盐）氧化还原性变化规律：

（1）同一周期中各元素最高氧化态含氧酸的氧化性从左至右大致递增。

（2）在同一主族中，各元素的最高氧化态含氧酸的氧化性，大多是随原子数增加呈锯齿形升高。从第二周期到第三周期，最高氧化态（中间氧化态）含氧酸的氧化性有下降的趋势。从第三周期到第四周期又有升高的趋势，第四周期含氧酸的氧化性很突出，有时在同族元素中居于最强地位。第六周期元素的含氧酸盐氧化性又比第五周期强得多。

（3）同一种元素的不同氧化态的含氧酸，低氧化态的氧化性较强（或不稳定的酸氧化性较强，而稳定的酸氧化性较弱）。例如

$$HClO > HClO_2 > HClO_3 > HClO_4$$

$$HNO_2 > HNO_3; \quad H_2SO_3 > H_2SO_4; \quad H_2SeO_3 > H_2SeO_4$$

高氧化态含氧酸（盐）表现氧化性，低氧化态化合物表现为还原性，而处于中间氧化

态的既有氧化性又有还原性。

（4）浓酸的氧化性比稀酸强，含氧酸的氧化性一般比相应盐的氧化性强。同一种含氧酸盐在酸性介质中的氧化性比在碱性介质中强。

（五）p 区元素含氧酸盐的溶解性和热稳定性

1. 溶解性

含氧酸盐属于离子化合物，它们的绝大部分钠盐、钾盐、铵盐以及酸式盐都溶于水，硝酸盐、氯酸盐也易溶于水，且溶解度随温度的升高迅速增大；大部分硫酸盐能溶于水，但 $SrSO_4$，$BaSO_4$ 和 $PbSO_4$ 难溶于水，$CaSO_4$，Ag_2SO_4 和 Hg_2SO_4 微溶于水；大多数碳酸盐、磷酸盐都不溶于水。

2. 热稳定性

含氧酸盐受热时一般会发生分解。含氧酸盐的热稳定性既与含氧酸的稳定性有关，也与金属元素的活泼性有关。一般地说，如含氧酸的热稳定性差，则它的相应盐的热稳定性也较差。有些含氧酸如碳酸、硝酸、亚硫酸以及氯的各种含氧酸受热容易分解，它们的盐受热也会分解。但是，含氧酸盐比相应的含氧酸要稳定些。比较稳定的含氧酸如硫酸、磷酸的盐受热时不易分解，如磷酸钙、硫酸钙都是极稳定的盐类。

同一种含氧酸形成的盐热稳定性与其阳离子的金属活泼性有关。一般说来，金属越活泼，相应的含氧酸盐也越稳定；反之，含氧酸盐则越不稳定。

含氧酸盐受热分解的产物大都是非金属氧化物和金属氧化物。但有些分解产物也因酸根不同及金属的活泼性不同而异。

第二节　卤　素

一、卤族概述

卤族元素包括氟（F）、氯（Cl）、溴（Br）、碘（I）和砹（At）五种元素，其中 At 是放射性元素。卤素是典型的非金属元素，价电子构型为 ns^2np^5。该族元素的核电荷是同周期元素中最多的，原子半径则最小，故有得到一个电子形成阴离子（X^-）的强烈倾向。因此，在同周期元素中，卤素单质具有最强的非金属性，表现出强的氧化性，是强氧化剂。从卤素的标准电极电势 $E^\ominus(X_2/X^-)$看，单质的氧化性按 F_2、Cl_2、Br_2、I_2 的次序依次减弱。F_2 在水溶液中是最强的氧化剂。但在卤素中，电子亲和能最小的元素是氯而不是氟（F 的电子亲和能不是最大，因为 F 原子半径过小，电子云密度过高，以致结合一个电子形成负离子时，电子间的排斥较大，使放出的能量减少）。卤族最常见的氧化数是−1。在含氧酸及其盐中表现出正氧化数+1，+3，+5，+7。氟的氧化值只有−1，见表 8-1。

表 8-1　卤素的性质

卤素（Ⅶ）	F	Cl	Br	I
原子序数	9	17	35	53
价电子构型	$2s^22p^5$	$3s^23p^5$	$4s^24p^5$	$5s^25p^5$
氧化值	−1	−1, +1, +3, +5, +7	−1, +1, +3, +5, +7	−1, +1, +3, +5, +7
共价半径/pm	64	99	114	127
第一电离能/$kJ \cdot mol^{-1}$	1681	1251	1140	1008
电子亲和能/$kJ \cdot mol^{-1}$	327.9	348.8	324.6	295.3
电负性	4.0	3.0	2.8	2.5
$E(X_2/X^-)/V$	2.87	1.36	1.07	0.54

卤素在化合时，价电子层中有一个成单的 p 电子，可形成一个非极性共价键，如 F_2、Cl_2、Br_2、I_2；也可以形成极性共价键，如 CH_3Cl、$KClO_3$；离子键，如 NaCl、KCl；卤离子 X^- 作为配体能与许多金属离子形成稳定的配合物，如$[AgCl_2]^-$、$[AlCl_4]^-$。

二、卤素单质

（一）卤素单质的物理性质

卤素的单质均为双原子非极性分子。由 F_2 到 I_2，随着分子量的增大，分子间的色散力增强，熔、沸点依次升高，密度增大，颜色加深（表 8-2）。所有卤素单质均有毒，具有刺激性气味，能强烈刺激眼、鼻、气管等，吸入较多的蒸气会严重中毒，甚至死亡。它们的毒性从 F_2 到 I_2 逐渐减轻。吸入氯气，会发生窒息，须立即到新鲜空气处，可吸入适量酒精和乙醚混合蒸气或氨气解毒。Br_2 蒸气有催泪作用，液溴会深度灼伤皮肤，造成难以治愈的创伤，不慎溅到皮肤上，应立即用大量水冲洗，再用 5% Na_2CO_3 溶液淋洗，最后敷上药膏。我国规定企业排放的废气中含氯量不得超过 1 $mg \cdot m^{-3}$。

表 8-2　卤素单质的物理性质

卤素（Ⅶ）	F_2	Cl_2	Br_2	I_2
分子间力	小 ——————————> 大			
熔点 t_m/°C	−220	−101	−7.3	113
沸点 t_b/°C	−188	−34.5	59	183
物态	气体	气体	液体	固体
颜色	淡黄色	黄绿色	红棕色	紫黑色

Cl_2 极易液化，常温时液化压力约为 600 kPa，市售品均以液氯储存在钢瓶中。

I_2 加热时易升华，利用这一性质可进行粗碘精制。卤素单质在水中的溶解度不大。Cl_2 微溶于水，氯水呈黄绿色；Br_2 溶解度稍大于 Cl_2，溴水呈黄色；I_2 难溶于水，加入 KI 则溶解度增大：$I_2 + I^- \Longrightarrow I_3^-$。$F_2$ 不溶于水，可使水剧烈分解：$2F_2 + 2H_2O \Longrightarrow 4HF + O_2$。氯、溴和碘的水溶液分别称为氯水、溴水和碘水。卤素单质在有机溶剂中的溶解度比在水中大得多，如可溶于乙醇、乙醚、氯仿、四氯化碳、二硫化碳等有机溶剂，医用碘酒是含 I_2 5% 的酒精溶液。I_2 在不同的溶剂中的颜色不同，这和 I_2 与溶剂是否生成加合物以及加合物键的强度有关。

（二）卤素单质的化学性质

1. 卤素单质的氧化性

卤素是很活泼的非金属元素（表 8-3）。卤素单质的氧化性是其最典型的化学性质，随着原子半径的增大，卤素单质的氧化性依次减弱。卤素阴离子的还原能力依次增强。F_2 反应活性最大。除 O_2、N_2、He、Ne、Ar 几种气体外，F_2 能与所有的金属和非金属直接化合，且反应剧烈，常伴有燃烧和爆炸。常温下，F_2 能与 Fe、Cu、Mg、Pb、Ni 等金属反应，在金属表面形成一层保护性的金属氟化物薄膜，加热时，F_2 能与 Au、Pt 生成氟化物。

表 8-3　卤素单质的化学性质

卤素（Ⅶ）	F_2	Cl_2	Br_2	I_2
$E^{\ominus}(X_2/X^-)$/V	2.87	1.36	1.07	0.54
X_2 氧化性	强 ⟶ 弱			
X^- 还原性	弱 ⟶ 强			

Cl_2 也能与各种金属和非金属（除 O_2，N_2，稀有气体外）直接化合，反应比较剧烈，但有些反应需加热，如 Na、Fe、Cu 都能在氯气中燃烧。潮湿的 Cl_2 在加热条件下能与 Au、Pt 反应。干燥的 Cl_2 不与 Fe 反应，因此可用钢瓶盛装液氯。一般能与 Cl_2 反应的金属（除贵金属）和非金属同样也能与 Br_2，I_2 反应，只是反应活性降低，特别是 I_2，需较高的温度才能反应。

卤素单质都能与氢反应：

$$X_2 + H_2 \longrightarrow 2HX$$

反应条件与反应速率及程度如表 8-4 所示：

表 8-4　卤素与氢的反应情况

卤素	反应条件	反应速率及程度
F_2	低温、暗处	爆炸，放出大量热
Cl_2	常温	缓慢
	强光照射	爆炸
Br_2	常温	不如氯，需催化剂
I_2	高温	缓慢、可逆

卤素也能氧化许多低价化合物。例如

$$Cl_2 + 2Fe^{2+} \xlongequal{\quad} 2Fe^{3+} + 2Cl^-$$

$$Br_2 + 2Fe^{2+} \xlongequal{\quad} 2Fe^{3+} + 2Br^-$$

I_2 不能氧化 Fe^{2+}，相反 I^- 却能还原 Fe^{3+} 为 Fe^{2+}。

$$2I^- + 2Fe^{3+} \xlongequal{\quad} 2Fe^{2+} + I_2$$

卤素能氧化某些硫化物，生成单质硫，例如：

$$H_2S + Br_2 \xlongequal{\quad} 2HBr + 2S\downarrow$$

$$CS_2 + 2Cl_2 \xlongequal{\quad} CCl_4 + 2S\downarrow$$

2. 卤素互换反应

从卤素的标准电极电势 $E^\ominus(X_2/X^-)$看，卤素单质在水溶液中的氧化性依次减弱：

$$F_2 > Cl_2 > Br_2 > I_2$$

因此，位于前面的卤素单质可以氧化后面卤素的阴离子。例如，Cl_2能氧化 Br^- 和 I^-，分别生成相应的单质 Br_2 和 I_2。Br_2则能氧化 I^-，生成 I_2。

$$Cl_2 + 2Br^- \xlongequal{\quad} Br_2 + 2Cl^-$$

$$Br_2 + 2I^- \xlongequal{\quad} I_2 + 2Br^-$$

3. 与 H_2O 反应

卤素与水发生两类重要的化学反应。第一类反应是卤素置换水中氧的反应：

$$X_2 + H_2O \longrightarrow 2H^+ + 2X^- + O_2$$

第二类反应是卤素的歧化反应：

$$X_2 + H_2O \rightleftharpoons H^+ + X^- + HXO$$

卤素单质与水发生第一类反应的激烈程度同样按 $F_2>Cl_2>Br_2>I_2$ 的次序递变。氟的氧化性最强，只能与水发生第一类反应，反应是自发的、激烈的放热反应：

$$2F_2 + 2H_2O \longrightarrow 4HF + O_2$$

氯只有在光照下缓慢地与水反应放出 O_2，溴与水作用放出 O_2的反应极其缓慢。碘与水不发生第一类反应，能与溶液中的 I^-结合，生成可溶性的 I_3^-。

$$I_2 + I^- \rightleftharpoons I_3^-$$

相反，氧却可以作用于碘化氢溶液，析出单质碘。Cl_2、Br_2、I_2与水主要发生第二类反应，且反应是可逆的。在 25 °C 时，Cl_2、Br_2、I_2 歧化反应的标准平衡常数分别为

$$K^\ominus(Cl_2) = 4.2\times10^{-2},\quad K^\ominus(Br_2) = 7.2\times10^{-9},\quad K^\ominus(I_2) = 2.0\times10^{-13}$$

由此可见：氯水、溴水、碘水的主要成分是单质：

$$Cl_2 + H_2O \rightleftharpoons HCl + HClO$$

次氯酸见光分解而放出氧气：

$$2HClO \longrightarrow 2HCl + O_2\uparrow$$

所以氯水有很强的漂白、杀菌作用。

当溶液的 pH 增大时，卤素的歧化反应平衡向右移动。

4. 与碱的反应

卤素的歧化反应与溶液的 pH 值和温度有关。碱性介质有利于氯、溴和碘的歧化反应。

Cl_2，Br_2，I_2 与冷的碱溶液发生歧化反应

$$X_2 + 2OH^- \longrightarrow X^- + XO^- + H_2O\ (X = Cl_2, Br_2)$$

$$3I_2 + 6OH^- \longrightarrow 5I^- + IO_3^- + 3H_2O$$

Cl_2，Br_2 与热的碱溶液发生另一种反应

$$3X_2 + 6OH^- \longrightarrow 5X^- + XO_3^- + 3H_2O\ (X = Cl_2, Br_2)$$

（三）卤素的存在及其单质的制备与用途

由于卤素是具有强化学活泼性的非金属元素，所以它们在自然界以化合状态存在，而不可能以单质形式存在。大多数卤素以卤化物的形式存在，所以，由卤化物制备卤素单质的方法，可以归结为卤素负离子氧化手段的选择。根据不同卤素的氧化还原性的差别，可以利用电解的方法氧化或用氧化剂来氧化。

1. 氟

氟主要以萤石 CaF_2、冰晶石 Na_3AlF_6、氟磷酸钙 $3Ca_3(PO_4)_2$ 等矿物存在。制取氟通常采用电解氧化法，这是由于氟是很强的氧化剂，很少有比氟更强的氧化剂能夺取 F^-中的电子而将其氧化为 F_2。通常，电解所用的电解质是三份 KHF_2 和两份无水氟化氢的熔融混合物（熔点 72 °C），目的是为了减轻 HF 的挥发，并且可降低电解质的熔点。电解槽材料用抗氟腐蚀的 Monel 合金（含 Cu 30%，Ni 60% ~ 65%的合金），电解反应的方程式为：

$$2KHF_2 \xrightarrow{\text{电解}} 2HF + H_2\uparrow + F_2\uparrow$$

由上述反应可以看出，电解所不断消耗的是 HF，而不是 KF，所以要不断加入无水 HF，以降低电解质的熔点，保证电解反应继续进行。为了防止产物 F_2 和 H_2 相互混合而引起爆炸，电解槽中有一特制的合金隔膜将两者严格分开。贮存氟的容器用含镍合金制成的钢瓶。

氟主要用来制造有机氟化物，如塑料单体 $CF_2{=\!=}CF_2$（四氟乙烯）、杀虫剂 CCl_3F、制冷剂 CCl_2F_2（氟利昂-12）、高效灭火剂 CBr_2F_2 等。氟的另一重要用途是在原子能工业上制造六氟化铀 UF_6，液态氟也是航天工业中所用的高能燃料的氧化剂。SF_6 的热稳定性好，可作为理想的气体绝缘材料。含 ZrF_4、BaF_2、NaF 的氟化物玻璃可用作光导纤维材料。

氟的有机产品也进入了大众的生活领域，如烹饪用具表面上的防粘涂层为特氟隆。氟化烃已用作血液的临时代用品用于临床，以挽救病人生命。

氟元素是生命必需的微量元素，是体内骨骼正常发育、增加骨骼和牙齿强度不可缺少的成分。氟与钙、磷有强的亲和力，与形成骨骼的羟基磷灰石作用形成氟磷灰石的混合体，使骨骼矿化。牙膏中的活性成分——氟化钠的防龋齿作用就在于此。但当大量氟化物（饮水中含氟量大于 1 mg · L^{-1}）进入人体时，会对人体组织产生危害。

2. 氯

氯主要以钠、钾、钙、镁的无机盐形式存在于海水中，其中以氯化钠的含量最高。氯

的氧化性也很强，只能用电解氧化法或与强氧化剂作用将 Cl^-氧化为 Cl_2。工业上用电解氯化钠水溶液的方法来制取氯气。目前主要采用隔膜法和离子交换膜法。隔膜电解槽以石墨作为阳极，铁网作为阴极，石棉为隔膜材料。电解过程中，阳极产生氯气，阴极产生氢气和氢氧化钠：

阳极反应：$2Cl^- \longrightarrow Cl_2\uparrow + 2e^-$

阴极反应：$2H_2O + 2e^- \longrightarrow H_2\uparrow + 2OH^-$

总反应：$2NaCl + 2H_2O \longrightarrow 2NaOH + H_2\uparrow + Cl_2\uparrow$

石墨电极在电解过程中不断受到腐蚀，需要定期更换。20 世纪 70 年代以来，已逐渐被金属阳极（如钌钛阳极）替代。离子交换膜法是 80 年代起采用的新工艺，以高分子离子交换膜代替石棉隔膜，这种离子交换膜对 Na^+渗透性高，对 Cl^-和 OH^-渗透性低，即只允许 Na^+由阳极室迁移至阴极室，不允许 Cl^-和 OH^-发生迁移，这种工艺制得的氢氧化钠浓度大、纯度高，并能节约能量。

实验室常用强氧化剂如 MnO_2、$KMnO_4$、$K_2Cr_2O_7$ 与浓盐酸反应制取氯气：

$$MnO_2 + 4HCl（浓） \longrightarrow MnCl_2 + 2H_2O + Cl_2\uparrow$$

$$2KMnO_4 + 16HCl \longrightarrow 2KCl + 2MnCl_2 + 8H_2O + 5Cl_2\uparrow$$

$$K_2Cr_2O_7 + 14HCl \longrightarrow 2KCl + 2CrCl_3 + 3Cl_2\uparrow + 7H_2O$$

将 Cl_2 通过水、硫酸、氯化钙和五氧化二磷纯化。

注意：用重铬酸钾或二氧化锰做氧化剂制取氯气时必须用较浓的盐酸。用重铬酸钾做氧化剂，当加热时产生氯气，不加热时则反应停止发生。此外，也可用氯化物和浓硫酸的混合物与 MnO_2 反应制取氯气：

$$2NaCl + 3H_2SO_4 + MnO_2 \longrightarrow 2NaHSO_4 + MnSO_4 + Cl_2\uparrow + 2H_2O$$

氯是重要的化工产品和原料。除用于合成盐酸外，还广泛用于染料、炸药、塑料生产和有机合成。用氯制造漂白剂可用于纸张和布匹的漂白。另外，氯还用于药剂合成。氯气用于饮水消毒已经多年，但近年来发现它与水中含有的有机烃会形成有致癌毒性的卤代烃，因此改用臭氧或二氧化氯做消毒剂。

3. 溴

与氯类似，溴也主要以钠、钾、钙、镁的无机盐形式存在于海水中。工业上从海水或卤水中制溴时，首先是通入氯气将 Br^-氧化：

$$Cl_2 + 2Br^- \longrightarrow 2Cl^- + Br_2$$

然后用空气在 pH 为 3.5 左右时将生成的 Br_2 从溶液中吹出，并用碳酸钠溶液吸收。Br_2 与 Na_2CO_3 发生反应，生成溴化钠和溴酸钠而与空气分离开：

$$3Na_2CO_3 + 3Br_2 \longrightarrow 5NaBr + NaBrO_3 + 3CO_2\uparrow$$

最后用硫酸酸化，单质溴又从溶液中析出。用此方法，从 1 t 海水中可制得约 0.14 kg 溴。

在实验室中还可用制备氯的方法来制备溴和碘，不过分别以溴化物和碘化物与浓 H_2SO_4

的混合物来代替 HBr 和 HI：

$$2NaBr + 3H_2SO_4 + MnO_2 \longrightarrow 2NaHSO_4 + MnSO_4 + 2H_2O + Br_2$$

$$2NaI + 3H_2SO_4 + MnO_2 \longrightarrow 2NaHSO_4 + MnSO_4 + 2H_2O + I_2$$

后一反应式是自海藻灰中提取碘的主要反应。

溴广泛应用于医药、农药、感光材料以及各种试剂的合成上。例如，溴化钠和溴化钾在医疗上用作镇静剂，溴化银用于照相行业，磷酸二溴代丙三酯$(Br_2C_3H_5O)_3PO_4$被广泛用作纤维、地毯、塑料的阻燃剂。

4．碘

碘主要存在于海水中，某些海藻体内含有碘元素。此外，碘还能以碘酸盐的形式存在于自然界，例如，智利硝石 $NaNO_3$ 中含有少量碘酸钠 $NaIO_3$。

从天然盐卤水中提取碘是工业生产碘的主要途径。其原理与制溴相似：

$$Cl_2\text{（适量）} + 2I^- \longrightarrow I_2 + 2Cl^-$$

应该注意，若选氯气作为氧化剂，氯气不能过量，否则会把 I_2 氧化成为 IO_3^-：

$$I_2 + 5Cl_2 + 6H_2O \longrightarrow 2IO_3^- + 10Cl^- + 12H^+$$

通常用 $NaNO_2$ 氧化含 I^-的溶液，并用活性炭吸附 I_2：

$$2NO_2^- + 2I^- + 4H^+ \longrightarrow I_2 + 2NO + 2H_2O$$

再用 NaOH 溶液处理吸附了 I_2 的活性炭，使 I_2 歧化为 NaI 和 $NaIO_3$，与活性炭分离。

也可以用 MnO_2 做氧化剂在酸性溶液中制取 I_2。通过加热可使碘升华，以达到分离和提纯的目的：

$$2NaI + 3H_2SO_4 + MnO_2 \longrightarrow 2NaHSO_4 + MnSO_4 + I_2 + 2H_2O$$

从智利硝石所含的碘酸钠制取碘时，采用的是亚硫酸氢钠还原法：

$$2IO_3^- + 5HSO_3^- \longrightarrow I_2 + 2SO_4^{2-} + 3HSO_4^- + H_2O$$

在酸性溶液中 IO_3^-可将 I^-氧化成 I_2，而且纯的碘酸钠可作为基准物质，在分析化学中利用此反应来制备碘的标准溶液。

碘主要用来制备药物、人工降雨的冷云催化剂、食用盐和饲料添加剂、感光剂等。如碘仿 CH_3I 和碘酒在医药上用作消毒剂；碘化银可用作人工降雨的“晶种”。碘酸钾添加到食盐中形成碘盐，对甲状腺肥大有预防和治疗的功能。碘是人体必需的微量元素之一，人体中缺乏碘，不仅可能导致甲状腺肿大，还可能引起发育迟缓、生殖系统异常等现象。

三、卤化氢和氢卤酸

（一）卤化氢

卤化氢均为无色气体，有刺激性气味。卤化氢与空气中的水蒸气结合形成酸雾，在空气中会“冒烟”。

卤化氢都是极性共价型分子，分子中键的极性按 HF、HCl、HBr、HI 的顺序减弱，不导电，不显酸性。熔点、沸点很低，但随相对分子质量的增大，范德华力依次增大，熔点、沸点按 HCl、HBr、HI 顺序递增，见表 8-5。氟化氢的熔点、沸点反常高是由于氢键的存在使 HF 分子发生了缔合作用。

由表 8-5 可见，卤化氢分子中 H—X 键的键能从 HF 到 HI 依次递减，故它们的热稳定性急剧下降，即 HF>HCl>HBr>HI。实际上 HI 在常温时就有明显的分解现象。

表 8-5　卤化氢的性质

卤化氢	HF	HCl	HBr	HI
相对分子质量	20.0	36.46	80.91	127.91
键长 l/pm	91.8	127.4	140.8	160.8
键能 E/kJ · mol^{-1}	568.6	438.1	365.7	298.7
分子偶极距 μ/10^{-30} C · m	6.4	3.61	2.65	1.27
熔点 t_m/°C	−83.1	−114.8	−88.5	−50.8
沸点 t_b/°C	−19.5	−84.9	−67	−35.4
饱和溶液质量分数 w/%	35.3	42	49	57

（二）氢卤酸（HX）

卤化氢溶于水即得氢卤酸。纯氢卤酸都是无色液体，易挥发，其沸点随浓度不同而异。

1. 氢卤酸的化学性质

（1）酸性　氢卤酸的酸性按 HF < HCl < HBr < HI 的顺序依次增强。其中，除氢氟酸为弱酸（$K_a^\ominus = 6.9\times10^{-4}$）外，其他的氢卤酸都是强酸，氢溴酸、氢碘酸的酸性甚至强于高氯酸。在氢氟酸中，HF 分子间以氢键缔合成$(HF)_x$，这就影响了氢氟酸的解离，如 0.1 mol · L^{-1}的氢氟酸的解离度约为 8%。氢氟酸与一般的酸不同，其解离度随着溶液浓度的增大而增大。

（2）还原性　除氢氟酸没有还原性外，其他氢卤酸都具有还原性，卤化氢或氢卤酸还原性强弱的顺序是 HF < HCl < HBr < HI。事实上，HF 不能被任何氧化剂氧化，HCl 只能被一些强氧化剂如 $KMnO_4$、MnO_2、PbO_2、$K_2Cr_2O_7$ 等氧化。

$$2KMnO_4 + 16HCl \longrightarrow 2KCl + 2MnCl_2 + 5Cl_2\uparrow + 8H_2O$$

$$PbO_2 + 4HCl \longrightarrow PbCl_2 + Cl_2\uparrow + 2H_2O$$

$$K_2Cr_2O_7 + 14HCl \longrightarrow 2CrCl_3 + 2KCl + 3Cl_2\uparrow + 7H_2O$$

HBr 较易被氧化。HI 更易被氧化，空气中的氧就能把 I^- 氧化成单质，所以，氢碘酸和碘化物溶液易变成黄色：

$$4I^- + O_2 + 4H^+ \longrightarrow 2I_2 + 2H_2O$$

（3）氢氟酸的特性　氢氟酸能与 SiO_2 和硅酸盐反应，生成气态的 SiF_4：

$$SiO_2 + 4HF \longrightarrow SiF_4\uparrow + 2H_2O$$

$$CaSiO_3 + 6HF \longrightarrow CaF_2 + SiF_4\uparrow + 3H_2O$$

利用这一特性，氢氟酸被广泛用于分析化学上测定矿物或钢板中 SiO_2 的含量，也被用于在玻璃器皿上刻蚀标记和花纹及制造毛玻璃。所以，通常用塑料容器来储存氢氟酸，而不能用玻璃瓶储存。氢氟酸是制备单质氟和氟化物的基本原料，如制备塑料之王——聚四氟乙烯。

卤化氢及氢卤酸都有腐蚀性，尤其是氢氟酸有毒且对皮肤有严重的烧蚀性，浓的氢氟酸会灼伤皮肤，难以痊愈。万一把氢氟酸弄到皮肤上，应立即用大量水冲洗，再用 5%$NaHCO_3$ 溶液或 1%氨水淋洗。

2. 卤化氢或氢卤酸的制备

制备卤化氢可以采用氢和卤素直接合成法、金属卤化物与酸发生复分解反应法或非金属卤化物水解法。在实际应用中，根据卤离子 X^-的还原性和卤素单质 X_2 的氧化性不同而具体选择。

（1）直接合成法　卤素与氢直接化合后用水吸收，适用于制盐酸。制 HF 反应过于剧烈，且成本高；制 HBr 和 HI 反应慢、产率低，均不适用。

（2）复分解法　HF 可由浓硫酸与萤石矿（CaF_2）反应制得。实验室中小量的氯化氢可用食盐和浓硫酸反应制得：

$$2NaCl + H_2SO_4（浓）\longrightarrow Na_2SO_4 + 2HCl$$

但该方法已逐渐被淘汰。HBr 和 HI 由浓磷酸与卤化物共热制得：

$$NaBr + H_3PO_4（浓）\longrightarrow NaH_2PO_4 + HBr$$

$$NaI + H_3PO_4（浓）\longrightarrow NaH_2PO_4 + HI$$

（3）非金属卤化物与水反应　此法可用于制备 HBr 和 HI，由单质溴或碘与红磷在水中作用，方程式如下：

$$2P + 3Br_2 + 6H_2O \longrightarrow 2H_3PO_3 + 6HBr$$

$$2P + 3I_2 + 6H_2O \longrightarrow 2H_3PO_3 + 6HI$$

四、卤素的含氧酸及其盐

除了氟的含氧酸仅限于次氟酸 HOF 外，氯、溴、碘可以形成四种类型的含氧酸（表 8-6）。这些酸中，除碘酸和高碘酸能得到、比较稳定的固体结晶外，其他都不稳定，多数只能存在于溶液中，但相应的盐很稳定，得到普遍应用。

表 8-6　卤素的含氧酸

名称	卤素氧化值	氯	溴	碘
次卤酸	+1	HClO	HBrO	HIO
亚卤酸	+3	$HClO_2$	—	—
卤酸	+5	$HClO_3$	$HBrO_3$	HIO_3
高卤酸	+7	$HClO_4$	$HBrO_4$	H_5IO_6、HIO_4

卤素含氧酸及其盐突出的性质是氧化性。下面重点介绍氯的含氧酸及其盐。

1. 次氯酸及其盐

将氯气通入水中即有次氯酸（HClO）生成。次氯酸是很弱的酸，比碳酸还弱，次卤酸均为弱酸，酸性按 HClO、HBrO、HIO 顺序而减弱。次氯酸很不稳定，仅以稀溶液存在，而不能制得浓酸。即使在稀溶液中也很容易分解，在光的作用下分解更快：

$$2HClO \longrightarrow 2HCl + O_2\uparrow$$

故氯水适宜现用现配。受热时次氯酸分解成盐酸和氯酸。

$$3HClO \longrightarrow HClO_3 + 2HCl$$

因此，只有通氯气于冷水才能获得次氯酸。

次卤酸都具有强氧化性，其氧化性按 Cl、Br、I 顺序降低。次氯酸用作氧化剂时，本身被还原为 Cl^-。氯气具有漂白性就是由于它与水作用而生成次氯酸，完全干燥的氯气没有漂白能力。

将氯气通入 NaOH 溶液中，可得高浓度的次氯酸钠（NaClO），且次氯酸钠稳定性大于次氯酸，所以工业上不直接用氯水而用次氯酸钠溶液。次氯酸盐的溶液有氧化性和漂白作用。次氯酸盐的漂白作用主要是基于次氯酸的氧化性：

$$Cl_2 + 2NaOH \longrightarrow NaClO + NaCl + H_2O$$

工业上，在价廉的消石灰中通入氯气制漂白粉，其反应如下：

$$2Cl_2 + 2Ca(OH)_2 \longrightarrow Ca(ClO)_2 + CaCl_2 + 2H_2O$$

此反应放热，生成的有效成分（次氯酸钙）会发生歧化反应，生成氯酸钙而失效，因此制备时需控制温度在 40 °C 以下。

$$Ca(ClO)_2 + H_2O + CO_2 \longrightarrow CaCO_3 + 2HClO$$

从上述反应可见，保存漂白粉时应密封防潮，否则它将在空气中吸收水蒸气和二氧化碳而失效。漂白粉常用于漂白棉、麻、丝、纸等。漂白粉也能消毒杀菌，例如用于污水坑和厕所的消毒。漂白粉与易燃物混合易引起燃烧甚至爆炸。漂白粉有毒，吸入体内会引起咽喉疼痛甚至全身中毒。

2. 亚氯酸及其盐

亚氯酸（$HClO_2$）酸性比次氯酸稍强，属于中强酸。亚氯酸只能在溶液中存在。在氯的含氧酸中，亚氯酸最不稳定。亚氯酸盐比亚氯酸稳定，但加热或敲击固体亚氯酸盐时，会立即发生爆炸、分解。亚氯酸盐的水溶液较稳定，具有强氧化性，可用作漂白剂。

3. 氯酸及其盐

氯酸（$HClO_3$）是强酸，酸性与盐酸、硝酸接近。卤酸的酸性按 Cl、Br、I 顺序依次减弱。氯酸的稳定性比次氯酸和亚氯酸高，但也只能存在于溶液中。卤酸的稳定性按 Cl、Br、I 顺序依次增强。氯酸也是一种强氧化剂，但氧化能力不如次氯酸和亚氯酸。氯酸蒸发浓缩时浓度不要超过 40%，否则会有爆炸危险：

$$8HClO_3 \longrightarrow 4HClO_4 + 2H_2O + 2Cl_2\uparrow + 3O_2\uparrow$$

氯酸盐比氯酸稳定。$KClO_3$ 是无色透明晶体，有毒，内服 2 ~ 3 g 就会致命。$KClO_3$ 与易燃物或有机物如碳、硫、磷及有机物质相混合时，一受撞击即猛烈爆炸，因此，氯酸钾大量用于制造火柴、焰火、炸药。$KClO_3$ 在碱性溶液中无氧化作用，在酸性溶液中是强氧化剂。碘能从氯酸盐的酸性溶液中置换出 Cl_2：

$$2ClO_3^- + I_2 + 2H^+ \longrightarrow 2HIO_3 + Cl_2\uparrow$$

固体 $KClO_3$ 是强氧化剂，在有催化剂存在时，受热（200 °C 左右）分解：

$$2\,KClO_3 \xrightarrow{MnO_2} KCl + 3O_2\uparrow$$

若无催化剂，则在 400 °C 左右分解：

$$4KClO_3 \xrightarrow{400\ ^\circ C} KCl + 3KClO_4$$

$NaClO_3$ 在农业、林业上用作除草剂。

4. 高氯酸及其盐

高氯酸（$HClO_4$）是已知酸中最强的无机含氧酸，也是氯的含氧酸中最稳定的酸。高溴酸也是强酸，而高碘酸是一种弱酸。高卤酸的酸性按 Cl、Br、I 顺序依次减弱。无水的高氯酸是无色透明的发烟液体，常用试剂为 60 %的水溶液。浓热的 $HClO_4$ 是强氧化剂，遇到有机物质会发生爆炸性反应，所以储存时必须远离有机物，使用时也务必注意安全。

$HClO_4$ 溶液的氧化性是氯的含氧酸中最弱的。高卤酸的氧化性按 Br、I、Cl 顺序降低。浓 $HClO_4$ 不稳定，受热分解为氯、氧和水：

$$4HClO_4 \longrightarrow Cl_2\uparrow + 7O_2\uparrow + H_2O$$

$HClO_4$ 是常用的分析试剂，如在钢铁分析中 $HClO_4$ 常用来分析矿样。$HClO_4$ 可用作制备醋酸纤维的催化剂，常用作高能燃料的氧化剂。

高氯酸盐的稳定性比高氯酸强，固态高氯酸盐在高温下是强氧化剂，用于制造威力较大的炸药。高氯酸盐多易溶于水，但 K^+、NH_4^+、Cs^+、Rb^+ 的高氯酸盐的溶解度都很小，在分析化学中可利用 $KClO_4$ 的难溶性来鉴定 K^+。$Mg(ClO_4)_2$、$Ca(ClO_4)_2$ 可用作干燥剂，NH_4ClO_4 可用作现代火箭推进剂。

氯的各种含氧酸及其盐的性质的一般规律如图 8-1 所示：

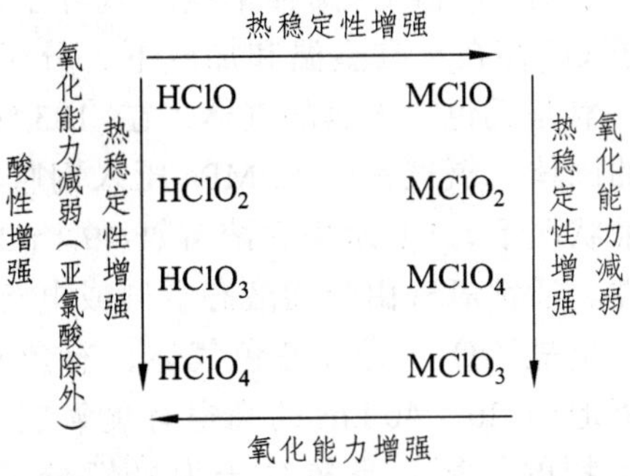

图 8-1　氯的含氧酸及其盐的性质变化规律

第三节　氧族元素

一、氧族元素概述

氧族元素包括氧（O）、硫（S）、硒（Se）、碲（Te）和钋（Po）五种元素。除 O 外的其余元素也称为硫族元素。随着原子序数的增加原子半径增大，电负性减小，从典型的非金属元素 O 和 S 过渡到准金属元素 Se 和 Te，Po 为金属元素。

氧族元素价电子构型为 ns^2np^4。氧族元素与其他元素原子化合时有共用或夺取两个电子以达到 8 电子型稳定结构的倾向。O 与大多数金属元素形成离子型化合物（如 Li_2O、MgO、

Na_2O、Al_2O_3等）；而 S、Se、Te 只与电负性较小的金属元素形成离子型化合物（如 Na_2S、BaS、K_2Se 等），与大多数金属元素形成共价化合物（如 CuS、HgS 等）。O 常见的氧化数是−2（除过氧化物和氟氧化物 OF_2 外），S 的氧化数有−2，+4，+6。其他元素常以正氧化态出现，氧化数有+2、+4、+6。从 S 到 Te 正氧化态的化合物的稳定性逐渐增强。

二、氧及其化合物

（一）氧气和臭氧

1. 物理性质

氧是地壳中分布最广的元素，居各种元素之首，其质量约占地壳的一半。氧广泛分布在大气和海洋中，在海洋中主要以水的形式存在。大气层中，氧以单质状态存在，空气中氧的体积分数约为 21%，质量分数约为 23%。海洋中氧的质量分数约为 89%。此外，氧还以硅酸盐、氧化物及其他含氧阴离子的形式存在于岩石和土壤中，其质量分数约为岩石层的 47%。

自然界的氧有三种同位素，即 ^{16}O、^{17}O、^{18}O，其中 ^{16}O 的含量最高，占氧原子数的 99.76%。^{18}O 是一种稳定的同位素，可以通过水的分馏以重氧水的形式富集之。^{18}O 常作为示踪原子用于化学反应机理的研究。

氧有 O_2 和 O_3 两种单质。氧分子的结构式为 O═O，具有顺磁性。在液态氧中有缔合分子 O_4 存在，在室温和加压下，分子光谱实验证明它具有反磁性。

氧是无色、无臭的气体，在−183 °C 时凝聚为淡蓝色液体，冷却到−218 °C 时，凝结为蓝色的固体。氧气常以 15 MPa 压入钢瓶内贮存。氧分子是非极分子，氧在水中的溶解度很小，标准状况下，1 L 水中含溶解氧 49.1 mL。尽管如此，氧却是各种水生动植物赖以生存的重要条件。通常氧气由分馏液态空气或电解水制得。实验室利用氯酸钾的热分解制备氧气。

臭氧（O_3）是浅蓝色气体，有鱼腥臭味。雷击、闪电及电焊时，部分氧转变成臭氧。在离地面 20 ~ 40 km 的高空有臭氧层，能吸收太阳光对地球 99%的紫外线辐射，有保护地球生物的作用。臭氧分子为极性分子，臭氧比氧气易溶于水（0 °C 时 1 L 水中可溶解 0.49 L O_3）。液态臭氧与液氧不能互溶。臭氧可以通过分级液化的方法提纯。

与氧气相反，臭氧非常不稳定，在常温下会缓慢分解，在 200 °C 以上分解较快：

$$2O_2(g) \longrightarrow 3O_2(g)$$

二氧化锰的存在可加速臭氧的分解，而水蒸气则可减缓臭氧的分解。纯的臭氧容易爆炸。

2. 化学性质

氧单质的化学性质主要表现为氧化性。比较氧单质的电极电势可看出，O_3 是比 O_2 更强的氧化剂。臭氧无论在酸性或碱性条件下都比氧气具有更强的氧化性。臭氧是最强的氧化剂之一。除金和铂族金属外，它能氧化所有的金属和大多数非金属。

酸性溶液

$$O_2 + 4H^+ + 4e^- \longrightarrow 2H_2O \qquad E^\ominus(O_2/H_2O) = 1.229\ V$$

$$O_3 + 2H^+ + 2e^- \longrightarrow O_2 + H_2O \qquad E^\ominus(O_3/H_2O) = 2.076\ V$$

碱性溶液

$$O_2 + 2H_2O + 4e^- \longrightarrow 4OH^- \qquad E^{\ominus}(O_2/OH^-) = 0.401\ V$$

$$O_3 + H_2O + 2e^- \longrightarrow O_2 + 2OH^- \qquad E^{\ominus}(O_3/OH^-) = 1.24\ V$$

（1）与单质直接化合　氧分子的键解离能较大，D(O—O) = 498 kJ · mol^{-1}，常温下空气中的氧气只能将某些强还原性的物质（如 NO，$SnCl_2$，H_2SO_3 等）氧化。在加热条件下，除卤素、少数贵金属（如 Au、Ag 等）以及稀有气体外，氧气几乎能与所有元素直接化合成相应的氧化物。氧与变价金属化合生成高价氧化物。在平常条件下，臭氧能氧化许多不活泼的单质如 Hg、Ag、S、I_2 等，而氧不能。例如湿润的硫黄能被臭氧氧化：

$$S + 3O_3 + H_2O \longrightarrow H_2SO_4 + 3O_2$$

（2）与化合物反应　O_2 或 O_3 能与多数氢化物如 H_2S、NH_3、CH_4 和低价态化合物反应，如

$$2H_2S + O_2 \longrightarrow 2S（或 SO_2）+ 2H_2O$$

$$4FeCl_2 + 4HCl + O_2 \longrightarrow 4FeCl_3 + 2H_2O$$

$$O_3 + 2I^- + 2H^+ \longrightarrow {}_2 + O_2 + H_2O$$

后一反应常用于测定臭氧的含量。

氧气的用途很广泛。富氧空气或纯氧用于医疗和高空飞行。大量的纯氧用于炼钢。氢氧焰和氧炔焰用于切割和焊接金属。液氧常用作火箭发动机的助燃剂。

O_3 的强氧化性可应用于面粉、纸浆、棉麻的漂白剂和水的净化、脱色，具有不产生异味，没有二次污染的特点。臭氧与活性炭相结合的工艺路线，已成为饮用水和污水深度处理的主要手段之一。

尽管空气中含微量的臭氧有益于人体的健康，但当臭氧含量高于 1 mL · m^{-3} 时，会引起头疼等症状，对人体是有害的。由于臭氧的强氧化性，它对橡胶和某些塑料有特殊的破坏作用。

（二）过氧化氢（H_2O_2）

1. H_2O_2 的分子结构

H_2O_2 分子是立体结构。在过氧化氢分子中有一个过氧链 —O—O—，两个氧原子都以 sp^3 杂化轨道成键，每个氧原子都连接两个氢原子。两个氢原子位于像半展开书本的两页纸上。两页纸面的夹角为 111.5°，O—H 键与 O—O 键的夹角为 94.8°。O—O 键长为 149 pm，O—H 键长为 97 pm（图 8-2）。

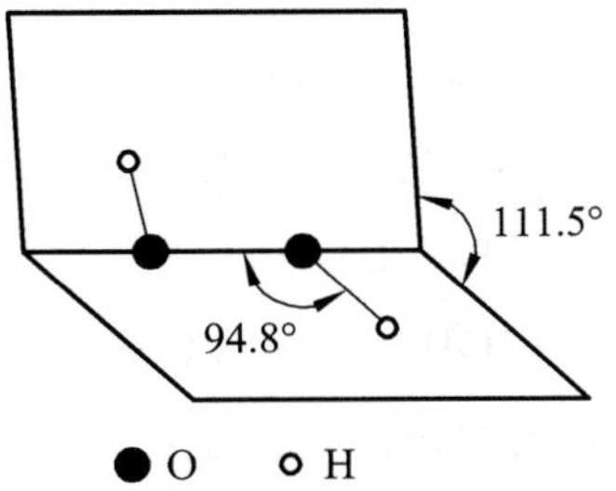

图 8-2　H_2O_2 分子的空间结构

2. H_2O_2的性质

过氧化氢的水溶液一般也称为双氧水。过氧化氢（H_2O_2）纯品是一种无色黏稠的液体，熔点为−1 °C，沸点为 150 °C。−4 °C 时固体 H_2O_2 的密度为 1.643 g · cm^{-3}。H_2O_2 分子间通过氢键发生缔合，其缔合程度比水大。H_2O_2 能与水以任何比例混溶。市售品有 30%和 3%两种。过氧化氢气体和浓溶液对皮肤有较强的烧蚀性，30% H_2O_2 会刺痛皮肤，不慎弄到皮肤上须立即用大量水冲洗。

其主要化学性质包括：

（1）热稳定性差　过氧化氢不稳定，能自然分解：

$$2H_2O_2 \longrightarrow 2H_2O + O_2\uparrow$$

光照、加热会加速分解，故应用棕色瓶储存于阴凉处。浓度高于 65%的 H_2O_2 和某些有机物接触时，容易发生爆炸。H_2O_2 在碱性介质中的分解速率远比在酸性介质中大。微量的 Mn^{2+}、Cr^{3+}、Fe^{3+}、Fe^{2+}、Cu^{2+}、MnO_2、I_2、PbO_2、Pb^{2+}等对 H_2O_2 的分解有催化作用。而微量的锡酸钠和焦磷酸铂能抑制 H_2O_2 的分解。浓度高于 65%的 H_2O_2 与有机物接触易发生爆炸。

（2）弱酸性　H_2O_2 是一种极弱的酸：

$$H_2O_2 \rightleftharpoons HO_2^- + H^+ \qquad K_{a1}^{\ominus} = 2.0\times10^{-12}$$

H_2O_2 的 $K_{a2}^{\ominus}$ 更小，约为 10^{-25}。

H_2O_2 可与碱反应，例如：

$$H_2O_2 + Ba(OH)_2 = BaO_2 + 2H_2O$$

因此，Na_2O_2、CaO_2 和 BaO_2 可看成是 H_2O_2 的盐。

（3）氧化还原性

酸性介质

$$H_2O_2 + 2H^+ + 2e^- = 2H_2O \qquad E^{\ominus}(O_2/H_2O) = 1.776\ V$$

$$O_2 + 2H^+ + 2e^- = H_2O_2 \qquad E^{\ominus}(O_2/H_2O_2) = 0.695\ V$$

碱性介质

$$HO_2^- + H_2O + 2e^- = 3OH^- \qquad E^{\ominus}(HO_2^-/OH^-) = 0.88\ V$$

$$O_2 + H_2O + 2e^- = HO_2^- + OH^- \qquad E^{\ominus}(O_2/HO_2^-) = -0.076\ V$$

由于 H_2O_2 中 O 的氧化数为−1，所以 H_2O_2 既有氧化性又有还原性。从标准电极电势可知，无论在酸性介质还是在碱性介质中 H_2O 都是一种较强的氧化剂，且在酸性溶液中氧化性更为突出。例如：

$$2Fe^{2+} + H_2O_2 + 4OH^- \longrightarrow 2Fe(OH)_3\downarrow$$

$$2Fe^{2+} + H_2O_2 + 2H^+ \longrightarrow 2Fe^{3+} + 2H_2O$$

$$2I^- + H_2O_2 + 2H^+ \longrightarrow I_2 + 2H_2O$$

$$2[Cr(OH)_4]^- + 3H_2O_2 + 2OH^- \longrightarrow 2CrO_4^{2-} + 8H_2O$$

过氧化氢可将黑色的 PbS 氧化为白色的 $PbSO_4$：

$$PbS + 4H_2O_2 \longrightarrow PbSO_4 + 4H_2O$$

H_2O_2的还原性较弱，只有遇到比它更强的氧化剂时，H_2O_2才能被氧化，并放出O_2。例如：

$$2MnO_4^- + 5H_2O_2 + 6H^+ \longrightarrow 2Mn^{2+} + 5O_2\uparrow + 8H_2O$$

$$MnO_2 + H_2O_2 + 2H^+ \longrightarrow Mn^{2+} + O_2\uparrow + 2H_2O$$

$$Cl_2 + H_2O_2 \longrightarrow 2HCl + O_2\uparrow$$

上述三个反应，很有实际意义，可用来测定H_2O_2含量，清洗附着MnO_2污迹的玻璃器皿以及除去反应系统剩余的Cl_2，以减少大气污染。

一般来说，在酸性和碱性介质中，H_2O_2的氧化性强于还原性，因此，它主要用作氧化剂，其优点是产物为H_2O，不会给反应系统引入其他杂质。工业上使用H_2O_2做漂白剂，医药上用稀H_2O_2溶液作为消毒杀菌剂。纯H_2O_2可作为火箭燃料的氧化剂。实验室常用30%或3% H_2O_2溶液做氧化剂。

应注意：浓度稍大的H_2O_2水溶液会灼伤皮肤，使用时应格外小心！

在酸性溶液中，H_2O_2能与重铬酸盐反应生成蓝色的过氧化铬CrO_5。CrO_5在乙醚或戊醇中比较稳定：

$$Cr_2O_7^{2-} + 2H_2O_2 + 2H^+ \longrightarrow 5H_2O + \underset{（蓝色）}{2CrO_5}$$

这是典型的过氧链转移反应。这个反应可用于检验H_2O_2、CrO_4^{2-}或$Cr_2O_7^{2-}$的存在。

三、硫及其化合物

硫在自然界以单质和化合态存在，单质硫矿床主要分布在火山附近（H_2S与SO_2作用生成）。以化合物形式存在的硫分布较广，主要有硫化物和硫酸盐。其中FeS_2是最重要的硫化物矿，它大量用于制造硫酸，是一种基本的化工原料。煤和石油中也含有硫。此外，硫是细胞的组成元素之一，它以化合物形式存在于动植物有机体内。

（一）单质硫（俗称硫黄）

硫有许多同素异形体，最常见的是晶状的斜方硫和单斜硫。常见的天然硫即斜方硫，是柠檬黄色固体。单斜硫是暗黄色针状固体。95.5 °C是这两种同素异形体的转变温度。

斜方硫和单斜硫都是分子晶体，每个分子由8个S原子组成环状结构。它们都不溶于水，易溶于二硫化碳、四氯化碳等溶剂。

硫的化学性质比较活泼，能与许多金属接触时发生反应。室温时汞也能与硫化合。与卤素（碘除外）、氢、氧、碳、磷等直接作用生成相应的共价化合物。只有稀有气体以及单质碘、氮、碲、金、铂和钯不能直接与硫化合。

硫能与具有氧化性的酸（如硝酸、亚硝酸、浓硫酸）作用：

$$S + 2HNO_2 \longrightarrow H_2SO_4 + 2NO(g)$$

$$S + 2H_2SO_4 \longrightarrow 3SO_2 + 2H_2O$$

也能溶于热的碱液生成硫化物和亚硫酸盐：

$$S + 6NaOH \xrightarrow{\triangle} 2Na_2S + Na_2SO_3 + H_2O$$

当硫过量时则可生成硫代硫酸盐：

$$S（过量）+ 6NaOH \longrightarrow 2Na_2S + Na_2S_2O_3 + 3H_2O$$

硫的用途很广。化工生产中主要用来制造硫酸。在橡胶工业中，大量的硫用于橡胶硫化，以增强橡胶的弹性和韧性。农业上用作杀虫剂，如石灰硫黄合剂。另外，硫还可以用来制作黑火药、火柴等。在医药上，硫主要用来制硫黄软膏，治疗某些皮肤病。

（二）硫化氢和硫化物

1. 硫化氢

硫化氢分子的构型与水分子相似，也呈 V 形，但 H—S 键长（136 pm）比 H—O 键略长，而键角∠HSH（92°）比∠HOH 小。H_2S 分子的极性比 H_2O 弱，但不形成氢键。

H_2S 中毒是因为它能与血红素中的 Fe^{2+}作用生成 FeS 沉淀，因而使 Fe^{2+}失去正常的生理作用。H_2S 存在于火山喷射气、动植物体及矿泉水中。它影响人的中枢神经及呼吸系统，吸入少量便感到头昏和恶心，长时间吸入 H_2S 后就不再感到它的臭味了，如果这样下去，就会中毒而致死亡。所以制取和使用 H_2S 时必须通风。

硫化氢的沸点为−60 °C，熔点为−86 °C，比同族的 H_2O、H_2Se、H_2Te 都低。硫化氢稍溶于水，在 20 °C 时 1 体积的水能溶解 2.5 体积的硫化氢。

硫化氢是很弱的二元酸。氢硫酸能与金属离子形成正盐，即硫化物（如 Na_2S），也能形成酸式盐即硫氢化物（如 NaHS）。

$$2H_2S + 3O_2 \longrightarrow 2H_2O + 2SO_2（燃烧完全，蓝色火焰）$$

$$2H_2S + O_2 \longrightarrow 2H_2O + 2S\downarrow（空气不足）$$

$$H_2S + Br_2 \longrightarrow S + 2HBr$$

硫化氢具有还原性，能与氧化剂作用生成单质硫：

$$H_2S + H_2SO_4（浓）\longrightarrow SO_2 + 2H_2O + S\downarrow$$

$$H_2S + 2Fe^{3+} \longrightarrow S + 2H^+ + 2Fe^{2+}$$

当 H_2S 溶液在空气中放置时，容易被空气中的氧所氧化而析出单质硫，使溶液变浑浊，所以要现用现配。过硫化氢（H_2S_2）与过氧化氢的结构相似。

2. 金属硫化物

金属硫化物大多数是有颜色的，如 Na_2S、ZnS 为白色，CdS 为黄色，MnS 为肉色，FeS、PbS、HgS、CuS、Ag_2S 为黑色。碱金属硫化物和 BaS 易溶于水，其他碱土金属硫化物微溶于水（BeS 难溶）。除此以外，大多数金属硫化物难溶于水，有些还难溶于酸。酸式金属硫化物皆溶于水。个别硫化物由于完全水解，在水溶液中不能生成，如 Al_2S_3 和 Cr_2S_3 必须采用干法制备。可以利用硫化物的上述性质来分离和鉴别各种金属离子。

所有金属硫化物无论易溶或微溶都有一定程度的水解性。Na_2S 溶于水几乎全部水解：

$$Na_2S + H_2O \longrightarrow NaHS + NaOH$$

其溶液作为强碱使用，工业上称 Na_2S 为硫化碱。Cr_2S_3、Al_2S_3 遇水完全水解，所以这类化合物只能用“干法”合成：

$$Al_2S_3 + 6H_2O \longrightarrow 2Al(OH)_3\downarrow + 3H_2S\uparrow$$

CuS、PbS 微弱水解。

硫化物的颜色、溶解性及在酸中的溶解情况在分析化学中用来鉴别和分离金属离子的混合物。

将可溶性硫化物如 Na_2S，$(NH_4)_2S$ 的溶液与硫共热，可得多硫化物。例如：

$$(NH_4)_2S + (x-1)S \longrightarrow (NH_4)_2S_x$$

$$Na_2S + (x-1)S_x \longrightarrow Na_2S_x$$（$x = 2\sim6$，个别可达 9）

通常生成的产物是含有不同数目硫原子的各种多硫化物的混合物。随着硫原子数目的增加，多硫化物的颜色从黄色经过橙黄色而变为红色，$x = 2$ 的多硫化物也称为过硫化物。

多硫化物具有氧化性，这一点与过氧化物相似，但多硫化物的氧化性不及过氧化物强。黄铁矿 FeS_2 是铁的多硫化物。

多硫化物与酸反应生成多硫化氢 H_2S_x，它不稳定，能分解成为硫化氢和单质硫而使溶液变浑浊，且随 x 的增大，多硫化氢的稳定性逐渐减弱：

$$S_x^{2-} + 2H^+ \longrightarrow H_2S\uparrow + (x-1)S\downarrow$$

多硫化物在皮革工业中用作原皮的除毛剂。在农业上用多硫化物作为杀虫剂来防治棉花红蜘蛛及果木的病虫害。

（三）硫的氧化物和含氧酸

1. 二氧化硫和亚硫酸及其盐

二氧化硫（SO_2）是无色有刺激性气味的气体。其沸点为−10 °C，熔点为−75.5 °C。液态 SO_2 能够解离，是一种良好的非水溶剂。SO_2 分子的极性较强，易溶于水，1 体积水能溶解 40 体积的 SO_2。光谱实验证明，SO_2 在水中主要是物理溶解，SO_2 分子与 H_2O 分子之间存在着较弱的作用。因此有人认为 SO_2 在水溶液中的状态基本上是 $SO_2 \cdot H_2O$。SO_2 容易液化，0 °C 时的液化压力仅为 193 kPa。液态二氧化硫用作制冷剂，储存在钢瓶中备用。SO_2 是大气中一种主要的气态污染物。含有 SO_2 的空气不仅对人类及动植物有毒害，还会腐蚀金属制品，损坏油漆颜料，织物和皮革，形成酸雨等。国家规定企业排放废气中 SO_2 含量不能超过 $20\ mg \cdot m^{-3}$。

SO_2 分子中 S 的氧化数是+4，处于中间氧化值，因此它既有氧化性，又有还原性。例如用接触法制硫酸时，SO_2 可被空气氧化。SO_2 只有遇到强还原剂才表现出氧化性。

工业上，二氧化硫常用硫铁矿在空气中燃烧制取。

$$4FeS_2 + 11O_2 \longrightarrow 2Fe_2O_3 + 8SO_2$$

SO_2 溶于水生成亚硫酸（H_2SO_3）。其主要化学性质是：

（1）不稳定性　亚硫酸只能在水溶液中存在，受热分解加快，放出二氧化硫。

（2）酸性　亚硫酸酸性比碳酸强，是一种二元中强酸：

$$H_2SO_3 \rightleftharpoons H^+ + HSO_3^- \qquad K_1^{\ominus} = 1.3\times10^{-2}$$

$$HSO_3^- \rightleftharpoons H^+ + SO_3^{2-} \qquad K_2^{\ominus} = 1.3\times10^{-2}$$

（3）氧化还原性　有关电极电势：

酸性介质 $H_2SO_3 + 4H^+ + 4e^- \rightleftharpoons S + 3H_2O \qquad E^{\ominus}(H_2SO_4/S) = 0.45\ V$

$$SO_4^{2-} + 4H^+ + 2e^- \rightleftharpoons H_2SO_3 + H_2O \qquad E^{\ominus}(SO_4^{2-}/H_2SO_3) = 0.17\ V$$

碱性介质 $SO_4^{2-} + H_2O + 2e^- \rightleftharpoons SO_3^{2-} + 2OH^- \qquad E^{\ominus}(SO_4^{2-}/SO_3^{2-}) = -0.93\ V$

SO_2 和 H_2SO_3 既有氧化性又有还原性，但以还原性为主，且在碱性溶液中更强。氧化产物一般都是 SO_4^{2-}。例如：

$$IO_3^- + 3SO_2 + 3H_2O \longrightarrow I^- + 3SO_4^{2-} + 6H^+$$

$$2MnO_4^- + 5SO_3^{2-} + 6H^+ \longrightarrow 2Mn^{2+} + 5SO_4^{2-} + 3H_2O$$

$$H_2SO_3 + I_2 + H_2O \longrightarrow H_2SO_4 + 2HI$$

$$Cl_2 + SO_3^{2-} + H_2O \longrightarrow 2Cl^- + SO_4^{2-} + 2H^+$$

SO_2 或 H_2SO_3 只有在与强还原剂相遇时才表现出氧化性：

$$H_2SO_3 + 2H_2S = 3S + 3H_2O$$

SO_2 和 H_2SO_3 主要作为还原剂用于化工生产上。SO_2 主要用于生产硫酸和亚硫酸盐，还大量用于生产合成洗涤剂、食品防腐剂、住所和用具消毒剂。某些有机物质可以与 SO_2 或 H_2SO_3 发生加成反应，生成无色的加成物而使有机物褪色，所以 SO_2 可用作漂白剂，可用于漂白纸张、草帽等。

亚硫酸可形成正盐（如 Na_2SO_3）和酸式盐（如 $NaHSO_3$）。碱金属和铵的亚硫酸盐易溶于水，并发生水解；亚硫酸氢盐的溶解度大于相应的正盐，也易溶于水。在含有不溶性亚硫酸钙的溶液中通入 SO_2，可使其转化为可溶性的亚硫酸氢盐：

$$CaSO_3 + SO_2 + H_2O \longrightarrow Ca(HSO_3)_2$$

通常在金属氢氧化物的水溶液中通入 SO_2 得到相应的亚硫酸盐。

还原性比较：$SO_3^{2-} > H_2SO_2 > SO_2$

亚硫酸盐的还原性比亚硫酸还要强，在空气中易被氧化成硫酸盐而失去还原性：

$$2Na_2SO_3 + O_2 \longrightarrow 2Na_2SO_4$$

亚硫酸钠和亚硫酸氢钠大量用于染料工业中作为还原剂。在纺织、印染工业上，亚硫酸盐用作织物的去氯剂：

$$SO_3^{2-} + Cl_2 + H_2O \longrightarrow SO_4^{2-} + 2Cl^- + 2H^+$$

亚硫酸盐受热时，容易歧化分解：

$$4Na_2SO_3 = 3Na_2SO_4 + Na_2S$$

亚硫酸的正盐及酸式盐遇强酸即分解：

$$SO_3^{2-} + 2H^+ = H_2O + SO_2\uparrow$$

亚硫酸氢钙能溶解木质素制造纸浆，大量用于造纸工业。Na_2SO_3 在西药工业中用作药物有效成分的抗氧剂，还可用作照相显影液和定影液的保护剂等。亚硫酸盐也是常用的还原剂。

2. 三氧化硫、硫酸及其盐

（1）三氧化硫　气态 SO_3 的分子构型为平面三角形，中心 S 原子采取 sp^2 不等性杂化，与 3 个氧原子形成 3 个 σ 键，还有一个垂直于分子平面的 4 中心 6 电子 π 键。常温下三氧化硫（SO_3）是无色液体，沸点为 44.8 °C，在 16.8 °C 时凝固成无色易挥发的固体。SO_3 是一个强氧化剂，特别在高温时它能将 P 氧化为 P_4O_{10}，将 HBr 氧化为 Br_2，能氧化 KI、Fe、Zn 等金属：

$$2P + 5SO_3 \longrightarrow P_2O_5 + 5SO_2$$

$$KI + SO_3 \longrightarrow K_2SO_3 + I_2$$

三氧化硫极易吸水，在空气中强烈冒烟。三氧化硫溶于水中即生成硫酸并放出大量热，放出的热使水产生的蒸气与 SO_3 形成酸雾，影响吸收的效果，所以，工业上生产硫酸是用 98.3 %浓硫酸吸收 SO_3 变为含 20% SO_3 的发烟硫酸，再用水稀释得到。

（2）硫酸　纯硫酸是一种无色油状液体，在 10.38 °C 时凝固成晶体。市售的浓硫酸密度为 1.84 ~ 1.86 g · cm^{-3}，浓度约为 18 mol · L^{-1}。98%的硫酸沸点为 330 °C，是常用的高沸点酸，这是硫酸分子间形成氢键的缘故。将 SO_3 通入浓硫酸中即得发烟硫酸，其中最简单的是焦硫酸 $H_2S_2O_7$（其中 H_2SO_4 与 SO_3 的物质的量之比为 1 : 1）。

① 硫酸的化学性质

a. 酸性　H_2SO_4 是二元强酸，第一步完全解离，第二步解离并不完全，HSO_4^- 相当于中强酸：

$$H_2SO_4 \longrightarrow H^+ + HSO_4^-$$

$$H_2SO_4 \longrightarrow H^+ + SO_4^{2-} \quad K_2^{\ominus} = 1.2 \times 10^{-2}$$

b. 吸水性和脱水性　浓硫酸能以任意比与水混合，同时放出大量的热。硫酸能与水形成一系列的稳定水合物，故浓硫酸有强烈的吸水性，可用作干燥剂，用来干燥不与硫酸起反应的各种气体，如氯气、氢气和二氧化碳等。浓硫酸也是实验室常用的干燥剂之一。

硫酸与水混合时放出大量的热，在稀释硫酸时必须非常小心。应将浓硫酸在搅拌下慢慢倒入水中，不可将水倒入浓硫酸中。

浓硫酸还具有脱水性，能从有机物中按水的组成比把 H 和 O 夺取出来。如

$$xC_{12}H_{22}O_{11}\text{（蔗糖）} + 11H_2SO_4\text{（浓）} \longrightarrow 12xC + 11H_2SO_4 \cdot xH_2O$$

c. 氧化性　浓硫酸是中等强度的氧化剂，但在加热的条件下显强氧化性，几乎能氧化所有的金属（不能氧化 Pt 和 Au）和一些非金属。还原产物一般是 SO_2，若遇活泼金属会被还原为 S 或 H_2S。

$$Cu + 2H_2SO_4\text{（浓）} \xrightarrow{\triangle} CuSO_4 + SO_2 + 2H_2O$$

$$Zn + 2H_2SO_4\text{（浓）} \longrightarrow ZnSO_4 + SO_2 + 2H_2O$$

或

$$3Zn + 4H_2SO_4\text{（浓）} \longrightarrow 3ZnSO_4 + S + 4H_2O$$

或

$$4Zn + 5H_2SO_4\text{（浓）} \longrightarrow 4ZnSO_4 + H_2S\uparrow + 4H_2O$$

$$2P + 5H_2SO_4\text{（浓）} = P_2O_5 + 5SO_2 + 5H_2O$$

$$C + 2H_2SO_4\text{（浓）} = CO_2 + 2SO_2 + 2H_2O$$

浓硫酸氧化金属并不放出氢气。稀硫酸与比氢活泼的金属（如 Mg、Zn、Fe 等）作用时，能放出氢气。

此外，冷的浓硫酸（70%以上）遇 Fe、Al 表现为“钝化”，生成一层致密的氧化膜，阻止硫酸与铁表面继续作用。故可将浓硫酸（80%~90%）装在钢罐中储运。据研究，当硫酸浓度为 50% ~ 60%时，铁的溶解速率最大。

浓硫酸能严重灼伤皮肤，万一误溅在皮肤上，先用纸沾去，再用大量水冲洗，最后用 5%$NaHCO_3$溶液或稀氨水浸泡片刻。鉴于浓硫酸的强腐蚀作用，在使用时必须注意安全!

d. 热稳定性　在一般情况下，硫酸并不分解，是比较稳定的酸。

② 硫酸的制备

世界各国普遍采用接触法生产硫酸，原料主要是硫黄或硫铁矿或冶炼厂烟道气。一般包括以下几个步骤：

首先，焙烧硫铁矿或硫黄制 SO_2：

$$4FeS_2 + 11O_2 \longrightarrow 2Fe_2O_3 + 8SO_2\uparrow$$

$$S + O_2 \longrightarrow SO_2\uparrow$$

然后，在催化剂作用下，将 SO_2 氧化为 SO_3：

$$2SO_2 + O_2 \longrightarrow 2SO_3$$

最后用 98.3%的浓硫酸吸收 SO_3，再加入适量 92.5%的稀硫酸将浓度调到 98%（约为 18 $mol \cdot L^{-1}$），此即为市售品。

硫酸是重要的化工原料，可用来制取盐酸、硝酸以及各种硫酸盐和农用肥料（如磷肥和氮肥）。硫酸还用于生产农药、炸药、燃料以及石油和植物油的精炼等。在金属、搪瓷工业中，利用硫酸作为酸洗剂，以除去金属表面的氧化剂。

3. 硫的其他含氧酸

硫能形成种类繁多的含氧酸，如连二亚硫酸（$H_2S_2O_4$）、焦亚硫酸（$H_2S_2O_5$）、硫代硫酸（$H_2S_2O_3$）、焦硫酸（$H_2S_2O_7$）、过硫酸（$H_2S_2O_8$），除 H_2SO_4 和 $H_2S_2O_7$ 外，其他酸只能存在于溶液中，但其盐却比较稳定。

（四）硫的含氧酸盐

硫酸能形成两种类型的盐，即正盐和酸式盐（硫酸氢盐）。

1. 硫酸盐

常见金属元素几乎都能形成硫酸盐。硫酸盐均属于离子晶体。

（1）溶解性　酸式硫酸盐均易溶于水。正硫酸盐中只有 $CaSO_4$、$BaSO_4$、$SrSO_4$、$PbSO_4$、Ag_2SO_4 不溶或微溶，其余均易溶。$BaSO_4$ 不溶于酸和王水，据此可鉴定和分离 Ba^{2+}或 SO_4^{2-}。虽然 Ba^{2+}和 SO_3^{2-}也生成白色 $BaSO_3$ 沉淀，但它能溶于盐酸而生成 SO_2。

（2）热稳定性　ⅠA 族和ⅡA 族元素的硫酸盐对热很稳定，过渡元素的硫酸盐则较差，受热分解成金属氧化物和 SO_3，或进一步分解成金属单质：

$$CuSO_4 \longrightarrow CuO + SO_3\uparrow$$

$$As_2SO_4 \longrightarrow Ag_2O + SO_3\uparrow$$

$$2Ag_2O \longrightarrow 4Ag + O_2\uparrow$$

同一金属的酸式硫酸盐不如正盐稳定。钾、钠的固态酸式硫酸盐是稳定的。酸式硫酸盐加热到熔点以上转变为焦硫酸盐，再加强热，进一步分解为正盐和三氧化硫。

（3）水合作用　可溶性硫酸盐从溶液中析出后常带有结晶水，结晶水以氢键与 SO_4^{2-} 结合。如：

$CuSO_4 \cdot 5H_2O$ 胆矾　$CaSO_4 \cdot 2H_2O$ 石膏

$ZnSO_4 \cdot 7H_2O$ 皓矾　$Na_2SO_4 \cdot 10H_2O$ 芒硝

$FeSO_4 \cdot 7H_2O$ 绿矾　$MgSO_4 \cdot 7H_2O$ 泻盐

这些盐受热易失去部分或全部结晶水，故在制备过程中只能自然晾干。

（4）易形成复盐　硫酸盐的另一特性是容易形成复盐。例如：

钾明矾 $K_2SO_4 \cdot Al_2(SO_4)_3 \cdot 24H_2O$

摩尔盐 $(NH_4)_2SO_4 \cdot FeSO_4 \cdot 6H_2O$

酸式硫酸盐中，只有最活泼的碱金属元素能形成稳定的固态酸式硫酸盐，如 $NaHSO_4$、$KHSO_4$ 等。它们能溶于水，并呈酸性。市售“洁厕剂”的主要成分是 $NaHSO_4$。

许多硫酸盐在净化水、造纸、印染、颜料、医药和化工等方面有着重要的用途。

2. 硫代硫酸盐

硫代硫酸钠（$Na_2S_2O_3$，大苏打，海波）是无色透明的结晶，易溶于水，其水溶液显弱碱性。将硫粉溶于沸腾的亚硫酸钠碱性溶液中便可制得 $Na_2S_2O_3$：

$$Na_2SO_3 + S \xrightarrow{\triangle} Na_2S_2O_3$$

硫代硫酸钠在中性和碱性溶液中很稳定，在酸性溶液中不稳定：

$$Na_2S_2O_3 + 2HCl \longrightarrow S + SO_2\uparrow + 2NaCl + H_2O$$

硫代硫酸钠有显著的还原性，其还原碘的反应用于分析化学的碘量法中：

$$2\,Na_2S_2O_3 + I_2 \longrightarrow Na_2S_4O_6 + 2NaI$$

生成物连四硫酸盐中 S 的氧化数为 2.5。

$S_2O_3^{2-}$与 Cl_2、Br_2 等较强氧化剂反应，被氧化为 SO_4^{2-}：

$$S_2O_3^{2-} + 4Br_2 + 5H_2O \longrightarrow 2SO_4^{2-} + 10H^+ + 8Br^-$$

$$S_2O_3^{2-} + 4Cl_2 + 5H_2O \longrightarrow 2SO_4^{2-} + 10H^+ + 8Cl^-$$

在纺织工业上用 $Na_2S_2O_3$ 做脱氯剂。

$S_2O_3^{2-}$有很强的配合作用，可与 Ag^+、Cd^{2+}等形成稳定的配离子。$Na_2S_2O_3$ 大量用作照相的定影剂。照相底片上未感光的溴化银在定影液中形成$[Ag(S_2O_3)_2]^{3-}$而溶解：

$$2\,S_2O_3^{2-} + AgBr \longrightarrow [Ag(S_2O_3)_2]^{3-} + Br^-$$

$Na_2S_2O_3$ 与过量的 Ag^+反应生成 $Ag_2S_2O_3$ 白色沉淀，$Ag_2S_2O_3$ 水解最后生成黑色 Ag_2S 沉

淀，颜色逐渐由白→黄→棕→黑，此现象用于 $S_2O_3^{2-}$ 的鉴定：

$$S_2O_3^{2-} + 2Ag^+ \longrightarrow Ag_2S_2O_3\downarrow$$

$$Ag_2S_2O_3 + H_2O \longrightarrow Ag_2S\downarrow + SO_4^{2-} + 2H^+$$

如 $Na_2S_2O_3$ 过量，则 $Ag_2S_2O_3$ 会生成配合物而溶解：

$$Ag_2S_2O_3 + 3\ Na_2S_2O_3 = Na_3[Ag(S_2O_3)_2]$$

3. 过硫酸盐

过硫酸可以看作是过氧化氢的衍生物。若 H_2O_2 分子中的一个氢原子被 —SO_3H 基团取代，形成过硫酸 H_2SO_5，若两个氢原子都被 —SO_3H 基团取代则形成过二硫酸 $H_2S_2O_8$。

过硫酸盐与有机物混合，易引起燃烧或爆炸，必须密闭储存于阴凉处。常用的过硫酸盐有 $K_2S_2O_8$ 和 $(NH_4)_4S_2O_8$。

过硫酸盐易水解，生成 H_2O_2，用于工业上制备 H_2O_2：

$$(NH_4)_2S_2O_8 + 2H_2O \longrightarrow 2NH_4HSO_4 + H_2O_2$$

过硫酸盐不稳定，受热容易分解：

$$2K_2S_2O_8 \longrightarrow 2K_2SO_4 + 2SO_3\uparrow + O_2\uparrow$$

过硫酸盐是极强的氧化剂，还原产物是 SO_4^{2-}。过二硫酸盐能将 I^- 和 Fe^{2+} 氧化成 I_2 和 Fe^{3+}，甚至能将 Cr^{3+} 和 Mn^{2+} 等氧化成相应的高氧化态的 $Cr_2O_7^{2-}$ 和 MnO_4^-。但其中有些反应的速率较小，在催化剂作用下，反应进行得较快。例如：

$$Cu + K_2S_2O_8 + 8\ H_2O \xrightarrow{Ag^+} CuSO_4 + K_2SO_4$$

$$2Mn^{2+} + 5S_2O_8^{2-} + 8H_2O \xrightarrow{Ag^+} 2MnO_4^- + 10SO_4^{2-} + 16H^+$$

上述反应用于鉴定 Mn^{2+}。在钢铁分析中常用过硫酸铵（或过硫酸钾）氧化法测定钢中锰的含量。

习　题

第九章　氮族、碳族与硼族元素

【学习目标】

1. 理解氮族、碳族与硼族元素的基本性质与结构的关系。
2. 理解氮族、碳族与硼族元素的单质及其化合物的主要性质及其变化规律。
3. 了解氮族、碳族与硼族元素的单质及其化合物的结构。
4. 了解氮族、碳族与硼族元素的单质及其化合物的主要制备方法及其用途。
5. 理解缺电子原子等重要概念。

第一节　氮族元素

一、氮族元素概述

氮族元素包括氮（N）、磷（P）、砷（As）、锑（Sb）和铋（Bi）五种元素。从上至下，随着原子半径的递增，电负性递减，从非金属元素 N、P 到准金属元素 As、Sb，再到金属元素 Bi。

氮族元素的价电子构型为 ns^2np^3，与氧族、卤素比较，得电子能力较弱。仅电负性较大的 N 和 P 可与碱金属或碱土金属形成极少数离子型固态化合物，如 Li_3N、Na_3P、Mg_3N_2、Ca_3P_2 等。由于 N^{3-}、P^{3-}半径大，容易变形，N^{3-}和 P^{3-}只能存在于干态，遇水强烈水解生成 NH_3 和 PH_3：

$$Mg_3N_2 + 6H_2O = 3Mg(OH)_2 + 3NH_3$$

$$Na_3P + 3H_2O = 3NaOH + 3NH_3$$

氮族元素常见的氧化数有+5、+3、−3，且形成−3 氧化数的趋势从 N 到 Sb 依次降低，Bi 不形成−3 氧化数的稳定化合物。氢化物（除 NH_3 外）都不稳定。N、P 氧化数为+5 的化合物比+3 的化合物稳定。As 和 Sb 常见氧化数为+3 和+5，Bi 氧化数主要是+3（表 9-1）。

氮族元素形成的化合物大多数是共价化合物，大致可分为以下四类：

（1）形成三个共价单键，如 NH_3，N 为 sp^3 杂化。

（2）形成一个共价双键和一个共价单键，如 —N═O，N 为 sp^2 杂化。

（3）形成一个共价三键，如 N_2、CN^-，N 为 sp 杂化。

（4）N 原子还可以有氧化数为+5 的氧化态，如 NO_3^-。

表 9-1　氮族元素的基本性质

	N	P	As	Sb	Bi
氧化值	+5，+4， +3，+2，+1 −3	+5	+5	+5	（+5）
		+3	+3	+3	+3
		−3	−3	（−3）	
原子半径	70	110	121	141	152
电负性	3.0	2.1	2.0	1.9	1.9
最大配位数	4	6	6	6	6
M_2O_3	酸性	酸性	两性	两性	碱性
MH_3	NH_3	PH_3	AsH_3	SbH_3	BiH_3
	碱性减弱，稳定性下降				

N 元素与同族其他元素性质的差异表现在：

（1）N 的最大配位数为 4，而 P、As 可达到 5 或 6。

（2）N 有形成氢键的倾向，但氢键强度比 O 和 F 弱。

二、氮及其化合物

（一）氮　气

氮气是无色、无臭、无味的气体。沸点为−195.8°C。微溶于水。由于组成 N_2 分子的两个 N 原子以三键结合，键能大。故氮气在常温下化学性质极不活泼，常用作保护气体。但在高温特别是有催化剂存在时，氮气能和某些金属如 Li、Ca、Mg 等化合生成氮化物，也能与氢、氧化合。氮原子间能形成多重键，因而能形成本族其他元素所不能形成的化合物，如叠氮化物（N_2^-），偶氮化合物（—N═N—）等。

工业上大量的氮由分馏液态空气制得，通常以约 150 MPa 装入钢瓶中备用。实验室常用加热饱和氯化铵溶液和固体亚硝酸钠的混合物来制取氮。

$$NH_4Cl + NaNO_2 \longrightarrow NH_4NO_2 + NaCl$$

$$NH_4NO_2 \xrightarrow{\triangle} N_2\uparrow + 2H_2O$$

工业上的氮主要用于合成氨，制取硝酸，作为保护气体及深度冷冻剂。

（二）氨及铵盐

1. 氨　气

氨分子构型为三角锥形，N 原子除以 3 个 sp^3 不等性杂化轨道与 3 个氢原子成键外，还有一对孤对电子（结构如下）。

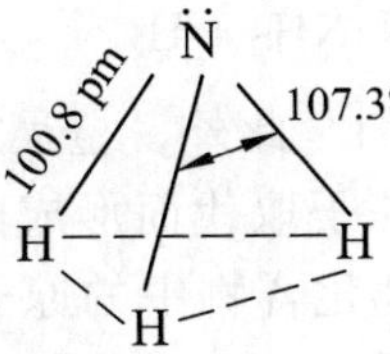

氨分子是极性分子。NH_3 极易溶于水，常温时 1 体积水能溶解 400 体积的 NH_3。NH_3 溶于水后体积显著增大，故氨水越浓，溶液密度反而越小。市售氨水浓度为 25%～28%，密度约为 0.9 $g\cdot mL^{-1}$。氨（NH_3）是无色有刺激性臭味的气体。NH_3 容易被液化。液态氨的汽化焓较大，故液态氨可用作制冷剂。氨是氮的最重要化合物之一。是最重要的氮肥，是产量最大的化工产品之一。

实验室一般用铵盐与强碱共热来制取氨：

$$2NH_4Cl + Ca(OH)_2 \longrightarrow CaCl_2 + 2H_2O + 2NH_3(g)$$

工业上目前主要是采用合成的方法制氨：

$$N_2 + 3H_2 \xrightarrow[Fe]{450\sim500\ ^\circ C，30\ MPa} 2NH_3$$

NH_3 的化学性质主要有以下三方面：

（1）加合反应　NH_3 与水通过氢键加合生成氨的水合物，已确定的氨的水合物有 $NH_3\cdot H_2O$ 和 $2NH_3\cdot H_2O$ 两种，通常表示为 $NH_3\cdot H_2O$。NH_3 溶于水后生成水合物的同时，发生少部分解离而显碱性。

$$NH_3 + H_2O \rightleftharpoons NH_3\cdot H_2O \rightleftharpoons NH_4^+ + OH^- \quad K_b = 1.76\times10^{-5}$$

NH_3 与 H^+ 通过配位键结合成 NH_4^+，还能和许多金属离子通过配位键结合成氨合离子，如 $[Cu(NH_4)_4]^{2+}$、$[Ag(NH_4)_2]^+$ 等：

$$H^+ + NH_3 \longrightarrow NH_4^+$$

$$Ag^+ + 2NH_3 \longrightarrow [Ag(NH_3)_2]^+$$

（2）还原性　氨分子中 N 的氧化值为−3，是 N 的最低氧化值，所以氨具有还原性。NH_3 在空气中不能燃烧，但在氧气中可以燃烧生成水和氮气：

$$4NH_3 + O_2（纯）\longrightarrow 2N_2 + 6H_2O$$

在催化剂存在下，NH_3 可被 O_2 氧化为 NO。NH_3 在空气中的爆炸极限浓度为 16%～27%：

$$4NH_3 + 5O_2（空气）\xrightarrow{Pt} 4NO + 6H_2O$$

氨在水溶液中能被 Cl_2、H_2O_2、$KMnO_4$ 等氧化：

$$3Cl_2 + 2NH_3 \longrightarrow N_2 + 6HCl$$

若 Cl_2 过量则得 NCl_3：

$$3Cl_2 + NH_3 \longrightarrow NCl_3 + 3HCl$$

（3）取代反应　NH_3 遇活泼金属，其中的 H 可被取代，生成氨基（—NH_2）化合物、亚氨基（═NH）化合物和氮（≡N）的化合物。例如：

$$2NH_3 + 2Na \xrightarrow{350\ ℃} 2NaNH_2 + H_2$$

$NaNH_2$ 是有机合成中的重要缩合剂。此外，金属氮化物（如氮化镁 Mg_3N_2）可以看成是氨分子中的 3 个氢原子全部被金属原子取代而形成的化合物。

NH_2 还能以氨基或亚氨基取代其他化合物中的原子或原子团，如：

$$HgCl_2 + 2NH_3 \xlongequal{\quad} \underset{（白色）}{Hg(NH_2)Cl\downarrow} + NH_4Cl$$

$$COCl_2（光气）+ 4NH_3 \xlongequal{\quad} CO(NH_2)_2（尿素）+ 2NH_4Cl$$

氨是一种重要的化工原料，主要用于制造氮肥，还用来制造硝酸、铵盐、纯碱等。氨也是尿素、纤维、塑料等有机合成工业的原料。

2. 铵　盐

氨与酸作用可以得到各种相应的铵盐。铵盐与碱金属盐非常相似，尤其是与钾盐特别相似，这是因为 NH_4^+ 半径为 143 pm，接近于钾的半径（133 pm），因此铵盐的性质类似于碱金属盐类，而且往往与钾盐、铷盐同晶，并有相似的溶解度。

铵盐多为无色晶体，皆溶于水。但酒石酸氢铵与高氯酸铵等少数铵盐的溶解度较小（相应的钾盐和铷盐溶解度也很小）。硝酸铵的溶解度为 192 g/100 g H_2O（20 °C），高氯酸铵的溶解度为 20 g/100 g H_2O，高氯酸钾的溶解度为 1.68 g/100 g H_2O。铵盐都是重要的化学肥料。铵盐有以下通性：

（1）水解性　由于氨水具有弱碱性，所以铵盐都有一定程度的水解：

$$NH_4^+ + H_2O \xlongequal{\quad} NH_3 \cdot H_2O + H^+$$

因此在任何铵盐溶液中加入碱并稍加热，就会有氨气放出。例如：

$$2NH_4Cl + Ca(OH)_2 \xlongequal{\quad} 2NH_3\uparrow + 2H_2O + CaCl_2$$

实验室利用此反应制取氨气，并常用来鉴定 NH_4^+ 的存在。或用奈斯勒试剂（$K_2[HgI_4]$ 的碱性溶液）来鉴定 NH_4^+，因生成红棕色沉淀：

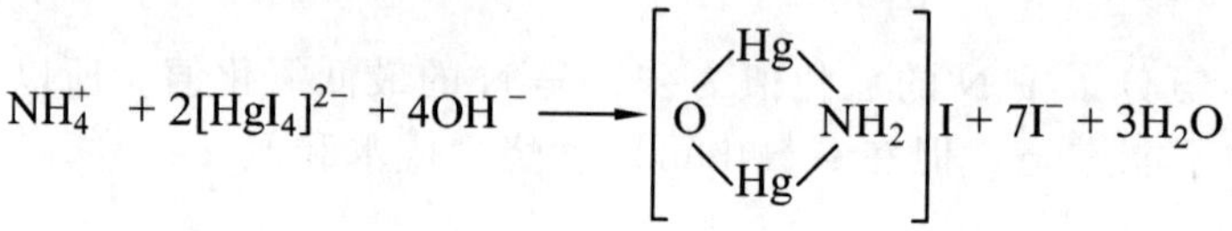

（2）热稳定性差　固体铵盐加热极易分解，其分解产物因酸根性质不同而异。

稳定性规律：与 NH_4^+ 结合的阴离子碱性越强，铵盐越不稳定。如卤化铵 NH_4X 的热稳定性按 $NH_4F \rightarrow NH_4I$ 的顺序递增。

非氧化性酸形成的铵盐一般分解为氨和相应的酸或酸式盐：

$$NH_4HCO_3 \longrightarrow NH_3\uparrow + CO_2 + H_2O$$

$$NH_4Cl \longrightarrow NH_3\uparrow + HCl\uparrow$$

$$(NH_4)_2SO_4 \longrightarrow NH_3\uparrow + NH_4HSO_4$$

$$(NH_4)_3PO_4 \longrightarrow NH_3\uparrow + H_3PO_4$$

易挥发的氧化性酸形成的铵盐分解出的 NH_3 会立即被氧化，并随温度升高而生成不同产物：

$$NH_4NO_3 \xrightarrow{210\ ℃} N_2O\uparrow + 2H_2O\uparrow$$

或

$$2NH_4NO_3 \xrightarrow{300\ ℃} 2N_2\uparrow + 4H_2O\uparrow + O_2\uparrow$$

有人认为后一反应生成的 HNO_3 对 NH_4NO_3 的分解有催化作用，因此加热大量无水 NH_4NO_3 会引起爆炸。在制备、贮存、运输、使用 NH_4NO_3、NH_4NO_2、NH_4ClO_3、NH_4ClO_4、NH_5MnO_4 等时，应格外小心，防止受热或撞击，以避免发生安全事故。

铵盐中最重要的是硝酸铵 NH_4NO_3 和硫酸铵 $(NH_4)_2SO_4$。这两种铵盐大量地用作肥料。硝酸铵还用来制造炸药（反应放出大量气体和热量）。在焊接金属时，常用氯化铵来除去待焊金属物件表面的氧化物，使焊料更好地与焊件结合。当氯化铵接触到红热的金属表面时，就分解成为氨和氯化氢，氯化氢立即与金属氧化物起反应生成易溶的或挥发性的氯化物，这样金属表面就被清洗干净。

（三）硝酸和硝酸盐

1. 硝　酸

硝酸（HNO_3）属于挥发性酸，与水能以任意比溶解。市售硝酸有两种规格：一种是普通硝酸，浓度为 65%~68%，密度为 1.391~1.420 $g \cdot mL^{-1}$，无色透明或略带浅黄色；另一种是发烟硝酸，浓度约为 98%，密度约为 1.5 $g \cdot mL^{-1}$，呈浅黄色。此外还有一种红色发烟硝酸，即溶 NO_2 于 100%的纯硝酸中制得。实验室一般使用 65%左右的硝酸。

由于发烟硝酸氧化能力强，所含 NO_2 对硝酸与金属的反应有催化作用，同时有机合成更需要发烟硝酸，且发烟硝酸对金属铁和铝有钝化作用，可用铁或铝罐装运，所以工业生产多用发烟硝酸。

硝酸的化学性质主要有以下几种：

（1）不稳定性　HNO_3 受热或见光会逐渐分解：

$$4HNO_3 \longrightarrow NO_2\uparrow + O_2\uparrow + 2H_2O$$

因此实验室将硝酸盛于棕色瓶中，置于低温暗处保存。

（2）氧化性　在常见无机酸中，HNO_3 的氧化性最为突出。它能氧化许多非金属和几乎所有金属（Pt 和 Au 等少数金属除外）。

浓硝酸能氧化 C、S、P、I_2 等非金属，一般把非金属氧化成相应的酸，浓硝酸的还原产物多为 NO。稀硝酸与非金属一般不反应。例如：

$$3C + 4HNO_3（浓）\longrightarrow 3CO_2\uparrow + 4NO\uparrow + 2H_2O$$

$$3I_2 + 10HNO_3（浓）\longrightarrow 6HIO_3 + 10NO\uparrow + 2H_2O$$

后一反应用于制备碘酸。

HNO_3 与金属的反应比较复杂。金属的氧化产物多数为硝酸盐，有些是氧化物，如 SnO_2、WO_3、Sb_2O_5。硝酸的还原产物可以有多种，主要取决于硝酸的浓度和金属的活泼性，硝酸的氧化性随浓度降低而减弱。一般浓硝酸的主要还原产物是 NO_2，稀硝酸的主要还原产物为 NO。稀硝酸与活泼金属如 Fe、Mg、Zn 等反应时，有可能被还原成 N_2O、N_2，甚至 NH_4^+，对同一种金属来说，酸越稀则被还原的程度越大。极稀 HNO_3（1%~2%）与极活泼金属反应放出 H_2。

$$Cu + 4HNO_3（浓） \longrightarrow Cu(NO_3)_2 + 2NO_2\uparrow + 2H_2O$$

$$3Cu + 8HNO_3（稀） \longrightarrow 3Cu(NO_3)_2 + 2NO\uparrow + 4H_2O$$

$$Zn + 4HNO_3（浓） \longrightarrow Zn(NO_3)_2 + 2NO_2\uparrow + 2H_2O$$

$$4Zn + 10HNO_3（稀） \longrightarrow 4Zn(NO_3)_2 + N_2O\uparrow + 5H_2O$$

$$4Zn + 10HNO_3（很稀） \longrightarrow 4Zn(NO_3)_2 + NH_4NO_3 + 3H_2O$$

浓硝酸与浓盐酸的混合液（体积比为 1∶3）称为王水，能溶解不与硝酸作用的金属，如

$$Au + HNO_3 + 4HCl \longrightarrow HAuCl_3 + NO\uparrow + 2H_2O$$

$$3Pt + 4HNO_3 + 18HCl \longrightarrow 3H_2[PtCl_6] + 4NO\uparrow + 8H_2O$$

是浓硝酸的氧化作用与盐酸的配位作用共同作用的结果。

冷的浓硝酸遇 Fe、Al、Cr 等金属表现为“钝态”，钝化了的金属很难溶于稀硝酸。

（3）硝化作用　硝酸以硝基（$—NO_2$）取代有机化合物中的一个或几个氢原子的作用。硝基化合物大多数为黄色。皮肤与浓硝酸接触后变黄色，也是硝化作用的结果：

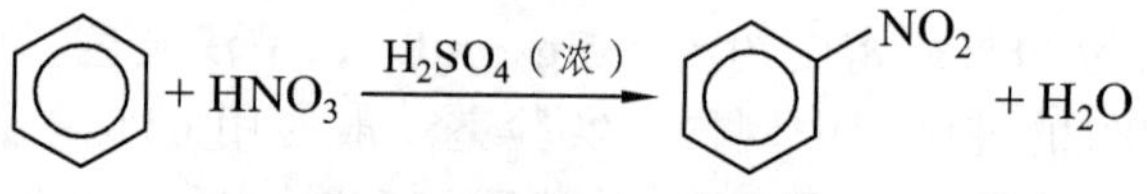

硝基苯

硝酸是重要的化工原料，是重要的“三大强酸”（盐酸、硝酸、硫酸）之一。它主要用于生产各种硝酸盐、化肥和炸药等，还用于合成燃料、药物、塑料等。

2. 硝酸盐

大多数硝酸盐为无色易溶于水的晶体。固体硝酸盐常温下比较稳定，但受热分解放出氧气。因此固体硝酸盐在高温时是强氧化剂。

活泼金属（比镁活泼的碱金属和碱土金属）硝酸盐受热分解为亚硝酸盐：

$$2NaNO_3 \xrightarrow{\triangle} 2NaNO_2 + O_2\uparrow$$

活泼性较小（在金属活动顺序表中位于镁和铜之间）的金属硝酸盐分解为相应的氧化物：

$$Pb(NO_3)_2 \xrightarrow{\triangle} PbO + 2NO_2 + O_2\uparrow$$

活泼性更小（在金属活动顺序表中位于铜以后）的金属硝酸盐分解生成金属单质：

$$2AgNO_3 \xrightarrow{\triangle} 2Ag + 2NO_2 + O_2\uparrow$$

可见，硝酸盐受热分解都有氧气放出。通常，硝酸盐的热分解反应产物与相应的亚硝酸盐和氧化物的稳定性有关。活泼金属的亚硝酸盐较稳定；活泼性较差金属的亚硝酸盐不稳定，其氧化物则较稳定；不活泼金属的亚硝酸盐和氧化物都不稳定。所以活泼性不同的金属的硝酸盐受热分解的最后产物也不同。

硝酸盐的水溶液几乎没有氧化性，只有在酸性介质中才有氧化性。固体硝酸盐在高温时是强氧化剂。

硝酸盐中最重要的是硝酸钾、硝酸钠、硝酸铵和硝酸钙等。硝酸铵大量用作肥料。由于固体硝酸盐高温时分解出 O_2，具有氧化性，故硝酸铵与可燃物混合在一起可作为炸药，硝酸钾可用来制造黑火药。黑火药的爆炸反应很复杂，主要反应可表示为：

$$2KNO_3 + S + 3C \longrightarrow K_2S + N_2\uparrow + 3CO_2\uparrow$$

硝酸盐广泛用于生产化肥和炸药，也用于电镀、玻璃、染料、选矿和制药等工业。

（四）亚硝酸及其盐

亚硝酸（HNO_2）是一种弱酸，$K^\ominus = 6.0\times10^{-4}$，比醋酸略强。$HNO_2$不稳定，仅存在于冷的稀溶液中，浓度稍大或微热即分解：

$$2HNO_2 \longrightarrow NO\uparrow + NO_2\uparrow + H_2O$$

亚硝酸盐比较稳定，特别是碱金属和碱土金属的亚硝酸盐：

$$Pb + KNO_3 \longrightarrow KNO_2 + PbO$$

$$NaNO_3 \longrightarrow NaNO_2 + O_2\uparrow$$

亚硝酸盐多为无色易溶于水（除浅黄色的 $AgNO_2$ 外）的固体。亚硝酸盐都有毒，有致癌作用。皮肤接触浓度大于 1.5%的 $NaNO_2$ 溶液会发炎。固体亚硝酸盐与有机物接触会引起燃烧或爆炸。

亚硝酸和亚硝酸盐既有氧化性又有还原性。在酸性溶液中以氧化性为主，其还原产物一般为 NO。例如：

$$Fe^{2+} + HNO_2 + H^+ \longrightarrow Fe^{3+} + NO\uparrow + H_2O$$

$$2I^- + 2HNO_2 + 2H^+ \longrightarrow I_2 + 2NO\uparrow + 2H_2O$$

后一反应可用于测定亚硝酸盐的含量。

亚硝酸盐在遇到更强的氧化剂时才表现出还原性，被氧化成硝酸盐：

$$5KNO_2 + 2KMnO_4 + 3H_2SO_4 \longrightarrow 2MnSO_2 + 5KNO_3 + K_2SO_4 + 3H_2O$$

$$KNO_2 + Cl_2 + H_2O \longrightarrow KNO_3 + 2HCl$$

在碱性溶液中，O_2 就可将亚硝酸盐氧化为硝酸盐。在实际应用中，亚硝酸盐多在酸性介质中做氧化剂。

NO_2^-是很好的配体，与许多金属离子形成配合物：

$$Co^{3+} + 6NO_2^- \longrightarrow [Co(NO_2)_6]^{3-} \longrightarrow \underset{\text{（黄色）}}{K_3[Co(NO_2)_6]\downarrow}$$

此方法可用于检出 K^+。

将等物质的量的 NO 和 NO_2 混合物溶解在冰水中或向亚硝酸盐的冷溶液中加酸时，生成亚硝酸：

$$NO + NO_2 + H_2O\text{（冷冻）} \longrightarrow 2HNO_2$$

$NaNO_2$ 和 KNO_2 是两种常用盐，它们广泛用于偶氮染料、硝基化合物的制备，还用作漂白剂、媒染剂、金属热处理剂、电镀缓蚀剂等。此外也是食品工业如肉、鱼加工的发色剂。

三、磷及其化合物

（一）单质磷

磷很容易被氧化，因此自然界不存在单质磷。磷主要以磷酸盐的形式分布在地壳中，如 $Ca_3(PO_4)_2$、氟磷灰石 $3Ca_3(PO_4)_2 \cdot CaF_2$。

磷有白磷、红磷和黑磷三种同素异形体，其结构见图 9-1，白磷呈四面体构型，红磷为链状结构，黑磷为层状结构（磷的最稳定的一种变体）。

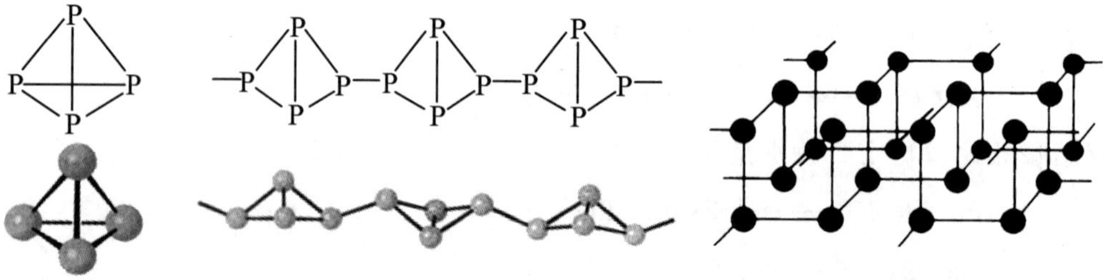

（a）白磷　　（b）红磷　　（c）黑磷

图 9-1　磷的三种同素异性体的结构

白磷的分子量都相当于分子式 P_4，一般简写成 P。P_4 分子中 P—P 键有张力，不稳定，易于断裂，因此白磷有很高的化学活性，易被氧化，在空气中能自燃，必须保存在水中。P_4 分子是非极性分子，所以白磷能溶于非极性溶剂，如 CS_2，但不溶于水。白磷是剧毒物质，约 0.15 g 的剂量可使人致死。白磷见光逐渐变为黄色。

红磷和白磷性质有很大差异。红磷为链状结构。黑磷为层状结构（磷的最稳定的一种变体），能导电，有“金属磷”之称，在三种同素异形体中，黑磷密度最大。黑磷也不溶于有机溶剂。一般不易发生化学反应。

白磷和红磷能相互转变。把白磷隔绝空气加热到 400 °C 就转变成红磷。红磷隔绝空气加热到 416 °C 就会升华变成蒸气，迅速冷却就得到白磷。

磷的化学活泼性远高于氮。磷易与卤素剧烈反应生成相应的卤化物。磷与适量的卤素单质作用生成 PX_3（X = Cl、Br、I），与过量的卤素单质作用生成 PX_5。磷也能与一些金属反应。强氧化剂如浓硝酸能将磷氧化成磷酸。白磷溶解在浓碱溶液中生成次磷酸盘和膦（PH_3，大蒜味，剧毒）：

$$4P + 3NaOH + 3H_2O \longrightarrow 3NaH_2PO_2 + PH_3\uparrow$$

工业上制备单质磷是将磷酸钙矿石、石英砂（SiO_2）和碳粉混合后在电炉中焙烧，然后将生成的磷蒸气和 CO 通入冷水，磷便凝结成白色固体。

$$Ca_3(PO_4)_2 + 3SiO_2 + 5C \xrightarrow{>1300\ ^\circ C} 3CaSiO_3 + 5CO + 2P$$

白磷主要用于制备高纯度磷酸及磷的化合物，红磷用于生产安全火柴和农药。

（二）磷的氧化物

常见磷的氧化物有三氧化二磷和五氧化二磷。经蒸气密度测定，它们的分子式应该是 P_4O_6 和 P_4O_{10}，其结构都与 P_4 的四面体结构有关（图 9-2）。

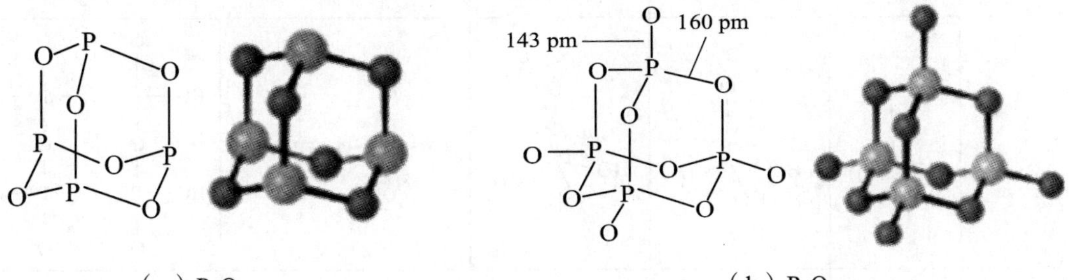

（a）P_4O_6　　（b）P_4O_{10}

图 9-2　P_4O_{10} 和 P_4O_6 的空间构型

磷在空气中或氧中燃烧时，氧气充足时的产物是 P_4O_{10}，氧气不足时生成 P_4O_6。

$$P_4 \xrightarrow{O_2（充足）} P_4O_{10}$$

$$P_4 \xrightarrow{O_2（不足）} P_4O_6 \xrightarrow{O_2,\ \Delta} P_4O_{10}$$

1. 三氧化二磷

P_2O_3 为有滑腻感的白色固体，气味类似大蒜，熔点为 24 °C，沸点为 173 °C，易溶于有机溶剂。与冷水反应缓慢，生成亚磷酸。P_4O_6 是亚磷酸的酸酐：

$$P_4O_6 + 6H_2O（冷）\longrightarrow 4H_3PO_3$$

在热水中发生强烈的歧化反应：

$$P_4O_6 + 6H_2O（热）\longrightarrow 3H_3PO_4 + PH_3$$

或

$$5P_4O_6 + 18H_2O（热）\longrightarrow 12H_3PO_4 + 8P$$

P_4O_6 不稳定，在空气中加热 P_4O_6 得到 P_4O_{10}。常温下 P_4O_6 也会缓慢地被氧化。

2. 五氧化二磷

P_2O_5 为白色雪花状的固体，工业上俗称无水磷酸。于 360 °C 升华。极易吸潮，对水有很强的亲和力，是一种重要的干燥剂，在常用干燥剂中 P_2O_5 的干燥效率最好。因此常用作气体和液体的干燥剂。它甚至能从许多化合物中夺取化合态的水，如使硫酸、硝酸脱水，变成相应的酸酐和磷酸。P_4O_{10} 是磷酸的酸酐。

$$6H_2SO_4 + P_4O_{10} \longrightarrow 6SO_3 + 4H_3PO_4$$

$$12HNO_3 + P_4O_{10} \longrightarrow 6N_2O_5 + 4H_3PO_4$$

（三）磷的含氧酸及其盐

磷有多种含氧酸，较重要的有焦磷酸（$H_4P_2O_7$）、正磷酸（H_3PO_4）、偏磷酸（HPO_3）、亚磷酸（H_3PO_3）、次磷酸（H_3PO_2），见表 9-2。

表 9-2　磷的几种重要的含氧酸

化学式	H_3PO_2	H_3PO_3	H_3PO_4	$H_4P_2O_7$	$(HPO_3)_n$
名称	次磷酸	亚磷酸	正磷酸	焦磷酸	偏磷酸
P 的氧化数	+1	+3	+5	+5	+5
结构	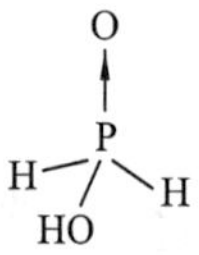	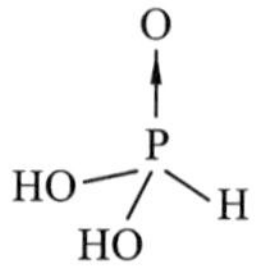	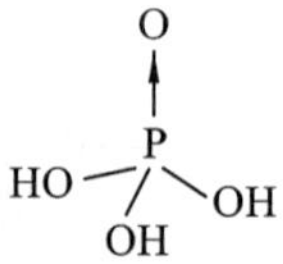	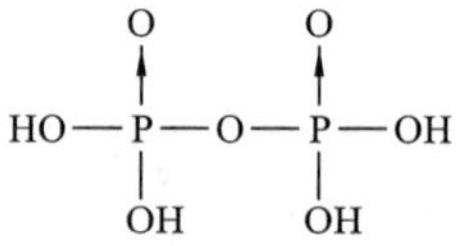	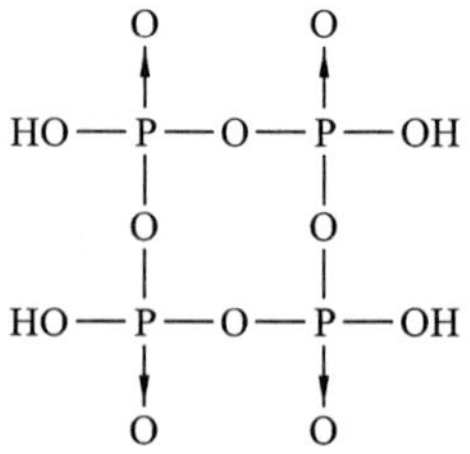
酸的类型	一元中强酸	二元中强酸	三元中强酸	四元中强酸	—
$K^{\ominus}_{a1}$	1.0×10^{-2}	6.3×10^{-2}	6.7×10^{-3}	2.9×10^{-2}	—

1. 次磷酸

次磷酸是一种无色晶状固体，熔点为 26.5 °C，易潮解，极易溶于水。H_3PO_2 是一元中强酸酸。在 H_3PO_2 分子中，有两个氢原子直接与磷原子相连，具有还原性，还原性比亚磷酸更强，尤其在碱性溶液中 $H_2PO_2^-$ 是极强的还原剂。能在溶液中将 $AgNO_3$、$HgCl_2$、$CuCl_2$ 等重金属盐还原为金属单质。

次磷酸盐多易溶于水。次磷酸盐也是强还原剂，例如，化学镀镍就是用 NaH_2PO_2 将镍盐还原为金属镍，沉积在钢或其他金属镀件的表面。

2. 亚磷酸

纯的亚磷酸（H_3PO_3）为无色晶体，熔点为 73 °C。有大蒜味，极易溶于水，20 °C 时其溶解度为 82 g/100 g H_2O。市售亚磷酸浓度为 20%。

H_3PO_3 分子中直接与 P 原子相连的 H 原子不能解离，所以 H_3PO_3 是二元中强酸，酸性比 HNO_2 强。在 H_3PO_3 中，有 1 个氢原子与磷原子直接相连续，H_3PO_3 的结构见表 9-2。亚磷酸分子中有一个 P—H 容易被氧原子进攻，故具有还原性，是强还原剂，在碱性溶液中更强，能将不活泼的金属离子还原成单质，也能被空气中的 O_2 氧化成 H_3PO_4。

$$H_3PO_3 + Cu^{2+} + O_2 \longrightarrow Cu + H_3PO_4 + 2H^+$$

H_3PO_3 受热发生歧化反应

$$4H_3PO_3 \longrightarrow 3H_3PO_4 + PH_3\uparrow$$

三氧化二磷与冷水反应，或由三氯化磷（PCl_3）水解，都能生成亚磷酸溶液。

$$PCl_3 + 3H_2O \longrightarrow H_3PO_3 + 3HCl$$

3. 正磷酸

磷的含氧酸中以正磷酸最稳定。P_4O_{10} 与水作用时，由于加合水分子数目不同，可以生成几种主要的 P(Ⅴ)的含氧酸。正磷酸常简称磷酸，是磷酸中最重要的一种。纯净的 H_4PO_4 为无色晶体，熔点为 423 °C，是一种高沸点酸。能以任意比与水混溶，但不形成水合物，不挥发。市售磷酸是一种黏稠的浓度为 83%～98%的浓溶液。含有 88%的磷酸溶液，在常温下即凝结为固体。

H_3PO_4 为三元中强酸，其分子构型如表 9-2 所示。其中 PO_4 原子团呈四面体构型，磷原子以 sp^3 杂化轨道与 4 个氧原子形成 4 个 σ 键。

磷酸是磷的最高氧化数化合物，但却没有氧化性。

磷酸根有较强的配位能力，能与许多金属离子形成可溶性的配合物。如与黄色 Fe^{3+} 生成 $[Fe(PO_4)_2]^{3-}$，$[Fe(HPO_4)_2]^-$ 等无色配离子。在分析化学上常用 PO_4^{3-} 作为 Fe^{3+} 掩蔽剂。

磷酸脱水缩合后形成焦磷酸、聚磷酸、（聚）偏磷酸。

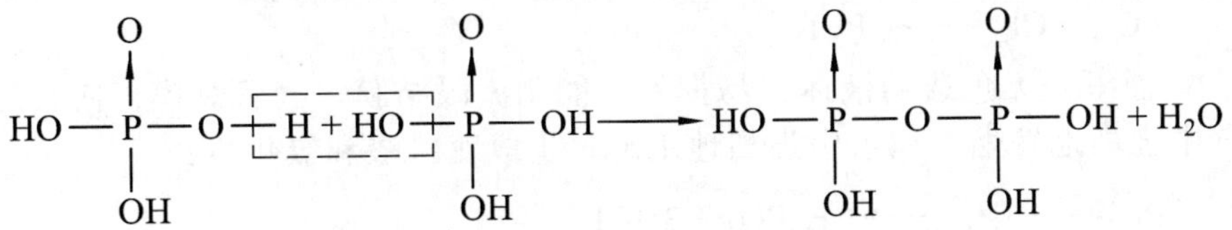

工业上用 76%左右的 H_2SO_4 与磷灰石反应生产 H_3PO_4：

$$Ca_3(PO_4)_2 + 3H_2SO_4 = 2H_3PO_4 + 3CaSO_4$$

试剂级磷酸多用白磷燃烧生成 P_2O_5，用水吸收，再经除杂质等工序而制得。

磷酸大量用于生产磷肥，在有机合成、塑料、医药及电镀工业也有应用。

4. 焦磷酸

焦磷酸（$H_4P_2O_7$）是无色玻璃状物质，易溶于水。在冷水中，焦磷酸很缓慢地转变为磷酸。在热水中，特别是有硝酸存在时，这种转变很快。

焦磷酸是四元酸，其水溶液酸性强于正磷酸。一般地，酸的缩合程度越大，其酸性越强。$P_2O_7^{4-}$ 具有配位能力。适量的 $Na_4P_2O_7$ 溶液与 Cu^{2+} 等离子作用生成相应的焦磷酸盐沉淀；当 $Na_4P_2O_7$ 过量时，则生成配合物而使沉淀溶解。

5. 磷酸盐

正磷酸能形成三种类型的盐，即磷酸二氢盐、磷酸一氢盐和正盐，如 NaH_2PO_4、Na_2HPO_4 和 Na_3PO_4。

所有的磷酸二氢盐都易溶于水，而磷酸一氢盐和正盐除碱金属（锂除外）、NH_4^+ 盐外均不溶于水。磷酸的钙盐在水中的溶解度按 CaH_2PO_4，$Ca_2(HPO_4)_2$ 和 $Ca_3(PO_4)_2$ 的次序减小。

可溶性磷酸盐在溶液中都有不同程度的水解。Na_3PO_4 的水溶液显较强碱性，可用作洗涤剂；Na_2HPO_4 水溶液显弱碱性；NaH_2PO_4 水溶液显弱酸性。

磷酸二氢钙是重要的磷肥。磷酸钙与硫酸作用的混合物称为过磷酸钙：

$$Ca_3(PO_4)_2 + 2H_2SO_4（适量）= CaSO_4 + Ca(H_2PO_4)_2$$

磷酸盐与过量钼酸铵在浓硝酸溶液中反应有淡黄色磷钼酸铵晶体析出：

$$PO_4^{3-} + 12MoO_4^{2-} + 3NH_4^+ + 24H^+ = (NH_4)_3[P(Mo_{12}O_{40})] \cdot 6H_2O\downarrow + 6H_2O$$

该反应用于鉴定 PO_4^{3-}。

磷酸盐如 KH_2PO_4、$(NH_4)_3PO_4$ 等在农业上可用作肥料；工业上 $Ca_3(PO_4)_2$ 用于陶瓷、玻璃和制药等，Na_3PO_4 常被用来处理锅炉，用作除垢剂、金属防护剂、织物丝光增强剂、橡胶乳汁凝固剂和洗衣粉的添加剂。当前，造成河水和湖水质富营养化的磷污染主要来源于流失的磷肥和生活污水中的含磷洗涤剂。工业上大量使用磷酸的盐类处理钢材构件，使其表面生成难溶磷酸盐保护膜的过程称为磷化。

（四）磷的卤化物

磷的卤化物中重要的有 PCl_3 和 PCl_5。

磷在干燥氯气中燃烧可以生成 PCl_3 或 PCl_5。磷过量时得 PCl_3，氯过量时得 PCl_5：

$$3\,PCl_5 + 2P \longrightarrow PCl_3$$

$$PCl_3 + Cl_2 \longrightarrow PCl_5$$

PCl_3 在室温下是无色透明液体，易挥发，能刺激眼结膜、气管黏膜，使其疼痛发炎。在潮湿空气中强烈地发烟，在水中强烈地水解，生成亚磷酸和氯化氢：

$$PCl_3 + 3H_2O \longrightarrow H_3PO_3 + 3HCl$$

PCl_5 是白色固体，易潮解。加热易升华并分解为 PCl_3 和 Cl_2。与 PCl_3 相同，易水解，水量不同，PCl_5 的水解产物不同：

$$PCl_5 + H_2O \longrightarrow POCl_3 + 2HCl$$

$$POCl_3 + 3H_2O \longrightarrow H_5PO_4 + 3HCl$$

PCl_3、PCl_5 和 $POCl_3$ 的蒸气均有辛辣的刺激性气味，有毒，有腐蚀性。它们在制造有机磷农药、医药、光导纤维等方面都有重要的应用。

第二节　碳族元素

一、碳族元素概述

碳族元素包括碳（C）、硅（Si）、锗（Ge）、锡（Sn）和铅（Pb）五种元素。C 和 Si 是非金属元素，Ge 是准金属元素，性质与硅相似，都是半导体材料，Sn 和 pb 是金属元素，但都有两性。

碳族元素的价电子构型为 ns^2np^2 不易形成离子，而易形成共价化合物。在化合物中，C 的主要氧化数有+4 和+2，Si 的氧化数都是+4，而 Ge、Sn、Pb 的氧化数有+2 和+4。C 和 Si 能与氢形成稳定的氢化物 CH_4 和 SiH_4。

碳与本族元素之间关系：

碳在同族元素中，由于它的原子半径最小，电负性最大，电离能也高，且没有 d 轨道，所以它与本族其他元素之间的差异较大。其差异主要表现在：

（1）它的最高配位数为 4；

（2）碳的成键能力最强；

（3）不但碳原子间易形成多重键，而且能与其他元素如氮、氧、硫和磷形成多重键。

硅与ⅢA族的硼在周期表中处于对角线位置，它们的单质及化合物的性质有相似之处。

二、碳族元素的单质及其化合物

（一）碳的单质

碳有 ^{12}C、^{13}C、^{14}C 三种主要的同位素。

在自然界以单质状态存在的碳是金刚石和石墨，以化合物形式存在的碳有煤、石油、天然气、碳酸盐、二氧化碳等，动植物体内也含有碳。

碳有金刚石和石墨两种同素异形体。金刚石是原子晶体。金刚石不与一般酸碱和化学物质作用。石墨是层状晶体（见第二章），质软，有金属光泽，可以导电。石墨较活泼，能被强氧化剂如浓硫酸、浓硝酸和高锰酸钾等氧化，石墨能与许多金属生成碳化物。

现已确认无定形碳是微晶型石墨。通常无定形碳如焦炭、炭黑等，都具有石墨结构。活性炭是经过加工处理所得的无定形碳，具有很大的比表面积，有良好的吸附性能。广泛用于气体干燥和提纯，水的净化及食品工业中。碳纤维是一种新型的结构材料，具有质轻、耐高温、抗腐蚀、导电等性能，机械强度很高，广泛用于航空、机械、化工和电子工业上，也可以用于外科医疗上。碳纤维也是一种无定形碳。

工业上石墨被大量用于制造电极、坩埚、高温热电偶、润滑剂、铅笔芯和染料，还可做原子反应堆的中子减速剂。金刚石除可作为钻石装饰外，还可用于制钻头、刀具以及精密轴承等。金刚石薄膜既是一种新颖的结构材料，又是一种重要的功能材料。

（二）碳的化合物

碳的化合物几乎都是共价型的，绝大部分碳的化合物属于有机化合物。仅有一小部分碳的化合物，习惯上作为无机化合物讨论之。碳的氧化值除在 CO 中为+2 外，在其他化合物中均为+4 或−4。

1. 一氧化碳（CO）

CO 是无色、无臭、有毒的气体，微溶于水。CO 可以看作是甲酸 HCOOH 的酸酐，但实际上它并不能和水反应生成甲酸。实验室可以用浓硫酸从 HCOOH 中脱水制备少量的 CO。碳在氧气不充分的条件下燃烧生成 CO。工业上 CO 的主要来源是水煤气。CO 分子中碳原子与氧原子间形成三重键，即 1 个 σ 键和 2 个 π 键。与 N_3 分子所不同的是其中 1 个 π 键是配键，这对电子是由氧原子提供的。CO 分子的结构式为：

:C≡O: 或 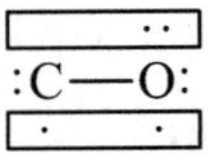

CO 的偶极矩几乎为零。因为从原子的电负性看，电子云偏向氧原子，可是形成配键的电子对是碳原子提供的，碳原子略带负电荷，而氧原子略带正电荷，这与电负性的效果正好相反，相互抵消，所以 CO 的偶极矩近于零。这样 CO 分子是碳原子上的孤电子对易进入其他有空轨道原子而形成配键。

CO 是重要的化工原料和燃料。CO 是无色有毒气体，能在空气或氧气中燃烧。CO 之所以对人体有毒是因为它能与血液中携带的 O_2 血红蛋白（Hb）形成稳定的配合物 COHb。CO 与 Hb 的亲和力约为 O_2 与 Hb 的 230~270 倍。COHb 配合物一旦形成后，就使血红蛋白丧失了输送氧气的能力。当空气中 CO 含量为 0.1%（体积分数）时，就会引起中毒，导致组织低氧症，甚至引起心肌坏死。为减轻 CO 对大气的污染，含 CO 的废气排放前常用 O_2 进行催化氧化，将其转化为无毒的 CO_2，所用的催化剂有 Pt、Pd 或 Mn、Cu 的氧化物或稀土氧化物等。

在高温下 CO 是很好的还原剂。在冶金工业中，它可从许多金属氧化物如 Fe_2O_3、CuO 或 MnO_2 中把金属还原出来。

CO 的还原性被用于测定微量 CO，$PdCl_2$ 在常温下可被 CO 还原为 Pd

$$CO + PdCl_2 + H_2O \xlongequal{\quad} CO_2 + Pd\downarrow + 2HCl$$

灰色沉淀 Pd 的出现证明 CO 存在。

CO 能与过渡金属原子或离子生成配合物。例如，在一定条件下，它与 Fe、Ni、Cr 金属原子作用生成 $Fe(CO)_5$、$Ni(CO)_4$、$Co_2(CO)_8$，其中 C 是配位原子。

CO 与氢、卤素等非金属反应，应用于有机合成

$$CO + 2H_2 \xrightarrow[623\sim673\ K]{Cr_2O_3,\ ZnO} CH_3OH$$

$$CO + Cl_2 \xrightarrow{\text{活性炭}} COCl_2\text{（碳酰氯）}$$

碳酰氯又名“光气”，极毒，它是有机合成中的重要中间体。

$$CO + NaOH \xrightarrow{\text{高压}} HCOONa$$

2. 二氧化碳（CO_2）和碳酸

碳或含碳化合物在充足的空气或氧气中完全燃烧以及生物体内许多有机物的氧化都产生二氧化碳。CO_2 在大气中的含量约为 0.03%（体积分数）。近年来，随着世界上各国工业生产的发展，大气中 CO_2 的含量逐渐增加。这被认为是引起世界性气温普遍升高，造成地球温室效应的主要原因之一，受到科学界的高度重视。1997 年 12 月 1 日，联合国气候变化框架公约的 150 多个签订国的领导人签订的《京都议定书》已于 2005 年 2 月 16 日正式生效。

CO_2 是无色、无味的气体。CO_2 能溶于水，20 °C 时 1 L 水能溶解 0.9 L CO_2。溶解的 CO_2 部分（约 1%）生成碳酸，常温时饱和 CO_2 溶液 pH 约为 4。因此习惯上将 CO_2 的水溶液称为碳酸。碳酸仅存在于水溶液中，而且浓度很小，浓度增大时即分解出 CO_2。纯的碳酸至今尚未制得。

CO_2 容易液化，常温下加压到 7.6 MPa 即为无色液体，储存在钢瓶中。当部分 CO_2 汽化的同时，余下部分 CO_2 被冷却而凝固为雪花状的固体，称为“干冰”。干冰是分子晶体，在−78.5 °C 时升华，所以干冰常用作制冷剂。

工业上大量的 CO_2 用于生产 Na_2CO_3、$NaHCO_3$、NH_4HCO_3 和尿素等化工产品：

$$CO_2 + 2NH_3 \longrightarrow CO(NH_2)_2 + H_2O$$

CO_2 也用作低温冷冻剂干冰，广泛用于啤酒、饮料等生产中。CO_2 不助燃，又比空气重，

可用来灭火。泡沫灭火器就是利用$NaHCO_3$的饱和溶液与$Al_2(SO_4)_3$溶液产生CO_2气体的装置。但活泼金属Mg、Na、K等着火时不能用CO_2灭火，因为它们能从CO_2中夺取氧，加剧燃烧：

$$CO_2(g) + 2Mg(s) \longrightarrow 2MgO(s) + C(s)$$

工业用CO_2大多是石灰生产和酿酒过程的副产品。

CO_2溶于水生成碳酸。H_2CO_3极不稳定，只能存在于溶液中，是一种二元弱酸。

$$H_2CO_3 \longrightarrow H^+ + HCO_3^- \qquad K_{a1}^{\ominus} = 4.2\times10^{-7}$$

$$HCO_3^- \longrightarrow H^+ + CO_3^{2-} \qquad K_{a2}^{\ominus} = 5.6\times10^{-11}$$

CO_2分子是直线形的，其结构式可以写作 O═C═O。CO_2分子中碳氧键键长为116 pm，介于C═O键长（乙醛中为124 pm）和C≡O键长（CO中为112.8 pm）之间，说明它已具有一定程度的三键特征。因此，有人认为在CO_2分子中可能存在着离域的大π键，即碳原子除了与氧原子形成2个σ键外；还形成2个三中心四电子的大π键。因此CO_2的热稳定性很高，在2 000 °C时仅有1.8%的CO_2分解成CO和O_2。

3. 碳酸盐

向碳酸溶液中加碱，首先生成酸式盐，继续加碱则得到正盐。

（1）溶解性　碳酸正盐中只有碱金属（锂除外）和铵的碳酸盐溶于水，其他金属的碳酸盐难溶于水。对于难溶的碳酸盐来说，通常其相应的酸式盐溶解度较大。例如，$Ca(HCO_3)_2$的溶解度比$CaCO_3$大。因此，地表层中的碳酸盐矿石在CO_2和水的长期侵蚀下能部分地转变为$Ca(HCO_3)_2$而溶解。但对易溶的碳酸盐来说却恰好相反，其相应的酸式盐的溶解度则较小。例如，$NaHCO_3$和$KHCO_3$的溶解度分别小于Na_2CO_3和K_2CO_3的溶解度。这是由于在酸式盐中HCO_3^-之间以氢键相连形成二聚离子或多聚链状离子。

（2）热稳定性　多数碳酸盐对热不稳定，受热易分解。一般说来，碳酸的热稳定性低于酸式碳酸盐，酸式碳酸盐又低于相应的正盐。例如，碳酸受热甚至常温就会分解，$NaHCO_3$在150 °C时分解，而碳酸钠在高于1 800 °C时才分解：

$$H_2CO_3 \longrightarrow H_2O + CO_2\uparrow$$

$$2NaHCO_3 \xrightarrow{150\ ℃} Na_2CO_3 + H_2O + CO_2\uparrow$$

$$Na_2CO_3 \xrightarrow{1800\ ℃} Na_2O + CO_2\uparrow$$

不同金属碳酸盐的分解温度可以相差很大，这与金属离子的极化作用有关。金属离子的极化作用越强，其碳酸盐的分解温度就越低，即碳酸盐越不稳定。不同金属离子碳酸盐的热稳定性强弱顺序为：

碱金属碳酸盐 ＞ 碱土金属碳酸盐 ＞ 过渡金属碳酸盐 ＞ 铵碳酸盐

（3）水解性　可溶性碳酸盐在水溶液中都水解。Na_2CO_3和$NaHCO_3$溶液均因水解而显碱性：

$$CO_3^{2-} + H_2O \rightleftharpoons HCO_3^- + OH^- \text{（强碱性）}$$

$$HCO_3^- + H_2O \rightleftharpoons H_2CO_3 + OH^- \text{（弱碱性）}$$

当可溶性碳酸盐作为沉淀试剂与溶液中的金属离子作用时，产物可能是相应的正盐、碳酸羟盐（碱式碳酸盐）或氢氧化物。对于一个具体的反应来说，其产物类型可根据金属碳酸盐和氢氧化物的溶解度来判断。

碳酸盐的溶解度小于相应氢氧化物的溶解度，反应生成碳酸盐沉淀。例如，Ba^{2+}、Sr^{2+}、Ca^{2+}和 Ag^{+}等与 CO_3^{2-}反应：

$$Ba^{2+} + CO_3^{2-} \longrightarrow BaCO_3\downarrow$$

碳酸盐和相应氢氧化物溶解度相近，反应生成碳酸羟盐（碱式碳酸盐）沉淀。例如，Pb^{2+}、Bi^{3+}、Cu^{2+}、Cd^{2+}、Zn^{2+}、Hg^{2+}、Co^{2+}、Ni^{2+}和 Mg^{2+}等：

$$2Mg^{2+} + 2CO_3^{2-} + H_2O \longrightarrow Mg(OH)_2CO_3\downarrow + CO_2\uparrow$$

$$2Cu^{2+} + 2CO_3^{2-} + H_2O \longrightarrow Cu_2(OH)_2CO_3\downarrow + CO_2\uparrow$$

金属离子的水解性强、氢氧化物的溶解度小，生成氢氧化物沉淀。例如，Al^{3+}、Fe^{3+}、Cr^{3+}、Sn^{2+}、Sn^{4+}和 Sb^{3+}：

$$2Al^{3+} + 2CO_3^{2-} + H_2O \longrightarrow Al(OH)_3\downarrow + 3CO_2\uparrow$$

三、硅及其化合物

1. 硅

硅易与氧结合，自然界中无单质硅存在。岩石、黏土、沙子、石棉中都有硅的化合物。硅多以 SiO_2 和各种硅酸盐形式存在于地壳中。硅是构成各种矿物的重要元素。

单晶硅是由石英砂和焦炭在电弧炉中高温制得粗硅，再经精制而得的。

$$SiO_2 + 2C \xrightarrow{3000\ ℃} Si + 2CO\uparrow$$

硅有无定形体和晶体两种同素异形体。无定形体硅为灰黑色粉末，晶体硅为银灰色有金属光泽的晶体。晶体硅的结构与金刚石类似，熔沸点较高，性质脆硬。单晶硅在常温下化学性质不活泼，导电性介于金属与非金属之间，是重要的半导体材料，硅经过区域熔炼等物理方法提纯，纯度可达 9 个 9（99.999 999 9%）以上，在电子计算机及其他电子工业中有广泛应用。

硅与碳性质相似，表现非金属性，在所有硅的化合物中，硅的氧化数都是 +4。

在高温下硅能与所有卤素反应，生成四卤化硅（SiX_4）。硅与氢能形成一系列氢化物，称为硅烷，如甲硅烷（SiH_4）和乙硅烷（Si_6H_6），硅烷结构与烷烃相似。无定形体硅比晶体硅活泼，能与强碱溶液作用生成硅酸盐并放出氢气。

$$Si + 2NaOH + H_2O \longrightarrow Na_2SiO_3 + 2H_2\uparrow$$

2. 二氧化硅

二氧化硅（SiO_2）又称硅石，是由 Si 和 O 组成的巨型分子，有晶体和无定形体两种。石英是天然的二氧化硅晶体。纯净的石英又叫水晶，它是一种坚硬、脆性、难熔的无色透明的固体，常用于制作光学仪器等。沙子是混有杂质的石英细粒。硅藻土是天然无定形体二氧化硅，为多孔性物质，常用作吸附剂、催化剂载体及隔音材料。

SiO_2 晶体结构与 CO_2 不同，SiO_2 为原子晶体。所以 SiO_2 硬度大、熔点高。将石英在 1600 °C 熔融为黏稠液体，然后急剧冷却，因其黏度大不易结晶而缓慢硬化成石英玻璃。石英玻璃的热膨胀系数小，能耐受温度的剧变，故用于制造耐高温的高级玻璃仪器。

SiO_2 的化学性质不活泼，主要有以下三种性质：

（1）与碱作用　SiO_2 是不溶于水的酸性氧化物，能与热的浓碱液作用得到硅酸盐。

$$SiO_2 + 2NaOH \longrightarrow Na_2SiO_3 + H_2O$$

$$SiO_2 + Na_2CO_3 \longrightarrow Na_2SiO_3 + CO_2\uparrow$$

所以不能用玻璃瓶盛浓碱溶液。盛放碱性物质的试剂瓶不能用玻璃塞，否则打不开。

（2）与 HF 作用　SiO_2 能与氢氟酸作用，生成无色气体 SiF_4：

$$SiO_2 + 4HF \longrightarrow SiF_4 + 2H_2O$$

（3）弱氧化性　SiO_2 在高温下只能被镁或铝还原。

$$SiO_2 + 2Mg \longrightarrow 2MgO + Si$$

3. 硅　酸

与 SiO_2 相应的硅酸有多种组成，如偏硅酸（H_2SiO_3）、正硅酸（H_4SiO_4）、焦硅酸（$H_6Si_2O_7$）等，常以通式 $xSiO_2 \cdot yH_2O$ 表示，习惯用 H_2SiO_3 表示。

硅酸是比碳酸还弱的二元弱酸，在水中溶解度不大，很容易被其他的酸（甚至醋酸、碳酸）从硅酸盐中析出。

$$SiO_3^{2-} + CO_2 + H_2O \longrightarrow H_2SiO_3 + CO_3^{2-}$$

开始生成的单分子硅酸能溶于水，而后逐渐聚合成多硅酸而成为硅酸溶胶。在此溶胶中加入电解质或在适当浓度硅酸钠溶液中加入强酸，则得到半凝固状态、软而透明的硅酸凝胶，经洗涤、干燥即成为多孔性固体硅胶。

硅胶是一种白色稍透明的固体，吸附能力强，能耐强酸。它是一种很好的干燥剂、吸附剂及催化剂载体。市售品有球形和不规则形两种。

变色硅胶是将硅酸凝胶用 $CoCl_2$ 溶液浸泡，烘干后得到的。这种硅胶由颜色变化指示其吸湿程度。因 $CoCl_2$ 无水时呈蓝色，水合的 $CoCl_2 \cdot 6H_2O$ 显红色，当干燥剂吸水后，随吸水量不同，呈现蓝紫—紫—紫粉—粉红，最后呈粉红色，说明硅胶已经吸饱水，再使用时要烘干，恢复吸湿能力。

4. 硅酸盐

地壳的 95%为天然硅酸盐矿，其种类多，结构复杂，最重要的天然硅酸盐是铝硅酸盐。自然界含量较多的几种硅酸盐包括：

正长石　$K_2O \cdot Al_2O \cdot 6SiO_2$ 或 $K_2Al_2Si_6O_{16}$

高岭土　$Al_2O_3 \cdot 2\ SiO_2 \cdot 2H_2O$ 或 $Al_2H_4Si_2O_9$

白云母　$K_2O \cdot 3Al_2O_3 \cdot 6SiO_2 \cdot 2H_2O$ 或 $K_2H_4Al_6(SiO_4)_6$

泡沸石　$Na_2O \cdot Al_2O_3 \cdot 2SiO_2 \cdot nH_2O$ 或 $Na_2Al_2(SiO_4)_2 \cdot nH_2O$

石　棉　$CaO \cdot 3MgO \cdot 4SiO_2$ 或 $CaMg_3(SiO_3)_4$

其中，正长石和白云母是构成花岗岩的主要成分。高岭土是黏土的基本成分。

人工制造的硅酸盐则有水泥、玻璃、砖瓦和一种高效吸附剂——分子筛等。除碱金属外，其他金属的硅酸盐都不溶于水。硅酸钠（Na_2SiO_3）是最常见的可溶性硅酸盐，为无色晶体。工业上制得的 Na_2SiO_3 常因含有铁盐等杂质而显灰绿色，用水蒸气溶解为黏稠液体，呈玻璃状态，故称其为水玻璃，又名泡花碱。可用作黏合剂、木材或织物的防腐阻燃剂、洗涤剂和肥皂的发泡剂。

第三节　硼族元素

一、硼族元素概述

硼族元素包括硼（B）、铝（Al）、镓（Ga）、铟（In）和铊（Tl）五种元素。B 为非金属元素，其余为金属元素。硼族元素均能导电，硼的导电性最差。铝在地壳中的含量仅次于氧和硅，居第三位，在金属元素中铝居于首位。

硼族元素的价电子构型为 ns^2np^1。与同周期的卤素、氧族元素、氮族元素、碳族元素相比，有较大的给电子趋势，它们的化合物以正氧化数为主，前四种元素都是+3，Tl 主要为+1。硼的原子半径较小，电负性较大，所以硼的化合物都是共价型的，在水溶液中也不存在 B^{3+}，而其他元素均可形成 M^{3+}和相应的化合物。但由于 M^{3+}具有较强的极化作用，这些化合物中的化学键也容易表现出共价性。在硼族元素化合物中形成共价键的趋势自上而下依次减弱。由于惰性电子对效应的影响，低氧化值的 Tl（+1）的化合物较稳定，所形成的键具有较强的离子键特征。硼族元素和电负性较大的 O 有较大的亲和力，B 和 Al 尤为突出。

硼族元素原子的价电子轨道（$ns\,np$）数为 4，而其价电子仅有 3 个，这种价电子数小于价键轨道数的原子称为**缺电子原子**。它们所形成的化合物有些为**缺电子化合物**。在缺电子化合物中，成键电子对数小于中心原子的价键轨道数，由于有空的价键轨道的存在，所以它们有很强的接受电子对的能力，容易形成聚合型分子（如 Al_2Cl_6）和配位化合物（如 HBF_4）。在此过程中，中心原子的价键轨道的杂化方式由 sp^2 杂化过渡到 sp^3 杂化。相应分子的空间构型由平面结构过渡到立体结构（图 9-3）。

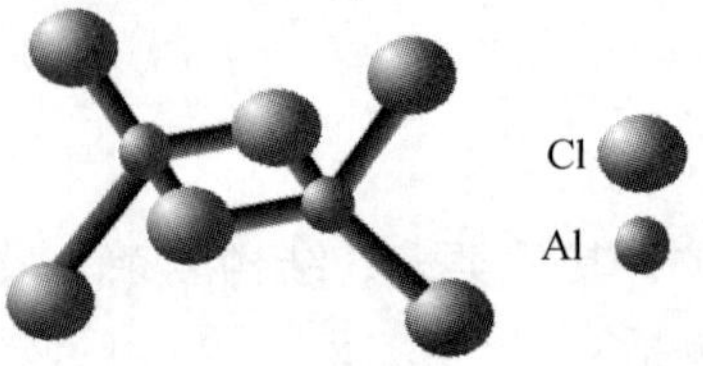

图 9-3　Al_2Cl_6 的空间构型

在硼的化合物中，硼原子的最高配位数为 4，而在硼族其他元素的化合物中，由于外层 d 轨道参与成键，所以中心原子的最高配位数可以是 6。硼和铝在原子半径、电离能、电负性、熔点等性质上有较大的差异。

二、硼及其化合物

1. 硼

硼为亲氧元素，在自然界没有游离态，主要以含氧化合物的形式存在，如硼镁矿（$Mg_2B_2O_5 \cdot H_2O$）和硼砂（$Na_2B_4O_7 \cdot 10H_2O$）等。我国西部地区有丰富的硼砂矿。

非金属单质中硼具有最复杂的结构。单质硼有晶体和无定形体两种。晶体硼有多种同素异形体，颜色有黑色、黄色、红色等，随结构及所含杂质的不同而异。无定形体硼为棕色粉末。硼的熔、沸点很高。晶体硼很硬，莫氏硬度为 9.5，其硬度仅次于金刚石。

硼主要形成共价化合物，如硼烷、卤化物和氧化物等。

硼和铝一样，价电子数少于价轨道数，硼原子是一个缺电子原子，所形成的 BF_3 和 BCl_3 等化合物为缺电子化合物。B 原子的空轨道容易与其他分子或离子的孤对电子形成配位键。

$$BF_3 + \ :NH_3 \longrightarrow [H_3N:BF_3]$$

$$BF_3 + F^- \longrightarrow [BF_4]^-$$

硼族元素中，硼具有一般常见的非金属元素的反应性能。晶体硼的化学性质不活泼，不与氧、硝酸、热浓硫酸、烧碱等作用。无定形体硼比较活泼，能与熔融的 NaOH 反应。

由于硼有较大的电负性，它能与金属形成硼化物，其中硼的氧化值一般认为是−3。硼和铝都是亲氧元素，它们与氧的结合力极强。硼能把铜、锡、铅、锑、铁和钴的氧化物还原为金属单质。能被浓 HNO_3 或浓 H_2SO_4 氧化成硼酸，易与强碱反应放出 H_2 。

$$2B + 2NaOH + 2H_2O \longrightarrow 2NaBO_2 + 3H_2\uparrow$$

硼有较强的吸收中子的能力，在核反应堆中，硼作为良好的中子吸收剂，常被用作原料来制备一些特殊的硼化合物，如金属硼化物和碳化硼（B_4C）等。

2. 氧化硼

三氧化二硼是白色固体，由硼酸脱水而得：

$$2H_3BO_3 \longrightarrow B_2O_3 + 3H_2O$$

高温下脱水得到玻璃状 B_2O_3，低温减压条件下得结晶氧化硼，可用作干燥剂。

B_2O_3 是白色固体。晶态 B_2O_3 比较稳定，其密度为 2.55 $g \cdot cm^{-3}$，熔点为 450 °C。玻璃状 B_2O_3 的密度为 1.83 $g \cdot cm^{-3}$，温度升高时逐渐软化，当达到赤热高温时即成为液态。

与碳、氮不同，硼与氧之间只能形成稳定的 B—O 单键，不能形成 B═O 双键。在 B_2O_3 晶体中，不存在单个的 B_2O_3 分子，而是含有—B—O—B—O—链的大分子。

B_2O_3 能被碱金属以及镁和铝还原为单质硼。例如：

$$B_2O_3 + 3Mg \longrightarrow 2B + 3MgO$$

用盐酸处理反应混合物时，MgO 与盐酸作用生成溶于水的 $MgCl_2$，过滤后得到粗硼。B_2O_3 与水反应可生成偏硼酸（HBO_2）和硼酸（H_3BO_3）：

$$B_2O_3 + H_2O \longrightarrow 2HBO_2$$

$$B_2O_3 + 3H_2O \longrightarrow 2H_3BO_3$$

熔融的 B_2O_3 可溶解许多金属氧化物，形成具有特征颜色的玻璃状偏硼酸盐。用于制造耐高温、抗化学腐蚀的化学实验仪器和光学玻璃，还用于搪瓷和珐琅工业的彩绘装饰中。由锂、铍和硼的氧化物制成的玻璃可以用作 X 射线管的窗口。硼纤维是一种具有多种优良性能的新型无机材料。

3. 硼 酸

硼的含氧酸包括偏硼酸（HBO_2）、原硼酸（H_3BO_3）、和多硼酸（$xB_2O_3 \cdot yH_2O$）。原硼酸通常又简称硼酸。将硼酸加热脱水可逐渐得到偏硼酸、硼酐。反之，将硼酐溶于水可逐渐得到偏硼酸、硼酸。

H_3BO_3是白色鳞片状晶体，具有层状结构，层与层之间容易滑动，故可用作润滑剂。

H_3BO_3 微溶于冷水，易溶于热水。H_3BO_3 是一元弱酸，其水溶液呈弱酸性，H_3BO_3 与水的反应如下：

$$3B(OH)_3 + H_2O \rightleftharpoons [(OH)_3B\leftarrow OH]^- + H^+$$

H_3BO_3是缺电子化合物，它在水中本身并不能解离出 H^+，而是由硼原子接受水解离出的 OH^-，溶液中的 H^+浓度增大的结果。$B(OH)_4^-$的构型为四面体，其中硼原子采用 sp^3 杂化轨道成键。

H_3BO_3是典型的 Lewis 酸，在 H_3BO_3溶液中加入多羟基化合物，如甘油（丙三醇），由于形成配合物和 H^+，溶液酸性增强。H_3BO_3遇到比它强的酸时，可显碱性：

$$B(OH)_3 + H_3PO_4 \longrightarrow BPO_4 + 3H_2O$$

大量的硼酸用于搪瓷工业。H_3BO_3 有缓和的防腐消毒作用，是医药上常用的消毒剂。有时也用作食物的防腐剂。工业硼酸由盐酸或硫酸分解硼砂矿而制得：

$$Na_2B_4O_7 \cdot 10H_2O + 2HCl \longrightarrow 4H_3BO_3 + 2NaCl + 5H_2O$$

4. 四硼酸钠（硼砂）

硼酸盐有偏硼酸盐、原硼酸盐和多硼酸盐等多种。最重要的硼酸盐是四硼酸钠，俗称硼砂。硼砂的分子式是 $Na_2B_4O_5(OH)_4 \cdot 8H_2O$，习惯上也常写作 $Na_2B_4O_7 \cdot 10H_2O$。

硼砂是无色透明晶体，在干燥空气中易风化失水。硼砂受热失去结晶水体积膨胀；加热到 350 ~ 400 °C 时进一步脱水成为无水 $Na_2B_4O_7$；加热至 878 °C 时熔化为玻璃状态，冷却后成为透明的玻璃状物质，称为硼砂玻璃。熔融状态的硼砂同 B_2O_3 一样，能溶解一些金属（如 Fe、Co、Ni、Mn 等）的氧化物形成具有特征颜色的偏硼酸的复盐。这一性质在分析化学中被用来鉴别某些金属离子，称为**硼砂珠试验**。

$$Na_2B_4O_7 + CoO \longrightarrow \underset{\text{（宝蓝色）}}{Co(BO_2)_2 \cdot 2NaBO_2}$$

$$Na_2B_4O_7 + NiO \longrightarrow \underset{\text{（淡红色）}}{Ni(BO_2)_2 \cdot 2NaBO_2}$$

硼砂在水中的溶解度随温度升高而显著增大。其水溶液因 $B_4O_5(OH)_4^{2-}$水解而显碱性：

$$B_4O_5(OH)_4^{2-} + 5H_2O \rightleftharpoons 4H_3BO_3 + 2OH^- \rightleftharpoons 2H_3BO_3 + 2B(OH)_4^-$$

20 °C 时，硼砂溶液的 pH = 9.18 。硼砂溶液中含有的 H_3BO_3 和 $B(OH)_4^-$物质的量相等，

故具有缓冲作用。在实验室中可用它来配制缓冲溶液。它也常用作基准物标定酸溶液的浓度。

硼砂常被用于制造耐温度骤变的特种玻璃和光学玻璃。陶瓷工业上用硼砂来制备低熔点釉。由于硼砂能溶解金属氧化物，焊接金属时可以用作助溶剂，去除金属表面的氧化物。此外，硼砂还是医药上的消毒剂和防腐剂。硼砂也常用作肥皂和洗衣粉的填料。

习　题

第十章　碱金属和碱土金属元素

【学习目标】

1. 熟悉碱金属和碱土金属的通性。
2. 理解碱金属和碱土金属的单质及物理性质和化学性质。
3. 熟悉氧化物、氢氧化物、盐类的物理性质和化学性质。
4. 了解碱金属和碱土金属的单质及其化合物的主要制备方法及其用途。

第一节　s 区元素概述

s 区元素包括碱金属（ⅠA 族）和碱土金属元素（ⅡA 族）。ⅠA 族包括锂、钠、钾、铷、铯、钫六种金属元素。ⅡA 族包括铍、镁、钙、锶、钡、镭六种金属元素。

一、原子结构及元素周期性

碱金属和碱土金属原子的最外层电子排布分别为 ns^1 和 ns^2，这两族元素构成了周期系的 s 区元素。碱金属原子最外层只有一个电子，次外层为 8 电子（Li 为 2 电子），对核电荷的屏蔽效应较强，所以这个价电子离核较远，特别容易失去，因此，各周期元素的第一电离能以碱金属为最低。

在 s 区元素中，同一族元素自上而下性质的变化都呈现明显的规律性。例如，随着核电核数的增加，同族元素的原子半径逐渐增大，电离能逐渐减小，电负性逐渐减小，金属性、还原性逐渐增强，均为活泼金属（H 除外）。碱金属和碱土金属原子的标准电极电势都很小，从钠到铯，逐渐减小，但锂比铯还小，表现出反常性。Li 与 Be 的性质与同族元素相比具有特殊性。

二、成键特征

碱金属元素的原子很容易失去一个电子而呈+1 价，因此碱金属是活泼性很强的金属元素。

碱土金属原子比相邻碱金属多一个核电荷，因而原子核对最外层的两个 s 电子的作用增强了，所以碱土金属原子要失去一个电子比相应碱金属难。碱土金属主要呈+2 价。

碱金属和碱土金属元素在化合时，多以离子键结合，但在某些情况下仍显一定程度的共价性。气态双原子分子 Na_2、Cs_2 等就是以共价键结合的。常温下在 s 区元素的盐类水溶液中，金属离子大多数不发生水解反应。除铍以外，s 区元素的单质都能溶于液氨生成蓝色的还原性溶液。

三、通　性

1. 物理性质

碱金属原子体积较大，只有一个成键电子，在固体中原子间的引力较小，所以它们的熔点、沸点、硬度、升华热都很低，并按 Li、Na、K、Rb、Cs 的顺序下降。

碱土金属由于核外有 2 个有效成键电子，原子间距离较小，金属键强度较大，因此，它们的熔点、沸点和硬度均较碱金属高，导电性却低于碱金属。

2. 化学性质

s 区元素的单质是活泼的金属，能与大多数非金属反应。如钠能分别与氢气、氧气等反应。s 区元素的单，除了镁和铍外，都易与水反应，形成稳定的氢氧化物，这些氢氧化物大多是强碱。

第二节　碱金属和碱土金属的性质

一、物理性质及其用途

1. 物理性质

碱金属和碱土金属都是具有金属光泽的银白色（铍为灰色）金属。它们物理性质的主要特点是：轻、软、低熔点、导电性好。表 10-1、表 10-2 分别列举了碱金属和碱土金属的一些重要性质。

碱金属的密度都小于 2 g · cm^{-3}，其中 Li、Na、K 的密度均小于 1 g · cm^{-3}，都比水轻；碱土金属的密度小于 5 g · cm^{-3}。它们都是轻金属。锂是固体单质中最轻的，它的密度约为水的一半。碱土金属的密度稍大些，但钡的密度比常见金属如 Cu、Zn、Fe 还小很多。ⅠA、ⅡA 族金属单质之所以比较轻，是因为它们在同一周期里比相应的其他元素原子量较小，而原子半径较其他金属大的缘故。

碱金属原子半径较大，且只有 1 个价电子，所形成的金属键很弱，它们的熔点、沸点都较低。铯的熔点比人的体温还低。碱土金属原子半径比相应的碱金属小，具有 2 个价电子，所形成的金属键比碱金属强，故它们的熔点、沸点比碱金属高。

碱金属、碱土金属的硬度很小，除铍、镁外，它们的硬度都小于 2。碱金属和钙、锶、钡可以用刀子切割。切割后的新鲜表面可以看到银白色的金属光泽，接触空气以后，由于生成氧化物、氮化物和碳酸盐，颜色变暗。

碱金属在常温下能形成液态合金（77.2% K 和 22.8% Na，熔点 260.7 K）和钠汞齐（熔点 236.2 K），前者由于具有较高的比热和较宽的液化范围而被用作核反应堆的冷却剂，后者由于具有缓和的还原性而常在有机合成中用作还原剂。钠在实验室中常用来除去残留在各种有机溶剂中的微量水分。

在碱金属、碱土金属的晶体中有活动性较强的自由电子，因而它们具有良好的导电性、导热性。钠的导电性比铜、铝还好。

表 10-1　碱金属元素的物理性质

ⅠA	原子序数	价电子构型	金属半径/pm	密度/$g \cdot cm^{-3}$	熔点/ °C	沸点/ °C	硬度（金刚石 =10）
Li（锂）	3	$2s^1$	152	0.534	180.5	1342	0.6
Na（钠）	11	$3s^1$	186	0.971	97.82	882.9	0.4
K（钾）	19	$4s^1$	227	0.86	63.25	760	0.5
Rb（铷）	37	$5s^1$	248	1.532	38.89	686	0.3
Cs（铯）	55	$6s^1$	265	1.873	28.40	669.3	0.2

表 10-2　碱土金属元素的物理性质

ⅡA	原子序数	价电子构型	金属半径/pm	密度/$g \cdot cm^{-3}$	熔点/°C	沸点/°C	硬度（金刚石 =10）
Be（铍）	4	$2s^2$	111	1.85	1278	2970	4
Mg（镁）	12	$3s^2$	160	1.74	648.8	1107	2.0
Ca（钙）	20	$4s^2$	197	1.55	839	1484	1.5
Sr（锶）	38	$5s^2$	215	2.54	769	1384	1.8
Ba（钡）	56	$6s^2$	217	3.5	725	1640	□

2. 用　途

s 区元素的物理性质与它们在实际中的应用密切相关，如镁铝合金是大家熟悉的轻质合金。镁合金具有很好的机械强度和质轻的特点，是很重要的结构材料，广泛地用于航空工业，尤其是直升机的制造上，也是各种运输工具、军事器材（枪炮零件）、通信器材等的重要结构材料。目前在空间轨道飞行器上所用的镁比任何其他金属都多。随着火箭、导弹、人造地球卫星和各种空间运载工具的发展，镁合金的用量将越来越多。

除镁之外，锂、铍的合金也有较多的应用。例如，锂铅合金（0.4% Li、0.70% Cu、0.6% Na，其余为铅）能使铅的硬度增大，可用来制造火车的机车轴承。锂铝合金也具有高强度和低密度的性能，锂合金也是制造航空、宇航产品所需要的材料。含 2.6% Be 的铍镍合金的强度与不锈钢相似。62% Be 和 38% Al 的合金称为“锁合金”，其弹性模数高，密度低，并容易成型。铍青铜是铍与铜的合金，少量的铍可以大大增加铜的硬度和导电性。铍作为最有效的中子减速剂和反射剂之一，用于核反应堆，还可以用 X 射线管的窗口材料。

碱金属（特别是钾、铷、铯）在光照之下，能够放出电子，对光特别灵敏的是铯，是光电池的良好材料。铷、铯可用于制造最准确的计时器——铷、铯原子钟。1967 年正式规定用铯原子钟所定的秒为新的国际时间单位。

二、化学性质

碱金属和碱土金属是化学活泼性很强或较强的金属元素。

1. 与水作用

金属钠与水反应剧烈，生成 NaOH 并放出 H_2。反应放出的热使钠熔化成小球。钾与水的反应更激烈，并发生燃烧，铷、铯与水剧烈反应并发生爆炸。

碱土金属也可以与水反应。铍能与水蒸气反应，镁能将热水分解，而钙、锶、钡与冷水就能比较剧烈地进行反应。

由此可知碱金属和碱土金属均为活泼金属，都是强还原剂；在同一族中，金属的活泼性由上而下逐渐增强，在同一周期中从左到右金属活泼性逐渐减弱。

根据标准电极电势，锂的活泼性应比铯更大，但实际上与水反应还不如钠剧烈。这是因为：① 锂的熔点较高，反应时产生的热量不足以使它熔化，而钠与水反应时放出的热可以使钠熔化，因而固体锂与水接触的机会不如液态钠；② 反应产物 LiOH 的溶解度较小，它覆盖在锂的表面，阻碍反应的进行。

2. 与非金属反应

ⅠA、ⅡA 族金属有很强的活泼性，都能同卤素、氧及活泼非金属发生反应，生成相应化合物（除锂、铍的某些化合物外）一般是以离子键相结合，如 NaH、CaH_2 等为离子型氢化物，而 BeH_2 和 MgH_2 为过渡型氢化物。

$$2Na + H_2 \xrightarrow{653\ K} 2NaH$$

$$Ca + H_2 \xrightarrow{423 \sim 573\ K} CaH_2$$

碱金属在室温下能迅速地与空气中的氧反应，所以碱金属在空气中放置一段时间，金属表面就生成一层氧化物，在锂的表面上除生成氧化物外还有氮化物。

$$4Li + O_2 = 2Li_2O$$

$$6Li + N_2 = 2Li_3N$$

碱金属在过量的空气中燃烧时，生成不同类型的氧化物，如锂生成氧化锂 Li_2O，钠生成过氧化钠 Na_2O_2，而钾、铷、铯则生成超氧化物 KO_2、RbO_2、CsO_2。碱土金属一般生成普通氧化物 MO，钡可以形成过氧化物 BaO_2。

碱金属的氧化物在空气中易吸收二氧化碳形成碳酸盐：

$$Na_2O + CO_2 = Na_2CO_3$$

因此碱金属应存放在煤油中，因锂的密度最小，可以浮在煤油上，所以将其浸在液体石蜡或封存在固体石蜡中。钡、钙可以用作真空管中的脱气剂，除去其中少量的氮、氧等气体。镁在炼钢中作为除氧剂和脱硫剂。钠、锂、镁、钙等常用作冶金、无机合成和有机合成中的还原剂。

碱土金属活泼性略差，室温下这些金属表面缓慢生成氧化膜。它们在空气中加热才显著发生反应，除生成氧化物外，还有氮化物生成。

$$3Ca + N_2 = Ca_3N_2$$

因此在金属熔炼中常用 Li、Ca 等作为除气剂，除去溶解在熔融金属中的氮气和氧气。

在高温时碱金属和碱土金属还能夺取某些氧化物中的氧，如镁可使 SiO_2 的硅还原成单质 Si，或夺取氯化物中的氯，如金属钠可以从 $TlCl_4$ 中置换出金属钛。

$$SiO_2 + 2Mg = Si + 2MgO$$

$$TlCl_4 + 4Na = Tl + 4NaCl$$

3. 与液氨的作用

碱金属和碱土金属（铍和镁除外）均溶于液氨，形成具有导电性的蓝色溶液：

$$M + (x + y)NH_3 = [M(NH_3)_y]^+ + e(NH_3)_x^-$$

因为离解生成氨合阳离子和氨合电子，所以溶液有导电性。此溶液具有高导电性主要是由于有溶剂合电子存在。溶液中因含有大量溶剂合电子，因此是顺磁性的。

痕量杂质如过渡金属的盐类、氧化物和氢氧化物的存在，以及光化作用都能促进溶液中的碱金属和液氨之间发生反应而生成氨基化物：

$$2Na + 2NH_3 = 2NaNH_2 + H_2\uparrow$$

钙、锶、钡也能溶于液氨生成和碱金属液氨溶液相似的蓝色溶液，与钠相比，它们的溶解速率慢一些，量也少一些。

$$M + (2x + y)NH_3 = [M(NH_3)_y]^{2+} + 2e(NH_3)_x^-$$

碱金属液氨溶液中的溶剂合电子是一种很强的还原剂，广泛应用在无机和有机制备中。

4. 铍的特殊性

铍能与碱溶液发生反应，反应方程式如下：

$$Be + 2OH^- + 2H_2O \longrightarrow Be(OH)_4^{2-} + H_2\uparrow$$

其他碱金属和碱土金属无此类反应。

三、单质的存在与制备

（一）存　在

由于碱金属和碱土金属的化学性质很活泼，所以它们只能以化合状态存在于自然界中。在碱金属中，钠和锂在地壳中分布很广，两者的丰度都为 2.5%。主要矿物有钠长石 $Na[AlSi_3O_8]$、钾长石 $K[AlSi_3O_8]$、光卤石 $KCl \cdot MgCl_2 \cdot 6H_2O$ 及明矾石 $K_2SO_4 \cdot Al_2(SO_4)_3 \cdot 24H_2O$ 等。海水中氯化钠的含量为 2.7%，植物灰中也含有钾盐。锂的重要矿物为锂辉石 $Li \cdot Al(SiO_3)_2$，锂、铷和铯在自然界中储量较少且分散，被列为稀有金属。

碱土金属除镭外在自然界分布也很广泛，镁除光卤石外，还有白云石 $CaCO_3 \cdot MgCO_3$ 和菱镁矿 $MgCO_3$ 等。铍的最重要矿物是绿柱石 $3BeO \cdot Al_2O_3 \cdot 6SiO_3$。钙、锶、钡在自然界中存在的主要形式为难溶的碳酸盐和硫酸盐，如方解石 $CaCO_3$、碳酸锶矿 $SrCO_3$、碳酸钡矿、石膏 $CaSO_4 \cdot 2H_2O$、天青石 $SrSO_4$、重晶石 $BaSO_4$ 等。海水中含有大量镁的氯化物和硫酸盐，1971 年世界镁产量有一半以上是以海水为原料生产的。

（二）制　备

由于碱金属和碱土金属的性质很活泼，所以一般都用电解它们的熔融化合物的方法制取。钠和锂主要用电解熔融的氯化物制取。

1. 电解法

电解熔融氯化钠制金属钠。电解用的原料是氯化钠和氯化钙的混合盐。若只用氯化钠进行电解，不仅需要高温，而且电解析出的金属钠易挥发（氯化钠的熔点为 1 073 K，钠的沸点为 1156 K），还容易分散在熔融盐中，难于分离出来。加入氯化钙后，一则可降低电解质的熔点（混合盐的熔点约 873 K），防止钠的挥发，再则可减小金属钠的分散性，因熔融混合物的密度比金属钠大，钠易浮在面上。

电解熔融盐时的电极反应如下：

阳极：$2Cl^- \longrightarrow Cl_2 + 2e^-$

阴极：$2Na^+ + 2e^- \longrightarrow 2Na$

总反应：$2NaCl \xrightarrow{873\ K} 2Na + Cl_2$

电解得到的钠约含有 1%的钙。

制取碱金属的方法还有热还原法、金属置换法和热分解法。

2. 热还原法

热还原法一般采用焦炭或碳化物为还原剂，例如：

$$K_2CO_2 + 2C \xrightarrow{1473\ K，真空} 2K + 3CO$$

$$2KF + CaC_2 \xrightarrow{1273 \sim 1423\ K} CaF_2 + 2K + 2C$$

3. 金属置换法

钾、铷和钠虽然也可以用电解法制取，但常用强还原性的金属如 Na、Ca、Mg、Ba 等在高温和低压下还原其氯化物的方法制取，例如：

$$KCl + Na \longrightarrow NaCl + K\uparrow$$

$$2RbCl + Ca \longrightarrow CaCl_2 + 2Rb\uparrow$$

铯可以用镁还原 $CsAlO_2$ 制得：

$$2CsAlO_2 + Mg \longrightarrow MgAl_2O_4 + 2Cs$$

上述反应看起来是用较不活泼的金属把活泼金属从其盐类中置换出来，这似乎与金属的标准电极电势排列的金属活动顺序相矛盾，我们已经知道用标准电极电势作为反应方向的判断标准，只能在水溶液的情况下应用，而上述反应都是在高温下进行的，所以不能应用。将钠蒸气通入熔融的 KCl 中，可以得到一种钠-钾合金。从表 10-1 可知：钠的沸点为 1155 K，钾为 1047 K，钾在高温更易挥发。在一个分馏塔中加热，利用钾在高温时挥发度大而从合金中分离出来。另外，钠和钾的同类型化合物的晶格能相比，钠比钾高，故钠的化合物更稳定。

钾沸点低，易挥发，易熔于熔融 KCl 中，难分离，在电解过程中产生的 KO_2 与 K 会发生爆炸，所以一般不用熔融盐电解法制取钾，主要用金属置换法等制取。

4. 热分解法

碱金属的化合物，如亚铁氰化物，氰化物和叠氮化物，加热能被分解成碱金属。

$$4KCN \xrightarrow{\triangle} 4K + 4C + 2N_2$$

$$2MN_3 \xrightarrow{\triangle} 2M + 3N_2 \text{（M = Na、K、Rb、Cs）}$$

铷、铯常用这种方法制备：

$$2RbN_3 \xrightarrow{668\ \text{K，高真空}} 2Rb + 3N_2$$

$$2CsN_3 \xrightarrow{668\ \text{K}} 2Cs + 3N_2$$

碱金属的叠氮化物较易纯化，而且不易发生爆炸。这种方法是精确定量制备碱金属的理想方法。锂因形成很稳定的 Li_3N，故不能用这种方法制备。

第三节　碱金属和碱土金属的化合物

一、氢化物

碱金属和碱土金属中的镁、钙、锶、钡可以形成离子型氢化物（铍除外），例如：

$$2Li + H_2 \xrightarrow{973 \sim 1073\ \text{K}} 2LiH$$

常温下离子型氢化物都是白色晶体，它们的熔、沸点较高，熔融时能够导电。碱金属氢化物具有 NaCl 型晶体结构。

s 区元素的离子型氢化物热稳定性差异较大，碱土金属的离子型氢化物比碱金属的氢化物热稳定性高一些，BaH_2 具有较高的熔点（1200 °C）。

离子型氢化物与水都发生剧烈的水解反应而放出氢气：

$$MH + H_2O \longrightarrow MOH + H_2\uparrow$$

$$MH_2 + 2H_2O \longrightarrow M(OH)_2 + 2H_2\uparrow$$

离子型氢化物都具有强还原性。例如，NaH 在 400 °C 时能将 $TiCl_4$ 还原为金属钛：

$$TiCl_4 + 4NaH \xrightarrow{673\ \text{K}} Ti + 4NaCl + 2H_2\uparrow$$

在有机合成中，LiH 常用来还原某些有机化合物；CaH_2 也是重要的还原剂，常用作军事和气象野外作业的生氢剂。

二、氧化物

1. 正常氧化物

碱金属中的锂和所有碱土金属在空气中燃烧时，生成正常氧化物 Li_2O 和 MO。其他碱金属的正常氧化物是用金属与其过氧化物或硝酸盐作用得到的。例如：

$$Na_2O_2 + 2Na \longrightarrow 2Na_2O$$

$$2KNO_3 + 10K \longrightarrow 6K_2O + N_2\uparrow$$

碱土金属的碳酸盐、硝酸盐等热分解也能得到氧化物 MO。

碱金属氧化物与水化合生成碱性氢氧化物 MOH。Li_2O 与水反应很慢，Rb_2O 和 Cs_2O 与水发生剧烈反应，甚至爆炸。

碱土金属的氧化物都是难溶于水的白色粉末。BeO 几乎不与水反应，MgO 与水缓慢反应生成相应的碱。CaO、SrO、BaO 遇水都能发生剧烈反应生成相应的碱，并放出大量的热。BeO 和 MgO 可用作耐高温材料和高温陶瓷，生石灰（CaO）是重要的建筑材料。

2. 过氧化物

除铍和镁外，所有碱金属和碱土金属都能分别形成相应的过氧化物 M_2O_2 和 MO_2，其中只有钠和钡的过氧化物可由金属在空气中燃烧直接得到。

过氧化钠 Na_2O_2 是最常见的碱金属过氧化物。将金属钠在铝制容器加热到 300 °C，并通入不含二氧化碳的干空气，得到淡黄色的颗粒状的 Na_2O_2 粉末。其主要化学性质如下：

（1）水解：$Na_2O_2 + 2H_2O \longrightarrow H_2O_2 + 2NaOH$

（2）酸解：$Na_2O_2 + H_2SO_4 \longrightarrow H_2O_2 + Na_2SO_4$

（3）过氧化钠与二氧化碳反应，放出氧气：

$$Na_2O_2 + CO_2 \longrightarrow Na_2CO_3 + O_2\uparrow$$（用作供氧剂和 CO_2 吸收剂）

$$4MO_2 + 2CO_2 \longrightarrow 2M_2CO_3 + 3O_2\uparrow$$

因此，Na_2O_2 可以用作氧气发生剂，用于高空飞行和水下工作，作为供氧剂和二氧化碳吸收剂。Na_2O_2 是一种强氧化剂，工业上用作漂白剂。Na_2O_2 在熔融时几乎不分解，但遇到棉花、木炭或铝粉等还原性物质时，就会发生爆炸，使用 Na_2O_2 时应当注意安全。Na_2O_2 在遇到像 $KMnO_4$ 这样的强氧化剂时也表现出还原性，即 Na_2O_2 被氧化放出氧气。

3. 超氧化物

除了锂、铍、镁外，碱金属和碱土金属都能分别形成超氧化物 MO_2 和 $M(O_2)_2$。其中，钾、铷、铯在空气中燃烧能直接生成超氧化物 MO_2。一般说来，金属性很强的元素容易形成含氧较多的氧化物，因此钾、铷、铯易生成超氧化物。

超氧化物与水反应立即产生氧气和过氧化氢。例如：

$$2KO_2 + 2H_2O \longrightarrow 2KOH + H_2O_2 + O_2\uparrow$$

因此，超氧化物也是强氧化剂。超氧化钾与二氧化碳作用放出氧气：

$$4KO_2 + 2CO_2 \longrightarrow 2K_2CO_3 + 3O_2$$

KO_2 较易制备，常用于急救器和消防队员的空气背包中，利用上述反应除去呼出的 CO_2 和湿气并提供氧气。

三、氢氧化物

碱金属和碱土金属的氢氧化物（除 Be、Mg 外）均可由相应的氧化物与水反应而得，NaOH 亦可在溶液中由下法制取：

$$Na_2CO_3 + Ca(OH)_2 \longrightarrow 2NaOH + CaCO_3\downarrow$$

碱金属和碱土金属的氢氧化物都是白色固体，它们在空气中易吸水而潮解，故固体 NaOH、$Ca(OH)_2$ 常用作干燥剂。强碱对纤维和皮肤有强烈的腐蚀作用，所以称它们为苛性碱。

1. 溶解度

从上至下，溶解度增加，ⅠA > ⅡA。

碱金属的氢氧化物都易溶于水（其中 LiOH 的溶解度稍小些），溶解时还放出大量的热。碱土金属的氢氧化物的溶解度则较小（表 10-3），其中 $Be(OH)_2$ 和 $Mg(OH)_2$ 是难溶的氢氧化物。对碱土金属来说，由 $Be(OH)_2$ 到 $Ba(OH)_2$ 溶解度依次增大。这是由于随着金属离子半径的增大，阳、阴离子之间的作用力逐渐减小，容易为水分子所解离。

表 10-3　碱土金属的氢氧化物的溶解度

氢氧化物	$Be(OH)_2$	$Mg(OH)_2$	$Ca(OH)_2$	$Sr(OH)_2$	$Ba(OH)_2$
溶解度/ $mol \cdot L^{-1}$	8×10^{-6}	2.1×10^{-4}	2.3×10^{-2}	6.6×10^{-2}	1.2×10^{-1}

2. 碱　性

从上至下，碱性增加，ⅠA > ⅡA。

碱金属和碱土金属的氢氧化物中，除 $Be(OH)_2$ 为两性氢氧化物外，其他氢氧化物都是强碱或中强碱，具有碱的通性。这两族元素氢氧化物碱性的递变次序如下：

LiOH	< NaOH	< KOH	< RbOH	< CsOH
中强碱	强碱	强碱	强碱	强碱

$Be(OH)_2$	< $Mg(OH)_2$	< $Ca(OH)_2$	< $Sr(OH)_2$	< $Ba(OH)_2$
两性	中强碱	强碱	强碱	强碱

同一主族的金属氢氧化物，从上到下碱性增强；同一周期的金属氢氧化物，从右到左碱性增强。

氢氧化钠能腐蚀玻璃，实验室盛氢氧化钠溶液的试剂瓶，应用橡皮塞，而不能用玻璃塞，否则存放时间较长，NaOH 就与瓶口玻璃中的主要成分 SiO_2 反应生成具有黏性的 Na_2SiO_3，而把玻璃塞和瓶口黏结在一起。

$$SiO_2 + 2NaOH \longrightarrow Na_2SiO_3 + H_2O$$

在化学分析工作中需要不含Na_2CO_3的NaOH溶液，可先配制NaOH的饱和溶液，Na_2CO_3因不溶于饱和的NaOH溶液而沉淀析出，静置取上层清液，用煮沸后冷却的新鲜水稀释到所需的浓度即可。

因其能溶解某些金属氧化物、非金属氧化物，在工业生产和分析工作中常用于分解矿石。由于熔融的氢氧化钠腐蚀性很强，工业上熔化氢氧化钠一般用铸铁容器，在实验室可用银或镍的器皿。

四、盐　类

（一）盐类的特点

1. 晶体类型

碱金属盐大多数是离子晶体，其熔、沸点较高。由于Li^+半径很小，极化力较强，它的某些盐（如卤化物）中表现出不同程度的共价性。

碱土金属带两个正电荷，其离子半径比相应的碱金属离子小，故它们的极化力增强，因此碱土金属盐的离子键特征比碱金属差。但同族元素随着金属离子半径的增大，键的离子性也增强。

2. 溶解性

碱金属的盐类大多数都易溶于水，少数碱金属的盐难溶于水，如氟化锂（LiF）、碳酸锂（Li_2CO_3）、磷酸锂（$Li_3PO_4 \cdot 5H_2O$）等。Li^+的半径小，所以许多锂盐难溶（极化作用大）；少数大阴离子的碱金属盐是难溶的，例如，难溶的钠盐和钾盐有：

六羟基锑酸钠 Na[Sb(OH)6]（白色）

醋酸双氧铀酰锌钠 $NaAc \cdot Zn(Ac)_2 \cdot 3UO_2(Ac)_2 \cdot 9H_2O$（黄绿色）。

高氯酸钾　$KClO_4$（白色）

四苯硼酸钾　$K[B(C_6H_5)_4]$（白色）

酒石酸氢钾　$KHC_4H_4O_6$（白色）

六氯铂酸钾　$K_2[PtCl_4]$（淡黄色）

钴亚硝酸钠钾　$K_2Na[Co(NO_2)_6]$（亮黄色）

常用生成这些难溶盐的反应来鉴定钠、钾离子，例如：

$$ZnAc_2 \cdot 3UO_2Ac_2 + NaAc + 9H_2O \longrightarrow \underset{\text{（亮黄色）}}{NaAc \cdot ZnAc_2 \cdot 3UO_2Ac_2 \cdot 9H_2O \downarrow}$$

该反应可以用来鉴定Na^+。

$$Na_2[Co(NO_2)_6] + K^+ \longrightarrow Na^+ + \underset{\text{（亮黄色）}}{K_2Na[Co(NO_2)_6] \downarrow}$$

$$Na[B(C_6H_5)_4] + K^+ \longrightarrow \underset{\text{（白色）}}{K[B(C_6H_5)_4] \downarrow}$$

利用这两反应可以鉴定K^+。

钠、钾盐溶解性的差异：在钾、钠的可溶性盐中，钠盐的溶解性较好，但 $NaHCO_3$ 的溶解度不大；钾盐溶解度随温度升高而升高，NaCl 的溶解度随温度变化不大，这是常见的钠盐中两个溶解性较特殊的盐。钠盐的吸湿性强，很大的一个因素是它易形成结晶水合物，如 $Na_2SO_4 \cdot 10H_2O$、$Na_2HPO_4 \cdot 12H_2O$、$Na_2S_2O_3 \cdot 5H_2O$ 等。

分析化学中标准试剂多为钾盐；制作炸药也用钾盐。

碱土金属的盐比相应的碱金属盐溶解度小，而且不少是难溶的，通常碱土金属与半径小、电荷高的阴离子形成的盐较难溶。例如，碱土金属的氟化物、碳酸盐、磷酸盐以及草酸盐等都是难溶盐。钙盐中以 CaC_2O_2 的溶解度为最小，因此常用生成白色 CaC_2O_2 的沉淀反应来鉴定 Ca^{2+}。碱土金属与一价大阴离子形成的盐是易溶的。例如，碱土金属的硝酸盐、氯酸盐、高氯酸盐、酸式碳酸盐、磷酸二氢盐等均易溶，卤化物除氟化物外也是易溶的。碱土金属的硫酸盐、铬酸盐的溶解度差别较大。一般阳离子半径小的盐易溶，例如，$BeSO_4$ 和 $MgCrO_4$ 是易溶的，而 $BaSO_4$ 和 $BaCrO_4$ 则是难溶的。$BaSO_4$ 甚至不溶于酸。

3. 热稳定性

热稳定性是指化合物受热时易否分解的性质，如果分解温度很高，则认为热稳定性高，否则热稳定性低。

由于碱金属的原子半径在同周期元素中最大，离子的极化能力最弱，因此碱金属盐是最稳定的盐。只有锂的盐稳定性较差。碱金属的硝酸盐热稳定性差，加热时易分解，例如：

$$4LiNO_3 \longrightarrow 2Li_2O + 4NO_2 + O_2$$

$$2NaNO_3 \xrightarrow{730\ ^\circ C} 2NaNO_2 + O_2\uparrow$$

$$2KNO_3 \xrightarrow{670\ ^\circ C} 2KNO_2 + O_2\uparrow$$

碱土金属盐的热稳定性比碱金属差，但常温下也都是稳定的。碱土金属的碳酸盐、硫酸盐等的稳定性都是随着金属离子半径的增大而增强，表现为它们的分解温度依次升高（表 10-4）。

表 10-4　碱土金属碳酸盐的分解温度

化学式	$BeCO_3$	$MgCO_3$	$CaCO_3$	$SrCO_3$	$BaCO_3$
分解温度/K	373	813	1173	1563	1633

铍盐的稳定性特别差。铍的这一性质再次说明了第二周期元素的特殊性。碱土金属碳酸盐的热稳定性规律可以用离子极化来说明。在碳酸盐中，阳离子半径越小，即 Z/r 值越大，极化力越强，越容易从 CO_3^{2-} 中夺取 O^{2-} 成为氧化物，同时放出 CO_2，表现为碳酸盐的热稳定性越差，受热容易分解。碱土金属离子的极化力比相应的碱金属强。因而碱土金属的碳酸盐稳定性比相应的碱金属差。Li^+、Be^{2+} 的极化力在碱金属和碱土金属中是最强的，因此 Li_2CO_3 和 $BeCO_3$ 在其各自同族元素的碳酸盐中都是最不稳定的。

4. 焰色反应

碱金属和钙、锶、钡的挥发性盐在无色火焰中灼烧时，能使火焰呈现出一定颜色，称为焰色反应（表 10-5）。

表 10-5　碱土金属碳酸盐的分解温度

元素符号	Li	Na	K	Rb	Cs	Be	Mg	Ca	Sr	Ba
焰色	紫红	金黄	紫	浅紫	浅紫	淡黄	无	砖红	洋红	黄绿

进行焰色反应应使用铂丝（镍丝）。把嵌在玻璃棒上的铂丝在稀盐酸里蘸洗后（这是因为金属氧化物与盐酸反应生成的氯化物在灼烧时易气化而挥发；若用硫酸，由于生成的硫酸盐的沸点很高，少量杂质不易被除去而干扰火焰的颜色）放在酒精灯的火焰（最好是煤气灯，因为它的火焰颜色浅、温度高，若无的话用酒精喷灯也行）里灼烧，直到跟原来的火焰的颜色一样时，再用铂丝蘸被检验溶液，然后放在火焰上，这时就可以看到被检验溶液里所含元素的特征焰色。例如，蘸取碳酸钠溶液灼烧时，看到的火焰呈黄色。蘸取碳酸钾溶液，放到灯焰上灼烧，隔着蓝色钴玻璃观察，火焰呈浅紫色。实验完毕，要用稀盐酸洗净铂丝，在火焰上灼烧到没有什么颜色后，才能再去蘸另一种溶液进行焰色反应。

碱金属和钙、锶、钡的盐，在灼烧时为什么能产生不同的颜色呢？因为当金属或其盐在火焰上灼烧时，原子被激发，电子接受了能量从较低的能级跳到较高能级，但处在较高能级的电子是很不稳定的，很快跳回到低能级，这时就将多余的能量以光的形式放出。原子的结构不同，就发出不同波长的光，所以光的颜色也不同。碱金属和碱土金属等能产生可见光谱，而且每一种金属原子的光谱线比较简单，所以容易观察识别。

利用焰色反应，可以根据火焰的颜色定性地鉴别这些元素的存在与否，但一次只能鉴别一种离子。同时利用碱金属和钙、锶、钡盐在灼烧时产生不同焰色的原理，可以制造各色焰火，例如红色焰火的简单配方：

质量分数：$KClO_3$ 34%，$Sr(NO_3)_2$ 45%，炭粉 10%，镁粉 4%，松香 7%

（二）几种重要的盐

1. 卤化物

（1）NaCl　卤化物中用途最广的是氯化钠，有海盐、岩盐和井盐等。氯化钠除供食用外，它是制取金属钠、氢氧化钠、碳酸钠、氯气和盐酸等多种化工产品的基本原料。冰盐混合物可作为制冷剂。

（2）$BeCl_2$　卤化铍是共价型聚合物$(BeX_2)_n$，不导电，能升华，蒸气中有 $BeCl_2$ 和$(BeCl_2)_2$ 分子。

（3）$MgCl_2$　无水氯化镁是制取金属镁的原料，光卤石和海水是取得氯化镁的主要资源。氯化镁常温常压下以 $MgCl_2 \cdot 6H_2O$ 形式存在，用加热水合物的方法不能得到无水盐，因为它会发生如下反应：

$$MgCl_2 \cdot 6H_2O \xrightarrow{408\ K} Mg(OH)Cl + HCl + 5H_2O$$

$$Mg(OH)Cl \xrightarrow{770\ K} MgO + HCl$$

要得到无水的氯化镁，必须将氯化镁在干燥的氯化氢气流中加热脱水。工业上常用在高温下通氯气于焦炭和氧化镁的混合物制取。氯化镁有吸潮性，普通食盐的潮解就是含有氯化镁之故。

（4）$CaCl_2$ 六水合氯化钙热至 473 K 失去水而成二水合氯化钙，温度高于 533 K 完全脱水形成白色多孔的氯化钙：

$$CaCl_2 \cdot 6H_2O \xrightarrow{473\ K} CaCl_2 \cdot 2H_2O \xrightarrow{533\ K} CaCl_2$$

此过程有少许水解反应发生，故无水氯化钙中常含有微量氧化钙。无水氯化钙有很强的吸水性，是一种重要的干燥剂。由于它能与气态氨和乙醇形成加成物，所以不能用于干燥氨气和乙醇。氯化钙和冰（1.44：1）的混合物是实验室常用的制冷剂，可获得 218 K 的低温。

（5）$BaCl_2$ 氯化钡为无色单斜晶体，一般为水合物二水合氯化钡。加热至 400 K 变为无水盐。氯化钡用于医药、灭鼠剂和鉴定硫酸根离子的试剂。氯化钡可溶于水。可溶性钡盐对人、畜都有害，对人致死量为 0.8 g，切忌入口。

（6）CaF_2 氟化钙（萤石）是制取 HF 和 F_2 的重要原料。在冶金工业中用作助熔剂也用于制作光学玻璃和陶瓷等。常用的荧光灯中涂有荧光材料氟氯磷灰石基质 $Ca_3(PO_4)_2Ca(F,Cl)_2$ 和少量 Sb^{3+}、Mn^{2+} 的化合物，卤磷酸钙为母体，Sb^{3+}、Mn^{2+} 为激活剂，用紫外光激发后，发出荧光。

2. 含氧酸盐

（1）碳酸盐　碱金属碳酸盐有两类：正盐和酸式盐。

碳酸钠（Na_2CO_3），俗称苏打或纯碱，其水溶液因水解而呈碱性。它是一种重要的化工原料。碳酸钠是重要的化工原料之一，广泛应用于轻工日化、建材、化学工业、食品工业、冶金、纺织、石油、国防、医药等领域，用作制造其他化学品的原料、清洗剂、洗涤剂，也用于照相术和分析领域。

碳酸氢钠（$NaHCO_3$），俗称小苏打，其水溶液呈弱碱性，主要用于医药和食品工业，煅烧碳酸氢钠可得到碳酸钠。

六水合碳酸钙（$CaCO_3 \cdot 6H_2O$）为无色单斜晶体，难溶于水，易溶于酸和氯化铵溶液，用于制二氧化碳酵粉和涂料等。碳酸钙为无色斜方晶体，热至 1 000 K 转变为方解石。

（2）硫酸盐　$Na_2SO_4 \cdot 10H_2O$ 俗称芒硝，由于它有很大的熔化热，是一种较好的相变贮热材料的主要组分，可用于低温贮存太阳能。白天它吸收太阳能而熔融，夜间冷却结晶就释放出热能。无水硫酸钠俗称元明粉，大量用于玻璃、造纸、水玻璃、陶瓷等工业中，也用于制硫化钠和硫代硫酸钠等。

$CaSO_4 \cdot 2H_2O$ 俗称生石膏，加热至 393 K 左右部分脱水生成熟石膏 $CaSO_4 \cdot 0.5H_2O$，该反应可逆：

$$2CaSO_4 \cdot 2H_2O \xrightleftharpoons{393\ K} 2\ CaSO_4 \cdot 0.5H_2O + 3H_2O$$

熟石膏与水混合成糊状后放置一段时间会变成二水合盐，这时逐渐硬化并膨胀，故用以制模型、塑像、粉笔和石膏绷带等。石膏还是生产水泥的原料之一，也是轻质建筑材料。把石膏加热到 773 K 以上，得到无水石膏，它不能与水化合。

$BaSO_4$ 是重晶石矿的主要成分，也是制备其他钡类化合物的原料。将重晶石粉与煤粉混合，在高温下（1173~1473 K）煅烧还原成可溶性硫化钡。

盐酸与硫化钡反应，制得氯化钡。往硫化钡溶液中通入二氧化碳，则得碳酸钡。

重晶石可用作白色涂料（钡白），在橡胶、造纸工业中用作白色填料。硫酸钡是唯一无毒钡盐，用于肠胃系统 X 射线造影剂。

$MgSO_4 \cdot 7H_2O$ 为无色斜方晶体。加热至 350 K 失去六分子水，在 520 K 变为无水盐：

$$MgSO_4 \cdot 7H_2O \xrightarrow{350\ K} MgSO_4 \cdot H_2O \xrightarrow{520\ K} MgSO_4$$

硫酸镁微溶于醇，不溶于乙酸和丙酮，用作媒染剂、泻盐，也用于造纸、纺织、肥皂、陶瓷、油漆工业。

（3）KNO_3　硝酸钾在空气中不吸潮，在加热时有强氧化性，用来制黑火药。硝酸钾还是含氮肥、钾的优质复合肥。

五、对角线规则

在 s 区和 p 区元素中，除了同族元素的性质相似外，还有一些元素及其化合物的性质呈现出“对角线”相似性。在周期表中某一元素的性质与其右下方的元素的性质相似的现象，称为对角线规则。这种现象在ⅠA 族的 Li 与ⅡA 族的 Mg，ⅡA 族的 Be 与ⅢA 族的 Al，ⅢA 族的 B 与ⅣA 族的 Si 之间表现明显。处于周期表中左上右下对角线位置上的邻近两个元素，由于电荷数和半径的影响恰好相反，它们的离子极化作用比较相近，从而使它们的化学性质有许多相似之处。由此反映出物质的性质与结构的内在联系。

习　题

第十一章　过渡元素

【学习目标】

1. 熟悉过渡金属的通性。
2. 理解铬、锰、镍等过渡元素的单质及化合物的物理性质和化学性质。
3. 熟悉含有有毒的过渡金属离子的处理方法。
4. 了解铬、锰、镍等过渡元素的单质及其化合物的主要制备方法及其用途。

第一节　过渡元素概述

过渡元素是指周期表中ⅢB~ⅦB，Ⅷ，ⅠB~ⅡB族元素（不包括镧系元素和锕系元素），这些元素位于元素周期表的中部，即介于 s 区元素与 p 区元素之间，因此称为过渡元素。过渡元素都是金属元素。

过渡元素的原子结构特点是最外层大多有 2 个 s 电子（少数只有 1 个 s 电子，Pd 无 s 电子），次外层分别有 1~10 个 d 电子，其价层电子构型为$(n-1)d^{1\sim10}ns^{1\sim2}$，其中ⅠB 和ⅡB 族的价层电子构型为$(n-1)d^{10}ns^{1\sim2}$。

同周期过渡金属元素的金属性递变不明显，通常人们按不同周期将过渡元素分为下列三个过渡系：

第一过渡系——第四周期元素从钪（Sc）到锌（Zn）;

第二过渡系——第五周期元素从钇（Y）到镉（Cd）;

第三过渡系——第六周期元素从镥（Lu）到汞（Hg）。

一、过渡元素的原子半径

同一周期过渡元素的原子半径从左到右只略有减小，不如主族元素减小得那样明显；ⅠB 和ⅡB 族，因次外层 d 亚层填满而使原子半径略有增大，见图 11-1。同一族过渡元素的原子半径自上而下也增加不大，这主要是由于镧系收缩所导致的。

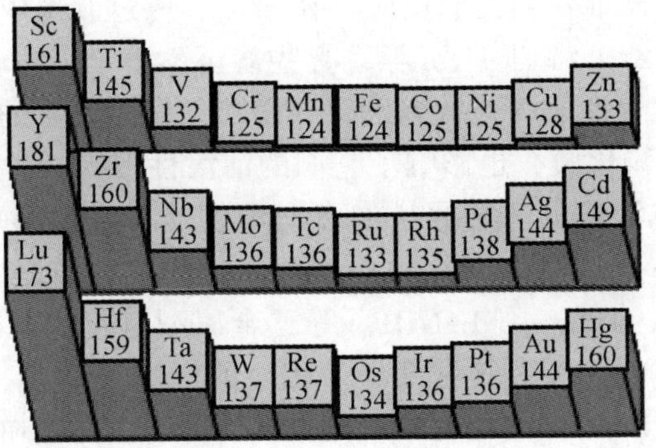

图 11-1　过渡元素的原子半径

二、单质的物理性质

除ⅡB 族外，过渡元素的单质大多数都是高熔点、高沸点、密度大、导电性和导热性良好的金属。在金属中熔点最高的是 W（3 683 K ± 20 K），硬度最大的是铬，密度最大的是Ⅷ族的锇（Os，22.57 g · cm^{-3}）。造成这种特性的原因可能是因过渡元素的单质的原子半径小，采取紧密堆积时除有 s 电子外，还有部分 d 电子参与成键，在金属键之外还有部分共价键，因此结合牢固。

三、金属活泼性

过渡金属在水溶液中的活泼性可根据其标准电极电势看出，见表 11-1。

表 11-1　第一过渡系列金属的标准电极电势

元素	Sc	Ti	V	Cr	Mn
$E^{\ominus}(M^{2+}/M)$/V	—	−1.63	−1.2（估算值）	−0.90	−1.18
可溶该金属的酸	各种酸	热 HCl，HF	HNO_3，HF，浓 H_2SO_4	稀 HCl，H_2SO_4 等	稀 HCl，H_2SO_4 等
元素	Fe	Co	Ni	Cu	Zn
$E^{\ominus}(M^{2+}/M)$/V	−0.409	−0.282	−0.236	+0.339	−0.762
可溶该金属的酸	稀 HCl，H_2SO_4 等	缓慢溶于 HCl 等	稀 HCl，H_2SO_4 等	HNO_3，浓热 H_2SO_4	稀 HCl，H_2SO_4 等

由表 11-1 可以看出，第一过渡系列金属（除 Cu 外），$E^{\ominus}(M^{2+}/M)$均为负值，其余的金属可以从非氧化性酸中置换出氢。ⅢB 族是它们中最活泼的金属，性质与碱土金属接近。同一周期从左到右，$E^{\ominus}(M^{2+}/M)$逐渐变大，金属活泼性逐渐减弱。

同族元素的活泼性从上到下依次减弱。第一过渡系元素的单质比第二、三过渡系元素的单质活泼。例如，在第一过渡系中除铜外，其他金属都能与稀酸（盐酸或硫酸）作用，而第

二、三过渡系的单质大多较难发生类似反应。在第二、三过渡系中有些元素的单质仅能溶于王水和氢氟酸中，如锆（Zr）、铪（Hf）等，有些甚至不溶于王水，如钌（Ru）、铑（Rh）、锇（Os）、铱（Ir）等。化学性质的这些差别，与第二、三过渡系的原子结构有关。有时在这些金属表面易形成致密的氧化膜，也影响了它们的活泼性。

过渡元素的单质能与活泼的非金属（如卤素和氧等）直接形成化合物。过渡元素与氢形成金属型氢化物，又称为过渡型氢化物。这类氢化物的特点是组成大多不固定，通常是非化学计量的，如 $VH_{1.8}$，$TaH_{0.76}$，$LaNiH_{5.7}$ 等。金属型氢化物基本上保留着金属的一些物理性质，如金属光泽、导电性等，其密度小于相应的金属。

有些元素的单质如ⅣB~ⅦB 族的元素，还能与原子半径较小的非金属，如 B、C、N 形成间充（或间隙）式化合物。间充式化合物比相应的纯金属的熔点高（如 TiC、W_2C、TiN、TiB 的熔点都在 3 000 °C 左右），硬度大（大都接近于金刚石的硬度），化学性质不活泼。工业上 W_2C 常被用作硬质合金，可用其制造某些特殊设备。

过渡元素的单质由于具有多种优良的物理性质和化学性能，在冶金工业上常用来制造各种合金钢，如不锈钢（含铬、镍等）、弹簧钢（含钒等）、建筑钢（含锰等）。另外，它们的一些单质或化合物在化学工业上常用做催化剂。例如，在硝酸制造过程中，氨的氧化用铂作催化剂；不饱和有机化合物的加氢常用镍做催化剂等。总之，在化学工业所用的催化剂中，过渡元素的单质及其化合物占有相当重要的地位。

四、氧化数

过渡元素原子的共同特点是具有未充满的 d 轨道（Pd 例外），最外层只有 1~2 个 s 电子。随着核电荷数的增加，电子依次填充在次外层的 d 轨道上。由于过渡元素次外层 d 轨道和最外层 s 轨道的能级相近，且 d 轨道尚未达到稳定的电子层结构。所以，除 s 电子外，d 电子可以部分或全部参与成键，使过渡元素表现出多种氧化态，如图 11-2 所示，其中较大实心圆为常见的氧化态。例如，Mn 有+2，+3，+4，+6，+7 等多种氧化数，其中+2，+4，+7 是较常见的氧化数。同一元素氧化态的变化是连续的。一般由+2 价直到与族数相同的氧化态（Ⅷ族元素例外）。过渡元素在羰基配合物中的氧化数以 0 或−1 出现，例如，[Ni(CO)]中 Ni 的氧化数为 0。

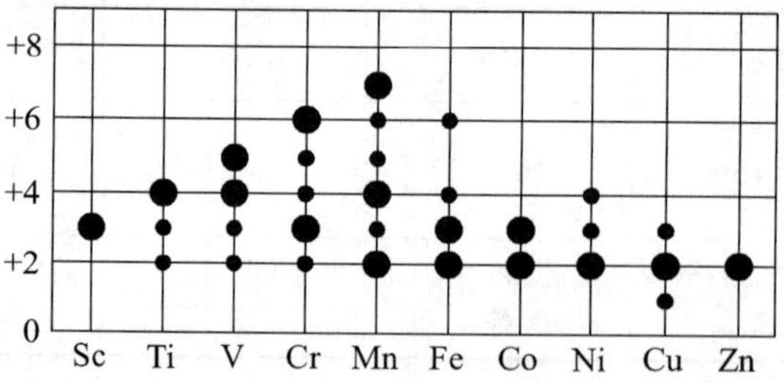

图 11-2　第一过渡系列的元素的主要氧化数（其中较大实心圆为常见的氧化态）

第一过渡系元素的低氧化值一般比较稳定，第二、第三过渡系元素的高氧化值比较稳定。一般说来，过渡元素的高氧化值化合物比其低氧化值化合物的氧化性强。过渡元素与非金属形成二元化合物时，往往只有电负性较大、阴离子难被氧化的非金属元素（氧或氟）

才能与其形成高氧化值的二元化合物，如 Mn_2O_7 和 CrF_6 等。而电负性较小、阴离子易被氧化的非金属（如碘、溴、硫等），则难与其形成高氧化值的二元化合物。在其高氧化值化合物中，以含氧酸盐较稳定。这些元素在含氧酸盐中，以含氧酸根离子形式存在，如 MnO_4^-、CrO_4^{2-}、VO_4^{3-}等。过渡元素的较低氧化值（+2、+3）大都有简单的 M^{2+}和 M^{3+}。这些离子的氧化性一般都不强（Co^{3+}、Ni^{3+}、Mn^{3+}除外），因此都能与多种酸根离子形成盐类。

五、过渡元素离子的颜色

过渡元素的离子在水溶液中以水合离子的形式存在，常显示出一定的颜色。过渡元素与其他配体形成的配离子也常具有颜色。这些配离子吸收了可见光（波长在 730~400 nm）的一部分，发生了 d→d 跃迁，而把其余部分的光透过或散射出来。人们肉眼看到的就是这部分透过或散射出来的光，也就是该物质呈现的颜色。没有未成对 d 电子的过渡金属离子都是无色的。常见过渡元素水合离子颜色见表 11-2。

表 11-2 第一过渡元素低氧化数水合离子的颜色

元素	Sc	Ti	V	Cr	Mn	Cu	Zn
M^{2+}中 d 电子数	—	2	3	4	5	9	10
$[M(H_2O)_6]^{2+}$	—	褐	紫	天蓝	浅桃红	浅蓝	无色
M^{3+}中 d 电子数	0	1	2	3	4	—	—
$[M(H_2O)_6]^{3+}$	无	紫	绿	蓝紫	红	—	—

对于某些具有颜色的含氧酸根离子，如 VO_4^{3-}（淡黄色）、CrO_4^{2-}（黄色）、MnO_4^-（紫色）等，它们的颜色被认为是由电荷迁移引起的。在上述离子中的 V、Cr 和 Mn 都处于最高氧化态，分别为+5、+6、+7，它们都具有 d^0 电子构型，均有较强的夺取电子的能力。这些酸根离子吸收了一部分可见光的能量后，氧阴离子的电荷会向金属离子迁移。伴随电荷迁移，这些离子呈现出各种不同的颜色。

六、配位催化

过渡金属的离子或原子具有能量相近的原子轨道，其中 ns 和 np 轨道是空的，$(n-1)d$ 轨道也是部分空或全空，具有很强的配位能力。如铁原子和镍原子可与羰基形成羰基配合物$[Fe(CO)_5]$和$[Ni(CO)_5]$，Fe^{3+}、Ni^{2+}分别与 CN^-形成配合物$[Fe(CN)_6]^{3-}$、$[Ni(CN)_4]^{2-}$。配合物的配位数较高。从静电理论的角度来看，过渡元素的离子半径小、电荷较多、极化力较大，利于与配体成键。

此外，许多过渡元素的单质及其化合物具有独特的催化性能。例如，在反应过程中，过渡元素可形成不稳定的配合物，这些配合物作为中间产物可起到配位催化作用；又如过渡元素也可通过提供适宜的反应表面，起到接触催化作用，如 V_2O_5 用作催化剂制备 H_2SO_4。

第二节　铬

一、铬的单质

铬是周期表中ⅥB族的第一种元素，其主要矿物是铬铁矿（Fe Cr_2O_4 或 $FeO \cdot Cr_2O_3$），其次是铬铅矿（$PbCrO_4$）。铬是灰白色、略带光泽的金属，它的熔、沸点都很高，硬度、密度大，机械性能强。纯铬有延展性，含有杂质的铬硬而脆。

由于铬的表面容易生成一层氧化膜而呈钝态，所以铬的金属活泼性较差，在通常条件下，铬在空气、水中很稳定。在机械工业上，为了保护金属不生锈，常在铁制品的表面镀有一层铬，这一镀层能长期保持光亮。它能缓慢溶于稀盐酸、稀硫酸，放出氢气，但不溶于稀硝酸或磷酸。在热盐酸中很快溶解并放出氢气，溶液呈蓝色（Cr^{2+}），随即又被空气氧化成绿色（Cr^{3+}），其反应方程式如下：

$$Cr + 2HCl（稀） \longrightarrow \underset{（蓝色）}{CrCl_2} + H_2\uparrow$$

$$\underset{（蓝色）}{4CrCl_2} + 4HCl + O_2（空气） \longrightarrow \underset{（绿色）}{4CrCl_3} + 2H_2O$$

Cr 与热的浓硫酸生成二氧化硫和硫酸铬（Ⅲ）：

$$2Cr + 6H_2SO_4（热、浓） \longrightarrow \underset{（蓝色）}{Cr_2(SO_4)_3} + 3SO_2\uparrow + 6H_2O$$

但在冷的浓硝酸中呈钝态而不溶。此外，铬溶于王水或氢氟酸和硝酸的混合酸中。

铬一般与碱溶液不作用，但能与熔融的碱性氧化剂反应，在高温下，铬与活泼的非金属反应，与碳、氮、硼也能形成化合物。Cr、Mo、W 的金属活泼性逐渐降低，最高氧化态化合物趋于稳定。

铬在所有金属中硬度最大，能刻画玻璃，Cr 以优良的银白色金属光泽应用于电镀，如自行车、汽车、精密仪器中的镀铬部件。含铬 12%以上的钢称为不锈钢，有很好的耐热性、耐磨性和耐腐蚀性。铬和镍的合金用来制造电热设备。

二、铬的重要化合物

铬的价电子层结构为 $3d^54s^1$，6 个电子都能参加成键，所以铬能形成+1，+2，+3，+4，+5，+6 多种氧化数的化合物。其中以+3 和+6 两种氧化数的化合物最重要。

（一）铬的氧化物和氢氧化铬

铬的氧化物有 CrO、Cr_2O_3 和 CrO_3，对应的水化物分别为 $Cr(OH)_2$、$Cr(OH)_3$ 和含氧酸 H_2CrO_4、$H_2Cr_2O_7$ 等。其酸碱性规律为

CrO	Cr_2O_3	CrO_3
碱性	两性	酸性

$Cr(OH)_2$	$Cr(OH)_3$	H_2CrO_4，$H_2Cr_2O_7$
碱性	两性	酸性

1. Cr_2O_3（铬绿）

Cr_2O_3 为绿色晶体，难溶于水。与氧化铝相似，Cr_2O_3 具有两性，溶于酸生成 Cr(Ⅲ)盐：

$$Cr_2O_3 + 3H_2SO_4 \longrightarrow Cr_2(SO_4)_3 + 3H_2O$$

溶于强碱生成亚铬酸盐：

$$Cr_2O_3 + 2NaOH \longrightarrow 2NaCrO_2 + H_2O$$

经过高温灼烧的 Cr_2O_3 不溶于酸碱，但可用熔融法使它变为可溶性盐。

$$Cr_2O_3 + 3K_2S_2O_7 \longrightarrow 3K_2SO_4 + Cr_2(SO_4)_3$$

Cr_2O_3 常作为绿色颜料而广泛用于油漆、陶瓷及玻璃工业，还可用作有机合成的催化剂，也是制取铬盐和冶炼金属 Cr 的原料。

高温下，通过金属铬与氧气的化合、重铬酸铵的分解或三氧化铬的热分解都可以得到 Cr_2O_3：

$$4Cr + 3O_2 \xrightarrow{\text{高温}} 2Cr_2O_3$$

$$(NH_4)_2Cr_2O_7 \xrightarrow{\triangle} Cr_2O_3 + N_2 + 4H_2O$$

$$4CrO_3 \xrightarrow{196\ ℃} 2Cr_2O_3 + 3O_2\uparrow$$

2. 氢氧化铬

在 Cr(Ⅲ)盐溶液中加入适量的 $NH_3 \cdot H_2O$ 或 NaOH 溶液，即有灰蓝色的 $Cr(OH)_3$ 胶状沉淀析出。

$$CrCl_3 + 3NH_3 \cdot H_2O \longrightarrow Cr(OH)_3\downarrow + 3NH_4Cl$$

$$CrCl_3 + 3NaOH \longrightarrow Cr(OH)_3\downarrow + 3NaCl$$

氢氧化铬与氢氧化铝相似，有明显的两性。

$$Cr(OH)_3 + 3HCl \longrightarrow CrCl_3 + 3H_2O$$

$$Cr(OH)_3 + 3NaOH \longrightarrow 2H_2O + NaCrO_2 \text{ 或 } Na[Cr(OH)_4]$$

$Cr(OH)_3$ 还能溶于液氨中形成相应的配离子。

3. 三氧化铬

CrO_3 为暗红色晶体，易潮解，有毒。CrO_3 遇热不稳定，超过熔点即分解放出 O_2：

$$4CrO_3 \xrightarrow{196\ ℃} 2Cr_2O_3 + 3O_2\uparrow$$

因此，CrO_3 是一种强氧化剂，可用于钝化金属。一些有机物如酒精等与 CrO_3 接触时即着火或爆炸，CrO_3 被还原为 Cr_2O_3。

CrO_3 溶于水，生成铬酸（H_2CrO_4），溶于碱得铬酸盐：

$$CrO_3 + H_2O \longrightarrow H_2CrO_4$$

$$CrO_3 + 2NaOH \longrightarrow Na_2CrO_4 + H_2O$$

因此，CrO_3是铬酸的酸酐。

向固体重铬酸钾中加入过量的浓硫酸，即有 CrO_3 晶体析出：

$$K_2Cr_2O_7 + H_2SO_4（浓） \longrightarrow K_2SO_4 + 2CrO_3\downarrow + H_2O$$

CrO_3 与冷的氨水反应生成$(NH_4)_2Cr_2O_7$：

$$2CrO_3 + 2NH_3 + H_2O \longrightarrow (NH_4)_2Cr_2O_7$$

生成的$(NH_4)_2Cr_2O_7$受热即可完全分解：

$$(NH_4)_2Cr_2O_7 \longrightarrow Cr_2O_3 + N_2\uparrow + 4H_2O$$

H_2CrO_4 为二元强酸，与硫酸的酸性强度接近，但它不稳定，只能存在溶液中。重铬酸是缩合酸，酸性比 H_2CrO_4 强。

（二）Cr(Ⅲ)的化合物

常见的 Cr(Ⅲ)盐有暗绿色 $CrCl_3 \cdot 6H_2O$，紫色 $Cr_2(SO_4)_3 \cdot 18H_2O$，桃红色 $Cr_2(SO_4)_3$，蓝紫色 K_2SO_4、$Cr_2(SO_4)_3 \cdot 24H_2O$，它们都易溶于水，形成水合离子$[Cr(H_2O)_6]^{3+}$（紫色），所以，$Cr^{3+}$实际上并不存在于水溶液中。铬（Ⅲ）盐有毒。铬（Ⅲ）盐还能与 Cl^-、NH_3、CN^- 等形成配合物，如$[CrCl_6]^{3-}$、$[Cr(NH_3)_6]^{3+}$，$[Cr(CN)_6]^{3-}$等。

当溶液中存在两个配位体时，由于浓度和条件的不同，两个配位体分布在配离子内界和外界的数目不同，得到颜色不同的多种配离子，结晶得到不同颜色的变体。例如三氯化铬晶体（$CrCl_3 \cdot 6H_2O$）可有以下不同颜色的变体。

$[Cr(H_2O)_6]Cl_3$	$[Cr(H_2O)_5Cl]Cl_2 \cdot H_2O$	$[Cr(H_2O)_4Cl_2]Cl_2 \cdot 2H_2O$
紫色	蓝绿色	暗绿色

在碱性溶液中，Cr(Ⅲ)有较强的还原性，铬（Ⅲ）盐或亚铬酸盐（CrO_2^-）在碱性溶液中易被 H_2O_2，Cl_2，Br_2，NaClO，$3Na_2O_2$ 氧化为铬酸盐：

$$\underset{（亮绿色）}{2CrO_2^-} + 3Na_2O_2 + 2H_2O \longrightarrow \underset{（黄色）}{2CrO_4^{2-}} + 4H_2O + 6Na^+$$

$$2CrO_2^- + 3H_2O_2 + 2OH^- \longrightarrow 2CrO_4^{2-} + 4H_2O$$

$$2CrO_2^- + 3Cl_2 + 8OH^- \longrightarrow 2CrO_4^{2-} + 6Cl^- + 4H_2O$$

$$2CrO_2^- + 3ClO^- + 2OH^- \longrightarrow 2CrO_4^{2-} + 3Cl^- + H_2O$$

利用这类反应可以鉴定 Cr^{3+}的存在。

在酸性条件下，Cr(Ⅲ)盐的还原性很弱，三价铬以 Cr^{3+}形式存在，要使其氧化为六价铬需强氧化剂。如 $KMnO_4$、HIO_4、$(NH_4)_2S_2O_8$ 等：

$$10Cr^{3+} + 6MnO_4^- + 11H_2O \longrightarrow 5Cr_2O_7^{2-} + 6Mn^{2+} + 22H^+$$

$$2Cr^{3+} + S_2O_8^{2-} + 7H_2O \longrightarrow 5Cr_2O_7^{2-} + 6SO_4^{2-} + 14H^+$$

$CrCl_3 \cdot 6H_2O$ 是常见的 Cr(Ⅲ)盐，易潮解，在工业上用作催化剂、媒染剂和防腐剂。铬钾矾用于鞣革工业和纺织工业。

（三）铬（Ⅵ）的化合物

铬（Ⅵ）盐有铬酸盐和重铬酸盐两类化合物。它们都有毒。重铬酸盐大都易溶于水，而铬酸盐中除钾、钠和铵盐外都不溶于水。

1. 铬酸（H_2CrO_4）

铬酸是一种二元强酸，强度接近硫酸，只存在于水溶液中，第二步解离较弱。

$$H_2CrO_4 \rightleftharpoons HCrO_4^- + H^+ \quad K_{a1}^{\ominus} = 4.1$$

$$HCrO_4^- \rightleftharpoons CrO_4^{2-} + H^+ \quad K_{a2}^{\ominus} = 1.3 \times 10^{-6}$$

2. 重铬酸（$H_2Cr_2O_7$）

重铬酸的酸性比 H_2CrO_4 更强，仅存在于稀溶液中，它能氧化浓盐酸，放出 Cl_2：

$$H_2Cr_2O_7 + 12HCl（浓）\longrightarrow 2CrCl_3 + 3Cl_2\uparrow + 7H_2O$$

铬酸根 CrO_4^{2-}呈黄色，重铬酸根 $Cr_2O_7^{2-}$呈橙红色。它们在溶液中存在平衡：

$$CrO_4^{2-} + 2H^+ \rightleftharpoons 2HCrO_4^- \rightleftharpoons Cr_2O_7^{2-} + H_2O$$

可见，铬（Ⅵ）盐溶液中同时存在 CrO_4^{2-}，$HCrO_4^-$，$Cr_2O_7^{2-}$三种离子，其相对含量的高低由溶液的酸度而定。酸性溶液（$pH < 2$）中主要以 $Cr_2O_7^{2-}$为主，溶液呈橙红色，碱性溶液（$pH > 6$）溶液中以 CrO_4^{2-}为主，溶液呈黄色。铬（Ⅵ）盐只有在酸性溶液中，即以 $Cr_2O_7^{2-}$的形式存在时，才表现出强氧化性。

3. 铬酸盐

常见的铬酸盐有铬酸钠、铬酸钾，它们都是黄色晶体。前者和许多钠盐相似，易潮解。它们的水溶液都显碱性。碱金属和铵的铬酸盐易溶于水，$MgCrO_4$ 可溶，$CaCrO_4$ 微溶，$BaCrO_4$ 难溶。大多数金属的铬酸盐都难溶，主要以 Ag^+、Pb^{2+}、Ba^{2+}的铬酸盐为代表：

$$2Ag^+ + CrO_4^{2-} \longrightarrow \underset{（砖红色）}{Ag_2CrO_4\downarrow}$$

$$Ba^{2+} + CrO_4^{2-} \longrightarrow \underset{（黄色）}{BaCrO_4\downarrow}$$

$$Pb^{2+} + CrO_4^{2-} \longrightarrow \underset{（黄色）}{PbCrO_4\downarrow}$$

实验室常用上述反应鉴定 Ag^+、Ba^{2+}、Pb^{2+}及 CrO_4^{2-}的存在。不同颜色的铬酸盐常用作颜料。

4. 重铬酸盐

重铬酸盐以重铬酸钠（俗称红矾钠）和重铬酸钾（俗称红矾钾）最为重要，两者都是橙红色的晶体。重铬酸钾无吸潮性，用重结晶法易于提纯，它是分析化学中常用的基准试剂。但重铬酸钠便宜，溶解度较大，如要求纯度不高，宜选用重铬酸钠。

在重铬酸盐溶液中除加碱可转化为铬酸盐外，加 Ag^+、Pb^{2+}和 Ba^{2+}也可转化为相应的铬酸盐：

$$H_2O + 4Ag^+ + Cr_2O_7^{2-} \longrightarrow 2Ag_2CrO_4\downarrow + 2H^+$$

（砖红色）

$$H_2O + 2Ba^{2+} + Cr_2O_7^{2-} \longrightarrow 2BaCrO_4\downarrow + 2H^+$$

（黄色）

$$H_2O + 2Pb^{2+} + Cr_2O_7^{2-} \longrightarrow 2PbCrO_4\downarrow + 2H^+$$

（黄色）

因为这些铬酸盐的溶解度比相应的重铬酸盐小，从而使平衡向着生成铬酸盐的方向移动。

重铬酸盐是实验室中常用的氧化剂，可氧化 Fe^{2+}、H_2S、HI、H_2SO_3、$NaNO_2$、乙醇和浓 HCl，本身被还原为 Cr^{3+}：

$$Cr_2O_7^{2-} + 6Fe^{2+} + 14H^+ \longrightarrow 2Cr^{3+} + 6Fe^{3+} + 7H_2O$$

这一反应在分析化学上用于 Fe^{2+}含量的测定。

重铬酸盐还用于检验司机是否酒后开车：

$$Cr_2O_7^{2-} + 3CH_3CH_2OH + 8H^+ \longrightarrow 3CH_3COOH + 2Cr^{3+} + 7H_2O$$

实验室中常用的铬酸洗液是用等体积热的饱和重铬酸钾溶液与浓硫酸配制的：

$$2H_2SO_4\text{（浓）} + 2K_2Cr_2O_7 \longrightarrow 2CrO_3 + 2K_2SO_4 + 2H_2O$$

铬酸洗液常用来洗涤玻璃器皿的油污，当溶液由棕红色转变为暗绿色时，Cr(Ⅵ)盐已被还原成 Cr(Ⅲ)盐，洗液失效。由于洗液污染环境，已逐渐停止使用。在工业上 $K_2Cr_2O_7$ 大量用于鞣革、印染、电镀和医药等方面。

$Cr_2O_7^{2-}$在酸性条件下与 H_2O_2 反应，在乙醚层中产生的特殊蓝色：

$$K_2Cr_2O_7 + 4H_2O_2 + H_2SO_4 \longrightarrow 2CrO_5 + 5H_2O + K_2SO_4$$

这是检验 $Cr_2O_7^{2-}$与 H_2O_2 的灵敏反应。

（四）含铬废水

铬的化合物中，以铬（Ⅵ）的毒性最大。比 Cr^{3+}大 100 倍，Cr^{2+}及金属铬毒性较小。饮用含铬水对胃、肠等有刺激作用，吸入含铬气体会引起鼻黏膜发炎甚至穿孔。铬会引起贫血、肾炎、神经炎，并有致癌作用。电镀、制革、化工、冶金工业排放的废水中常含有铬。国家排放标准是废水中 Cr(Ⅵ)的含量不超过 0.1 mg · L^{-1}。

含铬废水的处理方法有多种，化学方法有还原法和离子交换法。

（1）还原法　还原法包括还原剂还原法和电解还原法。常用的还原剂有 $FeSO_4$、$NaHSO_3$、Na_2SO_3 等。先将 Cr^{6+}还原为 Cr^{3+}，再加石灰乳生成 $Cr(OH)_3$ 沉淀而除去：

$$Cr_2O_7^{2-} + 3HSO_3^- + 5H^+ \longrightarrow 2Cr^{3+} + 3SO_4^{2-} + 4H_2O$$

$$Cr^{3+} + 3OH^- \longrightarrow Cr(OH)_3\downarrow$$

电解还原法是用铁做电极，在阴极 Cr(Ⅵ)被还原成 Cr^{3+}，阳极溶解的 Fe^{2+}也可将 Cr(Ⅵ)还原为 Cr^{3+}。

（2）离子交换法　处理含 Cr(Ⅵ)污水的方法中，离子交换法效果好。使废水流经阴离子交换树脂，交换后的树脂用 NaOH 溶液处理，使 Cr^{6+}重新进入溶液进行回收，同时树脂也得到再生。

第三节　锰

锰在地壳层的丰度是 0.1%，在过渡元素中排第三位，仅次于 Fe 和 Ti。锰在自然界主要以软锰矿 $MnO_2 \cdot xH_2O$ 的形式存在。 锰的价电子结构为 $3d^5 5s^2$，7 个价电子都能参加成键，氧化态有+2、+3、+4、+5、+6 和+7 等。

一、锰单质

锰是银白色似铁的金属，质硬而脆，是制造特种合金钢的重要材料。含锰量超过 1%的钢叫作锰钢，锰钢具有硬度高、强度大和耐磨、耐大气腐蚀的特性，是轧制铁轨、架设桥梁的优质材料。锰在钢铁工业中有着重要地位。

锰属于活泼金属。在空气中其表面生成一层致密的氧化物保护膜而变暗，粉末状的锰很容易被氧化。在加热使能与许多非金属反应，如在空气中氧化或燃烧均生成 Mn_3O_4，与氟反应能生成 MnF_2 和 MnF_4，与其他卤素反应则生成 MnX_2 型的卤化物。锰与热水反应生成 $Mn(OH)_2$ 和 H_2：

$$Mn + H_2O \xrightarrow{\triangle} Mn(OH)_2\downarrow + H_2\uparrow$$

在有氧化剂存在下，锰还能与熔融碱作用生成锰酸盐：

$$Mn + KOH + O_2 \xrightarrow{\triangle} K_2MnO_4 + H_2O$$

锰能溶于一般的无机酸中，生成 Mn(Ⅱ)盐，与冷的浓硫酸作用缓慢：

$$Mn + H^+ \longrightarrow Mn^{2+} + H_2\uparrow$$

二、锰的重要化合物

锰的价电子层结构为 $3d^5 4s^2$，7 个价电子都能参与成键，锰能形成多种氧化态，其中氧化数为+2、+4、+7 的化合物最重要。氧化还原性是锰的化合物的特征性质。锰的元素电势图如图 11-3 所示。

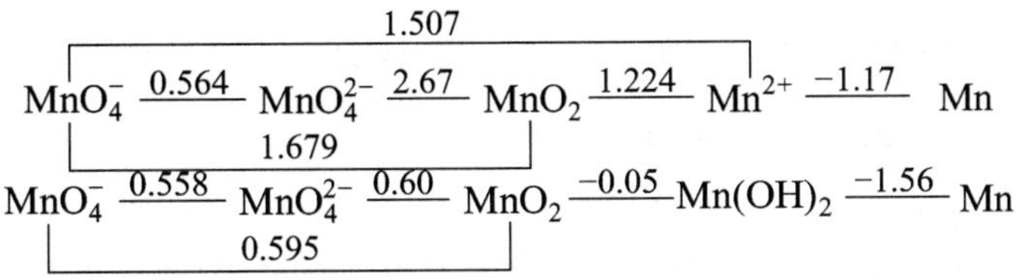

图 11-3　锰的元素电势图

（一）锰的氧化物及其水合物

锰有多种氧化物。锰的氧化物及其对应的氢氧化物或含氧酸，随氧化数的升高和离子半径的减小，碱性逐渐减弱，酸性逐渐增强（表 11-3）。

表 11-3　锰的氧化物及其对应的水合物的酸碱性

氧化物	MnO	Mn_2O_3	MnO_2	—	Mn_2O_7
颜色	绿色	棕色	黑色	—	绿色
水合物	$Mn(OH)_2$	$Mn(OH)_3$	$Mn(OH)_4$	H_3MnO_4	$HMnO_4$
颜色	白色	棕色	棕黑色	绿色	紫色
性质	碱性	碱性	两性	酸性	酸性

1. 二氧化锰

二氧化锰是锰最稳定的氧化物，它是一种黑色粉末，难溶于水。

MnO_2 是两性氧化物。在酸性介质中 MnO_2 是强氧化剂，与浓盐酸共热产生氯气，还能氧化 H_2O_2 和 Fe^{2+}：

$$2MnO_2 + 4HCl（浓） \longrightarrow 2MnCl_2 + Cl_2\uparrow + 2H_2O$$

$$MnO_2 + H_2O_2 + H_2SO_4 \longrightarrow MnSO_4 + O_2\uparrow + 2H_2O$$

$$MnO_2 + 2FeSO_4 + 2H_2SO_4 \longrightarrow MnSO_4 + Fe_2(SO_4)_3 + 2H_2O$$

MnO_2 与浓 H_2SO_4 反应生成硫酸锰并放出氧气：

$$2MnO_2 + 2H_2SO_4（浓） \longrightarrow 2MnSO_4 + O_2\uparrow + 2H_2O$$

在碱性介质中，有氧化剂存在时，还能被氧化而转化成锰（Ⅵ）的化合物。例如，MnO_2 和 KOH 的混合物于空气中，或者与 $KClO_3$、KNO_3 等氧化剂一起加热熔融，可以得到绿色的锰酸钾 K_2MnO_4:

$$2MnO_2 + 4KOH + O_2 \longrightarrow 2K_2MnO_4 + 2H_2O$$

$$MnO_2 + 6KOH + KClO_3 \longrightarrow 3K_2MnO_4 + KCl + 3H_2O$$

由元素电势图可知，MnO_4^-与 Mn^{2+}会发生逆歧化反应，生成 MnO_2。

MnO_2 的氧化还原性，特别是氧化性，使它在工业上有很重要的用途，在玻璃工业中，将它加入熔融态玻璃中以除去带色杂质（硫化物和亚铁盐）。在油漆工业中，将它加入熬制的半干性油中，可以促使这些油在空气中的氧化作用。MnO_2 在干电池中用作去极剂，它也是一种催化剂和制造锰盐的原料。

2. 氢氧化锰

在 Mn(Ⅱ)盐溶液中加入强碱，即生成白色 $Mn(OH)_2$ 沉淀：

$$Mn^{2+} + 2OH^- \longrightarrow \underset{（白色）}{Mn(OH)_2\downarrow}$$

在碱性介质中，$Mn(OH)_2$ 很不稳定，极易被氧化，甚至溶解在水中的氧也能使它氧化，生成棕色的水合二氧化锰：

$$2Mn(OH)_2 + O_2 \longrightarrow 2MnO(OH)_2（或\ MnO_2 \cdot H_2O）$$
（棕色）

此反应在水质分析中用于测定水中的溶解氧。

$MnO(OH)_2$脱水生成MnO_2：

$$2MnO(OH)_2 \longrightarrow 2MnO_2 + 2H_2O$$

（二）锰　盐

1. 锰（Ⅱ）盐

由于Mn^{2+}价电子构型为$3d^5$，是半充满的稳定状态，故锰（Ⅱ）盐最稳定。Mn(Ⅱ)的强酸盐都易溶于水，少数弱酸盐不溶于水，如$MnCO_3$，MnC_2O_4，$Mn_3(PO_4)_2$，MnS 不溶于水。

在水溶液中，Mn^{2+}常以浅粉红色的$[Mn(H_2O)_6]^{2+}$水合离子形式存在。Mn^{2+}在酸性溶液中很稳定，既不易被氧化，也不易被还原。只有与强氧化剂如$K_2S_2O_8$，$NaBiO_3$，PbO_2反应，才能使Mn^{2+}氧化为MnO_4^-：

$$2Mn^{2+} + 5S_2O_8^{2-} + 8H_2O \longrightarrow 2MnO_4^- + 10\,SO_4^{2-} + 16H^+$$

$$2\,Mn^{2+} + 5\,NaBiO_3 + 14H^+ \longrightarrow 2MnO_4^- + 5Bi^{3+} + 5Na^+ + 7H_2O$$

$$2Mn^{2+} + 5PbO_2 + 4H^+ \longrightarrow 2MnO_4^- + 5Pb^{2+} + 2H_2O$$

反应产物 MnO_4^-即使在很稀的溶液中，也能显示出它特征的红色。因此上述反应常用来检验溶液中Mn^{2+}的存在。

锰（Ⅱ）盐属弱碱盐，在水溶液中易水解，且在碱性介质中Mn^{2+}易被氧化：

$$Mn^{2+} + 2H_2O \rightleftharpoons Mn(OH)_2\downarrow + 2H^+$$
（白色）

$$Mn^{2+} + 2OH^- = Mn(OH)_2$$

$$2Mn(OH)_2 + O_2 = 2MnO(OH)_2（MnO_2 \cdot H_2O）$$
（棕色）

所以锰盐溶液在蒸发、浓缩时，必须保证溶液有足够的酸度，抑制Mn^{2+}水解成不稳定的$Mn(OH)_2$。

注意：锰（Ⅱ）盐具有一定的毒性，吸入含锰的粉尘会引起神经系统中毒。

2. 锰（Ⅵ）盐

Mn（Ⅵ）最重要的化合物是墨绿色的K_2MnO_4，它在水溶液中易歧化：

$$3MnO_4^{2-} + 2H_2O \longrightarrow 2\,MnO_4^- + MnO_2\downarrow + 4OH^-$$

碱性增强（pH>13.5）则 MnO_4^{2-}稳定性增高。碱性降低则有利于其歧化，如通入 CO_2或加醋酸就可使它歧化：

$$3MnO_4^{2-} + 2CO_2 \longrightarrow 2MnO_4^- + MnO_2 + 2CO_3^{2-}$$

在碱性条件下 K_2MnO_4不是强氧化剂，如加氧化剂或电解也可氧化锰酸钾：

$$2\,MnO_4^{2-} + Cl_2 \longrightarrow 2\,MnO_4^- + 2Cl^-$$

在酸性条件下，K_2MnO_4虽然有强氧化性，但由于它的不稳定性，故不用作氧化剂。

3. 锰（Ⅶ）盐

锰（Ⅶ）盐中最重要的是高锰酸钾，俗称灰锰氧。高锰酸钾是暗紫色晶体，有光泽，易溶于水，其水溶液呈紫红色。对热不稳定，加热到 200 °C 就能分解放出氧气，故与有机物混合会发生燃烧或爆炸：

$$2KMnO_4 \longrightarrow K_2MnO_4 + MnO_2 + O_2\uparrow$$

在溶液中，$KMnO_4$也不十分稳定，在酸性溶液中缓慢地分解，析出 MnO_2：

$$4\,MnO_4^- + 4H^+ \longrightarrow 4MnO_2\downarrow + 2H_2O + 3O_2\uparrow$$

在中性或微碱性溶液中分解更慢：

$$4\,MnO_4^- + 4OH^- \xrightarrow{\triangle} 4\,MnO_4^{2-} + O_2\uparrow + 2H_2O$$

光线对 $KMnO_4$的分解有催化作用，所以固体 $KMnO_4$及其溶液都需保存在棕色瓶中。

$KMnO_4$固体能与浓硫酸发生反应生成 Mn_2O_7：

$$2KMnO_4(s) + H_2SO_4（浓） \longrightarrow Mn_2O_7 + K_2SO_4 + 2H_2O$$

Mn_2O_7为绿褐色油状液体，易分解出 O_2及 O_3，遇有机物起火，因此保存 $KMnO_4$固体时应避免与浓硫酸及有机物接触。

高锰酸钾无论在酸性、中性或碱性介质中，都有很强的氧化性，即使稀溶液也有强氧化性。

在酸性介质中，其还原产物是 Mn^{2+}，如可氧化 Fe^{2+}，I^-，Cl^-，SO_3^{2-}：

$$2MnO_4^- + 5SO_3^{2-} + 6H^+ \longrightarrow 2Mn^{2+} + 5SO_4^{2-} + 3H_2O$$

$$2MnO_4^- + 5Fe^{2+} + 8H^+ \longrightarrow Mn^{2+} + 5Fe^{3+} + 4H_2O$$

在分析化学中利用后一反应测定铁的含量。

在中性、微碱性溶液中，其还原产物是 MnO_2：

$$MnO_4^- + 3SO_3^{2-} + H_2O \longrightarrow 2MnO_2 + 3SO_4^{2-} + 2OH^-$$

在强碱性溶液中，其还原产物是 MnO_4^{2-}：

$$2MnO_4^- + SO_3^{2-} + 2OH^- \longrightarrow 2MnO_4^{2-} + SO_4^{2-} + H_2O$$

如还原剂 SO_3^{2-}过量，会进一步还原 MnO_4^{2-}，最后产物是 MnO_2。

$$MnO_4^{2-} + SO_3^{2-} + H_2O \longrightarrow MnO_2\downarrow + SO_4^{2-} + 2OH^-$$

高锰酸钾广泛用于定量分析中测定一些过渡金属离子（如 Ti^{3+}、Fe^{2+}等）以及 H_2O_2、草酸盐、甲酸盐和硝酸盐等的含量。0.1%的 $KMnO_4$稀溶液常用来消毒水果和茶具，5%的 $KMnO_4$溶液可治疗烫伤。在工业上 $KMnO_4$还用来做油脂和蜡的漂白剂，也是常用的化学试剂。

第四节　铁

铁位于周期表中Ⅷ族，与钴和镍性质相似，合称为铁系元素。其主要矿物有磁铁矿 Fe_3O_4、赤铁矿 Fe_2O_3、褐铁矿 FeO 等。铁的价层电子构型为 $3d^64s^2$。氧化态有+2、+3、+6。铁有生铁和熟铁之分，生铁含碳量在 1.7% ~ 4.5%，熟铁含碳量在 0.1%以下。而钢含碳量为 0.1% ~ 1.7%。

一、铁的单质

铁是白色有光泽的金属，略带灰色，有很好的延展性和和铁磁性。纯金属铁块在空气中较稳定。但含有杂质的铁在潮湿空气中容易生锈，锈层疏松多孔，不能起保护作用。

铁属于中等活泼金属，高温时能与 O_2，S，Cl_2，Br_2 等非金属单质化合。赤热的铁能与水蒸气反应生成 Fe_3O_4，并放出 H_2。铁能溶于盐酸、稀硫酸和稀硝酸，但冷的浓硫酸、浓硝酸会使其钝化。铁能被浓碱溶液缓慢腐蚀，而钴、镍在碱性溶液中的稳定性比铁高，故熔碱时最好使用镍制坩埚。

铁能与一氧化碳形成羰基化合物。这些羰基化合物稳定性差，利用它们的热分解反应可以制的高纯度金属。

二、铁的化合物

（一）铁的氧化物和氢氧化物

1. 氧化物

铁有三种氧化物：FeO（黑色）、Fe_3O_4（黑色）、Fe_2O_3（红色）。

FeO 是碱性氧化物，不溶于水，能溶于强酸而不溶于碱：

$$FeO + 2HCl \longrightarrow FeCl_2 + H_2O$$

Fe_2O_3 俗称铁红，可用作红色颜料、磨光粉、催化剂等。Fe_2O_3 不溶于水，是两性氧化物，但碱性强于酸性，与酸作用生成 Fe(Ⅲ)盐，与 NaOH、Na_2CO_3、Na_2O 等碱性物质共熔生成铁酸盐：

$$Fe_2O_3 + 6HCl \longrightarrow 2FeCl_3 + 3H_2O$$

$$Fe_2O_3 + 2NaOH \longrightarrow 2NaFeO_2 + H_2O$$

灼烧后的 Fe_2O_3 不溶于酸。

Fe_3O_4 又称磁性氧化铁，黑色晶体，可用作黑色颜料。不溶于水。

2. 氢氧化物

铁有两种氢氧化物：$Fe(OH)_2$（白色）和 $Fe(OH)_3$（棕红色）。它们都是难溶于水的弱碱。在亚铁盐（除尽空气）、铁盐溶液中加碱，即有氢氧化物沉淀生成：

$$Fe^{3+} + 3OH^- \longrightarrow Fe(OH)_3\downarrow$$

$$Fe^{2+} + 2OH^- \longrightarrow Fe(OH)_2\downarrow$$

$Fe(OH)_2$极不稳定，在空气中易被氧化，白色的$Fe(OH)_2$先变成灰绿色，最后成为棕红色的$Fe(OH)_3$：

$$4Fe(OH)_2 + O_2 + 2H_2O \longrightarrow 4Fe(OH)_3$$

只有在完全清除掉溶液中的氧时，才有可能得到白色的$Fe(OH)_2$。

新沉淀的$Fe(OH)_3$具有微弱的两性，但碱性强于酸性。溶于酸生成Fe(Ⅲ)盐，溶于浓的强碱溶液，生成铁酸盐：

$$Fe(OH)_3 + 3H^+ \longrightarrow Fe^{3+} + 3H_2O$$

$$Fe(OH)_3 + OH^- \longrightarrow FeO_2^- + 2H_2O$$

经放置的$Fe(OH)_3$沉淀则难以显示酸性，只能与酸反应。

（二）铁　盐

1. 铁（Ⅱ）盐

铁（Ⅱ）盐有强的还原性，在空气中不稳定，易被氧化成铁（Ⅲ）盐。铁（Ⅱ）盐溶液显浅绿色，稀溶液几乎无色。

在溶液中，铁（Ⅱ）盐的氧化还原性随介质不同而异。在酸性介质中，Fe^{2+}有显著的还原性，能被强氧化剂（如$KMnO_4$，$K_2Cr_2O_7$，Cl_2，HNO_3等）氧化成Fe^{3+}：

$$2Fe^{2+} + Cl_2 \longrightarrow 2Fe^{3+} + 2Cl^-$$

$$2Fe^{2+} + H_2O_2 + 2H^+ \longrightarrow 2Fe^{3+} + 2H_2O$$

$$Fe^{2+} + HNO_3 + H^+ \longrightarrow Fe^{3+} + NO_2\uparrow + H_2O$$

在酸性溶液中，空气中的氧也能把Fe^{2+}氧化为Fe^{3+}。

在碱性介质中，Fe^{2+}还原性更强，极易被氧化。因此，制备和保存铁（Ⅱ）盐溶液时，必须加入足够浓度的酸，始终保持溶液的酸性，并加几颗铁钉防止氧化：

$$2Fe^{3+} + Fe \longrightarrow 3Fe^{2+}$$

Fe^{2+}的强酸盐几乎都溶于水，如硫酸盐、硝酸盐、卤化物等。由于水解呈酸性，所以Fe^{2+}的弱酸盐大都难溶于水而溶于酸，如碳酸盐、磷酸盐、硫化物等。

常见的铁（Ⅱ）盐是$FeSO_4 \cdot 7H_2O$，俗称绿矾，为蓝绿色晶体，易风化。其无水盐是白色粉末，不稳定，特别是溶液，易被氧化为Fe(Ⅲ)盐：

$$4FeSO_4 + O_2 + 2H_2O \longrightarrow \underset{（棕色）}{4Fe(OH)SO_4}$$

$FeSO_4$可以用作媒染剂、鞣革剂、木材防腐剂、种子杀虫剂及准备蓝黑墨水。

亚铁盐在分析化学中是常用的还原剂，通常使用比绿矾稳定的摩尔盐硫酸亚铁铵，即$(NH_4)_2SO_4 \cdot FeSO_4 \cdot 6H_2O$，来标定$KMnO_4$、$K_2Cr_2O_7$等溶液的浓度：

$$KMnO_4 + 10FeSO_4 + 8H_2SO_4 \longrightarrow K_2SO_4 + 2MnSO_4 + 5Fe_2(SO_4)_3 + 6H_2O$$

2. 铁（Ⅲ）盐

由于 $Fe(OH)_3$ 的碱性比 $Fe(OH)_2$ 更弱，所以 Fe(Ⅲ)盐较 Fe(Ⅱ)盐易于水解，这是 Fe(Ⅲ)盐的重要性质，其水解产物近似地认为是 $Fe(OH)_3$。

$$Fe^{3+} + 3H_2O \longrightarrow Fe(OH)_3\downarrow + 3H^+$$

在强酸性（pH ≈ 0）溶液中，Fe^{3+}以水合离子$[Fe(H_2O)_6]^{3+}$的形式存在，显黄色。随着酸性减弱，水解、缩合逐级进行，很快就形成胶体溶液，最后形成 $Fe(OH)_3$ 沉淀。溶液颜色由黄色加深至棕色。加酸能抑制$[Fe(H_2O)_6]^{3+}$水解，故配制 Fe(Ⅲ)盐溶液时，需加入一定量的酸。

$FeCl_3$ 或 $Fe_2(SO_4)_3$ 常用作净水剂，是因为其胶状水解产物能凝聚水中的悬浮物，并一起沉降。+3 价铁的硝酸盐、硫酸盐、氯化物和高氯酸盐等都易溶于水，并且在水中容易水解使溶液显酸性。Fe(Ⅲ)盐的另一重要性质是氧化性。Fe^{3+}的氧化能力相对较弱，但在酸性溶液中属于中强氧化剂，能氧化 $SnCl_2$、Cu、KI 和 H_2S 等，还原产物是 Fe^{2+}，如：

$$2Fe^{3+} + I^- \longrightarrow 2Fe^{2+} + I_2$$

$$2Fe^{3+} + H_2S \longrightarrow 2Fe^{2+} + S + 2H^+$$

$$2Fe^{3+} + Fe \longrightarrow 3Fe^{2+}$$

$$2Fe^{3+} + Cu \longrightarrow 2Fe^{2+} + Cu^{2+}$$

氯化铁是重要的 Fe(Ⅲ)盐。无水三氯化铁是用氯气和铁粉在高温下直接合成的。将铁屑溶于盐酸所得的氯化亚铁溶液通入氯气，再经浓缩、冷却、结晶得到黄棕色的六水合氯化铁晶体。

三氯化铁主要用于有机染料的生产上。在印刷制版中，它可用作铜版的腐蚀剂。即把铜版上需要去掉的部分与三氯化铁作用，使 Cu 变成 $CuCl_2$ 而溶解：

$$Cu + 2FeCl_3 \longrightarrow CuCl_2 + 2FeCl_2$$

此外，三氯化铁能引起蛋白质的迅速凝聚，所以在医疗上用作伤口的止血剂。硫酸铁也是重要的 Fe(Ⅲ)盐，易形成矾，如蓝紫色硫酸铁铵晶体$[NH_4Fe(SO_4)_2 \cdot 12H_2O]$。

（三）铁的配合物

1. 亚铁氰化钾

Fe^{2+}与 KCN 溶液作用，首先生成白色氰化亚铁沉淀，若 KCN 过量，沉淀溶解而形成六氰合铁（Ⅱ）酸钾{$K_4[Fe(CN)_6]$}，简称亚铁氰化钾，俗名黄血盐，为柠檬黄色晶体：

$$Fe^{2+} + 2CN^- \longrightarrow \underset{\text{（白色）}}{Fe(CN)_2\downarrow}$$

$$Fe(CN)_2 + 4KCN \longrightarrow \underset{\text{（柠檬黄色）}}{K_4[Fe(CN)_6]\downarrow}$$

在黄血盐溶液中通入氯气或加入高锰酸钾溶液，可把$[Fe(CN)_6]^{4-}$氧化为 $K_3[Fe(CN)_6]$：

$$2K_4[Fe(CN)_6] + Cl_2 \longrightarrow 2K_3[Fe(CN)_6] + 2KCl$$

$$3K_4[Fe(CN)_6] + KMnO_4 + 2H_2O \longrightarrow 3K_3[Fe(CN)_6] + MnO_2\downarrow + 4KOH$$

2. 铁氰化钾

六氰合铁（Ⅲ）酸钾{$K_3[Fe(CN)_6]$}，简称铁氰化钾，俗名赤血盐，为深红色晶体。在Fe^{2+}溶液中加入赤血盐，或在Fe^{3+}溶液中加入黄血盐，都有蓝色沉淀生成。

$$3Fe^{2+} + 2[Fe(CN)_6]^{3-} \longrightarrow \underset{\text{（滕氏蓝）}}{Fe_3[Fe(CN)_6]_2\downarrow}$$

$$4Fe^{3+} + 3[Fe(CN)_6]^{4-} \longrightarrow \underset{\text{（普鲁士蓝）}}{Fe_4[Fe(CN)_6]_3\downarrow}$$

以上两个反应用来鉴定 Fe^{2+}和 Fe^{3+}的存在。经研究表明，两种蓝色物质具有相同的晶体结构，实际是同一种物质，其化学式是 $Fe_4^{Ⅲ}[Fe^{Ⅱ}(CN)_6]_3$。

在放有 Fe^{2+}（$FeSO_4$）和硝酸盐的试管中，小心地加入浓硫酸，在浓硫酸与溶液的界面处出现“棕色环”。这是由于生成了配合物$[Fe(NO)(H_2O)]^{2+}$而呈现的颜色，这一反应用来鉴定 NO_3^-的存在。

3. 硫氰化铁

在 Fe(Ⅲ)盐溶液中加入 KSCN 时，能形成异硫氰酸根合铁（Ⅱ）离子：

$$Fe^{3+} + nSCN^- \longrightarrow \underset{\text{（血红色）}}{[Fe(SCN)_n]^{3-n}}\ (n = 1\sim6)$$

该反应非常灵敏，常用以检出 Fe^{3+}和比色测定 Fe^{3+}。反应须在酸性环境中进行，因为溶液酸度小时，Fe^{3+}发生水解生成氢氧化铁，破坏了硫氰配合物而得不到血红色溶液。加入 NaF，血红色消失：

$$[Fe(SCN)_n]^{3-n} + 6F^- \longrightarrow [FeF_6]^{3-} + nSCN^-$$

4. 五羰基铁

铁粉与羰基在 150~200 °C 和 20MPa 下反应，生成黄色液体五羰基铁$[Fe(CO)_5]$，五羰基铁不溶于水而溶于苯和乙醚中，不稳定，受热易分解。利用此性质可以制备高纯铁粉：

$$Fe + 5CO \xrightarrow[20\ MPa]{200\ ℃} [Fe(CO)_5] \xrightarrow{200\sim250\ ℃} Fe + 5CO$$

Fe(Ⅲ)的配合物比 Fe(Ⅱ)的配合物稳定。

第五节　铜族元素

一、铜族元素的通性

ⅠB 族包括铜、银、金三种元素，又称铜副族，其原子次外层有 18 个电子，原子半径比同周期的碱金属小，电离能大。因此活泼性远不如碱金属，是不活泼金属，并按 Cu，Ag，Au 的顺序递减，原因是从 Cu→Au，原子半径增加不大，而核电荷却明显增加，次外层 18

电子的屏蔽效应又较小，即有效核电荷对价电子的吸引力增大，因而金属活泼性依次减弱。铜副族元素有+1，+2，+3 三种氧化数。铜副族元素化合物多为共价型，原因是 18 电子层结构的离子，具有很强的极化力和明显的变形性，所以本族元素容易形成共价性化合物，易形成配合物。

铜副族元素的氢氧化物碱性较弱，易脱水形成氧化物，铜族元素从上到下，氢氧化物的碱性增强。

铜、银和金因其化学性质不活泼，所以它们在自然界中有游离的单质存在。铜、银主要以矿物的形式存在。金主要以游离态存在。

铜族金属密度大，熔点高，是优良导体，延展性很好，特别是金，1 g 金能抽成长达 3 km 的金丝，或压成厚约 0.0001 mm 的金箔。Ag 导电性最好，铜的导电性仅次于银。铜在电气工业中有着广泛的应用。银主要用来制造器皿、饰物、货币等。金是贵金属，常用于电镀、镶牙和饰物。金还是国际通用货币，一个国家的黄金储量可在一定程度上衡量一个国家的经济力量。有时把铜、银和金称为“货币金属”，因为古今中外都用其作为金属货币的主要成分。

铜族金属之间以及与其他金属之间都很容易形成合金，其中铜合金种类很多，如青铜（80% Cu，15% Sn，5% Zn）质坚韧、易铸，黄铜（60% Cu、40% Zn）广泛用于制作仪器零件，白铜（50%~70% Cu，18%~20% Ni，13%~15% Zn）主要用于制作刀具等。铜和 Fe、Mn、Mo、B、Zn、Co 等元素都可用作微量元素肥料。

二、铜及其化合物

（一）铜

铜在自然界有游离的单质存在，但游离铜的矿很少，主要以硫化物矿的形式存在。在常温下，铜在干燥的空气中稳定，只有在加热的条件下才与氧反应生成黑色的氧化铜。

但在潮湿的空气中其表面易生成一层铜绿（碱式碳酸铜）：

$$2Cu + O_2 + H_2O + CO_2 \longrightarrow Cu(OH)_2 \cdot CuCO_3$$

铜绿可防止金属进一步腐蚀，其组成是可变的。

铜在常温下能和卤素发生反应，在高温下也不与氢、氮、碳反应。不溶于稀盐酸，但可溶于硝酸和热的浓硫酸：

$$Cu + 4HNO_3（浓） \longrightarrow Cu(NO_3)_2 + 2NO_2\uparrow + 2H_2O$$

$$3Cu + 8HNO_3（稀） \longrightarrow 3Cu(NO_3)_2 + 2NO\uparrow + 4H_2O$$

$$Cu + 2H_2SO_4（浓） \longrightarrow CuSO_4 + SO_2\uparrow + 2H_2O$$

浓盐酸在加热时也能与铜反应，这是因为 Cl^-和 Cu^+形成配离子$[CuCl_4]^{3-}$：

$$2Cu + 8HCl（浓） \longrightarrow 2H_3[CuCl_4] + H_2\uparrow$$

铜能溶于浓的氰化钠溶液，放出氢气：

$$2Cu + 2H_2O + 8CN^- \longrightarrow 2[Cu(CN)_4]^{3-} + 2OH^- + H_2\uparrow$$

人体中有 30 多种蛋白质和酶含有铜。现已知铜最重要生理功能是人血清中的铜蓝蛋白，有协同铁的功能。人体内缺铜时，易患白癜风、关节炎等病；人体内铜过多时，易患肌梗死、肝硬化、低蛋白血症、骨癌等。研究发现，癌症患者血清中 Zn、Cu 比值明显低于正常人。

（二）铜的化合物

铜通常有+1，+2 两种氧化数的化合物，以 Cu(Ⅱ)常见。

从价电子构型看 Cu^{+}比 Cu^{2+}稳定，所以在固态时，Cu(Ⅰ)的化合物稳定。自然界存在的辉铜矿（Cu_2S）、赤铜矿（Cu_2O）都是 Cu(Ⅰ)化合物。但 Cu^{2+}能形成稳定的$[Cu(H_2O)_4]^{-}$配离子，所以在水溶液中，Cu^{2+}反而比 Cu^{+}稳定，这一点也可用元素电势图来说明（图 11-4）：

$$Cu^{2+} \xrightarrow{+0.17} Cu^{+} \xrightarrow{+0.521} Cu$$

图 11-4　铜的元素电势图

在溶液中，Cu^{+}易发生歧化反应，所以溶液中 Cu^{2+}最稳定。因此，制得的亚铜化合物必须迅速从溶液中滤出并立即干燥，密闭包装。

1. 铜的氧化物

（1）氧化亚铜　氧化亚铜（Cu_2O）为暗红色不溶于水的固体，是制造玻璃和搪瓷的红色颜料。Cu_2O 有毒，不溶于水，对热稳定，但在潮湿空气中缓慢被氧化成 CuO。Cu_2O 具有半导体性质，可用作整流器材料；此外，在农业上可用作杀菌剂。

氧化亚铜能溶于氨水和氢卤酸，分别形成稳定的无色配合物$[Cu(NH_3)_2]^{+}$、$[CuX_2]^{-}$。$[Cu(NH_3)_2]^{+}$易被氧氧化成深蓝色的$[Cu(NH_3)_4]^{2+}$，利用此反应可除去气体中的氧。

氧化亚铜能溶于稀酸，但立即歧化分解：

$$Cu_2O + 2HCl \longrightarrow CuCl_2 + Cu + H_2O$$

$$Cu_2O + H_2SO_4 \longrightarrow CuSO_4 + Cu + H_2O$$

（2）氧化铜　氧化铜（CuO）为黑色不溶于水的粉末。氧化铜对热稳定，加热到 1 000 °C 时开始分解生成氧化亚铜，放出氧气：

$$4CuO \xrightarrow{1000\ ℃} 2Cu_2O + O_2\uparrow$$

将铜粉和氧化铜的混合物在密闭容器内煅烧即得氧化亚铜：

$$Cu + CuO \longrightarrow Cu_2O$$

CuO 和 Cu_2O 都是碱性氧化物，溶于稀酸。

2. 氢氧化铜

氢氧化铜为浅蓝色不溶于水的粉末，对热不稳定。$Cu(OH)_2$ 微显两性，碱性强于酸性。易溶于酸，只能溶于浓的强碱，生成蓝色四羟基合铜（Ⅱ）离子：

$$Cu(OH)_2 + 2OH^{-} \longrightarrow [Cu(OH)_4]^{2-}$$

$Cu(OH)_2$溶于氨水生成碱性的铜氨溶液，显深蓝色，它是纤维素的很好溶剂，可用于人造丝的生产：

$$Cu(OH)_2 + 4NH_3 \longrightarrow [Cu(NH_3)_4]^{2+} + 2OH^-$$

向可溶性铜盐溶液中加入适量的强碱，有浅蓝色的 $Cu(OH)_2$ 沉淀生成：

$$CuCl_2 + 2NaOH \longrightarrow Cu(OH)_2\downarrow + 2NaCl$$

但新生成的氢氧化铜极不稳定，稍受热（30 °C）就会分解生成氧化铜。

$$Cu(OH)_2 \xrightarrow{\triangle} CuO + H_2O$$

3. 铜（Ⅱ）盐

（1）氯化铜　除碘化铜不存在外，其他卤化铜都可以利用氧化铜与氢卤酸反应制得。

$CuCl_2 \cdot 2H_2O$ 为绿色结晶，在潮湿空气中容易潮解，在干燥空气中容易风化。无水 $CuCl_2$ 为棕黄色固体，是共价化合物，结构为链状（见右）

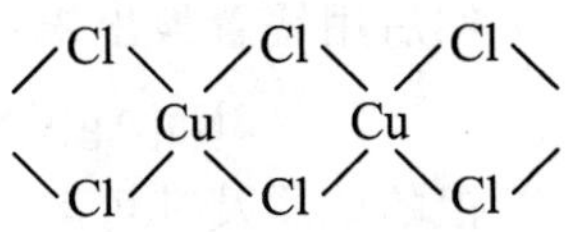

$CuCl_2$ 可溶于水。在水溶液中，$CuCl_2$ 可形成 $[CuCl_4]^{2-}$ 和 $[Cu(H_2O)_4]^{2+}$ 两种配离子，$[CuCl_4]^{2-}$ 显黄色，$[Cu(H_2O)_4]^{2+}$ 显蓝色，$CuCl_2$ 溶液的颜色取决于其浓度，浓度由大到小依次显黄绿色、绿色到蓝色：

$$[CuCl_4]^{2-} + 4H_2O \rightleftharpoons [Cu(H_2O)_4]^{2+} + 4Cl^-$$

（2）硫酸铜　$CuSO_4 \cdot 5H_2O$ 为蓝色结晶，俗称胆矾或蓝矾，在空气中易风化。加热胆矾，随温度升高逐步脱水，最后生成白色粉末状无水硫酸铜：

$$CuSO_4 \cdot 5H_2O \xrightarrow{\triangle} CuSO_4 + 5H_2O$$

无水硫酸铜不溶于乙醇和乙醚，其吸水性很强，吸水后显出特征的蓝色：

$$CuSO_4 + 5H_2O \longrightarrow CuSO_4 \cdot 5H_2O$$

利用这一性质可检验乙醇、乙醚等有机溶剂中的微量水分；也可用作干燥剂，除去这些溶剂中的水分。

用热的浓硫酸溶解 Cu 屑，在 O_2 存在时用稀热硫酸与 Cu 屑反应可制得 $CuSO_4 \cdot 5H_2O$：

$$Cu + 2H_2SO_4（浓） \longrightarrow CuSO_4 + SO_2 + 2H_2O$$

$$2Cu + 2H_2SO_4（稀） + O_2 \longrightarrow 2CuSO_4 + 2H_2O$$

CuO 与 H_2SO_4（稀）反应，也可制得 $CuSO_4 \cdot 5H_2O$。

硫酸铜是制备其他含铜化合物的重要原料，在工业上用于镀铜和制颜料。硫酸铜溶液有较强的杀菌能力，能抑制藻类生长，控制水体富营养化。在农业上同石灰乳混合配成“波尔多”液，作杀虫剂。在医药上可用于治疗沙眼、磷中毒，还可用作催吐剂等。

三、银及其化合物

（一）银

银在自然界主要以硫化物形式存在。常温下，银在空气中能稳定存在，加热也不与空气中的氧化合。Ag 与 S 的亲和作用较强，空气中如含有 H_2S 气体，跟银接触后，银的表面上很快生成一层 Ag_2S 的黑色薄膜而使银失去白色光泽：

$$4Ag + 2H_2S + O_2 \longrightarrow Ag_2S + 2H_2O$$

银能溶于硝酸或热的浓硫酸：

$$2Ag + 2H_2SO_4(浓) \longrightarrow Ag_2SO_4 + SO_2\uparrow + 2H_2O$$

银能溶于含有氧的氰化钠溶液中：

$$4Ag + 8NaCN + 2H_2O + O_2 \longrightarrow 4Na[Ag(CN)_2] + 4NaOH$$

银与铜、金一样都易形成配合物，利用这一性质可用氰化物从 Ag，Au 的硫化物矿中提取银和金：

$$Ag_2S + 4NaCN \longrightarrow 2Na[Ag(CN)_2] + Na_2S$$

然后用锌置换出银：

$$2Na[Ag(CN)_2] + Zn \longrightarrow Na_2[Zn(CN)_2] + 2Ag$$

银的单质及其可溶性化合物都有杀菌能力。

（二）银的化合物

银通常形成氧化数为+1 的化合物。常见银的化合物只有 $AgNO_3$，AgF 溶于水，其他如 Ag_2SO_4，Ag_2CO_3 均难溶。AgCl、AgBr、AgI 在水中的溶解度因离子极化而依次减小。

Ag^+易形成配合物，常见配位体有 NH_3，Cl^-，Br^-，I^-，CN^-，$S_2O_3^{2-}$等，把难溶银盐转化成配合物是溶解难溶银盐的重要方法。例如

$$AgCl(s) + Cl^- \longrightarrow [AgCl_2]^-$$

$$AgCl(s) + 2NH_3(aq) \longrightarrow [Ag(NH_3)_2]^+ + Cl^-$$

$$AgBr + 2S_2O_3^{2-} \longrightarrow [Ag(S_2O_3)_2]^{3-} + Br^-$$

$$AgI(s) + 2CN^- \longrightarrow [Ag(CN)_2]^- + I^-$$

Ag(Ⅰ)化合物热稳定性差，受热、见光易分解。例如 AgCl 和 Ag_2SO_4都是白色固体、AgBr、AgI 和 Ag_2CO_3 为黄色固体，见光都分解变成黑色。所以银盐都用棕色瓶包装，有的瓶外还包上黑纸。

1. 硝酸银

硝酸银是一种重要试剂，可用银和硝酸反应制得。硝酸银见光易分解析出单质银

$$2AgNO_3 \xrightarrow{光} 2Ag + 2NO_2 + O_2\uparrow$$

因而，硝酸银应保存在棕色瓶中。

硝酸银有一定的氧化能力[$E^\ominus(Ag^+/Ag) = 0.799\,5$ V]，可被微量有机物和铜、锌等金属还原成单质。皮肤或工作服沾上硝酸银后逐渐变成黑色。

银氨溶液能把醛和含有醛基的糖类氧化，生成单质银：

$$2[Ag(NH_3)_2]^+ + HCHO + 2OH^- \longrightarrow HCOONH_4 + 3NH_3 + 2Ag\downarrow + H_2O$$

硝酸银对人体有烧蚀作用。10%的 $AgNO_3$ 溶液在医药上用作消毒剂或腐蚀剂。大量硝酸银用于制造卤化银、制镜、电镀及电子工业。以 $AgNO_3$ 为原料，可制得多种其他银的化合物，它也是一种重要的化学试剂。

2. 氧化银

在硝酸银溶液中加入 NaOH，首先析出白色 AgOH。在−45 °C 以下 AgOH 白色物质稳定存在。常温下 AgOH 极不稳定，立即脱水生成棕黑色 Ag_2O。

$$AgNO_3 + NaOH \longrightarrow AgOH + NaNO_3$$

$$2AgOH \longrightarrow Ag_2O + H_2O$$

Ag_2O 微溶于水，溶液呈弱碱性；可溶于 $NH_3 \cdot H_2O$ 中，生成无色溶液：

$$Ag_2O + 2NH_3 \cdot H_2O \longrightarrow 2[Ag(NH_2)_2]OH + OH^-$$

氧化银有较强的氧化性，能氧化 CO 和 H_2O_2：

$$Ag_2O + CO \longrightarrow 2Ag + CO_2$$

$$Ag_2O + H_2O_2 \longrightarrow 2Ag + O_2 + H_2O$$

Ag_2O 与 CuO、MnO_2、Co_2O_3 的混合物在室温下，将 CO 迅速氧化成 CO_2，可用在防毒面具中。氧化银与易燃物接触能引起燃烧。尤其是氧化银的氨水溶液$[Ag(NH_2)_2]OH$，在放置过程中会分解生成爆炸性很强的黑色物质 Ag_3N，因此，此溶液不宜久置，且盛溶液的器皿使用后应立即清洗干净。若要破坏银氨配离子，可加入盐酸。

（三）含银废水、废渣的处理

银是贵重金属，且对人体有害，所以对含银废水、废渣要回收处理后再排放。

（1）含银废水的处理　首先向废水中加入盐酸，生成 AgCl 沉淀。过滤后加入氨水，将 AgCl 沉淀转化为银氨溶液，最后加入硝酸，把比较纯净的氯化银过滤出去即可：

$$AgCl + 2NH_3 \longrightarrow [Ag(NH_3)_2]Cl$$

$$[Ag(NH_3)_2]Cl + 2HNO_3 \longrightarrow AgCl\downarrow + 2NH_4NO_3$$

（2）含银废渣的处理　以 Ag_2O 为例，首先向废渣中加入硝酸，把 Ag_2O 转化为 $AgNO_3$ 溶液，过滤后向溶液中加盐酸，得到 AgCl 沉淀，再加氨水，把 AgCl 转化为银氨溶液，最后加入硝酸，经过滤即可。

含银废水、废渣处理后得到比较纯净的氯化银，用锌粉还原即可得到单质银。

第六节　锌族元素

一、锌族元素的通性

ⅡB 族包括锌、镉、汞三种元素，又称锌副族。与ⅠB 族元素相似，由于原子的次外层有 18 个电子，核对外层电子引力较大，故金属活泼性较小。锌副族元素比铜副族元素活泼。锌副族元素的化学活泼性，依 Zn，Cd，Hg 顺序递减。锌副族有+1，+2 氧化数。

锌族元素在某些性质上与第四、五、六周期的 p 区金属元素有些相似，如熔点都较低、水合离子均为无色等。

锌族元素的氢氧化物呈弱碱性，易脱水分解，氢氧化锌和氢氧化镉都是两性氢氧化物。锌族元素从上到下，氢氧化物的碱性增强，而金属活泼性却是减弱的；碱土金属的活泼性以及它们氢氧化物的碱性从上到下都是增强的。

锌族元素的硝酸盐和硫酸盐都易溶于水，碳酸盐难溶于水。锌族元素的盐在水溶液中都有一定程度的水解。

ⅡB 族的离子都是无色的，所以其化合物一般是无色的。但因它们的极化作用及变形性较大，当与易变形的阴离子结合时往往有较深的颜色。

二、锌及其化合物

（一）锌

锌是银白色金属，略带蓝色。在自然界主要以硫化物形式存在，如闪锌矿（ZnS）。锌在干燥的空气中稳定，但在潮湿空气中，其表面形成一层致密的碱式碳酸锌薄膜对内层金属有保护作用：

$$4Zn + 2O_2 + 3H_2O + CO_2 \longrightarrow ZnCO_3 \cdot 3Zn(OH)_2$$

基于这一性质，常把锌镀在铁皮上，称为白铁皮或镀锌铁。

锌是活泼金属，与水蒸气作用放热，能被 CO_2 氧化：

$$Zn + H_2O \longrightarrow ZnO + H_2$$
$$Zn + CO_2 \longrightarrow ZnO + CO$$

在常温下，锌与卤素作用缓慢，锌粉和硫黄粉共热可生成硫化锌。锌在加热时与 O_2 反应得到氧化锌。锌是一种典型的两性金属。锌不仅溶于盐酸、硫酸，也溶于醋酸；锌与铝不同，锌不仅能溶于强碱，还能溶于氨水：

$$Zn + 2HAc \longrightarrow ZnAc_2 + H_2\uparrow$$
$$Zn + 2NaOH + 2H_2O \longrightarrow Na_2[Zn(OH)_4]\ (Na_2ZnO_2 \cdot 2H_2O) + H_2\uparrow$$
$$Zn + 2H_2O + 4NH_3 \longrightarrow [Zn(NH_3)_4](OH)_2 + H_2\uparrow$$

锌是重要的生命必需的痕量金属元素之一。锌在人体内的含量为 1.5~2.5 g，它参与人体的免疫，调节人体生命活动，参与遗传，缺锌会影响生长发育，会患心肌梗死、原发性高血压、贫血等疾病。锌是无毒的，但当吸食的锌过多时，亦会产生锌中毒，可引起动脉硬化和骨癌，所以补锌应遵医嘱。锌的配合物在医药上也有应用，如治疗糖尿病的胰岛素就是锌的配合物。锌还是植物生长必不可少的元素，$ZnSO_4$ 是一种微量元素肥料，芹菜内含 Zn 较多。锌主要用于防腐镀层，如电镀、喷镀，各种合金以及干电池等。

（二）锌的化合物

1. 氧化锌和氢氧化锌

（1）氧化锌　ZnO 俗名锌白，用作白色颜料。它是橡胶制品的增强剂。在有机合成工业中用作催化剂，也是制备各种锌化合物的基本原料。ZnO 无毒，具有收敛性和一定的杀菌能力，在医药上用于制造橡皮膏。

ZnO 为共价两性化合物，溶于酸形成锌（Ⅱ）盐，溶于碱形成锌酸盐如 $Zn(OH)_4^{2-}$：

$$ZnO + 2HCl \longrightarrow ZnCl_2 + H_2O$$

$$ZnO + 2NaOH + 2H_2O \longrightarrow Na_2[Zn(OH)_4]$$

$$ZnO + 2NaOH \longrightarrow Na_2ZnO_2 + 2H_2O$$

（2）氢氧化锌　$Zn(OH)_2$ 为白色粉末，不溶于水。是两性氢氧化物，在溶液中有两种解离方式：

$$Zn^{2+} + 2OH^- \rightleftharpoons Zn(OH)_2 \rightleftharpoons 2H^+ + ZnO_2^{2-}$$

碱式解离　　　　酸式解离

在酸性溶液中，平衡向左移动，酸度足够大可得到 Zn^{2+}盐；在碱性溶液中，平衡向右移动，碱度足够大可得到锌酸盐。

$Zn(OH)_2$ 可溶于氨水，这与氢氧化铝不同。故可利用氨水分离溶液中的 Al^{3+}和 Zn^{2+}。

$$Zn(OH)_2 + 4NH_3 \longrightarrow [Zn(NH_3)_4]^{2+} + 2OH^-$$

$Zn(OH)_2$ 受热至 125 °C 时分解成 ZnO，它们是共价型两性化合物。

2. 锌　盐

（1）硫化锌　在锌盐溶液中加入$(NH_3)_2S$，可析出白色 ZnS 沉淀。由于 ZnS 溶于酸，所以在锌盐的酸性或中性溶液中通入 H_2S，ZnS 沉淀不完全。因在沉淀过程中，H^+浓度的增加阻碍了 ZnS 的进一步沉淀，故只有在碱溶液中通入 H_2S 才能沉淀出 ZnS：

$$Zn^{2+} + H_2S \longrightarrow ZnS\downarrow + 2H^+$$

ZnS 与 $BaSO_4$ 共沉淀所形成的等物质的量的混合物 $ZnS \cdot BaSO_4$，叫作锌钡白，俗称立德粉。其遮盖能力比锌白强，没有毒性，大量用作白色油漆颜料。

（2）氯化锌　$ZnCl_2$ 为白色极易潮解的固体，吸水性很强，可用作干燥剂。在酒精和其他有机溶剂中也能溶解，熔点为 365 °C。可由金属锌和氯气直接合成。

氯化锌的浓溶液因形成配位酸而有显著的酸性。

$$ZnCl_2 + H_2O \longrightarrow H[ZnCl_2OH]$$

它能将氧化物（如 FeO）溶解，所以 $ZnCl_2$ 可用作焊药，以消除金属表面上的氧化物，便于焊接。焊接金属的“熟镪水”就是氯化锌的浓溶液。焊接时它不损害金属表面，而且水分蒸发后，熔化的盐覆盖在金属表面，使之不再氧化、能保证焊接金属的直接接触。大量的 $ZnCl_2$ 还用于印染和染料的制备中。

将氯化锌溶液蒸干，只能得到碱式氯化锌而得不到无水氯化锌，这是氯化锌水解的结果：

$$ZnCl_2 + H_2O \xrightarrow{\triangle} Zn(OH)Cl + HCl\uparrow$$

三、汞及其化合物

（一）汞

汞是银白色的液态金属。汞在自然界主要是以化合物的形式存在，如辰砂（HgS）。汞受热均匀膨胀且不湿润玻璃，可用于制温度计。

汞及其化合物都有毒，会引起头痛、震颤、语言失控、四肢麻木甚至变形。汞有挥发性，汞蒸气被人体吸收会发生慢性中毒。使用时如溅落，汞无孔不入，必须把溅落的水银尽可能收集起来，用锡箔把微小的汞滴沾起，对遗留在缝隙处的汞，要覆盖上硫黄粉使其生成难溶的 HgS。储汞时必须密封，临时存放在广口瓶中的少量汞应覆盖一层水或 10% NaCl 溶液。

汞能溶解许多金属，如 Na，K，Ag，Au，Zn，Cd，Sn，Pb 等，形成汞齐。利用此性质，冶金中用汞来提炼金和银。汞齐有许多重要用途，例如钠汞齐与水反应缓慢放出氢气，在有机合成中常用作还原剂。汞只能溶于硝酸和热的浓硫酸。

（二）汞的化合物

汞有氧化数为+1 和+2 的两类化合物。

Hg^+有强烈形成二聚体的倾向，亚汞离子不是 Hg^+而是 Hg_2^{2+}。汞的元素电势图如图 11-5 所示：

$$Hg^{2+} \xrightarrow{0.920} Hg_2^{2+} \xrightarrow{0.797\,3} Hg$$

图 11-5 汞的元素电势图

在溶液中，Hg^{2+}与 Hg 逆歧化生成 Hg_2^{2+}的倾向较大，只要有汞存在，就会将 Hg^{2+}还原成 Hg_2^{2+}。

1. 氧化汞

氧化汞有两种不同颜色的变体。其中一种是黄色氧化汞，密度为 11.038 g · cm^{-3}；另一种是红色氧化汞，密度为 11.00 ~ 11.29 g · cm^{-3}。前者受热即变成后者，冷却后又复原。它们都不溶于水，都有毒，500 °C 分解为汞和氧气。

汞盐溶液与碱反应，析出的不是汞的氢氧化物，而是黄色的 HgO，因 $Hg(OH)_2$ 不稳定，立即分解：

$$HgCl_2 + 2NaOH \longrightarrow 2NaCl + HgO\downarrow + H_2O$$

将硝酸汞加热分解，即得红色氧化汞：

$$2Hg(NO_3)_2 \xrightarrow{300\sim330\ ℃} 2HgO + 4NO_2\uparrow + O_2\uparrow$$

亚汞盐溶液与碱反应，得到的黑褐色沉淀是 HgO 和 Hg 的混合物：

$$Hg_2Cl_2 + 2NaOH \longrightarrow 2NaCl + HgO\downarrow + Hg\downarrow + H_2O$$

2. 汞的氯化物

汞的氯化物有升汞（$HgCl_2$）和甘汞（Hg_2Cl_2）两种。

（1）氯化汞　氯化汞为白色针状晶体或颗粒粉末。熔点低，易升华，故俗名升汞。有剧毒，内服 0.2 ~ 0.4 g 就能致命，但少量使用有消毒作用，医院用 1∶1 000 的稀溶液作为手术刀剪的消毒剂。氯化汞熔融时不导电，是共价型分子，微溶于水，但在溶液中很少解离，大量以 $HgCl_2$ 分子存在，故有假盐之称：

$$HgCl_2 \rightleftharpoons HgCl^+ + Cl^- \quad K^{\ominus} = 3.2\times10^{-7}$$

$$HgCl^+ \rightleftharpoons Hg^{2+} + Cl^- \quad K^{\ominus} = 1.8\times10^{-7}$$

$HgCl_2$在溶液中略有水解，生成碱式盐：

$$HgCl_2 + H_2O \longrightarrow Hg(OH)Cl + Cl^- + H^+$$

能与氨水作用生成氨基氯化汞白色沉淀：

$$HgCl_2 + 2NH_3 \longrightarrow Hg(NH_2)Cl\downarrow + Cl^- + NH_4^+$$

在酸性溶液中，$HgCl_2$是一种较强的氧化剂。与适量$SnCl_2$作用时，生成白色的Hg_2Cl_2，$SnCl_2$过量时，Hg_2Cl_2进一步被还原为单质汞，沉淀变黑：

$$2HgCl_2 + SnCl_2 + 2HCl \longrightarrow Hg_2Cl_2\downarrow + H_2SnCl_6$$

$$Hg_2Cl_2 + SnCl_2 + 2HCl \longrightarrow 2Hg\downarrow + H_2SnCl_6$$

在分析化学上利用以上反应检验Hg^{2+}或Sn^{2+}。

（2）氯化亚汞　氯化亚汞为白色粉末，不溶于水。无毒，味甘，故有甘汞之称。医药上用作轻泻药，化学上用于制甘汞电极。将 Hg 和 $HgCl_2$ 固体一起研磨，可得白色 Hg_2Cl_2：

$$HgCl_2 + Hg \longrightarrow Hg_2Cl_2$$

Hg_2Cl_2不如$HgCl_2$稳定，在光照下易分解成$HgCl_2$和 Hg，故应储存于棕色瓶中：

$$Hg_2Cl_2 \longrightarrow HgCl_2 + Hg$$

Hg_2Cl_2与氨水反应生成氨基氯化汞和汞：

$$Hg_2Cl_2 + 2NH_3 \longrightarrow Hg(NH_2)Cl\downarrow + Hg\downarrow + NH_4Cl$$

白色的 $Hg(NH_2)Cl$ 和黑色的金属汞微粒混合在一起，使沉淀变成黑色。此反应可用来检验 Hg_2^{2+}。

（三）含汞废水的处理

汞进入人体，累积在中枢神经、肝和肾内，严重危害人体健康。催化合成工业、各种汞化合物的制备及含汞农药都是含汞废水的来源。国家排放标准是废水中的含量不超过 $0.05\ mg\cdot L^{-1}$。

含汞废水的处理方法有多种，化学方法有沉淀法、还原法、离子交换法等。

（1）沉淀法　传统方法用 Na_2S 或 H_2S 为沉淀剂，使水体中的汞生成难溶的硫化汞而除去。由于 HgS 的溶解度极小（$K_{sp}^{\ominus} = 6.4\times10^{-53}$），所以效果很好。但沉淀剂硫化物会造成二次污染。

另有一种方法，利用胶体的凝聚作用，将废水中的汞吸附到一起，沉淀而除去。此法在废水中常加入明矾 $K_2SO_4\cdot Al_2(SO_4)_3\cdot 24H_2O$ 或 $FeCl_3$ 和 $Fe_2(SO_4)_3$ 等铁盐。

（2）还原法　利用不会造成二次污染的较活泼金属如铁屑、锌将水中的 Hg^{2+}还原成 Hg 后再回收，也可用有机化合物如醛类做还原剂。

（3）离子交换法　让废水流经离子交换树脂，汞被交换下来。此法操作简单，效果好，得到了普遍应用。

在实际应用中，应根据具体情况选用，有时可几种方法一起使用。

习　题

参考文献

[1] 高职高专化学教材编写组. 无机化学[M]. 3 版. 北京：高等教育出版社，2009.
[2] 史启祯. 无机化学与化学分析[M]. 北京：高等教育出版社，2005.
[3] 刘斌. 无机化学[M]. 北京：科学出版社，2009.
[4] 周晓莉，时憧宇. 无机化学[M]. 北京：化学工业出版社，2009.
[5] 天津大学. 无机化学[M]. 3 版. 北京：高等教育出版社，2009.
[6] 王建梅，旷英姿. 无机化学[M]. 北京：化学工业出版社，2007.
[7] 武汉大学，吉林大学，等. 无机化学[M]. 3 版. 北京：高等教育出版社，1995.

附　录

附录 A　国际相对原子质量表

[以相对原子质量 $A_r(^{12}C) = 12$ 为标准]

元素	符号	原子量	元素	符号	原子量	元素	符号	原子量	元素	符号	原子量
锕	Ac	227.0	铒	Er	167.3	锰	Mn	54.94	钌	Ru	101.1
银	Ag	107.9	锿	Es	252.1	钼	Mo	95.94	硫	S	32.065
铝	Al	26.98	铕	Eu	152.0	氮	N	14.01	锑	Sb	121.8
镅	Am	243.1	氟	F	19.00	钠	Na	22.99	钪	Sc	44.96
氩	Ar	39.95	铁	Fe	55.85	铌	Nb	92.91	硒	Se	78.96
砷	As	74.92	镄	Fm	257.1	钕	Nd	144.2	硅	Si	28.09
砹	At	210.0	钫	Fr	223.0	氖	Ne	20.18	钐	Sm	150.4
金	Au	197.0	镓	Ga	69.72	镍	Ni	58.69	锡	Sn	118.7
硼	B	10.81	钆	Gd	157.2	锘	No	259.1	锶	Sr	87.62
钡	Ba	137.3	锗	Ge	72.59	镎	Np	237.1	钽	Ta	180.9
铍	Be	9.012	氢	H	1.008	氧	O	16.00	铽	Tb	158.9
铋	Bi	209.0	氦	He	4.003	锇	Os	190.2	锝	Tc	98.91
锫	Bk	247.1	铪	Hf	178.5	磷	P	30.97	碲	Te	127.6
溴	Br	79.90	汞	Hg	200.5	镤	Pa	231.0	钍	Th	232.0
碳	C	12.01	钬	Ho	164.9	铅	Pb	207.2	钛	Ti	47.88
钙	Ca	40.08	碘	I	126.9	钯	Pd	106.4	铊	Tl	204.4
镉	Cd	112.4	铟	In	114.8	钷	Pm	144.9	铥	Tm	168.9
铈	Ce	140.1	铱	Ir	192.2	钋	Po	210.0	铀	U	238.0
锎	Cf	252.1	钾	K	39.10	镨	Pr	140.9	钒	V	50.94
氯	Cl	35.45	氪	Kr	83.30	铂	Pt	195.1	钨	W	183.9
锔	Cm	247.1	镧	La	138.9	钚	Pu	239.1	氙	Xe	131.2
钴	Co	58.93	锂	Li	6.941	镭	Ra	226.0	钇	Y	88.91
铬	Cr	52.00	铹	Lr	260.1	铷	Rb	35.47	镱	Yb	173.0
铯	Cs	132.9	镥	Lu	175.0	铼	Re	186.2	锌	Zn	65.38
铜	Cu	63.55	钔	Md	256.1	铑	Rh	102.9	锆	Zr	91.22
镝	Dy	162.5	镁	Mg	24.31	氡	Rn	222.0			

附录 B 弱酸、弱碱在水中的离解常数（25 °C）

弱酸	分子式	K_a	pK_a
砷酸	H_3AsO_4	6.3×10^{-3}（K_{a1}） 1.0×10^{-7}（K_{a2}） 3.2×10^{-12}（K_{a3}）	2.20 7.00 11.50
亚砷酸	$HAsO_2$	6.0×10^{-10}	9.22
硼酸	H_3BO_3	5.8×10^{-10}	9.24
焦硼酸	$H_2B_4O_7$	1.0×10^{-4}（K_{a1}） 1.0×10^{-9}（K_{a2}）	4 9
碳酸	H_2CO_3（$CO_2 + H_2O$）	4.2×10^{-7}（K_{a1}） 5.6×10^{-11}（K_{a2}）	6.38 10.25
氢氰酸	HCN	6.2×10^{-10}	9.21
铬酸	H_2CrO_4	1.8×10^{-1}（K_{a1}） 3.2×10^{-7}（K_{a2}）	0.74 6.50
氢氟酸	HF	6.6×10^{-4}	3.18
亚硝酸	HNO_2	5.1×10^{-4}	3.29
过氧化氢	H_2O_2	1.8×10^{-12}	11.75
磷酸	H_3PO_4	7.6×10^{-3}（K_{a1}） 6.3×10^{-8}（K_{a2}） 4.4×10^{-13}（K_{a3}）	2.12 7.20 12.36
焦磷酸	$H_4P_2O_7$	3.0×10^{-2}（K_{a1}） 4.4×10^{-3}（K_{a2}） 2.5×10^{-7}（K_{a3}） 5.6×10^{-10}（K_{a4}）	1.52 2.36 6.60 9.25
亚磷酸	H_3PO_3	5.0×10^{-2}（K_{a1}） 2.5×10^{-7}（K_{a2}）	1.30 6.60
氢硫酸	H_2S	1.3×10^{-7}（K_{a1}） 7.1×10^{-15}（K_{a2}）	6.88 14.15
硫酸	HSO_4^-	1.0×10^{-2}（K_{a1}）	1.99

续表

弱酸	分子式	K_a	pK_a
亚硫酸	H_3SO_3（SO_2+H_2O）	1.3×10^{-2}（K_{a1}） 6.3×10^{-8}（K_{a2}）	1.90 7.20
偏硅酸	H_2SiO_3	1.7×10^{-10}（K_{a1}） 1.6×10^{-12}（K_{a2}）	9.77 11.8
甲酸	HCOOH	1.8×10^{-4}	3.74
乙酸	CH_3COOH	1.8×10^{-5}	4.74
一氯乙酸	$CH_2ClCOOH$	1.4×10^{-3}	2.86
二氯乙酸	$CHCl_2COOH$	5.0×10^{-2}	1.30
三氯乙酸	CCl_3COOH	0.23	0.64
氨基乙酸盐	$^{+}NH_3CH_2COOH^{-}$ $^{+}NH_3CH_2COO^{-}$	4.5×10^{-3}（K_{a1}） 2.5×10^{-10}（K_{a2}）	2.35 9.60
抗坏血酸	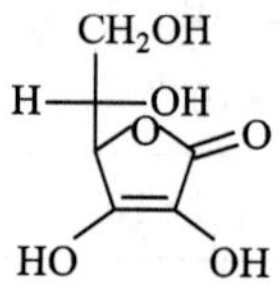	5.0×10^{-5}（K_{a1}） 1.5×10^{-10}（K_{a2}）	4.30 9.82
乳酸	$CH_3CHOHCOOH$	1.4×10^{-4}	3.86
苯甲酸	C_6H_5COOH	6.2×10^{-5}	4.21
草酸	$H_2C_2O_4$	5.9×10^{-2}（K_{a1}） 6.4×10^{-5}（K_{a2}）	1.22 4.19
D-酒石酸	CH(OH)COOH | CH(OH)COOH	9.1×10^{-4}（K_{a1}） 4.3×10^{-5}（K_{a2}）	3.04 4.37
邻苯二甲酸	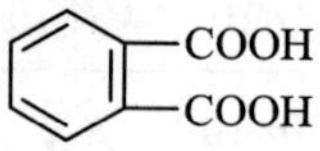	1.1×10^{-3}（K_{a1}>） 3.9×10^{-6}（K_{a2}）	2.95 5.41
柠檬酸	CH_2COOH | CH(OH)COOH | CH_2COOH	7.4×10^{-4}（K_{a1}） 1.7×10^{-5}（K_{a2}） 4.0×10^{-7}（K_{a3}）	3.13 4.76 6.40
苯酚	C_6H_5OH	1.1×10^{-10}	9.95
联氨	H_2NNH_2	3.0×10^{-6}（K_{b1}） 1.7×10^{-5}（K_{b2}）	5.52 14.12
氨水	NH_3	1.8×10^{-5}	4.74

续表

弱酸	分子式	K_a	pK_a
乙二胺四乙酸	H_6-$EDTA^{2+}$	0.13（K_{a1}）	0.9
	H_5-$EDTA^{+}$	3×10^{-2}（K_{a2}）	1.6
	H_4-EDTA	1×10^{-2}（K_{a3}）	2.0
	H_3-$EDTA^{-}$	2.1×10^{-3}（K_{a4}）	2.67
	H_2-$EDTA^{2-}$	6.9×10^{-7}（K_{a5}）	6.17
	H-$EDTA^{3-}$	5.5×10^{-11}（K_{a6}）	10.26
联氨	H_2NNH_2	3.0×10^{-6}（K_{b1}）	5.52
		1.7×10^{-5}（K_{b2}）	14.12
羟胺	NH_2OH	9.1×10^{-9}	8.04
甲胺	CH_3NH_2	4.2×10^{-4}	3.38
乙胺	$C_2H_5NH_2$	5.6×10^{-4}	3.25
二甲胺	$(CH_3)_2NH$	1.2×10^{-4}	3.93
二乙胺	$(C_2H_5)_2NH$	1.3×10^{-3}	2.89
乙醇胺	$HOCH_2CH_2NH_2$	3.2×10^{-5}	4.50
三乙醇胺	$(HOCH_2CH_2)_3N$	5.8×10^{-7}	6.24
六次甲基四胺	$(CH_2)_6N_4$	1.4×10^{-9}	8.85
乙二胺	$H_2NCH_2CH_2NH_2$	8.5×10^{-5}（K_{b1}）	4.07
		7.1×10^{-8}（K_{b2}）	7.15
吡啶	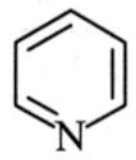	1.7×10^{-9}	8.77

附录C　常用缓冲溶液的配制

缓冲溶液组成	pK_a	缓冲溶液 pH	缓冲溶液配制方法
氨基乙酸-HCl	2.35（pK_{a1}）	2.3	取氨基乙酸 150 g 溶于 500 mL 水中后，加浓 HCl 80 mL，再加水稀释至 1 L
H_3PO_4-柠檬酸盐		2.5	取 $Na_2HPO_4 \cdot 12H_2O$ 113 g 溶于 200 mL 水中，加柠檬酸 387 g，溶解，过滤后，稀释至 1 L
一氯乙酸-NaOH	2.86	2.8	取 200 g 一氯乙酸溶于 200 mL 水中，加 NaOH 40 g，溶解后，稀释至 1 L
邻苯二甲酸氢钾-HCl	2.95（pK_{a1}）	2.9	取 500 g 邻苯二甲酸氢钾溶于 500 mL 水中，加浓 HCl 80 mL，稀释至 1 L
甲酸-NaOH	3.76	3.7	取 95 g 甲酸和 NaOH 40 g 于 500 mL 水中，溶解，稀释至 1 L
NH_4Ac-HAc		4.5	取 NH_4Ac 77 g 溶于 200 mL 水中，加冰醋酸 59 mL，稀释至 1 L
NaAc-HAc	4.74	4.7	取无水 NaAc 83 g 溶于水中，加冰醋酸 60 mL，稀释至 1 L
NH_4Ac-HAc		5.0	取 NH_4Ac 250 g 溶于水中，加冰醋酸 25 mL，稀释至 1 L
六亚甲基四胺-HCl	5.15	5.4	取六亚甲基四胺 40 g 于 200 mL 水中，加浓 HCl 10 mL，稀释至 1 L
NH_4Ac-HAc		6.0	取 NH_4Ac 600 g 溶于水中，加冰醋酸 20 mL，稀释至 1 L
NaAc-Na_2HPO_4		8.0	取无水 NaAc 50 g 和 $Na_2HPO_4 \cdot 12H_2O$ 50 g，溶于水中，稀释至 1 L
Tris-HCl[三羟甲基氨基甲烷，$H_2NC(HOCH_3)_3$]	8.21	8.2	取 25 g Tris 试剂溶于水中，加浓 HCl 8 mL，稀释至 1 L
NH_3-NH_4Cl	9.26	9.2	取 NH_4Cl 54 g 溶于水中，加浓氨水 63 mL，稀释至 1 L
NH_3-NH_4Cl	9.26	9.5	取 NH_4Cl 54 g 溶于水中，加浓氨水 126 mL，稀释至 1 L
NH_3-NH_4Cl	9.29	10.0	取 NH_4Cl 54 g 溶于水中，加浓氨水 350 mL，稀释至 1 L

注：① 缓冲溶液配制后可用 pH 试纸检查。如 pH 不对，可用共轭酸或碱调节。欲精确调节 pH 时，可用 pH 计。

② 若需增加或减少缓冲溶液的缓冲容量时，可相应增加或减少共轭酸碱对的物质的量，然后按上述调节。

附录 D 微溶化合物的溶度积（25 °C）

微溶化合物	K_{sp}	pK_{sp}	微溶化合物	K_{sp}	pK_{sp}
Ag_3AsO_4	1.0×10^{-22}	22.0	$Ca_3(PO_4)_2$	2.0×10^{-29}	28.70
$AgBr$	5.0×10^{-13}	12.30	$CaSO_4$	9.1×10^{-6}	5.04
Ag_2CO_3	8.1×10^{-12}	11.09	$CaWO_4$	8.7×10^{-9}	8.06
$AgCl$	1.8×10^{-10}	9.75	$CdCO_3$	5.2×10^{-12}	11.28
Ag_2CrO_4	2.0×10^{-12}	11.71	$Cd_2[Fe(CN)_6]$	3.2×10^{-17}	16.49
$AgCN$	1.2×10^{-16}	15.92	$Cd(OH)_2$(新析出）	2.5×10^{-14}	13.60
$AgOH$	2.0×10^{-8}	7.71	$CdC_2O_4\cdot 3H_2O$	9.1×10^{-8}	7.04
AgI	9.3×10^{-17}	16.03	CdS	8.0×10^{-27}	26.1
$Ag_2C_2O_4$	3.5×10^{-11}	10.46	$CoCO_3$	1.4×10^{-13}	12.84
Ag_3PO_4	1.4×10^{-16}	15.84	$Co_2[Fe(CN)_6]$	1.8×10^{-15}	14.74
Ag_2SO_4	1.4×10^{-5}	4.48	$Co(OH)_2$(新析出）	2.0×10^{-15}	14.7
Ag_2S	2.0×10^{-49}	48.7	$Co(OH)_3$	2.0×10^{-44}	43.7
$AgSCN$	1.0×10^{-12}	12.00	$Co[Hg(SCN)_4]$	1.5×10^{-3}	5.82
$Al(OH)_3$（无定形）	1.3×10^{-33}	32.9	α-CoS	4.0×10^{-21}	20.4
As_2S	2.1×10^{-22}	21.68	β-CoS	2.0×10^{-25}	24.7
$BaCO_3$	5.1×10^{-9}	8.29	$Co_3(PO_4)_2$	2.0×10^{-35}	34.7
$BaCrO_4$	1.2×10^{-10}	9.93	$Cr(OH)_3$	6×10^{-31}	30.2
BaF_2	1.0×10^{-6}	6.0	$CuBr$	5.2×10^{-9}	8.28
$BaC_2O_4\cdot H_2O$	2.3×10^{-8}	7.64	$CuCl$	1.2×10^{-8}	5.92
$BaSO_4$	1.1×10^{-10}	9.96	$CuCN$	3.2×10^{-20}	19.49
$Bi(OH)_3$	4.0×10^{-31}	30.4	CuI	1.1×10^{-12}	11.96
$BiOOH$	4.0×10^{-10}	9.4	$CuOH$	1.0×10^{-14}	14.0
BiI_3	8.1×10^{-19}	18.09	Cu_2S	2.0×10^{-48}	47.7
$BiOCl$	1.8×10^{-31}	30.75	$CuSCN$	4.8×10^{-15}	14.32
$BiPO_4$	1.3×10^{-23}	22.89	$CuCO_3$	1.4×10^{-10}	9.86
Bi_2S_3	1.0×10^{-97}	97.0	$Cu(OH)_2$	2.2×10^{-20}	19.66
$CaCO_3$	2.9×10^{-9}	8.54	CuS	6.0×10^{-36}	35.2
CaF_2	2.7×10^{-11}	10.57	$FeCO_3$	3.2×10^{-11}	10.50
$CaC_2O_4\cdot H_2O$	2.0×10^{-9}	8.70	$Fe(OH)_2$	8.0×10^{-16}	15.1

续表

微溶化合物	K_{sp}	pK_{sp}	微溶化合物	K_{sp}	pK_{sp}
PbClF	2.4×10^{-9}	8.62	FeS	6×10^{-15}	17.2
$PbCrO_4$	2.8×10^{-13}	12.55	$Fe(OH)_3$	4.0×10^{-38}	37.4
PbF_2	2.7×10^{-8}	7.57	$FePO_4$	1.3×10^{-22}	21.89
$Pb(OH)_2$	1.2×10^{-15}	14.93	$Hg_2Br_2$①	5.8×10^{-23}	22.24
PbI_2	7.1×10^{-9}	8.15	Hg_2CO_3	8.9×10^{-17}	16.05
$PbMoO_4$	1.0×10^{-13}	13.0	Hg_2Cl_2	1.3×10^{-18}	17.88
$Pb_3(PO_4)_2$	8.0×10^{-43}	42.10	$Hg_2(OH)_2$	2.0×10^{-24}	23.7
$PbSO_4$	1.6×10^{-8}	7.79	Hg_2I_2	4.5×10^{-29}	28.35
PbS	8.0×10^{-28}	27.9	Hg_2SO_4	7.4×10^{-7}	6.13
$Pb(OH)_4$	3.0×10^{-66}	65.5	Hg_2S	1.0×10^{-47}	47.0
$Sb(OH)_3$	4.0×10^{-42}	41.4	$Hg(OH)_2$	3.0×10^{-26}	25.52
Sb_2S_3	2.0×10^{-93}	92.8	HgS（红色）	4.0×10^{-53}	52.4
$Sn(OH)_2$	1.4×10^{-28}	27.85	HgS（黑色）	2.0×10^{-52}	51.7
SnS	1.0×10^{-25}	25.0	$MgNH_4PO_4$	2.0×10^{-13}	12.7
$Sn(OH)_4$	1.0×10^{-56}	56.0	$MgCO_3$	3.5×10^{-8}	7.46
SnS_2	2.0×10^{-27}	26.7	MgF_2	6.4×10^{-9}	8.19
$SrCO_3$	1.1×10^{-10}	9.96	$Mg(OH)_2$	1.8×10^{-11}	10.74
$SrCrO_4$	2.2×10^{-5}	4.65	$MgCO_3$	1.8×10^{-11}	10.74
SrF_2	2.4×10^{-9}	8.61	$Mn(OH)_2$	1.9×10^{-13}	12.72
$SrC_2O_4\cdot H_2O$	1.6×10^{-7}	6.80	MnS（无定形）	2.0×10^{-10}	9.7
$Sr_3(PO_4)_2$	4.1×10^{-28}	27.39	MnS（晶型）	2.0×10^{-13}	12.7
$SrSO_4$	3.2×10^{-7}	6.49	$NiCO_3$	6.6×10^{-9}	8.18
$Ti(OH)_3$	1.0×10^{-40}	40.0	$Ni(OH)_2$（新析出）	2.0×10^{-15}	14.7
$TiO(OH)_2$	1.0×10^{-29}	29.0	$Ni_3(PO_4)_2$	5.0×10^{-31}	30.3
$ZnCO_3$	1.4×10^{-11}	10.84	α-NiS	3.0×10^{-19}	18.5
$Zn_2[Fe(CN)_3]$	4.1×10^{-16}	15.39	β-NiS	1.0×10^{-24}	24.0
$Zn(OH)_2$	1.2×10^{-17}	16.92	γ-NiS	2.0×10^{-36}	25.7
$Zn_3(PO_4)_2$	9.1×10^{-33}	32.04	$PbCO_3$	7.4×10^{-14}	13.13
ZnS	2.0×10^{-22}	21.7	$PbCl_2$	1.2×10^{-5}	4.79

附录 E 标准电极电位表（18~25 °C）

半反应	$\varphi^\ominus$/V
$F_2(g) + 2H^+ + 2e^- \rightleftharpoons 2HF$	3.06
$O_3 + 2H^+ + 2e^- \rightleftharpoons O_2 + 2H_2O$	2.07
$S_2O_8^{2-} + 2e^- \rightleftharpoons 2SO_4^{2-}$	2.01
$H_2O_2 + 2H^+ + 2e^- \rightleftharpoons 2H_2O$	1.78
$MnO_4^- + 4H^+ + 3e^- \rightleftharpoons MnO_2(s) + 2H_2O$	1.695
$PbO_2(s) + SO_4^{2-} + 4H^+ + 2e^- \rightleftharpoons PbSO_4(s) + 2H_2O$	1.685
$HClO_2 + 2H^+ + 2e^- \rightleftharpoons HClO + H_2O$	1.64
$HClO + H^+ + e^- \rightleftharpoons 1/2Cl_2 + H_2O$	1.63
$Ce^{4+} + e^- \rightleftharpoons Ce^{3+}$	1.61
$H_5IO_6 + H^+ + 2e^- \rightleftharpoons IO_3^- + 3H_2O$	1.6
$HBrO + H^+ + e^- \rightleftharpoons 1/2Br_2 + H_2O$	1.59
$BrO_3^- + 6H^+ + 5e^- \rightleftharpoons 1/2Br_2 + 3H_2O$	1.52
$MnO_4^- + 8H^+ + 5e^- \rightleftharpoons Mn^{2+} + 4H_2O$	1.51
$Au(\text{Ⅲ}) + 3e^- \rightleftharpoons Au$	1.5
$HClO + H^+ + 2e^- \rightleftharpoons Cl^- + H_2O$	1.49
$ClO_3^- + 6H^+ + 5e^- \rightleftharpoons 1/2Cl_2 + 3H_2O$	1.47
$PbO_2(s) + 4H^+ + 2e^- \rightleftharpoons Pb^{2+} + 2H_2O$	1.455
$HIO + H^+ + e^- \rightleftharpoons 1/2I_2 + H_2O$	1.45
$ClO_3^- + 6H^+ + 6e^- \rightleftharpoons Cl^- + 3H_2O$	1.45
$BrO_3^- + 6H^+ + 6e^- \rightleftharpoons Br^- + 3H_2O$	1.44
$Au(\text{Ⅲ}) + 2e^- \rightleftharpoons Au(\text{Ⅰ})$	1.41
$Cl_2(g) + 2e^- \rightleftharpoons 2Cl$	1.3595
$ClO_4^- + 8H^+ + 7e^- \rightleftharpoons 1/2Cl_2 + 4H_2O$	1.34
$Cr_2O_7^{2-} + 14H^+ + 6e^- \rightleftharpoons 2Cr^{3+} + 7H_2O$	1.33
$MnO_2(s) + 4H^+ + 2e^- \rightleftharpoons Mn^{2+} + 2H_2O$	1.23
$O_2(g) + 4H^+ + 4e^- \rightleftharpoons 2H_2O$	1.229
$IO_3^- + 6H^+ + 5e^- \rightleftharpoons 1/2I_2 + 3H_2O$	1.2
$ClO_4^- + 2H^+ + 2e^- \rightleftharpoons ClO_3^- + H_2O$	1.19
$Br_2(ag) + 2e^- \rightleftharpoons 2Br^-$	1.087
$NO_2 + H^+ + e^- \rightleftharpoons HNO_2$	1.07
$Br_3^- + 2e^- \rightleftharpoons 3Br^-$	1.05
$HNO_2 + H^+ + e^- \rightleftharpoons NO(g) + H_2O$	1

续表

半反应	$\varphi^{\ominus}$/V
$VO_2^+ + 2H^+ + e^- \rightleftharpoons VO^{2+} + H_2O$	1
$HIO + H^+ + 2e^- \rightleftharpoons I^- + H_2O$	0.99
$NO_3^- + 3H^+ + 2e^- \rightleftharpoons HNO_2 + H_2O$	0.94
$ClO^- + H_2O + 2e^- \rightleftharpoons Cl^- + 2OH^-$	0.89
$H_2O_2 + 2e^- \rightleftharpoons 2OH^-$	0.88
$Cu^{2+} + I^- + e^- \rightleftharpoons CuI(s)$	0.86
$Hg^{2+} + 2e^- \rightleftharpoons Hg$	0.845
$NO_3^- + 2H^+ + e^- \rightleftharpoons NO_2 + H_2O$	0.8
$Ag^+ + e^- \rightleftharpoons Ag$	0.7995
$Hg_2^{2+} + 2e^- \rightleftharpoons 2Hg$	0.793
$Fe^{3+} + e^- \rightleftharpoons Fe^{2+}$	0.771
$BrO^- + H_2O + 2e^- \rightleftharpoons Br^- + 2OH^-$	0.76
$O_2(g) + 2H^+ + 2e^- \rightleftharpoons H_2O_2$	0.682
$AsO_8^- + 2H_2O + 3e^- \rightleftharpoons As + 4OH^-$	0.68
$2HgCl_2 + 2e^- \rightleftharpoons Hg_2Cl_2(s) + 2Cl^-$	0.63
$Hg_2SO_4(s) + 2e^- \rightleftharpoons 2Hg + SO_4^{2-}$	0.6151
$MnO_4^- + 2H_2O + 3e^- \rightleftharpoons MnO_2(s) + 4OH^-$	0.588
$MnO_4^- + e^- \rightleftharpoons MnO_4^{2-}$	0.564
$H_3AsO_4 + 2H^+ + 2e^- \rightleftharpoons HAsO_2 + 2H_2O$	0.559
$I_3^- + 2e^- \rightleftharpoons 3I^-$	0.545
$I_2(s) + 2e^- \rightleftharpoons 2I^-$	0.54
$Mo(VI) + e^- \rightleftharpoons Mo(V)$	0.53
$Cu + e^- \rightleftharpoons Cu$	0.52
$4SO_2(ag) + 4H^+ + 6e^- \rightleftharpoons S_4O_6^{2-} + 2H_2O$	0.51
$[HgCl_4]^{2-} + 2e^- \rightleftharpoons Hg + 4Cl^-$	0.48
$2SO_2(ag) + 2H^+ + 4e^- \rightleftharpoons S_2O_3^{2-} + H_2O$	0.4
$[Fe(CN)_6]^{3-} + e^- \rightleftharpoons [Fe(CN)_6]^{4-}$	0.36
$Cu^{2+}2e^- \rightleftharpoons Cu$	0.337
$VO^{2+} + 2H^+ + e^- \rightleftharpoons V^{3+} + H_2O$	0.337
$BiO + 2H^+ + 3e^- \rightleftharpoons Bi + H_2O$	0.32
$Hg_2Cl_2(s) + 2e^- \rightleftharpoons 2Hg + 2Cl^-$	0.2676
$HAsO_2 + 3H^+ + 3e^- \rightleftharpoons As + 2H_2O$	0.248
$AgCl(s) + e^- \rightleftharpoons Ag + Cl^-$	0.2223

续表

半反应	$\varphi^\ominus$/V
$SbO + 2H^+ + 3e^- \rightleftharpoons Sb + H_2O$	0.212
$SO_4^{2-} + 4H^+ + 2e^- \rightleftharpoons SO_2(ag) + 2H_2O$	0.17
$Cu^{2+} + e^- \rightleftharpoons Cu^+$	0.159
$Sn^{4+} + 2e^- \rightleftharpoons Sn^{2+}$	0.154
$S + 2H^+ + 2e^- \rightleftharpoons H_2S(g)$	0.141
$Hg_2Br_2 + 2e^- \rightleftharpoons 2Hg + 2Br^-$	0.1395
$TiO^{2+} + 2H^+ + e^- \rightleftharpoons Ti^{3+} + H_2O$	0.1
$S_4O_6^{2-} + 2e^- \rightleftharpoons 2S_2O_3^{2-}$	0.08
$AgBr(s) + e^- \rightleftharpoons Ag + Br^-$	0.071
$2H^+ + 2e^- \rightleftharpoons H_2$	0
$O_2 + H_2O + 2e^- \rightleftharpoons HO_2^- + OH^-$	−0.067
$TiOCl^+ + 2H^+ + 3Cl^- + e^- \rightleftharpoons TiCl_4^- + H_2O$	−0.09
$Pb^{2+} + 2e^- \rightleftharpoons Pb$	−0.126
$Sn^{2+} + 2e^- \rightleftharpoons Sn$	−0.136
$AgI(s) + e^- \rightleftharpoons Ag + I^-$	−0.152
$Ni^{2+} + 2e^- \rightleftharpoons Ni$	−0.246
$H_3PO_4 + 2H^+ + 2e^- \rightleftharpoons H_3PO_3 + H_2O$	−0.276
$Co^2 + 2e^- \rightleftharpoons Co$	−0.277
$Tl^+ + e^- \rightleftharpoons Tl$	−0.336
$In^{3+} + 3e^- \rightleftharpoons In$	−0.345
$PbSO_4(s) + 2e^- \rightleftharpoons Pb + SO_4^{2-}$	−0.3553
$SeO_3^{2-} + 3H_2O + 4e^- \rightleftharpoons Se + 6OH^-$	−0.366
$As + 3H^+ + 3e^- \rightleftharpoons AsH_3$	−0.38
$Se + 2H^+ + 2e^- \rightleftharpoons H_2Se$	−0.4
$Cd^{2+} + 2e^- \rightleftharpoons Cd$	−0.403
$Cr^{3+} + e^- \rightleftharpoons Cr^{2+}$	−0.41
$Fe^{2+} + 2e^- \rightleftharpoons Fe$	−0.44
$S + 2e^- \rightleftharpoons S^{2-}$	−0.48
$2CO_2 + 2H^+ + 2e^- \rightleftharpoons H_2C_2O_4$	−0.49
$H_3PO_3 + 2H^+ + 2e^- \rightleftharpoons H_3PO_2 + H_2O$	−0.5
$Sb + 3H^+ + 3e^- \rightleftharpoons SbH_3$	−0.51
$HPbO_2^- + H_2O + 2e^- \rightleftharpoons Pb + 3OH^-$	−0.54
$Ga^{3+} + 3e^- \rightleftharpoons Ga$	−0.56
$TeO_3^{2-} + 3H_2O + 4e^- \rightleftharpoons Te + 6OH^-$	−0.57

续表

半反应	$\varphi^\ominus$/V
$2SO_3^{2-} + 3H_2O + 4e^- \rightleftharpoons S_2O_3^{2-} + 6OH^-$	−0.58
$SO_3^{2-} + 3H_2O + 4e^- \rightleftharpoons S + 6OH^-$	−0.66
$AsO_4^{3-} + 2H_2O + 2e^- \rightleftharpoons AsO_2^- + 4OH^-$	−0.67
$Ag_2S(s) + 2e^- \rightleftharpoons 2Ag + S^{2-}$	−0.69
$Zn^{2+} + 2e^- \rightleftharpoons Zn$	−0.763
$2H_2O + 2e^- \rightleftharpoons H_2 + 2OH^-$	−8.28
$Cr^{2+} + 2e^- \rightleftharpoons Cr$	−0.91
$HSnO_2^{+} + H_2O + 2e^- \rightleftharpoons Sn^{-} + 3OH^-$	−0.91
$Se + 2e^- \rightleftharpoons Se^{2-}$	−0.92
$[Sn(OH)_6]^{2-} + 2e^- \rightleftharpoons HSnO_2^- + H_2O + 3OH^-$	−0.93
$CNO^- + H_2O + 2e^- \rightleftharpoons CN^- + 2OH^-$	−0.97
$Mn^{2+} + 2e^- \rightleftharpoons Mn$	−1.182
$ZnO_2^{2-} + 2H_2O + 2e^- \rightleftharpoons Zn + 4OH^-$	−1.216
$Al^{3+} + 3e^- \rightleftharpoons Al$	−1.66
$H_2AlO_3^- + H_2O + 3e^- \rightleftharpoons Al + 4OH^-$	−2.35
$Mg^{2+} + 2e^- \rightleftharpoons Mg$	−2.37
$Na^+ + e^- \rightleftharpoons Na$	−2.714
$Ca^{2+} + 2e^- \rightleftharpoons Ca$	−2.87
$Sr^{2+} + 2e^- \rightleftharpoons Sr$	−2.89
$Ba^{2+} + 2e^- \rightleftharpoons Ba$	−2.9
$K^+ + e^- \rightleftharpoons K$	−2.925
$Li^+ + e^- \rightleftharpoons Li$	−3.042

附录F　配合物的稳定常数（18~25 °C）

	金属离子	I	n	$\lg\beta$
氨配合物	Ag^{+}	0.5	1,2	3.24, 7.05
	Cd^{2+}	2	1, …,6	2.65, 4.75, 6.19, 7.12, 6.80, 5.14
	Co^{2+}	2	1, …,6	2.11, 3.74, 4.79, 5.55, 5.73, 5.11
	Co^{3+}	2	1, …,6	6.7, 14.0, 20.1, 25.7, 30.8, 35.2
	Cu^{+}	2	1, 2	5.93, 10.86
	Cu^{2+}	2	1, …,5	4.31, 7.98, 11.02, 13.32, 12.86
	Ni^{3+}	2	1, …,6	2.80, 5.04, 6.77, 7.96, 8.71, 8.74
	Zn^{2+}	2	1, …,4	2.37, 4.81, 7.31, 9.46
溴配合物	Ag^{+}	0	1, …,4	4.38, 7.33, 8.00, 8.73
	Bi^{3+}	2.3	1, …,6	4.30, 5.55, 5.89, 7.82, —, 9.70
	Cd^{2+}	3	1, …,4	1.75, 2.34, 3.32, 3.70
	Cu^{+}	0	2	5.89
	Hg^{2+}	0.5	1, …,4	9.05, 17.32, 19.74, 21.00
氯配合物	Ag^{+}	0	1, …,4	3.04, 5.04, 5.04, 5.30
	Hg^{2+}	0.5	1, …,4	6.74, 13.22, 14.07, 15.07
	Sn^{2+}	0	1, …,4	1.51, 2.24, 2.03, 1.48
	Sb^{3+}	4	1, …,6	2.26, 3.49, 4.18, 4.72, 4.72, 4.11
氰配合物	Ag^{+}	0	1, …,4	—, 21.1, 21.7, 20.6
	Cd^{2+}	3	1, …,4	5.48, 10.60, 15.23, 18.78
	Co^{2+}	0	6	19.09
	Cu^{+}	0	1, …,4	—, 24.0, 28.59, 30.3
	Fe^{2+}	0	6	35
	Fe^{3+}	0	6	42
	Hg^{2+}	0.1	4	41.4
	Ni^{2+}	0.1	4	31.3
	Zn^{2+}	0.5	4	16.7
氟配合物	Al^{3+}	0.5	1, …,6	6.13, 11.15, 15.00, 17.75, 19.37, 19.84
	Fe^{3+}	0.5	1, …,6	5.28, 9.30, 12.06, —, 15.77, —,
	Th^{4+}	3	1, …,3	7.65, 13.46, 17.97
	TiO_2^{2+}	2	1, …,4	5.4, 9.8, 13.7, 18.0
	ZnO_2^{2+}	0	1, …,3	8.80, 16.12, 21.94

续表

	金属离子	I	n	$\lg\beta$
碘配合物	Ag^{+}	2	1, …,3	6.58, 11.74, 13.68
	Bi^{2+}	0	1, …,6	3.63, —, —, 14.95, 16.80, 18.80
	Cd^{2+}	0	1, …,4	2.10, 3.43, 4.49, 5.41
	Pb^{2+}	0.5	1, …,4	2.00, 3.15, 3.92, 4.47
	Hg^{2+}	0.2	1, …,4	12.87, 23.82, 27.60, 29.83
磷酸配合物	Ca^{2+}	0.2	CaHL	1.7
	Mg^{2+}	0.2	MgHL	1.9
	Mn^{2+}	0.66	MnHL	2.6
	Fe^{3+}	2.2	FeHL	9.35
硫氰酸配合物	Ag^{+}	0	1, …,4	—, 7.57, 9.08, 10.08
	Au^{+}	1	1, …,4	—, 23, —, 42
	Co^{2+}	5	1	1.0
	Cu^{+}	0.5	1, …,4	—, 11.00, 10.90, 10.48
	Fe^{3+}	1	1, 2	2.95, 3.36
	Hg^{2+}	0	1, …,4	—, 17.47, —, 21.23
硫代硫酸配合物	Ag^{+}	0.8	1, …,3	8.82, 13.48, 14.15
	Cu^{+}	0	1,2,3	10.35, 12.27, 13.71
	Hg^{2+}	0	1, …,4	—, 29.86, 32.26, 33.61
	Pb^{2+}	0	1.3	5.1, 6.4
乙酰丙酮配合物	Al^{3+}	0	1,2,3	8.60, 15.5, 21.30
	Cu^{2+}	0	1, 2,	8.27, 16.34
	Fe^{2+}	0	1, 2	5.07, 8.67
	Fe^{3+}	0	1, 2,3	11.4, 22.1, 26.7
	Ni^{2+}	0	1, 2,3	6.06, 10.77, 13.09
	Zn^{2+}	0	1, 2,	4.98, 8.81
柠檬酸配合物	Ag^{+}	0.5	Ag_2HL	7.1
	Al^{3+}	0.5	AlHL	7.0
			AlL	20.0
			AlOHL	30.6
	Ca^{2+}	0.5	CaH_3L	10.9
			CaH_2L	8.4
			CaHL	3.5
	Cd^{2+}	0.5	CdH_2L	7.9
			CdHL	4.0
			CdL	11.3

续表

	金属离子	I	n	$\lg\beta$
柠檬酸配合物	Co^{2+}	0.5	CoH_2L CoHL CoL	8.9 4.4 12.5
	Cu^{2+}	0	CuH_3L CuHL CuL	12.0 6.1 18.0
	Fe^{2+}	0.5	FeH_3L FeHL FeL	7.3 3.1 15.5
	Fe^{3+}	0.5	FeH_2L FeHL FeL	12.2 10.9 25.0
	Ni^{2+}	0.5	NiH_2L NiHL NiL	9.0 4.8 14.3
	Pb^{2+}	0,5	PbH_2LO PbHL PbL	11.2 5.2 12.3
	Zn^{2+}	0.5	ZnH_2L ZnHL ZnL	8.7 4.5 11.4
草酸配合物	Al^{3+} Cd^{2+}	0.5 0.5	1,2,3 1,2	7.26, 13.0, 16.3 2.9, 4.7
	Co^{2+}	0	CoHL CoH_2L 1,2,3	5.5 10.6 4.79, 6.7, 9.7
	Co^{3+}	0.5	3	~20
	Cu^{2+}	0.5	CuHL 1,2	6.25 4.5, 8.9
	Fe^{2+} Fe^{3+} Mg^{2+} Mn(Ⅲ) Ni^{2+} Th(Ⅳ) TiO^{2+}	0 0.5 0.5~1 0 0.1 2 0.1	1,2,3 1, 2,3 1, 2 1,2,3 1,2,3 4 1,2	2.9, 4.52, 5.22 9.4, 16.2, 20.2 2.76, 4.38 9.98, 16.57, 19.42 5.3, 7.64, 8.5 24.5 6.6, 9.9

续表

	金属离子	I	n	$\lg\beta$
草酸配合物	Zn^{2+}	0.1	ZnH_2L	5.6
			1,2,3	4.89, 7.60, 8.15
磺基水杨酸配合物	Al^{3+}	2	1,2,3	13.20, 22.83, 28.89
	Cd^{2+}	0.5	1,2	16.68, 29.08
	Co^{2+}	0.1	1,2	6.13, 9.82
	Cr^{3+}	0.25	1	9.56
	Cu^{2+}	0.1	1,2	9.52, 16.45
	Fe^{2+}	0.1	1,2	5.90, 9.90
	Fe^{3+}	0.1	1,2,3	14.64, 25.18, 32.12
	Mn^{2+}	0.1~0.5	1,2	5.24, 8.24
	Ni^{2+}	0.25	1,2	6.42, 10.24
	Zn^{2+}	0.1	1,2	6.05, 10.65
酒石酸配合物	Bi^{3+}	0.1	3	8.30
	Ca^{2+}	0.1	CaHL	4.85
			1,2	2.98, 9.01
	Cd^{2+}	0	1	2.8
	Cu^{2+}	0.5	1, …,4	3.2, 5.11, 4.78, 6.51
	Fe^{3+}	0	3	7.49
	Mg^{2+}	0.5	MgHL	4.65
			1	1.2
	Pb^{2+}	1	1,2,3	3.78, —, 4.7
	Zn^{2}	0	ZnHL	4.5
			1,2	2.4, 8.32
乙二胺配合物	Ag^{+}	0.5	1,2	4.70, 7.70
	Cd^{2+}	0	1,2,3	5.47, 10.09, 12.09
	Co^{2+}	0.5	1,2,3	5.91, 10.64, 13.94
	Co^{3+}	0.1	1,2,3	18.70, 34.90, 48.69
	Cu^{+}	0.5	2	10.8
	Cu^{2+}	1	1,2,3	10.67, 20.00, 21.0
	Fe^{2+}	1	1,2,3	4.34, 7.65, 9.70
	Hg^{2+}	1	1,2	14.30, 23.3
	Mn^{2+}	1.4	1, 2,3	2.73, 4.79, 5.67
	Ni^{2+}	0.1	1,2,3	7.52, 13.80, 18.06
	Zn^{2+}	1	1,2,3	5.77, 10.83, 14.11

续表

	金属离子	I	n	$\lg\beta$
硫脲配合物	Ag^+	1	1,2	7.4, 13.1
	Bi^{2+}	1	6	11.9
	Cu^+	0.03	3,4	13, 15.4
	Hg^{2+}	0.1	2,3,4	22.1, 24.7, 26.8
氢氧基配合物	Al^{3+}	2	4	33.3
			$Al_6(OH)_{15}{}^{3+}$	163
	Bi^{2+}	3	1	12.4
			$Bi_6(OH)_{12}{}^{6+}$	168.3
	Cd^{2+}	3	1, …,4	4.3, 7.7, 10.3, 12.0
	Co^{2+}	0.1	1,3	5.1, —, 10.2
	Cr^{3+}	0.1	1,2	10.2, 18.3
	Fe^{2+}	1	1	4.5
	Fe^{3+}	3	1,2	11.0, 21,7
			$Fe_2(OH)_2{}^{4+}$	25.1
	Hg^{2+}	0.5	2	21.7
	Mg^{2+}	0	1	2.6
	Mn^{2+}	0.1	1	3.4
	Ni^{2+}	0.1	1	4.6
	Pb^{2+}	0.3	1,2,3	6.2, 10.3, 13.3
			$Pb_2(OH)^{3+}$	7.6
氢氧基配合物	Sn^{2+}	3	1	10.1
	Th^{4+}	1	1	9.7
	Ti^{3+}	0.5	1	11.8
	TiO^{2+}	1	1	13.7
	VO^{2+}	3	1	8.0
	Zn^{2+}	0	1, …,4	4.4, 10.1, 14.2, 15.5

说明：① β_n 为配合物累积稳定常数，即

$$\beta_n = K_1 \times K_2 \times K_3 \times \cdots \times K_n$$

$$\lg\beta_n = \lg K_1 + \lg K_2 + \lg K_3 + \cdots + \lg K_n$$

例如 Ag^+与 NH_3 的配合物：

$\lg\beta_1 = 3.24$ 即 $\lg K_1 = 3.24$

$\lg\beta_2 = 7.05$ 即 $\lg K_1 = 3.24$ ， $\lg K_2 = 3.81$

② 酸式、碱式配合物及多核氢氧基配合物的化学式标明于 n 栏中。

附录 G 标准热力学数据（298.15 K）

分子式	状态	$\Delta H_f^\ominus$ /kJ · mol^{-1}	$\Delta G_f^\ominus$ /kJ · mol^{-1}	$S^\ominus$ /J · mol^{-1} · K^{-1}
Ag	cr	0.0	—	42.6
AgBr	cr	−100.4	−96.9	107.1
AgCl	cr	−127.0	−109.8	96.3
Ag_2O	cr	−31.1	−11.2	121.3
Al	cr	0.0	0	28.3
Al_2O_3	cr	−1675.7	−1582.3	50.9
Br	l	0.0	0	—
Br	g	30.907	3.111	245.463
$CaBr_2$	cr	−682.8	−663.6	130.0
$CaCl_2$	cr	−795.4	−748.8	108.4
$CaCO_3$（方解石）	cr	−1207.6	−1129.1	91.7
CaF_2	cr	−1228.0	−1175.6	68.5
CaO	cr	−634.9	−603.3	38.1
$Ca(OH)_2$	cr	−985.2	−897.5	83.4
Cl_2	g	0.0	—	223.1
Cu	cr	0.0	—	33.2
$Cu(NO_3)_2$	cr	−302.9	—	—
CuO	cr	−157.3	−129.7	42.6
$Cu(OH)_2$	cr	−449.8	—	—
CuS	cr	−53.1	−53.6	66.5
$CuSO_4$	cr	−771.4	−662.2	109.2
Cu_2O	cr	−168.6	−146.0	93.1
Cu_2S	cr	−79.5	−86.2	120.9
F_2	g	0.0	—	202.8
Fe	cr	0.0	—	27.3
$FeCl_2$	cr	−341.8	−302.3	118.0
$FeCl_3$	cr	−399.5	−334.0	142.3
$FeCO_3$	cr	−740.6	−666.7	92.9
FeO	cr	−272.0	—	—
Fe_2O_3	cr	−824.2	−742.2	87.4
Fe_3O_4	cr	−1118.4	−1015.4	146.4
FeS	cr	−100.0	−100.4	60.3

续表

分子式	状态	$\Delta H_f^\ominus$/kJ·mol^{-1}	$\Delta G_f^\ominus$/kJ·mol^{-1}	$S^\ominus$/J·mol^{-1}·K^{-1}
$FeSO_4$	cr	−928.4	−820.8	107.5
$GaBr_3$	cr	−386.6	−359.8	180.0
H_2	g	0.0	—	130.7
HBr	g	−36.3	−53.4	198.7
HCl	g	−92.3	−95.3	186.9
HClO	g	−78.7	−66.1	236.7
$HClO_4$	l	−40.6	—	—
HF	l	−299.8	—	—
	g	−273.3	−275.4	173.8
HI	g	26.5	1.7	206.6
HNO_3	l	−174.1	−80.7	155.6
	g	−135.1	−74.7	266.4
H_2O	l	−285.8	−237.1	70.0
	g	−241.8	−228.6	188.8
H_2O_2	l	−187.8	−120.4	109.6
	g	−136.3	−105.6	232.7
I_2	cr	0.0	—	116.1
	g	62.4	19.3	260.7
In	cr	0.0	—	57.8
	g	243.3	208.7	173.8
Ir	cr	0.0	—	35.5
	g	665.3	617.9	193.6
K	cr	0.0	—	64.7
	g	89.0	60.5	160.3
$KAlH_4$	cr	−183.7	—	—
KBH_4	cr	−227.4	−160.3	106.3
KBr	cr	−393.8	−380.7	95.9
$KBrO_3$	cr	−360.2	−271.2	149.2
$KBrO_4$	cr	−287.9	−174.4	170.1
KCl	cr	−436.5	−408.5	82.6
$KClO_3$	cr	−397.7	−296.3	143.1
$KClO_4$	cr	−432.8	−303.1	151.0
KCN	cr	−113.0	−101.9	128.5

续表

分子式	状态	$\Delta H_f^\ominus$ /kJ · mol^{-1}	$\Delta G_f^\ominus$ /kJ · mol^{-1}	$S^\ominus$ /J · mol^{-1} · K^{-1}
K_2CO_3	cr	−1151.0	−1063.5	155.5
KF	cr	−567.3	−537.8	66.6
KH	cr	−57.7	—	—
$KHSO_4$	cr	−1160.6	−1031.3	138.1
KH_2PO_4	cr	−1568.3	−1415.9	134.9
KI	cr	−327.9	−324.9	106.3
KIO_3	cr	−501.4	−418.4	151.5
KIO_4	cr	−467.2	−361.4	175.7
$KMnO_4$	cr	−837.2	−737.6	171.7
KNH_2	cr	−128.9	—	—
KNO_2	cr	−369.8	−306.6	152.1
KNO_3	cr	−494.6	−394.9	133.1
KNa	l	6.3	—	—
KOH	cr	−424.8	−379.1	78.9
KO_2	cr	−284.9	−239.4	116.7
K_2O	cr	−361.5	—	—
K_2O_2	cr	−494.1	−425.1	102.1
MgO	cr	−601.6	−569.3	27.0
$Mg(OH)_2$	cr	−924.5	−833.5	63.2
N_2	g	0.0	—	191.6
NH_3	g	−45.9	−16.4	192.8
NH_4Cl	cr	−314.4	−202.9	94.6
NH_4ClO_4	cr	−295.3	−88.8	186.2
NH_4F	cr	−464.0	−348.7	72.0
NH_4HSO_3	cr	−768.6	—	—
NH_4HSO_4	cr	−1027.0	—	—
NH_4I	cr	−201.4	−112.5	117.0
NH_4NO_2	cr	−256.5	—	—
NH_4NO_3	cr	−365.6	−183.9	151.1
NO_2	g	33.2	51.3	240.1
N_2O	g	82.1	104.2	219.9
Na	cr	0.0	—	51.3
NaCl	cr	−411.2	−384.1	72.1
Na_2CO_3	cr	−1130.7	−1044.4	135.0

续表

分子式	状态	$\Delta H_f^\ominus$ /kJ·mol^{-1}	$\Delta G_f^\ominus$ /kJ·mol^{-1}	$S^\ominus$ /J·mol^{-1}·K^{-1}
NaF	cr	−576.6	−546.3	51.1
NaH	cr	−56.3	−33.5	40.0
$NaHSO_4$	cr	−1125.5	−992.8	113.0
NaI	cr	−287.8	−286.1	98.5
$NaNO_2$	cr	−358.7	−284.6	103.8
$NaNO_3$	cr	−467.9	−367.0	116.5
NaOH	cr	−425.6	−379.5	64.5
Na_2O	cr	−414.2	−375.5	75.1
Na_2O_2	cr	−510.9	−447.7	95.0
Na_2S	cr	−364.8	−349.8	83.7
Na_2SO_3	cr	−1100.8	−1012.5	145.9
Na_2SO_4	cr	−1387.1	−1270.2	149.6
Na_2SiO_3	cr	−1554.9	−1462.8	113.9
O_2	g	0.0	—	205.2
O_3	g	142.7	163.2	238.9
P（白，white）	cr	0.0	—	41.1
P（红，red）	cr	−17.6	—	22.8
P（黑，black）	cr	−39.3	—	—
PCl_3	g	−287.0	−267.8	311.8
PCl_5	g	−374.9	−305.0	364.6
S（正交晶体，Ortho）	cr	0.0	—	32.1
S（单斜晶体，Mono）	cr	0.3	—	—
S（单斜晶体，Mono）	g	277.2	236.7	167.8
SO_2	l	−320.5	—	—
	g	−296.8	−300.1	248.2
SO_3	cr	−454.5	−374.2	70.7
	l	−441.0	−373.8	113.8
	g	−395.7	−371.1	256.8
SiO_2（α）	cr	−910.7	−856.3	41.5
SiO_2（α）	g	−322.0	—	—
Sn（白，white）	cr	0.0	—	51.2
Sn（灰，gray）	cr	−2.1	0.1	44.1
Sn（灰，gray）	g	301.2	266.2	168.5

续表

分子式	状态	$\Delta H_f^\ominus$ /kJ · mol^{-1}	$\Delta G_f^\ominus$ /kJ · mol^{-1}	$S^\ominus$ /J · mol^{-1} · K^{-1}
Zn	cr	0.0	—	41.6
	g	130.4	94.8	161.0
$ZnBr_2$	cr	−328.7	−312.1	138.5
$ZnCl_2$	cr	−415.1	−369.4	111.5
	g	−266.1	—	—
$ZnCO_3$	cr	−812.8	−731.5	82.4
ZnF_2	cr	−764.4	−713.3	73.7
ZnI_2	cr	−208.0	−209.0	161.1
$Zn(NO_3)_2$	cr	−483.7	—	—
ZnO	cr	−350.5	−320.5	43.7
$Zn(OH)_2$	cr	−641.9	−553.5	81.2
$ZnSO_4$	cr	−982.8	−871.5	110.5

注：① 物质状态表示符号：g —— 气态，l —— 液态，cr —— 晶体。

$\Delta H_f^\ominus$ ——物质的标准生成焓（298.15 K），单位为 kJ·mol^{-1}；

$\Delta G_f^\ominus$ ——物质的标准生成 Gibbs 自由能（298.15 K），单位为 kJ·mol^{-1}；

$S^\ominus$ ——物质的标准熵（298.15 K），单位为 J·mol·K^{-1}。

元素周期表

IUPAC 2001

氧化态（单质的氧化态为0，未列入；常见的为红色）

以 $^{12}C=12$ 为基准的相对原子质量（注✦的是半衰期最长同位素的相对原子质量）

95	原子序数
Am	元素符号（红色的为放射性元素）
镅▲	元素名称（注▲的为人造元素）
$5f^7 7s^2$	价层电子构型
243.06✦	以 $^{12}C=12$ 为基准的相对原子质量（注✦的是半衰期最长同位素的相对原子质量）
+2 +3 +4 +5 +6	氧化态（单质的氧化态为0，未列入；常见的为红色）

s区元素　p区元素　d区元素　ds区元素　f区元素　稀有气体

周期＼族	1 IA	2 IIA	3 IIIB	4 IVB	5 VB	6 VIB	7 VIIB	8 VIII	9 VIII	10 VIII	11 IB	12 IIB	13 IIIA	14 IVA	15 VA	16 VIA	17 VIIA	18 0	电子层
1	1 H 氢 (−1 +1) $1s^1$ 1.00794(7)																	2 He 氦 $1s^2$ 4.002602(2)	K
2	3 Li 锂 (+1) $2s^1$ 6.941(2)	4 Be 铍 (+2) $2s^2$ 9.012182(3)											5 B 硼 (+3) $2s^2 2p^1$ 10.811(7)	6 C 碳 (−4 +2 +4) $2s^2 2p^2$ 12.0107(8)	7 N 氮 (−3 −2 −1 +1 +2 +3 +4 +5) $2s^2 2p^3$ 14.0067(2)	8 O 氧 (−2 −1) $2s^2 2p^4$ 15.9994(3)	9 F 氟 (−1) $2s^2 2p^5$ 18.9984032(5)	10 Ne 氖 $2s^2 2p^6$ 20.1797(6)	L K
3	11 Na 钠 (+1) $3s^1$ 22.989770(2)	12 Mg 镁 (+2) $3s^2$ 24.3050(6)											13 Al 铝 (+3) $3s^2 3p^1$ 26.981538(2)	14 Si 硅 (−4 +2 +4) $3s^2 3p^2$ 28.0855(3)	15 P 磷 (−3 −2 +1 +3 +5) $3s^2 3p^3$ 30.973761(2)	16 S 硫 (−2 +2 +4 +6) $3s^2 3p^4$ 32.065(5)	17 Cl 氯 (−1 +1 +3 +5 +7) $3s^2 3p^5$ 35.453(2)	18 Ar 氩 $3s^2 3p^6$ 39.948(1)	M L K
4	19 K 钾 (+1) $4s^1$ 39.0983(1)	20 Ca 钙 (+2) $4s^2$ 40.078(4)	21 Sc 钪 (+3) $3d^1 4s^2$ 44.955910(8)	22 Ti 钛 (−1 0 +2 +3 +4) $3d^2 4s^2$ 47.867(1)	23 V 钒 (0 +1 +2 +3 +4 +5) $3d^3 4s^2$ 50.9415	24 Cr 铬 (−3 0 +1 +2 +3 +4 +5 +6) $3d^5 4s^1$ 51.9961(6)	25 Mn 锰 (−2 0 +1 +2 +3 +4 +5 +6 +7) $3d^5 4s^2$ 54.938049(9)	26 Fe 铁 (−2 0 +1 +2 +3 +4 +5 +6) $3d^6 4s^2$ 55.845(2)	27 Co 钴 (0 +1 +2 +3 +4 +5) $3d^7 4s^2$ 58.933200(9)	28 Ni 镍 (0 +1 +2 +3 +4) $3d^8 4s^2$ 58.6934(2)	29 Cu 铜 (+1 +2 +3 +4) $3d^{10} 4s^1$ 63.546(3)	30 Zn 锌 (+1 +2) $3d^{10} 4s^2$ 65.409(4)	31 Ga 镓 (+1 +3) $4s^2 4p^1$ 69.723(1)	32 Ge 锗 (+2 +4) $4s^2 4p^2$ 72.64(1)	33 As 砷 (−3 +3 +5) $4s^2 4p^3$ 74.92160(2)	34 Se 硒 (−2 +2 +4 +6) $4s^2 4p^4$ 78.96(3)	35 Br 溴 (−1 +1 +3 +5 +7) $4s^2 4p^5$ 79.904(1)	36 Kr 氪 (+2 +4) $4s^2 4p^6$ 83.8798(2)	N M L K
5	37 Rb 铷 (+1) $5s^1$ 85.4678(3)	38 Sr 锶 (+2) $5s^2$ 87.62(1)	39 Y 钇 (+3) $4d^1 5s^2$ 88.90585(2)	40 Zr 锆 (+1 +2 +3 +4) $4d^2 5s^2$ 91.224(2)	41 Nb 铌 (0 +1 +2 +3 +4 +5) $4d^4 5s^1$ 92.90638(2)	42 Mo 钼 (0 +1 +2 +3 +4 +5 +6) $4d^5 5s^1$ 95.94(2)	43 Tc 锝▲ (0 +1 +2 +3 +4 +5 +6 +7) $4d^5 5s^2$ 97.907✦	44 Ru 钌 (0 +1 +2 +3 +4 +5 +6 +7 +8) $4d^7 5s^1$ 101.07(2)	45 Rh 铑 (0 +1 +2 +3 +4 +5 +6) $4d^8 5s^1$ 102.90550(2)	46 Pd 钯 (0 +1 +2 +3 +4) $4d^{10}$ 106.42(1)	47 Ag 银 (+1 +2 +3) $4d^{10} 5s^1$ 107.8682(2)	48 Cd 镉 (+1 +2) $4d^{10} 5s^2$ 112.411(8)	49 In 铟 (+1 +3) $5s^2 5p^1$ 114.818(3)	50 Sn 锡 (+2 +4) $5s^2 5p^2$ 118.710(7)	51 Sb 锑 (−3 +3 +5) $5s^2 5p^3$ 121.760(1)	52 Te 碲 (−2 +2 +4 +6) $5s^2 5p^4$ 127.60(3)	53 I 碘 (−1 +1 +3 +5 +7) $5s^2 5p^5$ 126.90447(3)	54 Xe 氙 (+2 +4 +6 +8) $5s^2 5p^6$ 131.293(6)	O N M L K
6	55 Cs 铯 (+1) $6s^1$ 132.90545(2)	56 Ba 钡 (+2) $6s^2$ 137.327(7)	71 Lu 镥 (+3) $4f^{14} 5d^1 6s^2$ 174.967(1)	72 Hf 铪 (+1 +2 +3 +4) $5d^2 6s^2$ 178.49(2)	73 Ta 钽 (0 +1 +2 +3 +4 +5) $5d^3 6s^2$ 180.9479(1)	74 W 钨 (0 +1 +2 +3 +4 +5 +6) $5d^4 6s^2$ 183.84(1)	75 Re 铼 (0 +1 +2 +3 +4 +5 +6 +7) $5d^5 6s^2$ 186.207(1)	76 Os 锇 (0 +1 +2 +3 +4 +5 +6 +7 +8) $5d^6 6s^2$ 190.23(3)	77 Ir 铱 (0 +1 +2 +3 +4 +5 +6) $5d^7 6s^2$ 192.217(3)	78 Pt 铂 (0 +2 +3 +4 +5 +6) $5d^9 6s^1$ 195.078(2)	79 Au 金 (+1 +2 +3 +5) $5d^{10} 6s^1$ 196.96655(2)	80 Hg 汞 (+1 +2 +3) $5d^{10} 6s^2$ 200.59(2)	81 Tl 铊 (+1 +3) $6s^2 6p^1$ 204.3833(2)	82 Pb 铅 (+2 +4) $6s^2 6p^2$ 207.2(1)	83 Bi 铋 (−3 +3 +5) $6s^2 6p^3$ 208.98038(2)	84 Po 钋 (−2 +2 +3 +4 +6) $6s^2 6p^4$ 208.98✦	85 At 砹 (−1 +5 +7) $6s^2 6p^5$ 209.99✦	86 Rn 氡 (+2) $6s^2 6p^6$ 222.02✦	P O N M L K
7	87 Fr 钫▲ (+1) $7s^1$ 223.02✦	88 Ra 镭 (+2) $7s^2$ 226.03✦	103 Lr 铹▲ (+3) $5f^{14} 6d^1 7s^2$ 260.11✦	104 Rf 𬬻▲ $6d^2 7s^2$ 261.11✦	105 Db 𬭊▲ $6d^3 7s^2$ 262.11✦	106 Sg 𬭳▲ $6d^4 7s^2$ 263.12✦	107 Bh 𬭛▲ $6d^5 7s^2$ 264.12✦	108 Hs 𬭶▲ $6d^6 7s^2$ 265.13✦	109 Mt 鿏▲ $6d^7 7s^2$ 266.13	110 Uun▲ (269)	111 Uuu▲ (272)✦	112 Uub▲ (277)✦		114 Uuq▲ (289)✦		116 Uuh▲ (289)✦			Q P O N M L K

★ 镧系	57 La★ 镧 (+3) $5d^1 6s^2$ 138.9055(2)	58 Ce 铈 (+2 +3 +4) $4f^1 5d^1 6s^2$ 140.116(1)	59 Pr 镨 (+3 +4) $4f^3 6s^2$ 140.90765(2)	60 Nd 钕 (+2 +3 +4) $4f^4 6s^2$ 144.24(3)	61 Pm 钷▲ (+3) $4f^5 6s^2$ 144.91✦	62 Sm 钐 (+2 +3) $4f^6 6s^2$ 150.36(3)	63 Eu 铕 (+2 +3) $4f^7 6s^2$ 151.964(1)	64 Gd 钆 (+3) $4f^7 5d^1 6s^2$ 157.25(3)	65 Tb 铽 (+3 +4) $4f^9 6s^2$ 158.92534(2)	66 Dy 镝 (+3 +4) $4f^{10} 6s^2$ 162.500(1)	67 Ho 钬 (+3) $4f^{11} 6s^2$ 164.93032(2)	68 Er 铒 (+3) $4f^{12} 6s^2$ 167.259(3)	69 Tm 铥 (+2 +3) $4f^{13} 6s^2$ 168.93421(2)	70 Yb 镱 (+2 +3) $4f^{14} 6s^2$ 173.04(3)
★ 锕系	89 Ac★ 锕 (+3) $6d^1 7s^2$ 227.03✦	90 Th 钍 (+3 +4) $6d^2 7s^2$ 232.0381(1)	91 Pa 镤 (+3 +4 +5) $5f^2 6d^1 7s^2$ 231.03588(2)	92 U 铀 (+2 +3 +4 +5 +6) $5f^3 6d^1 7s^2$ 238.02891(3)	93 Np 镎 (+3 +4 +5 +6 +7) $5f^4 6d^1 7s^2$ 237.05✦	94 Pu 钚 (+3 +4 +5 +6 +7) $5f^6 7s^2$ 244.06✦	95 Am 镅▲ (+2 +3 +4 +5 +6) $5f^7 7s^2$ 243.06✦	96 Cm 锔▲ (+3 +4) $5f^7 6d^1 7s^2$ 247.07✦	97 Bk 锫▲ (+3 +4) $5f^9 7s^2$ 247.07✦	98 Cf 锎▲ (+2 +3 +4) $5f^{10} 7s^2$ 251.08✦	99 Es 锿▲ (+2 +3) $5f^{11} 7s^2$ 252.08✦	100 Fm 镄▲ (+2 +3) $5f^{12} 7s^2$ 257.10✦	101 Md 钔▲ (+2 +3) $5f^{13} 7s^2$ 258.10✦	102 No 锘▲ (+2 +3) $5f^{14} 7s^2$ 259.10✦